电动力学教程

（第二版）

赵玉民　编著

科 学 出 版 社

北 京

内 容 简 介

本书是作者在上海交通大学多年讲授电动力学的讲义基础上整理而成. 全书分7章. 第1章讲解麦克斯韦方程和电磁场的基本属性; 第2~4章在麦克斯韦方程基础上讨论三种简单而基本的电磁场: 静电场、静磁场和单色平面电磁波; 第5章从推迟势出发讨论电磁场的天线辐射和多极辐射; 第6章介绍狭义相对论, 讲解电磁规律的协变性; 第7章讨论带电粒子的辐射及其与电磁场的相互作用. 本书概念表述简洁, 公式推导过程详尽, 例题新颖.

本书可作为高等学校物理系本科生电动力学课程的教材.

图书在版编目(CIP)数据

电动力学教程/赵玉民编著. —2 版. —北京: 科学出版社, 2021.1
ISBN 978-7-03-067915-4

I. ①电… II. ①赵… III. ①电动力学–高等学校–教材 IV. ①O442

中国版本图书馆 CIP 数据核字(2021)第 007306 号

责任编辑: 窦京涛 / 责任校对: 杨聪敏
责任印制: 张 伟 / 封面设计: 蓝正设计

科 学 出 版 社 出版

北京东黄城根北街 16 号
邮政编码: 100717
http://www.sciencep.com

北京凌奇印刷有限责任公司 印刷

科学出版社发行 各地新华书店经销

*

2016 年 1 月第 一 版 开本: 720 × 1000 B5
2021 年 1 月第 二 版 印张: 16 1/4
2022 年 11 月第四次印刷 字数: 333 000
定价: 49.00 元
(如有印装质量问题, 我社负责调换)

前　　言

　　经典电动力学是物理学专业本科课程中精致的理论基础课, 其物理概念和思想方法是人类知识宝库中极精彩的部分, 对于电磁现象的深入理解是物理学的重大成就. 电磁相互作用 (electromagnetic interaction) 是自然界基本相互作用之一, 人类日常生活中的自然现象绝大多数起源于电磁相互作用, 例如弹性力、摩擦力、原子和分子的束缚力、化学反应过程等在本质上都是电磁相互作用的一种表现. 电磁相互作用力是长程力, 在宇宙各结构层次的物理过程中都起着很重要的作用. 相比之下, 强相互作用 (strong interaction) 和弱相互作用 (weak interaction) 都是短程力, 其中强相互作用的力程约为 1 fm, 弱相互作用的力程约为 0.001 fm, 人们不可能直接感知这些相互作用; 而万有引力 (universal gravitation) 的强度比电磁相互作用弱很多, 在宇观现象中才起重要作用. 在已知的基本相互作用中, 人类关于电磁相互作用的认识是最彻底的, 电动力学知识在人类生活和生产中已有极多的直接应用.

　　本书讲授电磁相互作用系统的经典理论, 主要内容包括电磁场的基本属性、电磁场与电荷系统的运动规律和相互作用. 具体而言, 经典电动力学是以麦克斯韦方程组为主要线索, 讨论恒定的电场和磁场、单色电磁波的传播和辐射、狭义相对论、带电粒子系统在外电磁场中的响应、任意运动 (含高速运动) 带电粒子电磁场等.

　　历史上人类很早就接触电磁现象, 如雷电、磁石. 在中国, 关于电磁现象的认识和应用也是较早的, 如先秦时期的文献多次记载了司南的制作和应用, 东汉王充的《论衡·乱龙篇》中列举 "顿牟掇芥, 磁石引针, 皆以其真是, 不假他类", 西晋张华《博物志》中记载 "今人梳头、脱着衣时, 有随梳、解结有光者, 亦有咤声", 而在宋朝沈括的《梦溪笔谈》卷 24 的《杂志一》中则更加明确地说明了指南针的细节 "方家以磁石磨针锋, 则能指南; 然常微偏东, 不全南也, 水浮多荡摇 …… 其法取新纩中独茧缕, 以芥子许蜡, 缀于针腰, 无风处悬之, 则针常指南 …… 莫可原其理". 可惜这些知识在中国没有被严谨地定量化. " 巫医乐师百工之人, 君子不齿", 中国历史上有极其辉煌的文化成就和繁星般的科技天才（如张衡、祖冲之、鲁班、华佗), 然而当时的社会精英对于这些知识的积累和总结没有给予足够支持和真正重视, 那些学术成果没有很好地被继承和发展, 有些 "手艺" 甚至经过一段时间就失传了. 我们对于许多传统知识和技艺限于模糊的或神秘的描述, 定量化描述不足, 没有上升到抽象的理论高度.

　　在西方, 古希腊哲学家泰勒斯 (Thales, 约公元前 600 年) 发现摩擦后的琥珀吸引轻小而干燥的草叶, 而最早系统研究电和磁现象的是 16 世纪英国医生吉尔伯特

(William Gilbert), 他把摩擦后能吸引细屑的物体叫做 "electric" (希腊文中 "琥珀体"). 电磁现象定量认识始于 18 世纪的欧洲. 苏格兰化学家普利斯特里 (Joseph Priestley) 在 1767 年就猜测过点电荷之间的相互作用可能与牛顿的万有引力很类似, 苏格兰物理学家罗比逊 (John Robison) 在两年后从实验上给出点电荷之间的相互作用力与电荷距离的 2.06 次方成反比; 后人在整理英国物理学家卡文迪什 (Henry Cavendish) 的文稿时注意到, 他在 1773 年也得出了两个点电荷之间的相互作用力与两个电荷之间距离 n 次方成反比的结果, 他的实验给出 $n = 2 \pm 0.02$ (不过没有公开发表). 两个点电荷之间的相互作用力与两者距离平方近似成反比的结果最早由法国工程师库仑 (Charles Augustin de Coulomb) 发表于 1785 年, 精度在 4×10^{-2}, 所以描述点电荷之间相互作用力的经验公式现在被称为库仑定律. 库仑定律是人类认识电磁现象过程中的重要里程碑, 关于电磁现象的认识由此进入了定量阶段.

电现象和磁现象在 18 世纪以前被认为是两类独立的自然现象. 首先揭示两类现象之间联系的是丹麦物理学家奥斯特 (Hans Christian Orsted), 他在 1820 年发现放置在通电导线周边的磁针转动, 证明电流产生磁场. 此后关于电磁现象的研究进入了黄金时代. 1831 年英国物理学家法拉第 (Michael Faraday) 发现电磁感应现象 (变化的磁场产生感应电动势), 并于 1851 年提出电磁感应定律. 1864 年英国物理学家麦克斯韦 (James Clerk Maxwell) 建立描写经典电磁现象的微分方程组 (即麦克斯韦方程组), 1888 年德国物理学家赫兹 (Heinrich Rudolf Hertz) 在实验室证实电磁波的存在. 人们随后认识到可见光是特别频段的电磁波, 电学、磁学和光学在麦克斯韦方程组中得以完美统一. 1905 年犹太裔物理学家爱因斯坦 (Albert Einstein) 提出狭义相对论, 从而解决了麦克斯韦方程组是否满足相对性原理的疑难. 电磁理论的发展模式, 也正像在哲学课上听到的一样, 从实验定律上升和抽象到理论高度, 再回过头来指导实践, 即从实践中来到实践中去. 由这些科学知识导致的实用技术极大地改变了人类社会生活方式.

电磁理论的发展像其他方向的科技、艺术发展一样, 是世界经济文化发展的一个侧影. 19 世纪欧洲经济发展代表了当时世界最先进的生产力和新技术的最前沿, 所以电动力学发展历程与 18、19 世纪欧洲强盛的轨迹高度重叠, 在经典电动力学领域做出最杰出贡献的学者出现在法国、英国、德国等欧洲国家是很自然的. 因为这些国家的生产实践和社会文化活动已经达到了如此高水准, 即使没有这些学者, 这些实验定律也必然在这些国家被其他学者发现. 而在同一时代, 中国正饱受外来的野蛮侵略或大规模的内乱, 包括两次鸦片战争 (1840~1842 年、1856~1860 年)、太平天国运动、中法战争和中日甲午战争, 由天朝上国变成羸弱不堪、民不聊生的半殖民地. 中国的许多仁人志士苦苦思考, 是靠 "德" (democracy) 先生还是 "赛" (science) 先生才能救中国; 在 20 世纪上半叶, 中国历经辛亥革命、军阀割据、抗日战争和解放战争后, 实现了独立自主, 经济、文化、教育和医疗等虽然起点很低, 但是依靠华夏子孙的勤劳和智慧, 中国现在已成为当今世界第二大经济体. 历史潮流, 浩浩荡荡, 国家强盛了, 经济文化、科学艺术的活动就蓬勃发展.

国内外流行的电动力学教材不少, 那么写本教材的目的是什么呢? "传统" 的电动力学教学过去大约需 72 学时, 现在一般变为 48~64 学时, 时间少了. 在更短的时间把这些内容有效率地讲清楚, 在不砍掉主要内容的条件下需要更简洁; 通过教学实践, 作者意识到电动力学中许多内容实际上可以更简洁, 而这种简洁性反而更有利于深入的理解. 在教学中应该更多地强调学生对于物理概念完整表述的能力; 在内容上的简洁明快也使得关于问题和思想的讨论方面容易集中. 这样即使学生在毕业后改行, 在以后职业生涯中也能因为真正地受到了物理学思想方法的熏陶而更多受益. 理论物理中由表及里式的模型和理想实验等抽象能力在实际工作中是很有用处的.

在当今应试教育流行的中学阶段, 大多数学生们的脑袋已被海量习题解答塞满了, 忙得很少有时间真正解脱出来养成独特个性和思考未来的发展; 大学阶段应该是有较大自由度的、研读面宽广的素质教育. 对于绝大多数学生来说, 要求熟练掌握过多题目的解答几乎没有必要, 在物理学习中基本概念的理解远比繁复的解题技巧重要. 较难甚至脑筋急转弯式的习题解答过后很快就会遗忘, 对于进一步学习或工作补益并不大, 味道纯正的概念是更加重要的. 学习基础概念的一个简单办法是反复追问自己一些 "为什么"(物理机制)、" 是什么"(物理概念)、"是多少"(数量级), 而 "典型" 习题每章 10 道左右就可以了. 当然这些少量习题应该要求学生较好地掌握.

本书在内容安排、实例方面有以下特点. 本书讨论静电场的出发点是库仑定律, 讨论静磁场的出发点是毕奥-萨伐尔定律, 在此基础上进一步讨论一般电磁场 (麦克斯韦方程组)、似稳电磁场、电磁场的属性. 对于静电场、静磁场和一般电磁场, 本书都讨论解的唯一性问题. 作者根据个人兴趣改编了部分实例, 如从电磁场的动量流和能流分别讨论点电荷在电场中所受库仑力、电器功率、原子核的库仑能与核能、微观粒子电偶极矩、原子核电四极矩、气体介电常量、静电吸引小物体、尖端放电、材料的磁性、微观系统的磁矩、磁单极与电荷量子化、自然界的磁场、磁化等离子体中传播的电磁波、狭义相对论的观与测、运动带电粒子的电磁场等.

根据个人经验, 建议在第 1 章开始时讲授约 1 课时的 δ 函数和矢量运算, 在第 2 章开始时讲授约半课时的勒让德 (Adrien-Marie Legendre) 多项式和球谐函数, 而不是把这些作为附录内容完全留给学生自习. 利用矢量运算来表述和处理电动力学问题是很方便的, 勒让德多项式和球谐函数是球坐标系下的多极展开和拉普拉斯 (Pierre-Simon Laplace) 方程通解的基础. 在学习本课程时尽量熟练地掌握这些工具, 同时要经常回顾和体会物理内容, 避免被淹没在看起来比较烦琐的数学推导中.

数学推导对于物理理论的发展有启发性, 然而物理学不是数学, 其正确与否完全由实验确定, 比如麦克斯韦方程中位移电流的形式, 电磁场的能量、能流、动量、动量流、角动量和角动量流的形式等物理知识都不是从数学上严格推导出来的, 在学习过程中应该注意这一点.

本书在物理概念的阐述方面力求简明确切, 在描述物理图像和引入数学公式时力求直截了当; 而为了读者学习的方便, 公式推导过程力求详尽, 很少有 "经过整理得到 ⋯⋯" 之处. 即使有因避免喧宾夺主式的烦琐而省略的过程, 也全部给出了必要公式和完整注释. 在这个意义上, 本书是给 "懒人" 准备的讲义. 根据不同的学时要求, 在部分章节或内容打上了 "*", 作为课后阅读或选讲, 直接跳过去也不影响后面内容的学习; 这些内容的理解并不困难, 自学也是容易的.

本书是作者十多年讲授 "电动力学" 笔记的系统总结, 希望能被初学者所喜欢, 并对同行的教学有参考价值. 然而由于作者的局限性, 在内容取舍甚至在讲法上或有不当之处; 又因为时间和精力的限制, 笔误之处难以避免, 敬请读者谅解. 本书成文过程中得到许多同事、同行和朋友们的关心和鼓励, 张杰先生热情地为本书作序, 在此一并致谢.

本书在再版修订过程中得到国内讲授电动力学课程许多一线教师们的帮助、指正和鼓励, 特此致谢.

作　者

2020 年 10 月

第 一 版 序

在自然界存在的四种基本相互作用力中, 电磁力与人类的关系最密切. 而电动力学主要研究电磁场的基本属性、运动规律以及电磁场和带电物质的相互作用, 因此, 电动力学课程在物理本科生教学中自然占有很重要的地位. 从另一方面来看, 电动力学也是物理学专业知识结构中最重要的理论部分之一, 且还在继续发展和不断更新之中, 电动力学至今仍然是许多科学研究的基本出发点.

电动力学的知识是不断更新的, 然而遗憾的是, 到目前为止电动力学最好的参考书依然是 J. D. Jackson 编著的 *Classical electrodynamics*, 最流行的教材是 D.J. Griffiths 编著的 *Introduction to electrodynamics*. 这两本教材都是数十年前编写的. 三十年多来, 在国内外也陆续出版了一些关于电动力学的教材, 然而多数教材并没有反映出电动力学知识体系的进展.

撰写教材是每一位好老师的梦想. 一方面, 所有好老师都希望将自己的教学心得以教材的形式与更多老师和同学分享; 另一方面, 撰写教材需要巨大的工作量和精力投入, 又会让大多数老师望而却步. 上海交通大学物理与天文系的赵玉民教授知难而进, 通过几年的努力, 把自己多年来从事科研和教学的独到见解和丰富经验总结在这本教材中, 勇敢地实现了这个梦想!

我一口气浏览了赵玉民教授这本教材的初稿, 欣喜地看到了他在电动力学基础知识与科研前沿相结合方面的努力. 在年轻一代物理学家中, 醉心于教学并能取得优秀成绩的不多. 赵玉民教授的演说式教学在本校历届物理系学生中享有很高的口碑, 这也意味着他对经典电动力学体系的深刻理解. 具体而言, 我认为《电动力学教程》这本书有以下几个特色:

(1) 与科研问题相结合、实例新颖, 而且前后呼应、逐步深入. 比如原子核静电能的讨论很自然地出现在电磁场能量和核能的讨论中, 一些章节很自然地涉及粒子的电偶极矩和磁偶极矩、原子核的电四极矩等. 这些是核物理与粒子物理的重要话题.

(2) 注意学以致用, 深入讨论生活和科学常识性问题. 比如, 为什么摩擦的琥珀吸引小的草屑? 为什么磁铁吸引铁屑而不吸引铜粉? 为什么太阳黑子内部磁场提供额外的压力? 为什么磁场在宇宙中如此重要? 这些在以往电动力学的教材中讨论不多.

(3) 推导详尽完整, 每一步都不厌其烦地说明是怎样得来的、用了哪些恒等式以及这些恒等式是如何来的、哪些只是数学辅助性的工具、哪些是物理的实质等.

这些解释对于初学者或自学者是很适宜的.

(4) 叙述方式简洁而直接, 并强调基础概念和物理量的数量级. 在这本书的每一章最后都总结了所涉及的主要内容和基本概念, 并通过问答题的方式方便学生用自己的表述来巩固和理解这些概念.

大学的使命是传播知识、创新知识和培养人才. 每一个成功的研究人员都有义务和使命把自己的心得体会写出来, 以教材的形式与更多老师、同学分享. 我相信《电动力学教程》一定会受到读者的喜爱, 对于讲授该课程的教师也是一本很好的参考书. 在实现中华民族伟大复兴中国梦的过程中, 需要更多的中国高校教师做出这种努力和尝试, 是为序.

张　杰

上海交通大学校长　中国科学院院士

2015 年 7 月

目　录

第 1 章　电磁现象基本规律

人们在日常生活所见的许多现象都属于电磁现象, 这些现象是电磁场运动的具体表现方式. 场是特殊形态的物质, 弥散于空间, 虽然看不见、摸不着, 然而它不像幽灵那样完全不可捉摸; 场是客观实在的, 可以由实验仪器进行定量测量. 描写电磁场的基本物理量是电场强度和磁感应强度.

本章从电磁现象的实验定律出发, 引入描述电磁场的基本方程 —— 麦克斯韦方程组, 并在此基础上讨论电磁场的基本属性, 包括电磁场的能量、动量和角动量, 介质中麦克斯韦方程组的形式以及不同介质界面处电磁场的边值关系.

1.1　数 学 基 础

描写电场的电场强度和描写磁场的磁感应强度都是矢量, 所以在电动力学中常涉及矢量运算. 麦克斯韦方程组是微分方程, 因此在电动力学中涉及到微分运算以及某些特殊函数. 为了叙述和学习的方便, 我们在本节中复习一些必要的数学基础, 包括描写 "点电荷" 的 δ 函数、矢量和微分运算规则、勒让德多项式和球谐函数.

1.1.1　δ 函数

所谓点电荷指的是给定电量的电荷全部集中在三维空间的一个几何点上. 人们通常使用狄拉克 (Paul Adrien Maurice Dirac) 的 δ 函数描写点电荷. δ 函数的定义是

$$\delta(\vec{r}) = \begin{cases} 0, & \vec{r} \neq 0 \\ \infty, & \vec{r} = 0 \end{cases} ; \quad \int_{-\infty}^{\infty} \delta(\vec{r}) \mathrm{d}\tau = 1, \tag{1.1}$$

式中 $\vec{r}$ 为三维空间矢量. 在本书中我们约定 $\mathrm{d}\tau \equiv \mathrm{d}x\mathrm{d}y\mathrm{d}z$ 来标记三维空间的体积微元.

δ 函数满足

$$\delta(\vec{r}) = \delta(-\vec{r}), \quad \delta(a\vec{r}) = \frac{1}{|a|^3}\delta(\vec{r}), \quad \int_{-\infty}^{\infty} \delta(\vec{r})f(\vec{r})\mathrm{d}\tau = f(0),$$

式中 $f(\vec{r})$ 是关于 $\vec{r}$ 的函数, δ 函数有两个对称形式的恒等式

$$\delta(\vec{k}) = \frac{1}{(2\pi)^3} \int_{-\infty}^{\infty} \mathrm{e}^{\mathrm{i}\vec{k}\cdot\vec{r}}\mathrm{d}\tau, \quad \delta(\vec{r}) = \frac{1}{(2\pi)^3} \int_{-\infty}^{\infty} \mathrm{e}^{\mathrm{i}\vec{k}\cdot\vec{r}}\mathrm{d}\tau_k. \tag{1.2}$$

这里 $\vec{k} = k_x\vec{e}_x + k_y\vec{e}_y + k_z\vec{e}_z$ 称为波矢量, $\mathrm{d}\tau_k = \mathrm{d}k_x\mathrm{d}k_y\mathrm{d}k_z$. 上式的证明如下: 利用函数 $f(\vec{r})$ 傅里叶 (Jean Baptiste Joseph Fourier) 变换的定义

$$f(\vec{r}) = \int_{-\infty}^{\infty} f(\vec{k})\mathrm{e}^{-\mathrm{i}\vec{k}\cdot\vec{r}}\mathrm{d}\tau_k, \quad f(\vec{k}) = \frac{1}{(2\pi)^3}\int_{-\infty}^{\infty} f(\vec{r})\mathrm{e}^{\mathrm{i}\vec{k}\cdot\vec{r}}\mathrm{d}\tau ,$$

令 $f(\vec{k}) = \delta(\vec{k})$, 把这一 $f(\vec{k})$ 代入到上式中的两个定义式, 得到

$$f(\vec{r}) = \int_{-\infty}^{\infty} \delta(\vec{k})\mathrm{e}^{-\mathrm{i}\vec{k}\cdot\vec{r}}\mathrm{d}\tau_k = 1 ,$$

$$\delta(\vec{k}) = \frac{1}{(2\pi)^3}\int_{-\infty}^{\infty} f(\vec{r})\mathrm{e}^{\mathrm{i}\vec{k}\cdot\vec{r}}\mathrm{d}\tau = \frac{1}{(2\pi)^3}\int_{-\infty}^{\infty} \mathrm{e}^{\mathrm{i}\vec{k}\cdot\vec{r}}\mathrm{d}\tau ,$$

即为式 (1.2) 中第一个恒等式, 在上式中做替换 $\vec{k} \leftrightarrow \vec{r}$ 即得到式 (1.2) 中第二个恒等式. 对于一维情形, 式 (1.2) 化简为

$$\delta(k) = \frac{1}{2\pi}\int_{-\infty}^{\infty} \mathrm{e}^{\mathrm{i}kx}\mathrm{d}x , \ \delta(x) = \frac{1}{2\pi}\int_{-\infty}^{\infty} \mathrm{e}^{\mathrm{i}kx}\mathrm{d}k . \tag{1.3}$$

1.1.2   常用正交曲线坐标系中的梯度算符

在定量描述三维空间中的一个矢量时, 需要给定该矢量的坐标. 坐标系的选择主要基于系统的对称性. 常用的坐标系有直角坐标系、柱坐标系和球坐标系, 这三种坐标之间的关系如图 1.1 所示.

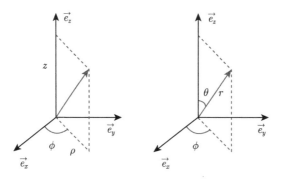

(a) 柱坐标系与直角坐标系   (b) 球坐标系与直角坐标系

图 1.1   直角坐标、柱坐标和球坐标关系示意图

直角坐标系简便直接, 三个基矢方向两两垂直, 分别标记为 $\vec{e}_x$、$\vec{e}_y$、$\vec{e}_z$, 或简单记为 $\vec{e}_i$ ($i = 1, 2, 3$ 分别对应 x, y, z). 梯度算符 ∇ 是矢量算符, 其定义是

$$\nabla = \vec{e}_x\frac{\partial}{\partial x} + \vec{e}_y\frac{\partial}{\partial y} + \vec{e}_z\frac{\partial}{\partial z}.$$

任意矢量函数 $\vec{a} = a_x \vec{e}_x + a_y \vec{e}_y + a_z \vec{e}_z$, 其散度和旋度为

$$\nabla \cdot \vec{a} = \frac{\partial a_x}{\partial x} + \frac{\partial a_y}{\partial y} + \frac{\partial a_z}{\partial z},$$

$$\nabla \times \vec{a} = \vec{e}_x \left(\frac{\partial a_z}{\partial y} - \frac{\partial a_y}{\partial z} \right) + \vec{e}_y \left(\frac{\partial a_x}{\partial z} - \frac{\partial a_z}{\partial x} \right) + \vec{e}_z \left(\frac{\partial a_y}{\partial x} - \frac{\partial a_x}{\partial y} \right).$$

拉普拉斯 (Pierre-Simon Laplace) 算符 ∇^2 作用于任意标量函数 Ψ 上写为

$$\nabla^2 \Psi = \frac{\partial^2 \Psi}{\partial x^2} + \frac{\partial^2 \Psi}{\partial y^2} + \frac{\partial^2 \Psi}{\partial z^2}.$$

在柱坐标系中, 三维空间坐标记为 ρ、ϕ、z (图 1.1(a)), 在直角坐标和柱坐标系中的单位矢量 $\vec{e}_z$ 是一致的, 而柱坐标的单位矢量 $\vec{e}_\rho$、$\vec{e}_\phi$ 与直角坐标的单位矢量 $\vec{e}_x$、$\vec{e}_y$ 之间的变换关系为

$$\vec{e}_\rho = \cos\phi \vec{e}_x + \sin\phi \vec{e}_y , \quad \vec{e}_\phi = -\sin\phi \vec{e}_x + \cos\phi \vec{e}_y ,$$

$$\vec{e}_x = \cos\phi \vec{e}_\rho - \sin\phi\, \vec{e}_\phi , \quad \vec{e}_y = \sin\phi \vec{e}_\rho + \cos\phi\, \vec{e}_\phi .$$

两个坐标系内坐标 z 相同, (ρ, ϕ) 与直角坐标系 (x, y) 的变换关系为

$$\rho = \sqrt{x^2 + y^2} , \qquad \phi = \arctan\left(\frac{y}{x} \right) , \qquad -\infty < x, y < +\infty,$$

$$x = \rho\cos\phi , \qquad y = \rho\sin\phi , \qquad 0 \leqslant \rho < \infty, 0 \leqslant \phi < 2\pi.$$

在柱坐标系中 $\nabla = \vec{e}_\rho \dfrac{\partial}{\partial \rho} + \vec{e}_\phi \dfrac{\partial}{\rho \partial \phi} + \vec{e}_z \dfrac{\partial}{\partial z}$. 任意矢量 $\vec{a}$ 的散度、旋度以及拉普拉斯算符作用于标量函数 Ψ 上写为

$$\nabla \cdot \vec{a} = \frac{1}{\rho} \frac{\partial}{\partial \rho} (\rho a_\rho) + \frac{1}{\rho} \frac{\partial a_\phi}{\partial \phi} + \frac{\partial a_z}{\partial z},$$

$$\nabla \times \vec{a} = \vec{e}_\rho \left(\frac{1}{\rho} \frac{\partial a_z}{\partial \phi} - \frac{\partial a_\phi}{\partial z} \right) + \vec{e}_\phi \left(\frac{\partial a_\rho}{\partial z} - \frac{\partial a_z}{\partial \rho} \right) + \vec{e}_z \frac{1}{\rho} \left(\frac{\partial (\rho a_\phi)}{\partial \rho} - \frac{\partial a_\rho}{\partial \phi} \right),$$

$$\nabla^2 \Psi = \frac{1}{\rho} \frac{\partial}{\partial \rho} \left(\rho \frac{\partial \Psi}{\partial \rho} \right) + \frac{1}{\rho^2} \frac{\partial^2 \Psi}{\partial \phi^2} + \frac{\partial^2 \Psi}{\partial z^2}.$$

在球坐标中三个单位矢量 $\vec{e}_r$、$\vec{e}_\theta$、$\vec{e}_\phi$ 与直角坐标系的单位矢量之间关系由

$$\vec{e}_r = \sin\theta\cos\phi \vec{e}_x + \sin\theta\sin\phi \vec{e}_y + \cos\theta \vec{e}_z,$$

$$\vec{e}_\theta = \cos\theta\cos\phi \vec{e}_x + \cos\theta\sin\phi \vec{e}_y - \sin\theta \vec{e}_z,$$

$$\vec{e}_\phi = -\sin\phi \vec{e}_x + \cos\phi \vec{e}_y,$$

及其逆变换

$$\vec{e}_x = \sin\theta\cos\phi\,\vec{e}_r + \cos\theta\cos\phi\,\vec{e}_\theta - \sin\phi\,\vec{e}_\phi\,,$$

$$\vec{e}_y = \sin\theta\sin\phi\,\vec{e}_r + \cos\theta\sin\phi\,\vec{e}_\theta + \cos\phi\,\vec{e}_\phi\,,$$

$$\vec{e}_z = \cos\theta\,\vec{e}_r - \sin\theta\,\vec{e}_\theta$$

给出. 球坐标系下的坐标记为 r、θ、ϕ (图 1.1(b)), 这三个坐标与直角坐标的关系为

$$x = r\sin\theta\cos\phi\,, \quad r = \sqrt{x^2+y^2+z^2}\,, \quad -\infty < x < \infty\,,\ 0 \leqslant r < \infty\,,$$
$$y = r\sin\theta\sin\phi\,, \quad \theta = \arctan\frac{z}{\sqrt{x^2+y^2}}\,, \quad -\infty < y < \infty\,,\ 0 \leqslant \theta \leqslant \pi\,,$$
$$z = r\cos\theta\,, \quad\quad\ \phi = \arctan(y/x)\,, \quad -\infty < z < \infty\,,\ 0 \leqslant \phi < 2\pi\,.$$

在球坐标系中, $\nabla = \vec{e}_r\dfrac{\partial}{\partial r} + \vec{e}_\theta\dfrac{1}{r}\dfrac{\partial}{\partial\theta} + \vec{e}_\phi\dfrac{1}{r\sin\theta}\dfrac{\partial}{\partial\phi}$. 任意矢量 $\vec{a}$ 的散度、旋度以及拉普拉斯算符作用于标量函数 Ψ 上写为

$$\nabla\cdot\vec{a} = \frac{1}{r^2}\frac{\partial}{\partial r}\left(r^2 a_r\right) + \frac{1}{r\sin\theta}\frac{\partial(\sin\theta a_\theta)}{\partial\theta} + \frac{1}{r\sin\theta}\frac{\partial a_\phi}{\partial\phi}\,,$$

$$\nabla\times\vec{a} = \frac{\vec{e}_r}{r\sin\theta}\left(\frac{\partial(\sin\theta a_\phi)}{\partial\theta} - \frac{\partial a_\theta}{\partial\phi}\right) + \frac{\vec{e}_\theta}{r}\left(\frac{1}{\sin\theta}\frac{\partial a_r}{\partial\phi} - \frac{\partial(r a_\phi)}{\partial r}\right)$$

$$+ \frac{\vec{e}_\phi}{r}\left(\frac{\partial(r a_\theta)}{\partial r} - \frac{\partial a_r}{\partial\theta}\right),$$

$$\nabla^2\Psi = \frac{1}{r}\frac{\partial^2(r\Psi)}{\partial r^2} + \frac{1}{r^2\sin\theta}\frac{\partial}{\partial\theta}\left(\sin\theta\frac{\partial\Psi}{\partial\theta}\right) + \frac{1}{r^2\sin^2\theta}\frac{\partial^2\Psi}{\partial\phi^2}$$

$$= \frac{1}{r^2}\frac{\partial}{\partial r}\left(r^2\frac{\partial\Psi}{\partial r}\right) + \frac{1}{r^2\sin\theta}\frac{\partial}{\partial\theta}\left(\sin\theta\frac{\partial\Psi}{\partial\theta}\right) + \frac{1}{r^2\sin^2\theta}\frac{\partial^2\Psi}{\partial\phi^2}. \tag{1.4}$$

我们在本书中把微分算符的标记做如下简化: $\dfrac{\partial}{\partial x} \equiv \partial_x, \dfrac{\partial^2}{\partial x^2} \equiv \partial_x^2, \nabla = \displaystyle\sum_i \vec{e}_i\partial_i$ ($i = 1, 2, 3$ 分别对应 x, y, z 分量).

1.1.3　矢量运算和微分运算

电磁场是矢量场, 麦克斯韦方程组常用微分形式表示, 所以我们需要熟悉矢量运算和微分运算. 不难验证, 任意三个矢量 $\vec{a}_1$、$\vec{a}_2$、$\vec{a}_3$ 的乘法满足有下列关系:

$$\vec{a}_1 \times (\vec{a}_2 \times \vec{a}_3) = (\vec{a}_1\cdot\vec{a}_3)\vec{a}_2 - (\vec{a}_1\cdot\vec{a}_2)\vec{a}_3,$$
$$(\vec{a}_1 \times \vec{a}_2)\cdot\vec{a}_3 = \vec{a}_1\cdot(\vec{a}_2 \times \vec{a}_3). \tag{1.5}$$

设 a_0、b_0 是两个任意标量函数, $\vec{a}_1$、$\vec{a}_2$ 是两个任意矢量函数, 我们可以得到下列恒等式:

$$\nabla \times (\nabla a_0) = 0,$$

$$\nabla \cdot (\nabla \times \vec{a}_1) = 0,$$

$$\nabla(a_0 b_0) = (\nabla a_0)b_0 + a_0(\nabla b_0),$$

$$\nabla \cdot (a_0 \vec{a}_1) = (\nabla a_0) \cdot \vec{a}_1 + a_0(\nabla \cdot \vec{a}_1),$$

$$\nabla \times (\nabla \times \vec{a}_1) = \nabla(\nabla \cdot \vec{a}_1) - \nabla^2 \vec{a}_1,$$

$$\nabla \cdot (\vec{a}_1 \times \vec{a}_2) = (\nabla \times \vec{a}_1) \cdot \vec{a}_2 - \vec{a}_1 \cdot (\nabla \times \vec{a}_2), \tag{1.6}$$

$$\nabla(\vec{a}_1 \cdot \vec{a}_2) = \vec{a}_1 \times (\nabla \times \vec{a}_2) + \vec{a}_2 \times (\nabla \times \vec{a}_1) + (\vec{a}_1 \cdot \nabla)\vec{a}_2 + (\vec{a}_2 \cdot \nabla)\vec{a}_1,$$

$$\nabla \times (\vec{a}_1 \times \vec{a}_2) = (\nabla \cdot \vec{a}_2 + \vec{a}_2 \cdot \nabla)\vec{a}_1 - (\nabla \cdot \vec{a}_1 + \vec{a}_1 \cdot \nabla)\vec{a}_2,$$

$$(\nabla \times \vec{a}_1) \times \vec{a}_2 = \vec{a}_2 \cdot (\nabla \vec{a}_1) - (\nabla \vec{a}_1) \cdot \vec{a}_2,$$

$$\nabla \times (a_0 \vec{a}_1) = \nabla a_0 \times \vec{a}_1 + a_0 \nabla \times \vec{a}_1,$$

式中倒数第二个等式的等号右边括号内是并矢, 其定义见 1.1.4 节. 在直角坐标系中对以上各式的左边逐项展开, 容易验证上面各式左右两边都相等. 这些恒等式也可以用一个简便的方法来 " 理解", 不需要在直角坐标系内逐项写出各个分量, 只需考虑梯度算符 ∇ 是矢量算符: ∇ 在运算中既表现出矢量运算的特点, 又是一个微分算符, 要依次作用于每一个函数. 例如式 (1.6) 中最后一个等式, 等式右边矢量的方向由 ∇ 和 $\vec{a}_1$ 决定, 同时 ∇ 要分别作用在标量函数 a_0 和矢量函数 $\vec{a}_1$ 上, 即得到等式右边的结果. 再举一例, 我们在式 (1.5) 的第一式中令 $\vec{a}_1$ 为常矢量, $\vec{a}_2$ 换成 ∇ 算符, $\vec{a}_3$ 换成 $\vec{a}_2$, 可得 $\vec{a}_1 \times (\nabla \times \vec{a}_2) = (\nabla \vec{a}_2) \cdot \vec{a}_1 - (\vec{a}_1 \cdot \nabla) \vec{a}_2$, 同样可得 $\vec{a}_2 \times (\nabla \times \vec{a}_1) = (\nabla \vec{a}_1) \cdot \vec{a}_2 - (\vec{a}_2 \cdot \nabla) \vec{a}_1$; 而 $\nabla(\vec{a}_1 \cdot \vec{a}_2) = (\nabla \vec{a}_1) \cdot \vec{a}_2 + (\nabla \vec{a}_2) \cdot \vec{a}_1$; 把这三个关系综合起来即得到式 (1.6) 中的第七式. 作为式 (1.6) 中的第四式和最后一式的特例, 设 $\vec{E}_0$ 和 $\vec{k}$ 是常矢量, 我们得到

$$\nabla \cdot \left(\vec{E}_0 \mathrm{e}^{\mathrm{i}\vec{k} \cdot \vec{r}}\right) = \mathrm{i}\vec{k} \cdot \vec{E}_0 \mathrm{e}^{\mathrm{i}\vec{k} \cdot \vec{r}}, \quad \nabla \times \left(\vec{E}_0 \mathrm{e}^{\mathrm{i}\vec{k} \cdot \vec{r}}\right) = \mathrm{i}\vec{k} \times \vec{E}_0 \mathrm{e}^{\mathrm{i}\vec{k} \cdot \vec{r}}. \tag{1.7}$$

在运算中我们经常用到高斯 (Johann Carl Friedrich Gauss) 定理和斯托克斯 (George Gabriel Stokes) 公式, 其形式分别为

$$\oint_S \vec{a}_1 \cdot \mathrm{d}\vec{S} = \int (\nabla \cdot \vec{a}_1)\mathrm{d}\tau,$$

$$\oint_L \vec{a}_1 \cdot \mathrm{d}\vec{l} = \int_S (\nabla \times \vec{a}_1) \cdot \mathrm{d}\vec{S}. \tag{1.8}$$

在第一个恒等式 (高斯定理) 中 $\vec{S}$ 的方向是积分区域 τ 在界面处的外法线方向,

S 为 τ 的外表面; 在第二个恒等式 (斯托克斯公式) 中 $\vec{S}$ 的方向由 $\mathrm{d}\vec{l}$ 遵循右手定则而决定, S 为积分回路 L 围起来的任意曲面.

在直角坐标系中或球坐标系中都很容易验证下列恒等式:

$$\nabla \cdot \vec{r} = 3, \quad \nabla r = \vec{e}_r, \quad \nabla \frac{1}{r} = -\frac{1}{r^2}\vec{e}_r = -\frac{\vec{r}}{r^3},$$

$$\nabla \cdot \vec{e}_r = \nabla \cdot \frac{\vec{r}}{r} = \left(\nabla \frac{1}{r}\right) \cdot \vec{r} + \frac{1}{r}\nabla \cdot \vec{r} = \frac{2}{r}, \tag{1.9}$$

其中前两式可直接利用微分算符的定义验证, 后两式可以利用前两式很方便地得到, 最后一个恒等式也可以在式 (1.4) 的第一个等式中令 $a_r = 1$、$a_\theta = a_\phi = 0$ 直接得到. 如果 $r \neq 0$, 由式 (1.4) 中的第三个等式可以得到

$$\nabla^2 \frac{1}{r} = \frac{1}{r}\partial_r^2 \left(r\frac{1}{r}\right) = 0 \quad (r \neq 0). \tag{1.10}$$

$\frac{1}{r}$ 在 $r = 0$ 处发散, $\nabla^2 \frac{1}{r} = \infty \ (r = 0)$; 对 $\nabla^2 \frac{1}{r}$ 作三维空间积分, 有

$$\int \nabla^2 \frac{1}{r}\mathrm{d}\tau = \int \nabla \cdot \left(\nabla \frac{1}{r}\right)\mathrm{d}\tau = \oint \left(\nabla \frac{1}{r}\right) \cdot \mathrm{d}\vec{S} = \oint \left(-\frac{1}{r^2}\right)\vec{e}_r \cdot r^2 \vec{e}_r \mathrm{d}\Omega = -4\pi. \tag{1.11}$$

式中 $\mathrm{d}\vec{S} = r^2 \vec{e}_r \mathrm{d}\Omega$, Ω 是立体角. 这里第二步使用了式 (1.8) 中高斯定理, 第三步使用了式 (1.9) 的第三式. 由式 (1.10) 和式 (1.11) 以及 δ 函数的定义, 得到恒等式

$$\nabla^2 \frac{1}{r} = -4\pi\delta(\vec{r}). \tag{1.12}$$

1.1.4 并矢运算

在计算中利用并矢标记张量是方便的. 所谓并矢就是把两个 (或多个) 矢量 "并" 在一起作为一个量. 设有四个矢量 $\vec{a}$、$\vec{b}$、$\vec{c}$ 和 $\vec{d}$, 二阶并矢 $\vec{a}\vec{b}$ 和 $\vec{b}\vec{a}$ 的定义分别为

$$\vec{a}\vec{b} \equiv \sum_{ij} a_i b_j \vec{e}_i \vec{e}_j, \quad \vec{b}\vec{a} \equiv \sum_{ij} b_i a_j \vec{e}_i \vec{e}_j,$$

在一般情况下 $\vec{a}\vec{b} \neq \vec{b}\vec{a}$. 并矢的运算满足结合律

$$\left(\vec{a}\vec{b}\right) \cdot \vec{c} = \vec{a}\left(\vec{b} \cdot \vec{c}\right), \quad \vec{a} \cdot \left(\vec{b}\vec{c}\right) = (\vec{a} \cdot \vec{b})\vec{c}. \tag{1.13}$$

并矢双点乘运算的定义为

$$\vec{a}\vec{b} : \vec{c}\vec{d} = (\vec{b} \cdot \vec{c})(\vec{a} \cdot \vec{d}). \tag{1.14}$$

在直角坐标系、柱坐标系和球坐标系中二阶单位并矢的形式分别为

$$\overrightarrow{I} = \vec{e}_x\vec{e}_x + \vec{e}_y\vec{e}_y + \vec{e}_z\vec{e}_z,$$
$$\overrightarrow{I} = \vec{e}_\rho\vec{e}_\rho + \vec{e}_\phi\vec{e}_\phi + \vec{e}_z\vec{e}_z,$$
$$\overrightarrow{I} = \vec{e}_r\vec{e}_r + \vec{e}_\theta\vec{e}_\theta + \vec{e}_\phi\vec{e}_\phi,$$

单位并矢具有如下性质

$$\overrightarrow{I}\cdot\vec{a} = \vec{a}\cdot\overrightarrow{I} = \vec{a}, \quad \nabla\varphi = \nabla\cdot\left(\overrightarrow{I}\varphi\right).$$

式中 φ 为任意标量函数. 容易验证

$$\nabla\vec{r} = \overrightarrow{I}, \quad \nabla\nabla\frac{1}{r} = \frac{1}{r^3}\left(3\vec{e}_r\vec{e}_r - \overrightarrow{I}\right),$$
$$\nabla\cdot(\vec{a}_1\vec{a}_2) = (\nabla\cdot\vec{a}_1)\,\vec{a}_2 + \vec{a}_1\cdot(\nabla\vec{a}_2),$$
$$\nabla\cdot(\vec{a}_1\vec{a}_2\vec{a}_3) = (\nabla\cdot\vec{a}_1)\,\vec{a}_2\vec{a}_3 + (\vec{a}_1\cdot\nabla\vec{a}_2)\,\vec{a}_3 + \vec{a}_2\,(\vec{a}_1\cdot\nabla\vec{a}_3). \tag{1.15}$$

上式中最后两个等式可以像在式 (1.6) 中那样 "理解", 即考虑微分算符 ∇ 具有矢量运算的性质; 这里 ∇ 除了作用在第一个矢量函数 $\vec{a}_1$ 上之外, 还和 $\vec{a}_1$ 收缩为标量算符, 依次作用于其他函数上. 更一般地,

$$\nabla\cdot(\vec{a}_1\vec{a}_2\vec{a}_3\vec{a}_4\cdots\vec{a}_n) = (\nabla\cdot\vec{a}_1)\,\vec{a}_2\vec{a}_3\vec{a}_4\cdots\vec{a}_n + (\vec{a}_1\cdot\nabla\vec{a}_2)\,\vec{a}_3\vec{a}_4\cdots\vec{a}_n$$
$$+\vec{a}_2\,(\vec{a}_1\cdot\nabla\vec{a}_3)\,\vec{a}_4\cdots\vec{a}_n + \vec{a}_2\vec{a}_3\,(\vec{a}_1\cdot\nabla\vec{a}_4)\cdots\vec{a}_n$$
$$+ \cdots + \vec{a}_2\vec{a}_3\vec{a}_4\cdots(\vec{a}_1\cdot\nabla\vec{a}_n).$$

基于方便, 我们在本书中标记 $\vec{R} = \vec{r} - \vec{r}'$. 在 $|\vec{r}'| \ll |\vec{r}|$ 时, 标量函数 $f(\vec{R})$ 在 $\vec{R} = \vec{r}$ 处作泰勒 (Brook Taylor) 展开到二阶小量,

$$f(\vec{R}) = f(\vec{r} - \vec{r}') = f(\vec{r}) + (-\vec{r}')\cdot\nabla f(\vec{r}) + \frac{1}{2}\vec{r}'\vec{r}' : \nabla\nabla f(\vec{r}) + \cdots. \tag{1.16}$$

上式的一个特例是

$$\frac{1}{R} = \frac{1}{|\vec{r} - \vec{r}'|} = \frac{1}{r} + (-\vec{r}')\cdot\nabla\frac{1}{r} + \frac{1}{2}\vec{r}'\vec{r}' : \nabla\nabla\frac{1}{r} + \cdots. \tag{1.17}$$

1.1.5 勒让德多项式和球谐函数

式 (1.17) 还可以用勒让德多项式展开. 当 $r' < r$ 时,

$$\frac{1}{R} = \frac{1}{r}\sum_l\left(\frac{r'}{r}\right)^l P_l(\cos\Theta), \tag{1.18}$$

这里的 $P_l(\cos\Theta)$ 是勒让德多项式, Θ 是 $\vec{r}$ 和 $\vec{r}\,'$ 之间的夹角. $P_n(x)$ 的形式为

$$P_n(x) = \frac{1}{2^n n!}\frac{\mathrm{d}^n}{\mathrm{d}x^n}(x^2-1)^n = \sum_{k=0}^{\left[\frac{n}{2}\right]}\frac{(-)^k(2n-2k)!}{2^n k!(n-k)!(n-2k)!}x^{n-2k}, \tag{1.19}$$

其中

$$P_0(x) = 1, \quad P_1(x) = x, \quad P_2(x) = \frac{1}{2}(3x^2-1), \quad \cdots, \tag{1.20}$$

式 (1.19) 第二个等号右边求和号上的 $\left[\dfrac{n}{2}\right]$ 表示对 $\dfrac{n}{2}$ 取整数部分. $P_n(x)$ 具有正交性

$$\int_{-1}^{1}P_n(x)P_{n'}(x)\mathrm{d}x = \frac{2}{2n+1}\delta_{nn'}. \tag{1.21}$$

利用球谐函数 (spherical harmonics) 加法公式

$$P_l(\cos\Theta) = \frac{4\pi}{2l+1}\sum_{m=-l}^{m=l}Y_{lm}(\theta,\phi)Y_{lm}^*(\theta',\phi'). \tag{1.22}$$

可以把式 (1.18) 的右边 $P_l(\cos\Theta)$ 进一步分解为 $\vec{r}$ 和 $\vec{r}\,'$ 方位角坐标的函数. 上式中 Y_{lm} 是球谐函数, θ 和 ϕ 是 $\vec{r}$ 的方位角, θ' 和 ϕ' 是 $\vec{r}\,'$ 的方位角. 把上式代入式 (1.18) 得到 (当 $r' < r$ 时)

$$\frac{1}{R} = \sum_{lm}\frac{4\pi}{(2l+1)r^{l+1}}Y_{lm}(\theta,\phi)\left[(r')^l Y_{lm}^*(\theta',\phi')\right]. \tag{1.23}$$

球谐函数是常用的特殊函数之一. 静电场拉普拉斯方程通解的角向部分和中心势下单体薛定谔方程的角向部分都是球谐函数. 这里列出 $l \leqslant 2$ 的球谐函数形式.

$$Y_{00}(\theta,\phi) = \frac{1}{\sqrt{4\pi}}, \qquad\qquad Y_{10}(\theta,\phi) = \sqrt{\frac{3}{4\pi}}\cos\theta,$$

$$Y_{1\pm1}(\theta,\phi) = \mp\sqrt{\frac{3}{8\pi}}\sin\theta\mathrm{e}^{\pm\mathrm{i}\phi}, \qquad Y_{20}(\theta,\phi) = \sqrt{\frac{5}{16\pi}}\left(3\cos^2\theta - 1\right),$$

$$Y_{2\pm1}(\theta,\phi) = \mp\sqrt{\frac{15}{8\pi}}\cos\theta\sin\theta\mathrm{e}^{\pm\mathrm{i}\phi}, \quad Y_{2\pm2}(\theta,\phi) = \sqrt{\frac{15}{32\pi}}\sin^2\theta\mathrm{e}^{\pm\mathrm{i}2\phi}.$$

球谐函数满足正交归一性

$$\int Y_{lm}(\theta,\phi)Y_{l'm'}^*(\theta,\phi)\mathrm{d}\Omega = \delta_{ll'}\delta_{mm'},$$

式中 $\mathrm{d}\Omega = \sin\theta\mathrm{d}\theta\mathrm{d}\phi$.

在空间反演时, $\vec{r} \to -\vec{r}$; 在球坐标系下空间反演变换为 $(r, \theta, \phi) \to (r, \pi-\theta, \pi+\phi)$. 球谐函数 $Y_{lm}(\theta, \phi)$ 在空间反演变换下满足下列对称性:

$$Y_{lm}(\theta, \phi) \to Y_{lm}(\pi - \theta, \pi + \phi) = (-1)^l Y_{lm}(\theta, \phi). \tag{1.24}$$

本节旨在复习矢量和微分运算以及本书涉及的少数特殊函数. 建议初学者在课后反复练习. 熟练掌握这些数学基础对于本课程的学习大有帮助.

1.2　恒定的电场与磁场

本节讨论静电场和静磁场. 电场和磁场是电磁场的两个侧面, 磁场部分为零时的恒定电磁场为静电场, 其性质由电场强度 $\vec{E}$ 描述; 电场强度为零的恒定电磁场为静磁场, 其性质由磁感应强度 $\vec{B}$ 描述. 描写静电场的电场强度 $\vec{E}$ 和描写静磁场的磁感应强度 $\vec{B}$ 都是矢量, 由各自的散度和旋度方程出发, 加上必要的边界条件即可唯一地确定 $\vec{E}$ 和 $\vec{B}$, 这种唯一性可以作为麦克斯韦方程组完备性 (详见 1.3 节) 的一个特例. 这里我们由实验定律出发, 分别给出静电场的电场强度 $\vec{E}$、静磁场的磁感应强度 $\vec{B}$ 所满足的散度和旋度方程.

1.2.1　电荷和静电场

电荷像长度、质量一样是物质的一种属性, 是产生电现象的源. 电量指的是电荷数量的多少. 微观带电粒子的电量是量子化的. 最常见的微观带电粒子是电子——"电子"中英文原意都为电的"子"或者电荷的基本单元. 电子是汤姆孙 (Joseph John Thomson) 在 1897 年发现的, 现在人们认为它是一种基本粒子 (轻子), 其质量为 $m_e = 9.10938215(45) \times 10^{-31}$ kg, 内禀磁矩为 $\mu_e = -9.284764620(57) \times 10^{-24}$ J/T, 在 2019 年 5 月起生效的国际单位制中电子的电量定义为 $q_e = -1.602176634 \times 10^{-19}$ C, 目前实验上在 10^{-19} m 量级尚未发现电子结构, 习惯上把它当成点粒子. 另一种常见的带电粒子是质子, 其电荷半径为 $0.8414(19)$ fm (10^{-15} m) (在核物理中因为核子之间平均距离约为 2.4 fm, 因此基于方便常用 1.2 fm "标记" 核子的半径), 电量与电子的电量相差一个负号, 质量为 $1.672621898(21) \times 10^{-27}$ kg. 原子核由质子和中子组成, 中子不带电, 质量为 $1.674927471(21) \times 10^{-27}$ kg (与质子质量接近). 在夸克模型中, 质子和中子都是重子, 由三个组分夸克构成, 每个夸克带有正电子电量的 2/3 倍或电子电量的 1/3 倍. 然而自然界中没有自由夸克, 实验室观测的微观粒子 (重子、介子、轻子、中间玻色子) 的电荷都是电子电量的整数倍, 这种现象称为微观粒子电荷的量子化现象. 这一现象的起源至今还没有令人满意的解释.

单个微观带电粒子的体积在宏观尺度上非常小, 人们在处理宏观尺度的电荷系统时通常把分子、原子、离子、电子作为点粒子处理. 在宏观尺度上这些带电粒子

数量非常之多 (如 63.5 g 的铜内约有 6.022×10^{23} 个自由电子), 而每个粒子的体积和电量又非常之小, 作为近似可认为带电粒子的体积和电量都是无穷小, 因此在研究宏观电磁现象时把电荷分布近似成空间连续分布是很合适的. 简而言之, 我们用 δ 函数描写微观带电粒子 (如电子) 的电荷分布, 而在宏观电磁现象中用连续函数描写电荷/电流的密度分布. 这种 "微观上量子化、宏观上无限小" 是物理学中对于电荷/电流系统常用的描述方法.

设在真空中有一个点电荷 q_0 处于坐标原点, 在空间 $\vec{r}$ 处有另外一个点电荷 q, 点电荷 q_0 对点电荷 q 的作用力 $\vec{F}$ 由库仑定律给出

$$\vec{F} = \frac{q_0 q}{4\pi\epsilon_0} \frac{\vec{r}}{r^3}, \tag{1.25}$$

式中 $\epsilon_0 = 8.8541878128(13) \times 10^{-12}$ F/m, 称为真空介电常量.

由力的叠加性, 如果在空间 $\vec{r}_1, \vec{r}_2, \vec{r}_3, \cdots, \vec{r}_N$ 处分别有点电荷 $q_1, q_2, q_3, \cdots, q_N$, 这些点电荷对 $\vec{r}$ 处的点电荷 q 的作用力 $\vec{F}$ 为

$$\vec{F} = \left[\frac{1}{4\pi\epsilon_0} \sum_i (\vec{r} - \vec{r}_i) \frac{q_i}{|\vec{r} - \vec{r}_i|^3} \right] q. \tag{1.26}$$

更一般地, 如果一个电荷系统的电荷密度为 $\rho(\vec{r}\,')$, 在空间 $\vec{r}$ 处孤立的点电荷 q 受到该电荷系统的作用力 $\vec{F}$ 为

$$\vec{F} = \left[\frac{1}{4\pi\epsilon_0} \int (\vec{r} - \vec{r}\,') \frac{\rho(\vec{r}\,')}{|\vec{r} - \vec{r}\,'|^3} \mathrm{d}\tau' \right] q. \tag{1.27}$$

我们引入标记

$$\vec{E}(\vec{r}) = \frac{1}{4\pi\epsilon_0} \int (\vec{r} - \vec{r}\,') \frac{\rho(\vec{r}\,')}{|\vec{r} - \vec{r}\,'|^3} \mathrm{d}\tau', \tag{1.28}$$

$\vec{E}(\vec{r})$ 称为电荷密度为 $\rho(\vec{r}\,')$ 的电荷系统在 $\vec{r}$ 处产生的电场强度. 场的概念是由法拉第在 1831 年从流体力学中的 "力线" 概念引申而来的. 力线是形象地描写矢量场的方便方法, 力线疏密表示场的强弱, 力线的切线方向为矢量场的方向.

我们标记 $\vec{R} = \vec{r} - \vec{r}\,'$, 利用 $\nabla \frac{1}{R} = -\frac{\vec{R}}{R^3}$, 可以把式 (1.28) 改写为

$$\vec{E}(\vec{r}) = \frac{1}{4\pi\epsilon_0} \int \rho(\vec{r}\,') \nabla \left(-\frac{1}{R} \right) \mathrm{d}\tau' = -\nabla \left(\frac{1}{4\pi\epsilon_0} \int \frac{\rho(\vec{r}\,')}{R} \mathrm{d}\tau' \right) = -\nabla \varphi(\vec{r}), \tag{1.29}$$

$$\varphi(\vec{r}) = \frac{1}{4\pi\epsilon_0} \int \frac{\rho(\vec{r}\,')}{R} \mathrm{d}\tau', \tag{1.30}$$

$\varphi(\vec{r})$ 称为电荷密度为 $\rho(\vec{r}\,')$ 的系统在真空中的静电势函数, 简称静电势. 实验表明, 上式对于微观系统 (如高能电子与原子核散射) 仍适用.

由式 (1.29) 和式 (1.6) 的第一式得到

$$\nabla \times \vec{E}(\vec{r}) = -\nabla \times \nabla \varphi(\vec{r}) = 0, \tag{1.31}$$

即静电场 $\vec{E}(\vec{r})$ 是无旋场. 静电场 $\vec{E}(\vec{r})$ 的散度为

$$\nabla \cdot \vec{E}(\vec{r}) = \nabla \cdot \nabla \left(-\frac{1}{4\pi\epsilon_0} \int \frac{\rho(\vec{r}\,')}{R} \mathrm{d}\tau' \right) = -\frac{1}{4\pi\epsilon_0} \int \rho(\vec{r}\,') \nabla^2 \frac{1}{R} \mathrm{d}\tau'$$

$$= -\frac{1}{4\pi\epsilon_0} \int \rho(\vec{r}\,') \left[-4\pi\delta(\vec{r} - \vec{r}\,') \right] \mathrm{d}\tau' = \frac{\rho(\vec{r})}{\epsilon_0}. \tag{1.32}$$

这里第三步利用了式(1.12), 即 $\nabla^2 \dfrac{1}{R} = -4\pi\delta(\vec{R})$. 由式 (1.31) 和式 (1.32) 可知, 静电场是**有源无旋场**. 把式 (1.29) 代入上式, 得到真空中静电势 φ 的泊松 (Simeon-Denis Poisson) 方程

$$\nabla^2 \varphi(\vec{r}) = -\rho(\vec{r})/\epsilon_0. \tag{1.33}$$

例题 1.1 求半径为 a、电荷密度为 ρ_0 的均匀带电介质球体内外的电场强度.

解答 因为球对称性, 在以球心为中心、半径为 r 的球面 S 上电场强度为

$$\vec{E} = E_r \vec{e}_r. \tag{1.34}$$

由式 (1.32) 和高斯定理, 得

$$\oint \vec{E} \cdot \mathrm{d}\vec{S} = \frac{Q}{\epsilon_0}, \tag{1.35}$$

Q 是积分曲面 S 围起来的体积内总电荷. 由上式可得

$$r \leqslant a: \quad 4\pi r^2 E_r = \frac{1}{\epsilon_0} \left(\frac{4\pi}{3} r^3 \rho_0 \right) ;$$

$$r > a: \quad 4\pi r^2 E_r = \frac{1}{\epsilon_0} \left(\frac{4\pi}{3} a^3 \rho_0 \right) .$$

上式整理后得到

$$r \leqslant a : \vec{E}(\vec{r}) = \frac{\rho_0 r}{3\epsilon_0} \vec{e}_r; \quad r > a : \vec{E}(\vec{r}) = \frac{a^3 \rho_0}{3\epsilon_0 r^2} \vec{e}_r. \tag{1.36}$$

例题 1.2 试证明: 处于其他电荷产生的静电场中的点电荷不可能处于稳定的力学平衡态, 即静电场中的点电荷不存在稳定的力学平衡.

解答　采用反证法, 假定静电场中的某点电荷处于稳定的力学平衡态, 则该点电荷偏离平衡位置时必须有一个恢复力, 该恢复力是其他静电荷产生的电场提供的, 力的方向指向平衡位置. 不失一般性, 设该点电荷 q 为正电荷, 空间位置为 P 点, 那么包围 P 点的任意小闭合曲面上由其他电荷产生的静电场电场强度 $\vec{E}$ 必须指向 P 处. 为简单 (但不失一般性), 可以取球形的闭合曲面, 点电荷 q 的位置为球心, 如图 1.2 所示. 显然, 该闭合曲面的电通量 $\oint \vec{E} \cdot \mathrm{d}\vec{S} < 0$, 这要求该系统在 P 处有一个负的点电荷. 而这与我们的假设矛盾: 在该系统中 P 处没有其他的电荷. 由此可知, 在静电场点电荷不存在稳定的力学平衡状态, 这一结论是英国数学家恩绍 (Samuel Earnshaw) 在 1842 年证明的, 称为恩绍定理.

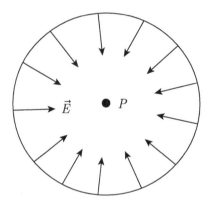

图 1.2　点电荷 q 在静电场中稳定平衡时的静电场 (不包括 q 的电场) 电场强度分布假想图

　　静电系统这种不稳定性的概念是很重要的. 静电系统保持稳定的力学平衡态需要其他种力的参与. 原子由原子核和电子组成, 然而原子不是简单的静电学结构, 即把原子想象成受到库仑定律支配的、静止状态的电荷系统是错误的. 而把原子简单地看成电子围绕原子核做轨道转动的经典图像 (即行星模型) 也不正确, 圆周运动是加速运动, 我们在本书的第 7 章将看到加速运动的带电粒子辐射能量, 在这种图像下电子轨道半径在很短的时间内变成零, 即原子迅速坍缩, 这是与实际不符的. 原子结构的正确图像是量子力学给出的, 电子以概率波形式存在于原子核的周围.

　　原子核是由质子和中子 (统称为核子) 组成的微观系统, 因为纯粹的静电系统没有稳定的力学平衡, 所以原子核也不可能是单纯的静电系统, 原子核内的核子之间除了电磁相互作用以外还存在以短程吸引为主的强相互作用.

1.2.2　电流和静磁场

　　运动的电荷形成电流. 在普通物理实验中的直流电是自由电子在导线中 "流动" 形成的, 就像河水在河道里流动一样. 原则上电流不限于导线内部, 比如在加速器中被加速的带电粒子流也形成电流. 在电路问题中, 我们常用电流强度 I 描写电流, 指的是单位时间内通过导线截面的电荷量; 对于更普遍情况, 我们用电流密度 $\vec{J}$ 来描述电流. 电流密度指的是单位时间通过单位横截面的电荷量, 通过一个曲面 S 的电流强度为 $I = \int_S \vec{J} \cdot \mathrm{d}\vec{S}$.

电荷守恒定律像能量和动量守恒一样, 是自然界中精确的物理定律. 电荷可以迁移, 然而既不消失, 也不凭空而生, 总电荷是守恒量. 对于一个子系统, 单位时间内流出的电量等于单位时间内该系统内部总电量的减少值, 即

$$\oint_S \vec{J} \cdot \mathrm{d}\vec{S} = -\frac{\mathrm{d}}{\mathrm{d}t}\left(\int \rho \mathrm{d}\tau\right). \tag{1.37}$$

利用式 (1.8) 的高斯定理, 上式可以改写为

$$\int \left(\nabla \cdot \vec{J} + \frac{\partial \rho}{\partial t}\right) \mathrm{d}\tau = 0, \tag{1.38}$$

式 (1.37) 和式 (1.38) 称为电荷守恒定律, 其微分形式为

$$\nabla \cdot \vec{J} + \partial_t \rho = 0. \tag{1.39}$$

电流的磁效应是奥斯特在 1820 年发现的. 奥斯特实验告诉我们, 磁现象与电现象是有联系的, 电流产生磁场. 然而两者也有区别. 电场源于电荷, 在自然界中存在许多带电荷的粒子 (如电子、质子等), 然而在实验上迄今还没有发现自由磁荷. 关于磁现象的一个简单图像是安培 (Andre-Marie Ampère) 提出的分子电流, 即把每个分子看成一个微观电流环, 每个微观电流环看成一个磁偶极子.

关于磁现象有两个著名定律, 一个是毕奥 (Jean-Baptiste Biot)-萨伐尔 (Felix Savart) 定律, 另一个是安培环路定理. 毕奥-萨伐尔定律讨论的是两个恒定电流元之间的相互作用力, 电流元 $\vec{J}'(\vec{r}')\mathrm{d}\tau'$ 对电流元 $\vec{J}(\vec{r})\mathrm{d}\tau$ 的作用力为

$$\mathrm{d}^2\vec{F}_{\vec{J}' \to \vec{J}} = \vec{J}(\vec{r})\mathrm{d}\tau \times \left[\frac{\mu_0}{4\pi}\frac{\left(\vec{J}'(\vec{r}')\mathrm{d}\tau'\right) \times \vec{R}}{R^3}\right] = \vec{J}(\vec{r})\mathrm{d}\tau \times \mathrm{d}\vec{B}, \tag{1.40}$$

这里 $\vec{R} = \vec{r} - \vec{r}'$; μ_0 是真空的磁导率, 在传统的国际单位制中是严格定义为 $\mu_0 = 4\pi \times 10^{-7}$ H/m; 在 2019 年 5 月起生效的新国际单位制中 $\mu_0 = 1.25663706212(19) \times 10^{-6} = 4\pi \times 100000000055(15) \times 10^{-7}$ H/m. 由式 (1.40) 和式 (1.5) 的第一个等式得到

$$\mathrm{d}^2\vec{F}_{\vec{J}' \to \vec{J}} = \frac{\mu_0}{4\pi R^3}\left[(\vec{J}\mathrm{d}\tau \cdot \vec{R})\vec{J}'\mathrm{d}\tau' - (\vec{J}\mathrm{d}\tau \cdot \vec{J}'\mathrm{d}\tau')\vec{R}\right],$$

$$\mathrm{d}^2\vec{F}_{\vec{J} \to \vec{J}'} = -\frac{\mu_0}{4\pi R^3}\left[(\vec{J}'\mathrm{d}\tau' \cdot \vec{R})\vec{J}\mathrm{d}\tau - (\vec{J}\mathrm{d}\tau \cdot \vec{J}'\mathrm{d}\tau')\vec{R}\right],$$

可见 $\mathrm{d}^2\vec{F}_{\vec{j}'\to\vec{j}} \neq -\mathrm{d}^2\vec{F}_{\vec{j}\to\vec{j}'}$, 也就是说, 电流元之间的相互作用不满足牛顿第三定律. 然而, 这两个力对于各自回路积分满足牛顿第三定律. 为了证明这个结论, 我们把回路 J 的电流元 $\vec{J}\mathrm{d}\tau$ 写为 $J\mathrm{d}\vec{l}\mathrm{d}S$, 即把回路 J 切分为许多细管道的电流回路集合. 这里的 $\mathrm{d}S$ 是细管道的截面积 (在不同位置是可以变化的), $J\mathrm{d}S$ 是细管道中流过截面 $\mathrm{d}S$ 的电流强度, 对于细电流管道回路 l 而言这个电流强度是一个**定值**, $\mathrm{d}\vec{l}$ 是沿着电流方向的管道长度微元. 类似地, 我们把回路 J' 的电流元 $\vec{J}'\mathrm{d}\tau'$ 写为 $J'\mathrm{d}\vec{l}'\mathrm{d}S'$, $J'\mathrm{d}s'$ 对于细管道回路 l' 而言也是一个不变量. 回路 J' 对回路 J 的总作用力为

$$
\begin{aligned}
\vec{F}_{\vec{j}'\to\vec{j}} &= \oint_J \oint_{J'} J\mathrm{d}S\mathrm{d}\vec{l} \times \left[\frac{\mu_0}{4\pi} \frac{J'\mathrm{d}S\,'\mathrm{d}\vec{l}' \times \vec{R}}{R^3} \right] \\
&= \frac{\mu_0}{4\pi} \int_S \int_{S'} JJ'\mathrm{d}S\mathrm{d}S' \oint_l \oint_{l'} \left[\frac{\left(\mathrm{d}\vec{l}\cdot\vec{R}\right)\mathrm{d}\vec{l}'}{R^3} - \frac{\left(\mathrm{d}\vec{l}\cdot\mathrm{d}\vec{l}'\right)\vec{R}}{R^3} \right] \\
&= \frac{\mu_0}{4\pi} \int_S \int_{S'} JJ'\mathrm{d}S\mathrm{d}S' \left[-\oint_{l'} \mathrm{d}\vec{l}' \left(\oint_l \mathrm{d}\vec{l}\cdot\nabla\frac{1}{R} \right) - \oint_l \oint_{l'} \frac{\left(\mathrm{d}\vec{l}\cdot\mathrm{d}\vec{l}'\right)\vec{R}}{R^3} \right] \\
&= -\frac{\mu_0}{4\pi} \int_S \int_{S'} JJ'\mathrm{d}S\mathrm{d}S' \oint_l \oint_{l'} \frac{\left(\mathrm{d}\vec{l}\cdot\mathrm{d}\vec{l}'\right)\vec{R}}{R^3},
\end{aligned}
$$

式中最后一个等号利用了 $\oint_l \mathrm{d}\vec{l}\cdot\nabla\frac{1}{R} = \int_\sigma \left(\nabla\times\nabla\frac{1}{R}\right)\cdot\mathrm{d}\vec{\sigma} \equiv 0$, $\vec{\sigma}$ 为电流细管道 l 回路围起来的曲面. 我们类似地得到回路 J 对 J' 回路的作用力

$$
\begin{aligned}
\vec{F}_{\vec{j}\to\vec{j}'} &= \oint_J \oint_{J'} J'\mathrm{d}S'\mathrm{d}\vec{l}' \times \left[\frac{\mu_0}{4\pi} \frac{J\mathrm{d}S\mathrm{d}\vec{l} \times \left(-\vec{R}\right)}{R^3} \right] \\
&= \frac{\mu_0}{4\pi} \int_S \int_{S'} JJ'\mathrm{d}S\mathrm{d}S' \oint_l \oint_{l'} \frac{\left(\mathrm{d}\vec{l}\cdot\mathrm{d}\vec{l}'\right)\vec{R}}{R^3}.
\end{aligned}
$$

比较以上两式中 $\vec{F}_{\vec{j}'\to\vec{j}}$ 和 $\vec{F}_{\vec{j}\to\vec{j}'}$ 的结果, 显然有 $\vec{F}_{\vec{j}\to\vec{j}} = -\vec{F}_{\vec{j}\to\vec{j}'}$, 即任意恒定电流回路之间的相互作用力满足牛顿第三定律.

式 (1.40) 中的 $\vec{B}$ 称为磁感应强度 (在物理意义上应该称之为磁场强度, 是历史原因导致的误称; 在物理学中类似的误称还有反常塞曼效应等), 其国际单位为特斯拉 (以塞尔维亚裔美籍发明家和物理学家 Nikola Tesla 的姓而命名). 根据式 (1.40), 电流密度为 $\vec{J}'$ 的电流系统对应磁场的磁感应强度 $\vec{B}(\vec{r})$ 为

$$\vec{B}(\vec{r}) = \frac{\mu_0}{4\pi} \int \frac{\left(\vec{J}'(\vec{r}')\mathrm{d}\tau'\right) \times \vec{R}}{R^3} = \frac{\mu_0}{4\pi} \int \left(\nabla \frac{1}{R}\right) \times \vec{J}'(\vec{r}')\mathrm{d}\tau'$$

$$= \frac{\mu_0}{4\pi} \int \left[\left(\nabla \frac{1}{R}\right) \times \vec{J}'(\vec{r}') + \frac{1}{R}\left(\nabla \times \vec{J}'(\vec{r}')\right)\right]\mathrm{d}\tau'$$

$$= \frac{\mu_0}{4\pi} \int \left(\nabla \times \frac{\vec{J}'(\vec{r}')}{R}\right)\mathrm{d}\tau' = \nabla \times \vec{A}(\vec{r}), \tag{1.41}$$

$$\vec{A}(\vec{r}) = \frac{\mu_0}{4\pi} \int \frac{\vec{J}'(\vec{r}')}{R}\mathrm{d}\tau'. \tag{1.42}$$

在推导式 (1.41) 时我们利用了 $\nabla \times \vec{J}'(\vec{r}') = 0$ 以及式 (1.6) 中倒数第一个恒等式. 式 (1.42) 中的 $\vec{A}(\vec{r})$ 称为电流密度为 $\vec{J}'(\vec{r}')$ 的系统对应磁场的矢量势, 该磁场的磁感应强度由 $\vec{B}(\vec{r}) = \nabla \times \vec{A}(\vec{r})$ 给出. 容易验证式 (1.42) 中的磁场矢量势 $\vec{A}(\vec{r})$ 的散度为零, 即

$$\nabla \cdot \vec{A} = \frac{\mu_0}{4\pi} \int \left(\nabla \frac{1}{R}\right) \cdot \vec{J}'(\vec{r}')\mathrm{d}\tau' = \frac{\mu_0}{4\pi} \int \left(-\nabla' \frac{1}{R}\right) \cdot \vec{J}'(\vec{r}')\mathrm{d}\tau'$$

$$= \frac{\mu_0}{4\pi} \int \left[-\nabla' \cdot \left(\frac{\vec{J}'(\vec{r}')}{R}\right) + \frac{1}{R}\nabla' \cdot \vec{J}'(\vec{r}')\right]\mathrm{d}\tau'$$

$$= \frac{-\mu_0}{4\pi} \oint_{S'} \frac{\vec{J}'(\vec{r}')}{R} \cdot \mathrm{d}\vec{S}' = 0, \tag{1.43}$$

上式中利用了数学恒等式 $\nabla \frac{1}{R} = -\nabla' \frac{1}{R}$、电流恒定条件 $\nabla' \cdot \vec{J}'(\vec{r}') = 0$ 以及在无穷远处电流密度为零.

由式 (1.41) 和式 (1.6) 的第二式, 得到

$$\nabla \cdot \vec{B} = \nabla \cdot \left(\nabla \times \vec{A}\right) = 0, \tag{1.44}$$

即静磁场的散度为零. 式 (1.41) 对应静磁场 $\vec{B}(\vec{r})$ 的旋度为

$$\nabla \times \vec{B} = \nabla \times \left(\nabla \times \vec{A}\right) = \nabla\left(\nabla \cdot \vec{A}\right) - \nabla^2 \vec{A}$$

$$= -\frac{\mu_0}{4\pi} \int \mathrm{d}\tau' \left(\nabla^2 \frac{\vec{J}'(\vec{r}')}{R}\right) = -\frac{\mu_0}{4\pi} \int \vec{J}'(\vec{r}') \left(\nabla^2 \frac{1}{R}\right)\mathrm{d}\tau'$$

$$= -\frac{\mu_0}{4\pi} \int \vec{J}'(\vec{r}') \left[-4\pi\delta(\vec{r} - \vec{r}')\right]\mathrm{d}\tau' = \mu_0\vec{J}'(\vec{r}).$$

上式中利用了式 (1.6) 中的第五个恒等式、式 (1.43) 和 $\nabla^2 \frac{1}{R} = -4\pi\delta(\vec{R})$. 注意上式

是恒定电流系统 $\vec{J'}$ 对应磁场磁感应强度的旋度方程, 磁感应强度 $\vec{B}(\vec{r})$ 由式 (1.41) 确定. 由上式可知, 电流系统 $\vec{J}(\vec{r})$ 对应磁场磁感应强度的旋度为

$$\nabla \times \vec{B} = \mu_0 \vec{J}(\vec{r}) \ , \tag{1.45}$$

式 (1.44) 和式 (1.45) 说明静磁场是**无源有旋场**.

式 (1.45) 和它的积分形式

$$\oint \vec{B} \cdot \mathrm{d}\vec{l} = \mu_0 I \tag{1.46}$$

都称为安培环路定理, 上式中 I 是积分环路内通过的总电流强度. 需要注意的是, 我们在推导式 (1.45) 的过程中利用了电流恒定条件, 因此毕奥-萨伐尔定律和安培环路定理不是在任意条件下都等价, 只有在恒定条件下才能由前者给出后者. 由式 (1.41)、式 (1.43) 和式 (1.45) 可知, 电流密度为 $\vec{J}(\vec{r})$ 的恒定电流系统的矢量势 $\vec{A}(\vec{r})$ 满足

$$\nabla^2 \vec{A} = -\mu_0 \vec{J}, \quad \nabla \cdot \vec{A} = 0. \tag{1.47}$$

例题 1.3   半径为 a 的圆导体环上通以恒定的强度为 I_0 的直流电, 求该通电圆环对应的磁场矢量势 $\vec{A}(\vec{r})$, 讨论在近轴情形下该导电圆环对应磁场的磁感应强度 $\vec{B}(\vec{r})$.

解答   为方便讨论, 这里同时采用柱坐标系和球坐标系, 圆环中心作为两个坐标系的原点, 柱坐标系 z 轴方向是通过原点以电流方向按照右手定则确定的方向, 如图 1.3(a) 所示. 我们把该方向作为球坐标系的极轴方向, 根据式 (1.42),

$$\vec{A}(\vec{r}) = \frac{\mu_0}{4\pi} \int \frac{\vec{J}(\vec{r}')}{|\vec{r} - \vec{r}'|} \mathrm{d}\tau' = \frac{\mu_0 I_0}{4\pi} \oint \frac{\mathrm{d}\vec{l}'}{|\vec{r} - \vec{r}'|} = A_\phi \vec{e}_\phi, \tag{1.48}$$

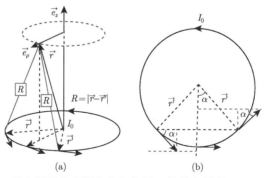

(a)   (b)

图 1.3   通电圆环的电流分布和空间 $\vec{r}$ 处的矢量势, $R = |\vec{r} - \vec{r}'|$

(a) R、$\vec{r}$、$\vec{r}'$、$\vec{e}_z$ 和 $\vec{e}_\rho$ 示意图, (b) 圆环关于 $\vec{e}_\rho$ 左右对称两点处的电流元 $I_0 \mathrm{d}\vec{l}'$ 在矢量势 $\vec{A}$ 中沿着 $\vec{e}_\rho$ 方向的贡献之和为零.

即在柱坐标系/球坐标系下 $\vec{A}(\vec{r})$ 只在 $\vec{e}_\phi$ 方向上的分量不为零, 其原因在于: ① $\mathrm{d}\vec{l'}$ 在柱坐标的 $z = 0$ 平面上, $\vec{A}(\vec{r})$ 在 $\vec{e}_z$ 上的分量为零; ② 因为系统的对称性, $\vec{A}(\vec{r})$ 在柱坐标系下的 $\vec{e}_\rho$ 分量 $A_\rho = \vec{A} \cdot \vec{e}_\rho$ 在式 (1.48) 的积分中正负抵消, 积分结果为零, 如图 1.3(b) 所示. 可见 $\vec{A}(\vec{r})$ 在柱坐标系下 $\vec{e}_z$ 方向和 $\vec{e}_\rho$ 方向的分量为零, 即在柱坐标系内 $\vec{A}(\vec{r}) = A_\phi \vec{e}_\phi$, 而 $\vec{e}_\phi$(柱坐标)$\equiv \vec{e}_\phi$(球坐标), 所以 $\vec{A}(\vec{r})$ 在球坐标系下的 $\vec{e}_r$ 方向和 $\vec{e}_\theta$ 方向的分量为零. 可见 $\vec{A}(\vec{r})$ 在柱坐标系/球坐标系下都只有 $\vec{e}_\phi$ 分量.

在球坐标系下,

$$
\begin{aligned}
|\vec{r} - \vec{r}'| &= \sqrt{(r\sin\theta\cos\phi - a\cos\phi')^2 + (r\sin\theta\sin\phi - a\sin\phi')^2 + r^2\cos^2\theta} \\
&= \sqrt{r^2 + a^2 - 2ar\sin\theta\cos(\phi' - \phi)}.
\end{aligned}
\tag{1.49}
$$

$\mathrm{d}\vec{l'}$ 在 $\vec{e}_\phi$ 上的分量为 $\mathrm{d}\vec{l'} \cdot \vec{e}_\phi = a\mathrm{d}\phi' \vec{e}_{\phi'} \cdot \vec{e}_\phi = a\cos(\phi' - \phi)\mathrm{d}\phi'$. 所以

$$
A_\phi = \frac{\mu_0 I_0}{4\pi} \oint \frac{a\cos(\phi' - \phi)\mathrm{d}\phi'}{\sqrt{r^2 + a^2 - 2ar\sin\theta\cos(\phi' - \phi)}}.
\tag{1.50}
$$

因为式 (1.50) 是对于 ϕ' 一个周期积分, 因此该积分结果与 ϕ 没有关系. 在式 (1.50) 中可令 $\phi = 0$, 即

$$
A_\phi = \frac{\mu_0 I_0}{4\pi} \oint \frac{a\cos\phi'\mathrm{d}\phi'}{\sqrt{r^2 + a^2 - 2ar\sin\theta\cos\phi'}}.
\tag{1.51}
$$

当 $r \gg a$ (线圈远处) 或者 $r\sin\theta \ll a$ (近轴情形) 时, 都有 $\dfrac{ar\sin\theta}{a^2 + r^2} \ll 1$, 对分母部分作泰勒展开

$$
\begin{aligned}
\frac{1}{\sqrt{r^2 + a^2 - 2ar\sin\theta\cos\phi'}} &= \frac{1}{\sqrt{a^2 + r^2}} \left(1 - \frac{2ar\sin\theta\cos\phi'}{a^2 + r^2}\right)^{-\frac{1}{2}} \\
&= \frac{1}{\sqrt{a^2 + r^2}} \left[1 + \frac{-1}{2} \cdot \frac{-2ar\sin\theta\cos\phi'}{a^2 + r^2} + \frac{1}{2} \cdot \frac{-1}{2} \cdot \frac{-3}{2} \cdot \left(\frac{-2ar\sin\theta\cos\phi'}{a^2 + r^2}\right)^2 \right. \\
&\quad \left. + \frac{1}{6} \cdot \frac{-1}{2} \cdot \frac{-3}{2} \cdot \frac{-5}{2} \cdot \left(\frac{-2ar\sin\theta\cos\phi'}{a^2 + r^2}\right)^3 + \cdots \right].
\end{aligned}
\tag{1.52}
$$

把上式代入式 (1.51), 注意到当 n 为奇数时 $\oint \cos^n\phi'\mathrm{d}\phi' = 0$, 则

$$
\begin{aligned}
A_\phi &\approx \frac{\mu_0 I_0 a}{4\pi\sqrt{a^2 + r^2}} \oint \mathrm{d}\phi' \left[\frac{ar\sin\theta}{a^2 + r^2}\cos^2\phi' + \frac{5}{2} \cdot \left(\frac{ar\sin\theta}{a^2 + r^2}\right)^3 \cos^4\phi'\right] \\
&= \frac{\mu_0 I_0 a}{4\pi\sqrt{a^2 + r^2}} \left[\frac{ar\sin\theta}{a^2 + r^2} \cdot \pi + \frac{5}{2} \cdot \left(\frac{ar\sin\theta}{a^2 + r^2}\right)^3 \cdot \frac{3\pi}{4}\right]
\end{aligned}
$$

$$= \frac{\mu_0 I_0 a}{4} \left[\frac{ar\sin\theta}{(a^2+r^2)^{3/2}} + \frac{15}{8} \cdot \frac{a^3 r^3 \sin^3\theta}{(a^2+r^2)^{7/2}} \right], \tag{1.53}$$

式中第二步利用了 $\int_0^{2\pi} \cos^2\phi' \mathrm{d}\phi' = \pi$, $\int_0^{2\pi} \cos^4\phi' \mathrm{d}\phi' = \dfrac{3}{4}\pi$.

下面仅讨论近轴情形的磁感应强度, 为方便采用柱坐标系. 在柱坐标中式 (1.53) 的 $r^2 = \rho^2 + z^2$, $r\sin\theta = \rho$. $\dfrac{\rho^2}{a^2+z^2}$ 在近轴情况下是小量, 所以

$$\frac{1}{(a^2+r^2)^{3/2}} = \frac{1}{(a^2+\rho^2+z^2)^{3/2}} = \frac{1}{(a^2+z^2)^{3/2}\left(1+\dfrac{\rho^2}{a^2+z^2}\right)^{3/2}} \cdot$$

$$\approx \frac{1}{(a^2+z^2)^{\frac{3}{2}}} \left(1 - \frac{3}{2}\cdot\frac{\rho^2}{a^2+z^2}\right). \tag{1.54}$$

把上式代入式 (1.53) 中, 展开到 $\dfrac{\rho}{\sqrt{a^2+z^2}}$ 的三次项, 有

$$A_\phi = \frac{\mu_0 I_0 a^2 \rho}{4} \frac{1}{(a^2+r^2)^{3/2}} \left[1 + \frac{15}{8}\cdot\frac{a^2\rho^2}{(a^2+r^2)^2}\right]$$

$$\approx \frac{\mu_0 I_0 a^2 \rho}{4(a^2+z^2)^{3/2}} \left[1 - \frac{3\rho^2}{2(a^2+z^2)}\right] \left[1 + \frac{15}{8}\cdot\frac{a^2\rho^2}{(a^2+z^2)^2}\right]$$

$$\approx \frac{\mu_0 I_0 a^2 \rho}{4(a^2+z^2)^{3/2}} \left[1 - \frac{3\rho^2}{2(a^2+z^2)} + \frac{15}{8}\cdot\frac{a^2\rho^2}{(a^2+z^2)^2}\right]. \tag{1.55}$$

磁感应强度 $\vec{B} = \nabla \times \vec{A} = \nabla \times (A_\phi \vec{e}_\phi)$, 在柱坐标下 $B_\phi = \vec{e}_\phi \cdot \vec{B} = \vec{e}_\phi \cdot (\nabla \times (A_\phi \vec{e}_\phi)) = 0$. 如果精确到 $\dfrac{\rho}{\sqrt{a^2+z^2}}$ 的二次项, 则磁感应强度 $\vec{B}$ 的其他两个分量为

$$B_\rho = \frac{1}{\rho}\frac{\partial A_z}{\partial\phi} - \frac{\partial A_\phi}{\partial z} = 0 - \frac{\mu_0 I_0 a^2 \rho}{4}\frac{\partial}{\partial z}\left[\frac{1}{(a^2+z^2)^{3/2}}\right] = \frac{3\mu_0 I_0 a^2 \rho z}{4(a^2+z^2)^{5/2}},$$

$$B_z = \frac{1}{\rho}\frac{\partial}{\partial\rho}(\rho A_\phi) - \frac{1}{\rho}\frac{\partial A_\rho}{\partial\phi}$$

$$= \frac{1}{\rho}\frac{\partial}{\partial\rho}\left\{\frac{\mu_0 I_0 a^2}{4(a^2+z^2)^{3/2}}\left[\rho^2 - \frac{3\rho^4}{2(a^2+z^2)} + \frac{15}{8}\cdot\frac{a^2\rho^4 a^2}{(a^2+z^2)^2}\right]\right\} - 0$$

$$= \frac{\mu_0 I_0 a^2}{4(a^2+z^2)^{3/2}}\left[2 - \frac{3\cdot4\rho^2}{2(a^2+z^2)} + \frac{15}{8}\cdot\frac{4a^2\rho^2}{(a^2+z^2)^2}\right]$$

$$= \frac{\mu_0 I_0 a^2}{2(a^2+z^2)^{3/2}} \left[1 + \frac{\rho^2}{(a^2+z^2)} \left(\frac{15}{4} \cdot \frac{a^2}{a^2+z^2} - 3 \right) \right],$$

上式是近轴条件下半径为 a、电流强度为 I_0 圆环对应的磁场. 对于 ρ 和 z 都远远小于 a 的情形 (即在圆环中心附近的区域内), 系统的磁场在一阶近似下为匀强磁场, 磁感应强度 $\vec{B}(\vec{r})$ 为

$$\vec{B}(\rho, z, \phi) \approx \frac{\mu_0 I_0}{2a} \vec{e}_z.$$

1.3　麦克斯韦方程组

在 1.2 节中我们简要讨论了静电场和静磁场. 静电场和静磁场是特殊的电磁场, 恒定的电荷分布产生静电场, 恒定的电流分布产生静磁场, 在恒定情况下电场和磁场可以独立处理. 关于这两种情况的实验定律 (库仑定律和毕奥-萨伐尔定律) 都有 "作用力与距离平方成反比" 的特点, 与万有引力类似. 电磁力与万有引力是自然界中两种基本的相互作用, 它们对于源与场点之间距离平方成反比的偏爱是很有趣的.

如果电荷和电流的分布随时间而变化, 那么电场和磁场都成为电磁场整体的一个侧面, 不能独立处理. 电磁场的运动规律由麦克斯韦方程组描述. 我们在本节讨论麦克斯韦方程组, 以及在给定初始条件、边界条件情况下麦克斯韦方程组的完备性.

1.3.1　麦克斯韦方程组

法拉第电磁感应定律告诉我们, 存在磁通量变化的闭合回路有感应电动势, 其值为单位时间内该回路内磁通量的减少, 即

$$\mathcal{E} = \oint \vec{E} \cdot d\vec{l} = -\frac{d}{dt} \int_S \vec{B} \cdot d\vec{S}, \tag{1.56}$$

这说明感应电场是有旋场, 上式的微分形式为

$$\nabla \times \vec{E} = -\frac{\partial \vec{B}}{\partial t}. \tag{1.57}$$

静磁场的旋度由安培环路定理给定, 对于变化的磁场而言, 安培环路定理式 (1.45) 不再适用, 因为如果对安培环路定理的微分形式即式 (1.45) 的两边取散度, 就得到

$$\nabla \cdot \left(\nabla \times \vec{B} \right) = \mu_0 \nabla \cdot \vec{J}(\vec{r}), \tag{1.58}$$

上式左边为零, 所以有 $\nabla \cdot \vec{J} = 0$. 而 $\nabla \cdot \vec{J} = 0$ 只有在恒定条件下才成立, 在非恒定条件下不成立. 换句话说, 在非恒定情况下, 安培环路定理与电荷守恒定律是矛盾

的. 为了克服这一矛盾, 麦克斯韦对电流密度 $\vec{J}$ 进行了极富想象力而且至关重要的推广

$$\vec{J} \to \vec{J} + \vec{J}_D, \tag{1.59}$$

并令 $\nabla \cdot \left(\vec{J} + \vec{J}_D\right) = 0$ 在一般条件下成立. 由此得到

$$\nabla \cdot \vec{J}_D = -\nabla \cdot \vec{J} = \partial_t \rho = \partial_t(\epsilon_0 \nabla \cdot \vec{E}) = \nabla \cdot \left(\epsilon_0 \partial_t \vec{E}\right). \tag{1.60}$$

上式中第二步利用了电荷守恒定律即式 (1.39); 第三步利用了式 (1.32). 由上式可知 $\vec{J}_D$ 最简单的形式为

$$\vec{J}_D = \epsilon_0 \partial_t \vec{E}. \tag{1.61}$$

式中 $\vec{J}_D$ 称为真空中的位移电流, 是麦克斯韦为了解决式 (1.58) 在非恒定条件下的矛盾而引入的.

综合式 (1.32)、式 (1.44)、式 (1.45)、式 (1.57)、式 (1.59) 和式 (1.61), 描写一般电磁场的方程具有如下形式:

$$\nabla \cdot \vec{E} = \rho/\epsilon_0, \quad \nabla \cdot \vec{B} = 0,$$
$$\nabla \times \vec{E} = -\partial_t \vec{B}, \quad \nabla \times \vec{B} = \mu_0 \left(\vec{J} + \epsilon_0 \partial_t \vec{E}\right). \tag{1.62}$$

上式称为真空中的麦克斯韦方程组. 在麦克斯韦方程组中, 电场和磁场不再是独立的两个物理量, 而是同一个物质的两个侧面. 正如一个硬币有两个面一样, 电磁场这种物质也有两个面, 即电场部分和磁场部分; 一个方面的变化会影响另一个方面. 由麦克斯韦方程组还可以看到, 不仅电荷产生电场、电流产生磁场, 变化的电场和磁场也相互激发, 由此可以形成电磁波. 麦克斯韦方程组是最优美的物理学方程之一, 也是物理学中少数最重要的丰碑之一. 实验表明, 麦克斯韦方程组正确地描写了电磁场的运动和变化规律.

1.3.2 洛伦兹力

在电磁场中的点电荷受到电场的作用力为 $\vec{F} = \vec{E}q$, 电荷元 $\rho(\vec{r})d\tau$ 受到电场的作用力 $\vec{F} = \vec{E}\rho(r)d\tau$. 如果电荷元 $\rho(\vec{r})d\tau$ 以速度 $\vec{v}$ 运动, 就形成电流元 $\vec{J}d\tau = \rho(\vec{r})\vec{v}d\tau$. 电流元 $\vec{J}(\vec{r})d\tau$ 在磁场中受到的作用力 $\vec{F} = \vec{J}d\tau \times \vec{B}$ (见式 (1.40), 毕奥-萨伐尔定律), 所以电荷/电流元在电磁场中所受的作用力为

$$\vec{f}d\tau = \left[\rho(\vec{r})\vec{E} + \vec{J}(\vec{r}) \times \vec{B}\right] d\tau. \tag{1.63}$$

式中 $\vec{f}$ 称为洛伦兹 (Hendrik Antoon Lorentz) 力密度. 点电荷 q 在电磁场中受到的力称为洛伦兹力

$$\vec{F} = q\left(\vec{E} + \vec{v} \times \vec{B}\right), \tag{1.64}$$

$\vec{v}$ 是点电荷 q 的运动速度.

电磁场对于带电粒子有洛伦兹力这个现象是很重要的. 人们可以利用电磁场控制带电粒子的运动状态和轨迹: 利用电场可以改变粒子的运动速度 (能量), 利用磁场可以改变粒子的运动方向, 这也正是各种加速器的原理. 人们利用加速器装置能够获得各种能量、强度和种类的带电粒子流. 加速器是高科技的实验平台, 极大地推进自然科学和技术的进步. 图 1.4 是我国兰州重离子加速器实验装置图. 经过几代核物理学家近半个多世纪的努力, 我国建成了兰州重离子加速器国家重大科技基础设施, 并在新核素合成、原子核质量精确测量、重离子治癌方面取得了一批重要科研成果.

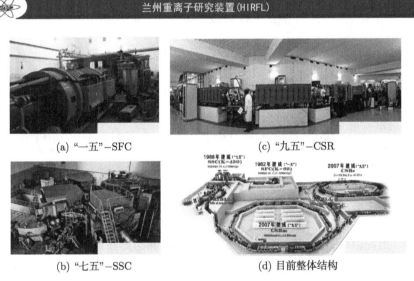

(a) "一五"–SFC   (c) "九五"–CSR

(b) "七五"–SSC   (d) 目前整体结构

图 1.4 兰州重离子加速器实验装置图

洛伦兹力为人们认识微观世界提供了一个重要手段. 例如卢瑟福的 α 粒子散射实验使我们对于原子世界有了直接的认识, 高能电子与原子核的散射实验使我们得以深入了解原子核内电荷分布, 高能电子与核子散射实验是我们认识核子内部的电荷分布的重要途径之一. 因为中子不带电荷, 目前关于原子核内的中子密度分布实验数据远不如质子分布那么丰富和可靠, 人们也无法利用通常的加速器获得或控制速度接近光速的中子.

麦克斯韦方程组和电磁场对于电荷/电流元的作用力 (即洛伦兹力式 (1.63) 和式 (1.64)) 是经典电动力学的理论基础.

1.3.3　麦克斯韦方程组的完备性

麦克斯韦方程组的完备性指的是在给定初始条件和边界条件的情况下, 系统的电磁场由麦克斯韦方程组唯一确定. 下面对此予以证明.

假设在初始条件和边界条件都给定的情况下麦克斯韦方程组有两个不同的解, 即 $(\vec{E}', \vec{B}')$ 和 $(\vec{E}'', \vec{B}'')$. 令 $\vec{\mathcal{E}} = \vec{E}'' - \vec{E}'$, $\vec{\mathcal{B}} = \vec{B}'' - \vec{B}'$, 因为 $(\vec{E}', \vec{B}')$ 和 $(\vec{E}'', \vec{B}'')$ 都是麦克斯韦方程组的解, 所以有

$$\nabla \cdot \vec{\mathcal{E}} = 0, \quad \nabla \cdot \vec{\mathcal{B}} = 0,$$
$$\nabla \times \vec{\mathcal{E}} = -\partial_t \vec{\mathcal{B}}, \quad \nabla \times \vec{\mathcal{B}} = \mu_0 \epsilon_0 \partial_t \vec{\mathcal{E}}. \tag{1.65}$$

由 $(\vec{E}', \vec{B}')$ 和 $(\vec{E}'', \vec{B}'')$ 满足同样的初始条件, 得到

$$\vec{\mathcal{E}}(\vec{r}, t)|_{t=0} = 0, \quad \vec{\mathcal{B}}(\vec{r}, t)|_{t=0} = 0. \tag{1.66}$$

由 $(\vec{E}', \vec{B}')$ 和 $(\vec{E}'', \vec{B}'')$ 满足同样的边界条件, 得到

$$\vec{\mathcal{E}}(\vec{r}, t)|_S = 0, \quad \vec{\mathcal{B}}(\vec{r}, t)|_S = 0. \tag{1.67}$$

标记 $W = \int \frac{1}{2}\left(\epsilon_0 \vec{\mathcal{E}}^2(\vec{r}, t) + \frac{1}{\mu_0}\vec{\mathcal{B}}^2(\vec{r}, t)\right) \mathrm{d}\tau$, 我们得到

$$\begin{aligned}
\frac{\mathrm{d}W}{\mathrm{d}t} &= \frac{\mathrm{d}}{\mathrm{d}t}\left[\int \frac{1}{2}\left(\epsilon_0 \vec{\mathcal{E}}^2 + \frac{\vec{\mathcal{B}}^2}{\mu_0}\right)\mathrm{d}\tau\right] = \int \left(\epsilon_0 \vec{\mathcal{E}} \cdot \partial_t \vec{\mathcal{E}} + \frac{1}{\mu_0}\vec{\mathcal{B}} \cdot \partial_t \vec{\mathcal{B}}\right)\mathrm{d}\tau \\
&= \frac{1}{\mu_0}\int \left[\vec{\mathcal{E}} \cdot (\nabla \times \vec{\mathcal{B}}) + \vec{\mathcal{B}} \cdot (-\nabla \times \vec{\mathcal{E}})\right]\mathrm{d}\tau \\
&= -\frac{1}{\mu_0}\int \nabla \cdot \left(\vec{\mathcal{E}} \times \vec{\mathcal{B}}\right)\mathrm{d}\tau = -\frac{1}{\mu_0}\oint_S \left(\vec{\mathcal{E}} \times \vec{\mathcal{B}}\right) \cdot \mathrm{d}\vec{S} = 0,
\end{aligned} \tag{1.68}$$

上式第三步利用了式 (1.65) 的两个旋度公式, 第四步利用了式 (1.6) 中的第六式, 第五步利用了高斯定理, 最后一步利用了边界条件式 (1.67). 由式 (1.68) 可知, W 是与时间无关的常数. 而在 $t = 0$ 时, 我们根据式 (1.66) 得到

$$W|_{t=0} = \int \left(\frac{\epsilon_0}{2}\vec{\mathcal{E}}^2(\vec{r}, t)|_{t=0} + \frac{1}{2\mu_0}\vec{\mathcal{B}}^2(\vec{r}, t)|_{t=0}\right)\mathrm{d}\tau = 0. \tag{1.69}$$

由上式和式 (1.68) 可知 $W = \int \frac{1}{2}\left(\epsilon_0 \vec{\mathcal{E}}^2(\vec{r}, t) + \frac{\vec{\mathcal{B}}^2(\vec{r}, t)}{\mu_0}\right)\mathrm{d}\tau \equiv 0$. 由此得到 $\vec{\mathcal{E}}(\vec{r}, t) = 0, \vec{\mathcal{B}}(\vec{r}, t) = 0$, 即 $\vec{E}'(\vec{r}, t) = \vec{E}''(\vec{r}, t), \vec{B}'(\vec{r}, t) = \vec{B}''(\vec{r}, t)$. 所以在给定初始条件和边界条件的情况下, 麦克斯韦方程组唯一地确定电磁场. 证毕.

麦克斯韦方程组的两个特殊情况 —— 静电场的两个微分方程即式 (1.31) 和式 (1.32)、静磁场的两个微分方程即式 (1.44) 和式 (1.45) 是各自完备的. 可以证明, 在

给定静电场的旋度 (为零) 和散度 [即给定系统的电荷密度 $\rho(\vec{r})$]、系统边界上电场强度 $\vec{E}(\vec{r})\big|_S$ 的情况下, 该系统静电场是唯一确定的; 在给定静磁场的散度 (为零) 和旋度 [即给定系统的电流密度 $\vec{J}(\vec{r})$]、系统边界上磁感应强度 $\vec{B}(\vec{r})\big|_S$ 的情况下, 该系统静磁场是唯一确定的. 我们在第二 (三) 章相关讨论中将看到, 实际上只需给定系统内的自由电荷 (流) 密度和系统边界上电场强度法线方向分量 (磁场强度切线方向分量) 即可唯一确定系统内的静电 (磁) 场.

1.4　电磁场的基本属性

电磁场是物质, 具有能量、动量和角动量的属性, 我们在本节中讨论电磁场的这些属性.

1.4.1　电磁场能量和能流

我们知道, 能量是守恒的. 对于一个由电荷和电磁场组成的电磁系统而言, 能量的可能变化包括以下几个方面: ① 电磁场对电荷做功导致系统的电磁场能量减少; ② 电磁系统与外界能量交换, 如果能量 "向外流出", 那么电磁场系统的能量也减少. 由此可见, 电磁场做功加上从电磁场内流出的能量等于电磁场能量的减少. 根据能量守恒定律, 这一关系每时每刻严格成立.

电磁场单位时间内对于电磁系统内的电荷所做的功是 $\int \vec{f}\cdot\vec{v}\mathrm{d}\tau$, $\vec{f}$ 是式 (1.63) 的洛伦兹力密度. 我们引入 $\vec{S}$ 标记单位时间内通过单位截面的电磁场能量, 称为电磁场的能流密度矢量. 注意不要把能流密度矢量 $\vec{S}$ 与其他章节中的系统外表面 S 符号混淆, 在本节中我们改用 σ 标记系统的外表面. 利用能流密度可以把在单位时间内从电磁系统 "流出" 的能量表示为 $\oint_\sigma \vec{S}\cdot\mathrm{d}\vec{\sigma}$, 这里积分是对于系统的外表面而言. 我们引入 w 表示电磁场的能量密度, 系统的总电磁能量为 $\int w\mathrm{d}\tau$, 单位时间内系统电磁场能量的减少为 $-\dfrac{\mathrm{d}}{\mathrm{d}t}\int w\mathrm{d}\tau$. 电磁场能量守恒定律表示为

$$\int \vec{f}\cdot\vec{v}\mathrm{d}\tau + \oint_\sigma \vec{S}\cdot\mathrm{d}\vec{\sigma} = -\frac{\mathrm{d}}{\mathrm{d}t}\int w\mathrm{d}\tau. \tag{1.70}$$

上式的微分形式为

$$\vec{f}\cdot\vec{v} + \nabla\cdot\vec{S} = -\partial_t w. \tag{1.71}$$

我们下面从洛伦兹力做功出发, 得到用电场强度 $\vec{E}$ 和磁感应强度 $\vec{B}$ 表示的、与上式相同的形式, 从而引入电磁场的能量密度 w 和能流密度 $\vec{S}$ 的具体形式. 由

式 (1.63), 可得

$$\vec{f} \cdot \vec{v} = \left(\rho \vec{E} + \vec{J} \times \vec{B} \right) \cdot \vec{v} = \vec{E} \cdot \vec{J} + \left(\rho \vec{v} \times \vec{B} \right) \cdot \vec{v}$$

$$= \vec{E} \cdot \left(\nabla \times \frac{\vec{B}}{\mu_0} - \epsilon_0 \partial_t \vec{E} \right) + 0 = \frac{1}{\mu_0} \vec{E} \cdot \left(\nabla \times \vec{B} \right) - \epsilon_0 \vec{E} \cdot \left(\partial_t \vec{E} \right). \quad (1.72)$$

式中利用了 $\vec{J} = \rho \vec{v}$, $\left(\rho \vec{v} \times \vec{B} \right) \cdot \vec{v} = 0$ 以及麦克斯韦方程组中关于磁感应强度 $\vec{B}$ 的旋度. 由式 (1.6) 中第六个等式, 得到

$$\nabla \cdot \left(\vec{E} \times \vec{B} \right) = \left(\nabla \times \vec{E} \right) \cdot \vec{B} - \vec{E} \cdot \left(\nabla \times \vec{B} \right)$$

$$= - \left(\partial_t \vec{B} \right) \cdot \vec{B} - \vec{E} \cdot \left(\nabla \times \vec{B} \right). \quad (1.73)$$

这里利用了麦克斯韦方程组中关于电场强度 $\vec{E}$ 的旋度. 把式 (1.73) 代入式 (1.72), 得到

$$\vec{f} \cdot \vec{v} = -\frac{1}{\mu_0} \nabla \cdot \left(\vec{E} \times \vec{B} \right) - \left[\frac{\vec{B}}{\mu_0} \cdot \left(\partial_t \vec{B} \right) + \epsilon_0 \vec{E} \cdot \left(\partial_t \vec{E} \right) \right]$$

$$= -\frac{1}{\mu_0} \nabla \cdot \left(\vec{E} \times \vec{B} \right) - \partial_t \left(\frac{1}{2\mu_0} B^2 + \frac{\epsilon_0}{2} E^2 \right), \quad (1.74)$$

上式中右边第一项移至左边, 即

$$\vec{f} \cdot \vec{v} + \nabla \cdot \left(\vec{E} \times \vec{B}/\mu_0 \right) = -\partial_t \left(\frac{1}{2\mu_0} B^2 + \frac{\epsilon_0}{2} E^2 \right). \quad (1.75)$$

上式与式 (1.71) 比较可知, 电磁场的能流密度 $\vec{S}$ 和能量密度 w 最简单形式分别是

$$\vec{S} = \vec{E} \times \frac{\vec{B}}{\mu_0}, \quad w = \frac{1}{2\mu_0} B^2 + \frac{\epsilon_0}{2} E^2. \quad (1.76)$$

实验证明, 上式中能流密度矢量和能量密度的形式是正确的. 能流密度矢量 $\vec{S}$ 也被称为坡印亭 (John Henry Poynting) 矢量.

例题 1.4　估计家用电路中电子平均定向移动速度.

解答　设电路使用 1 mm^2 的铜导线, 电流强度为 1 A. 铜的比重为 8.9 g/cm^3, 1 mol 的铜原子重约 64 g, 设每个铜原子贡献一个自由电子, 那么单位体积铜导体内自由电子个数 n 为

$$n = \frac{8.9 \text{ g/cm}^3}{64 \text{ g/mol}} \times 6.022 \times 10^{23} \text{mol}^{-1} \approx 10^{23} \text{ cm}^{-3} = 10^{29} \text{ m}^{-3}.$$

电子平均定向移动速度为

$$\bar{v} = \frac{J}{nq} = \frac{1\mathrm{A/mm^2}}{10^{29} \times 1.6 \times 10^{-19}\mathrm{C}} \approx 10^{6+19-29}\ \mathrm{m/s} = 10^{-4}\ \mathrm{m/s}.$$

可见在电路中自由电子的平均定向移动速度是很慢的. 日常生活中的电器 (如电灯) 从关闭到打开的反应时间很短, 说明用电器所消耗的能量一定不是依赖于在导线中如此缓慢定向运动的自由电子传递的. 由本例和例题 1.5 关于用电器周围能流的讨论可知, 用电器消耗的能量是在空间中以光速传播的电磁场传递的.

例题 1.5 以直流电路用电器 "周围" 的电磁场能流验算用电器的电功率 $P = UI$, U 为用电器两端电压, I 为电路的电流强度.

解答 不失一般性, 我们把用电器简化为半径为 R、长为 d 的圆柱, 其 "内部" 电场简化为一个匀强电场, 用电器两端的电压为 U, 电路内的电流强度为 I, 忽略边缘效应, 圆柱内部为匀强电场, 电场强度为 $E = U/d$, 在不靠近圆柱顶部或底部的外边界上的磁感应强度为 $B = \mu_0 I/(2\pi R)$. 如图 1.5 所示, 电场强度 $\vec{E}$、磁感应强度 $\vec{B}$、能流密度 $\vec{S}$ 这三个矢量之间两两相互垂直, 在圆柱外边界上能流密度 $\vec{S}$ 的方向全部指向圆柱的中轴线, 即 $-\vec{e}_\rho$ 方向. 单位时间内流进用电器的总能量为

$$-\oint \vec{S} \cdot \mathrm{d}\vec{\sigma} = \left(\vec{E} \times \vec{B}/\mu_0\right) \cdot (-\vec{e}_\rho) 2\pi R d = \frac{U}{d} \cdot \frac{I}{2\pi R} \cdot 2\pi R d = UI,$$

式中第二个等号利用了这里 $\vec{E}$ 与 $\vec{B}$ 相互垂直, $\vec{E} \times \vec{B}$ 与 $-\vec{e}_\rho$ 同向. 显然, 这里用电磁场能流密度给出的结果与直流电路中用电器的功率一致.

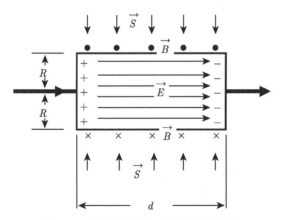

图 1.5 直流电路用电器的能流示意图

例题 1.6 估计原子核内质子之间的静电相互作用能量.

解答 原子核是由质子和中子组成的复杂多体系统. 假设原子核是球形的, 核内的质子数为 Z, 中子数为 N, 总的核子数为 $A = Z + N$. 图 1.6 给出两个典型原

子核钙-40 和铅-208 的质子密度和中子密度分布, 可以看到在原子核内质子和中子的密度近似是均匀分布的. 其中钙-40 的质子数和中子数相同, 两种核子分布几乎一致, 而铅-208 的中子数多, 中子的密度略大, 并在表面形成一薄层 "中子皮" (约 0.2 fm). 在计算原子核静电能时, 为了简单, 我们把原子核看成电荷均匀而连续分布的带电球体, 电荷密度为 $\rho(\vec{r}) = \dfrac{Ze}{4\pi R^3/3}$. R 为原子核的电荷半径, 主要通过高能电子与原子核的散射实验或 μ 原子结构等方法分析测量. 对于稳定的原子核来说, $R \approx 1.2A^{1/3}$ fm. 由式 (1.36) 得到原子核内部和外部的电场强度分别为

$$r \leqslant R, \vec{E} = \frac{\rho r}{3\epsilon_0}\vec{e}_r = \frac{Zer}{4\pi\epsilon_0 R^3}\vec{e}_r; \quad r > R, \vec{E} = \frac{\rho R^3}{3\epsilon_0 r^2}\vec{e}_r = \frac{Ze}{4\pi\epsilon_0 r^2}\vec{e}_r.$$

由此得到原子核的总静电能为

$$W = \int \frac{\epsilon_0}{2}E^2\mathrm{d}\tau = \left(\int_0^R + \int_R^\infty\right)\frac{\epsilon_0}{2}E^2 4\pi r^2\mathrm{d}r$$

$$= \frac{\epsilon_0}{2}\int_0^R\left(\frac{Zer}{4\pi\epsilon_0 R^3}\right)^2 4\pi r^2\mathrm{d}r + \frac{\epsilon_0}{2}\int_R^\infty\left(\frac{Ze}{4\pi\epsilon_0 r^2}\right)^2 4\pi r^2\mathrm{d}r$$

$$= \frac{3}{5}\frac{Z^2 e^2}{4\pi\epsilon_0 R}.$$

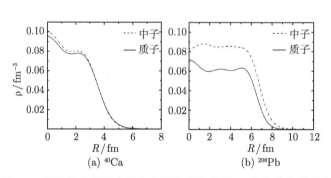

图 1.6　原子核内质子密度和中子密度随半径 R 变化的典型分布

(a) 对应钙-40 原子核, 在这种情况下质子数和中子数相同, 质子和中子的密度分布几乎一致; (b) 对应铅-208 原子核, 在这种情况下中子数远比质子数多, 中子半径略大, 在核的表面形成一薄层中子皮

另一方面, 原子核内每个质子单独存在时也有静电能, 这部分静电能量对每个质子而言都是固有的, 不是质子间的相互作用能. 在原子核内的每个质子都是一个波包, 由上式可知, 每个质子单独弥散地分布于原子核时的静电能为 $W_{\mathrm{p}} = \dfrac{3}{5}\dfrac{e^2}{4\pi\epsilon_0 R}$. 在计算相互作用能量时, 应该在上面得到的 W 中减去所有质子固有的静电能量 ZW_{p},

所以整个原子核内 Z 个质子之间相互作用的静电能量为

$$W - ZW_\mathrm{p} = \frac{3}{5}\frac{Z(Z-1)e^2}{4\pi\epsilon_0 R} = a_\mathrm{c}\frac{Z(Z-1)}{A^{1/3}}, \quad a_\mathrm{c} = \frac{3}{5}\frac{e^2}{4\pi\epsilon_0 1.2\mathrm{fm}} \approx 0.72\mathrm{MeV}. \quad (1.77)$$

还有一个更简单的思路可以直接写出式 (1.77) 中关于原子核内单个质子库仑自能修正: 原子核的库仑能一定正比于 $Z(Z-1)$, 而不是正比于 Z^2. 这是因为原子核的静电能指的是所有质子之间两体库仑相互作用能量, Z 个质子两两组合的个数为 $Z(Z-1)/2$, 所以式 (1.77) 中 Z^2 应该由 $Z(Z-1)$ 取代. 式 (1.77) 很接近实际情况, 在原子核质量经验公式中库仑能部分形式与式 (1.77) 相同, 由实验数据拟合得到 $a_\mathrm{c} = 0.70 \sim 0.72$ MeV.

1.4.2 电磁场动量和动量流

电磁场具有动量. 动量守恒定律是自然界的基本定律, 电磁系统的动量守恒意味着电磁场对电荷/电流系统的作用力加上在单位时间内从电荷/电流系统流出的电磁场动量等于单位时间内电磁场动量的减少量. 我们引入 $\vec{g}$ 标记单位体积内电磁场的动量, 称为动量密度, 因此系统的总动量为 $\int \vec{g}\mathrm{d}\tau$; 引入 $\overleftrightarrow{T}$ 标记单位时间内通过单位截面的电磁场动量, 称为动量流张量, 因此单位时间内从系统内流出的电磁场动量是 $\overleftrightarrow{T}$ 在系统表面 σ 的通量 $\oint_\sigma \mathrm{d}\vec{\sigma} \cdot \overleftrightarrow{T}$, 这里 $\mathrm{d}\vec{\sigma}$ 为系统表面的面积微元矢量, 其方向为面积微元的外法线方向. 利用这些定义, 动量守恒定律写成如下形式

$$\int \vec{f}\mathrm{d}\tau + \oint_\sigma \mathrm{d}\vec{\sigma} \cdot \overleftrightarrow{T} = -\frac{\mathrm{d}}{\mathrm{d}t}\int \vec{g}\mathrm{d}\tau, \quad (1.78)$$

式中 $\vec{f}$ 为式 (1.63) 的洛伦兹力密度. 上式的微分形式为

$$\vec{f} + \nabla \cdot \overleftrightarrow{T} = -\frac{\partial \vec{g}}{\partial t}, \quad (1.79)$$

本小节以此作为主线, 讨论电磁场动量和动量流的具体形式. 根据洛伦兹力密度式 (1.63), 我们得到

$$\vec{f} = \rho\vec{E} + \vec{J} \times \vec{B} = \vec{E}\left(\epsilon_0 \nabla \cdot \vec{E}\right) + \left(\frac{1}{\mu_0}\nabla \times \vec{B} - \epsilon_0 \partial_t \vec{E}\right) \times \vec{B}. \quad (1.80)$$

上式第二个等号中利用了麦克斯韦方程组中电场强度的散度和磁感应强度的旋度公式. 式 (1.80) 可以写为

$$\vec{f} = \epsilon_0 \vec{E}\left(\nabla \cdot \vec{E}\right) + \left(\frac{1}{\mu_0}\nabla \times \vec{B}\right) \times \vec{B} - \left(\epsilon_0 \partial_t \vec{E}\right) \times \vec{B}$$

$$+\frac{1}{\mu_0}\vec{B}\left(\nabla\cdot\vec{B}\right)+\left(\epsilon_0\nabla\times\vec{E}-\epsilon_0\nabla\times\vec{E}\right)\times\vec{E}$$

$$=\epsilon_0\vec{E}\left(\nabla\cdot\vec{E}\right)+\frac{1}{\mu_0}\vec{B}\left(\nabla\cdot\vec{B}\right)+\frac{1}{\mu_0}\left(\nabla\times\vec{B}\right)\times\vec{B}+\epsilon_0\left(\nabla\times\vec{E}\right)\times\vec{E}$$

$$-\epsilon_0\left(\partial_t\vec{E}\right)\times\vec{B}+\epsilon_0\left(\partial_t\vec{B}\right)\times\vec{E}$$

$$=\epsilon_0\left[(\nabla\cdot\vec{E})\vec{E}+(\nabla\times\vec{E})\times\vec{E}\right]+\frac{1}{\mu_0}\left[(\nabla\cdot\vec{B})\vec{B}+(\nabla\times\vec{B})\times\vec{B}\right]$$

$$-\epsilon_0\partial_t\left(\vec{E}\times\vec{B}\right). \tag{1.81}$$

上式中第一个等号右边倒数第二项利用了 $\nabla\cdot\vec{B}=0$, 第二个等号右边最后一项利用了麦克斯韦方程组中电场强度的旋度公式.

由式 (1.6) 中第七个公式得到

$$\vec{E}\times\left(\nabla\times\vec{E}\right)=\frac{1}{2}\nabla\left(E^2\right)-\left(\vec{E}\cdot\nabla\right)\vec{E}.$$

由上式和单位并矢的性质 $\nabla\varphi=\nabla\cdot(\vec{I}\varphi)$, 可得

$$(\nabla\cdot\vec{E})\vec{E}+(\nabla\times\vec{E})\times\vec{E}=(\nabla\cdot\vec{E})\vec{E}+(\vec{E}\cdot\nabla)\vec{E}-\frac{1}{2}\nabla E^2$$

$$=\nabla\cdot\left(\vec{E}\vec{E}-\frac{1}{2}\vec{I}E^2\right). \tag{1.82}$$

式中第二步利用了式 (1.15) 中的倒数第二式; 上式右边括号内的 $\vec{I}$ 是单位并矢. 与推导上式过程类似, 我们得到

$$(\nabla\cdot\vec{B})\vec{B}+(\nabla\times\vec{B})\times\vec{B}=\nabla\cdot\left(\vec{B}\vec{B}-\frac{1}{2}\vec{I}B^2\right). \tag{1.83}$$

把式 (1.82) 和式 (1.83) 代入式 (1.81), 得到

$$\vec{f}=\nabla\cdot\left(\epsilon_0(\vec{E}\vec{E}-\frac{1}{2}\vec{I}E^2)+\frac{1}{\mu_0}(\vec{B}\vec{B}-\frac{1}{2}\vec{I}B^2)\right)-\epsilon_0\partial_t\left(\vec{E}\times\vec{B}\right),$$

即

$$\vec{f}+\nabla\cdot\left(-\epsilon_0\vec{E}\vec{E}-\frac{1}{\mu_0}\vec{B}\vec{B}+\frac{\vec{I}}{2}(\epsilon_0E^2+\frac{1}{\mu_0}B^2)\right)=-\partial_t\left(\epsilon_0\vec{E}\times\vec{B}\right). \tag{1.84}$$

把上式与动量守恒定律的微分形式 (1.79) 比较, 可知电磁场动量流密度张量 $\vec{T}$ 的最简单形式为

$$\vec{T}=-\epsilon_0\vec{E}\vec{E}-\frac{1}{\mu_0}\vec{B}\vec{B}+\frac{1}{2}\vec{I}(\epsilon_0E^2+\frac{1}{\mu_0}B^2). \tag{1.85}$$

在直角坐标系下, $\overset{\leftrightarrow}{T}$ 可以写为

$$\overset{\leftrightarrow}{T} = \sum_{ij} T_{ij} \vec{e}_i \vec{e}_j,$$

$$T_{ij} = T_{ji} = -\epsilon_0 E_i E_j - \frac{1}{\mu_0} B_i B_j + \left(\frac{\epsilon_0 E^2}{2} + \frac{B^2}{2\mu_0} \right) \delta_{ij}.$$

同样由式 (1.84) 与式 (1.79) 比较可知, 电磁场动量密度 $\vec{g}$ 的最简单形式为

$$\vec{g} = \epsilon_0 \vec{E} \times \vec{B}, \tag{1.86}$$

电磁场动量密度矢量 $\vec{g}$ 与能流密度 $\vec{S}$ 的关系是 $c^2 \vec{g} = \vec{S}$.

实验证明, 式 (1.85) 和式 (1.86) 中电磁场动量流密度和动量密度的形式是正确的.

例题 1.7 从电磁场的动量流密度张量出发, 验算在均匀静电场 $\vec{E}(\vec{r}) = \vec{E}_0$ 中的点电荷受到的作用力为 $\vec{F} = \vec{E}_0 q$.

解答 本例是从场的观点出发来理解点电荷在电场中受力问题. 在静电场中磁感应强度 $\vec{B} = 0$, 式 (1.85) 的电磁场动量流密度张量变为

$$\overset{\leftrightarrow}{T} = -\epsilon_0 \vec{E}\vec{E} + \frac{1}{2} \overset{\leftrightarrow}{I} \epsilon_0 E^2. \tag{1.87}$$

取点电荷的坐标为坐标原点, 以坐标原点为中心, 半径为 r 的球面上电场强度为

$$\vec{E}(\vec{r}) = \vec{E}_0 + \frac{q}{4\pi\epsilon_0 r^2} \vec{e}_r. \tag{1.88}$$

由式 (1.87) 和式 (1.88), 得到

$$-\overset{\leftrightarrow}{T}/\epsilon_0 = \vec{E}_0 \vec{E}_0 + \left(\frac{q}{4\pi\epsilon_0 r^2} \right)^2 \vec{e}_r \vec{e}_r + \frac{q}{4\pi\epsilon_0 r^2} \left(\vec{E}_0 \vec{e}_r + \vec{e}_r \vec{E}_0 \right)$$

$$- \frac{\overset{\leftrightarrow}{I}}{2} \left[E_0^2 + \left(\frac{q}{4\pi\epsilon_0 r^2} \right)^2 + 2 \frac{q}{4\pi\epsilon_0 r^2} \vec{E}_0 \cdot \vec{e}_r \right].$$

由式 (1.78), 点电荷受到的作用力等于以电荷为中心、半径为 r 的球面上单位时间内流入的动量, 即

$$\vec{F} = -\oint \mathrm{d}\vec{\sigma} \cdot \overset{\leftrightarrow}{T}$$

$$= \epsilon_0 \oint \mathrm{d}\sigma \vec{e}_r \cdot \left[\vec{E}_0 \vec{E}_0 + \left(\frac{q}{4\pi\epsilon_0 r^2} \right)^2 \vec{e}_r \vec{e}_r + \frac{q}{4\pi\epsilon_0 r^2} \vec{E}_0 \vec{e}_r + \frac{q}{4\pi\epsilon_0 r^2} \vec{e}_r \vec{E}_0 \right]$$

$$- \frac{\epsilon_0}{2} \oint \mathrm{d}\sigma \vec{e}_r \cdot \overset{\leftrightarrow}{I} \left(E_0^2 + (\frac{q}{4\pi\epsilon_0 r^2})^2 + 2 \frac{q}{4\pi\epsilon_0 r^2} \vec{E}_0 \cdot \vec{e}_r \right),$$

式中右边第一项并矢 $\vec{E}_0\vec{E}_0$ 是常量, 移到积分号外面; 因为 $\oint \mathrm{d}\vec{\sigma} = 0$, 因此该项积分等于零. 类似地, 我们利用 $\vec{e}_r \cdot \vec{e}_r\vec{e}_r = \vec{e}_r, \vec{e}_r \cdot \overset{\leftrightarrow}{I} = \vec{e}_r$ 以及系统的球对称性质, 得到

$$\vec{F} = 0 + 0 + \oint \frac{qE_0\cos\theta}{4\pi r^2}\mathrm{d}\sigma\vec{e}_r + \oint \frac{q}{4\pi r^2}\vec{E}_0\mathrm{d}\sigma - 0 - 0 - \oint \frac{qE_0\cos\theta}{4\pi r^2}\mathrm{d}\sigma\vec{e}_r = \vec{E}_0 q. \quad (1.89)$$

在上式推导过程中我们利用了 $\oint \frac{1}{r^n}\mathrm{d}\sigma = 0$, 这是球对称性所导致的; 利用 $\mathrm{d}\sigma = r^2\sin\theta\mathrm{d}\theta\mathrm{d}\phi$ 以及 $\vec{e}_r = \sin\theta\cos\phi\vec{e}_x + \sin\theta\sin\phi\vec{e}_y + \cos\theta\vec{e}_z$, 通过积分也可以直接验证这一点. 式 (1.89) 给出 $\vec{F} = \vec{E}_0 q$, 验算毕.

例题 1.8　恒定磁场中质量为 m 的点电荷 q 以速度 $\vec{v}$ 运动, 系统的总动量除了带电粒子的机械动量外还有电磁动量, 因为带电粒子自身电场 $\vec{E} \neq 0$, 该系统的电磁动量密度不为零. 试求该系统的总电磁动量.

解答　根据式 (1.86), 该系统电磁场总电磁动量 $\vec{p}_{\mathrm{em}}$ 为

$$\vec{p}_{\mathrm{em}} = \epsilon_0 \int \vec{E} \times \vec{B}\mathrm{d}\tau = \epsilon_0 \int \vec{E} \times \left(\nabla \times \vec{A}\right)\mathrm{d}\tau$$

$$= \epsilon_0 \int \left[\nabla(\vec{A} \cdot \vec{E}) - (\vec{A} \cdot \nabla)\vec{E} - (\vec{E} \cdot \nabla)\vec{A} - \vec{A} \times (\nabla \times \vec{E})\right]\mathrm{d}\tau$$

$$= \epsilon_0 \int \left[\nabla \cdot \left((\vec{A} \cdot \vec{E})\overset{\leftrightarrow}{I}\right) - \nabla \cdot (\vec{A}\vec{E} + \vec{E}\vec{A}) + (\nabla \cdot \vec{A})\vec{E} + (\nabla \cdot \vec{E})\vec{A}\right]\mathrm{d}\tau$$

$$= \epsilon_0 \int \left[\nabla \cdot \left((\vec{A} \cdot \vec{E})\overset{\leftrightarrow}{I} - \vec{A}\vec{E} - \vec{E}\vec{A}\right) + 0 + q/\epsilon_0\delta(\vec{r} - \vec{r}_q)\vec{A}\right]\mathrm{d}\tau$$

$$= q\vec{A}(\vec{r}_q),$$

式中第 3 步利用了式 (1.6) 的第七个等式; 第 4 步利用了式 (1.15) 中倒数第二个等式和 $\nabla \times \vec{E} = 0$ 的恒定磁场条件; 第 5 步利用了电场强度散度公式 $\nabla \cdot \vec{E} = \rho/\epsilon_0$、矢量势 $\vec{A}$ 的散度为零 (即式 (1.43)) 以及该系统的电荷密度 $\rho = q\delta(\vec{r} - \vec{r}_q)$; 最后一步利用了 $\oint_\sigma \mathrm{d}\vec{\sigma} \cdot \left((\vec{A} \cdot \vec{E})\overset{\leftrightarrow}{I} - \vec{A}\vec{E} - \vec{E}\vec{A}\right) = 0$, 这是因为在无穷远处系统的外表面上 $\vec{A} \propto \frac{1}{r}$, $\vec{E} \propto \frac{1}{r^2}$, 被积分式 $\left((\vec{A} \cdot \vec{E})\overset{\leftrightarrow}{I} - \vec{A}\vec{E} - \vec{E}\vec{A}\right) \propto \frac{1}{r^3}$, 而外表面的总面积正比于 r^2.

这里需要说明的是, 虽然系统电磁动量 $\vec{p}_{\mathrm{em}}$ 是用电荷所在点的矢量势 $\vec{A}(\vec{r}_q)$ 表示, 但是该动量是分布在 $\vec{B} \neq 0$ 的全空间的. 另一方面, 带电粒子匀速直线运动导

致的磁场 $\vec{B}' = \dfrac{\vec{v}}{c^2} \times \vec{E}$ 和电场强度 $\vec{E}$ 也会给出一个沿着 $\vec{v}$ 方向的动量, 然而这部分动量包括在带电粒子的机械动量 $m\vec{v}$ 中, 外磁场不存在时带电粒子的动量已经包含这部分动量; 因此讨论在外磁场中运动带电粒子的电磁动量时只需要考虑由带电粒子的电场和外磁场导致的动量, 不需要考虑来自于带电粒子运动而导致的磁场效应.

从本例题的结果可知, 在磁场中以速度 $\vec{v}$ 运动的质量为 m 的点电荷 q 和磁场共同构成一个电磁系统. 对于整个系统而言, 除了粒子的机械动量外, 该系统还有一个电磁动量 $\vec{p}_{\mathrm{em}} = q\vec{A}$. 该系统的总动量为

$$\vec{\mathcal{P}} = m\vec{v} + \vec{p}_{\mathrm{em}} = \vec{p} + q\vec{A}. \tag{1.90}$$

$\vec{\mathcal{P}}$ 称为带电粒子在磁场中的正则动量.

1.4.3 *电磁场角动量和角动量流

用 $\vec{r}$ 从左侧对式 (1.79) 两边作矢量乘积, 得到

$$\vec{r} \times \vec{f} = \vec{r} \times \left(-\nabla \cdot \overleftrightarrow{T} - \partial_t \vec{g} \right) = (\nabla \cdot \overleftrightarrow{T}) \times \vec{r} - \partial_t(\vec{r} \times \vec{g}). \tag{1.91}$$

先处理上式右边的第一项, 为此需要用到恒等式

$$\left(\nabla \cdot \overleftrightarrow{T} \right) \times \vec{r} = \nabla \cdot \left(\overleftrightarrow{T} \times \vec{r} \right). \tag{1.92}$$

为了叙述的连贯性, 把上式的证明放在本小节最后. 利用上式把式 (1.91) 写为

$$\vec{r} \times \vec{f} = -\nabla \cdot \left(-\overleftrightarrow{T} \times \vec{r} \right) - \partial_t(\vec{r} \times \vec{g}). \tag{1.93}$$

标记

$$\vec{L}_{\mathrm{m}} = \vec{r} \times \vec{f}, \quad \vec{L}_{\mathrm{em}} = \vec{r} \times \vec{g}, \quad \overleftrightarrow{V} = -\overleftrightarrow{T} \times \vec{r}. \tag{1.94}$$

$\vec{L}_{\mathrm{m}}, \vec{L}_{\mathrm{em}}$ 和 $\overleftrightarrow{V}$ 分别是电磁场 (通过洛伦兹力) 对于单位体积内电荷所施加的力矩、单位体积内的电磁场角动量和电磁场角动量流张量. 利用这些标记, 式 (1.93) 可以改写为

$$\vec{L}_{\mathrm{m}} + \nabla \cdot \overleftrightarrow{V} = -\partial_t \vec{L}_{\mathrm{em}}, \tag{1.95}$$

式 (1.95) 是电磁系统角动量守恒定律的微分形式.

现在我们证明恒等式 (1.92), 这里仅证明该式 z 分量左右相等, 该式 x、y 分量证明与此完全相同. 该式右边 z 分量等于

$$\left[\nabla \cdot \left(\left(\sum_{ij} T_{ij} \vec{e}_i \vec{e}_j \right) \times \vec{r} \right) \right]_z \vec{e}_z = \sum_i \partial_i (T_{ix} \vec{e}_x \times y\vec{e}_y) + \sum_i \partial_i (T_{iy} \vec{e}_y \times x\vec{e}_x)$$

$$= \sum_i \partial_i \left(T_{ix} y \right) \left(\vec{e}_x \times \vec{e}_y \right) + \sum_i \partial_i \left(T_{iy} x \right) \left(\vec{e}_y \times \vec{e}_x \right)$$

$$= \left[\left(\sum_i \left(\partial_i T_{ix} \right) y \right) + T_{yx} \right] \left(\vec{e}_x \times \vec{e}_y \right) + \left[\left(\sum_i \left(\partial_i T_{iy} \right) x \right) + T_{xy} \right] \left(\vec{e}_y \times \vec{e}_x \right)$$

$$= \left(\sum_i \left(\partial_i T_{ix} \right) \right) y \vec{e}_z - \left(\sum_i \left(\partial_i T_{iy} \right) \right) x \vec{e}_z = \left[\left(\nabla \cdot \overrightarrow{T} \right) \times \vec{r} \right]_z \vec{e}_z .$$

上式中倒数第二步利用了 $T_{xy} = T_{yx}$ 和 $\vec{e}_x \times \vec{e}_y = \vec{e}_z$. 上式最后结果即为式 (1.92) 左边 z 分量, 因此式 (1.92) 式得证.

1.5　介质中的电磁场

前面讨论了真空中的电磁场, 本节讨论介质中的电磁场. 所谓介质指的是由数量巨大的原子或分子组成的宏观物理系统, 如水和空气. 在一般情况下, 介质整体呈电中性; 而从微观层次看, 每个分子或原子都是一个电荷和电流系统, 内部都存在微观尺度上的电磁场.

组成介质的原子或分子, 无论微观电磁结构是否存在空间的各向异性, 即使存在这种各向异性, 当介质在没有外来电磁场作用的情形下无序的热运动也使得介质内部数量巨大的原子或分子的取向呈现随机性, 所以整个系统不会出现宏观意义上的电荷和电流. 但是如果存在外来的电磁场, 这些原子或分子在空间取向的随机性被打破, 介质呈现出与外电磁场相关的整体各向异性, 会出现宏观意义上的束缚电荷和束缚电流. 这种现象称为极化现象, 这些束缚电荷和束缚电流分别称为极化电荷和磁化电流.

我们在本节通过唯象简化而不失一般性地引入电位移矢量和磁场强度概念, 讨论描写介质中电磁场物理量所满足的方程.

1.5.1　电极化矢量

组成介质的分子根据其内部电荷分布情况, 可分为无极分子和有极分子. 所谓无极分子, 指的是正负电荷分布的中心重合, 单个分子的电偶极矩为零. 由无极分子组成的宏观介质电偶极矩显然也为零. 所谓有极分子, 指的是正负电荷中心不重合, 单个分子电偶极矩不为零; 然而因为无规的热运动, 各分子的空间取向是随机的, 在没有外电场作用时宏观意义上大量分子的总电偶极矩平均值也为零.

如果存在外电场, 无极分子的正负电荷中心被极轻微地拉开, 各分子的电偶极矩就不再为零; 对于有极分子, 电偶极矩取向的随机性被外电场打破, 电偶极矩平行于外电场方向的分子数多于反平行方向的分子数. 可见, 当存在外电场时, 无论介质是由无极分子组成还是由有极分子组成, 平均效果都是介质在外电场作用下出现一个平行于外场取向的、宏观意义上的电偶极矩, 并在介质分子密度不均匀处出现宏观意义上的束缚电荷. 这种现象称为介质的电极化现象.

人们常用电极化矢量 $\vec{P}$ 描写介质的电极化现象,

$$\vec{P} = \frac{\sum\limits_{k} \vec{p}_k}{\Delta V}. \tag{1.96}$$

这里求和号 $\sum\limits_{k}$ 是对介质 ΔV 内所有分子求和, $\vec{p}_k$ 是第 k 个分子的电偶极矩.

不失一般性, 我们把第 k 个分子简化为电荷分别为 $\pm q_k$、相距 $\vec{l}_k = \vec{r}_+(k) - \vec{r}_-(k)$ 的一对点电荷, 并假定所有分子的电偶极子的电荷都相等, 空间取向相同 (见本章简答题 20), 即 $q_k \equiv q$、$\vec{l}_k \equiv \vec{l}$, 如图 1.7(a) 所示. 在这样的简化下, 设 n 为介质中的分子数密度, 我们得到

$$\vec{p}_k \equiv q\vec{l}, \quad \vec{P} = nq\vec{l}, \tag{1.97}$$

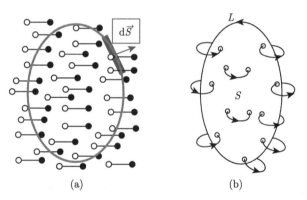

图 1.7　外场中的介质示意图

(a) 闭合曲面 $\oint_S \mathrm{d}\vec{S}$ 内包含的负束缚电荷个数等于电偶极矩 $q\vec{l}$ "穿过" 曲面的个数, 即 $\oint_S n\vec{l} \cdot \mathrm{d}\vec{S}$; (b) 平面闭合环路 $\oint_L \mathrm{d}\vec{l}$ 内部流出的总电流强度等于该环路串起的取向与 $\mathrm{d}\vec{l}$ 方向夹角小于 $\frac{\pi}{2}$ 的电流总和减去该环路串起的取向与 $\mathrm{d}\vec{l}$ 方向夹角大于 $\frac{\pi}{2}$ 的总电流

式中 $n(\vec{r})$ 为介质内的分子数密度. 那么对于给定的面元 $\mathrm{d}\vec{S}$, 有多少个电偶极子被这个面元一分为二? 由介质单位体积内分子数为 n 可以得到, 被该面元 "分割" 的电偶极子数量为 $\mathrm{d}\vec{S} \cdot n\vec{l}$. 由于电偶极矩被 "分割" 而留在沿 $\mathrm{d}\vec{S}$ 方向的 2π 立体角内的正电荷量为

$$\mathrm{d}\vec{S} \cdot n\vec{l}q = \vec{P} \cdot \mathrm{d}\vec{S}.$$

所以对于给定闭合曲面 $\oint \mathrm{d}\vec{S}$ 内的介质系统 V, "穿出" 系统 V 表面的总正电荷量为 $\oint \vec{P} \cdot \mathrm{d}\vec{S}$, "留在" V 内部的总束缚电荷 Q_p 为 $\left(-\oint \vec{P} \cdot \mathrm{d}\vec{S}\right)$, 即

$$Q_\mathrm{p} = -\oint \vec{P} \cdot \mathrm{d}\vec{S} = \int \rho_\mathrm{p}(\vec{r})\mathrm{d}\tau, \tag{1.98}$$

其中 ρ_p 是极化电荷体密度. 上式的微分形式为

$$\rho_\mathrm{p} = -\nabla \cdot \vec{P}. \tag{1.99}$$

式 (1.98) 和式 (1.99) 表明, 只有当介质不均匀极化时, 才会出现极化体电荷 $Q_\mathrm{p} \neq 0$、极化电荷密度 $\rho_\mathrm{p} \neq 0$.

自由电荷和束缚电荷都产生电场. 由式 (1.32) 得到

$$\nabla \cdot \vec{E} = \frac{\rho_\mathrm{f} + \rho_\mathrm{p}}{\epsilon_0},$$

式中 ρ_f 是自由电荷密度. 把式 (1.99) 代入上式得到

$$\nabla \cdot \left(\epsilon_0 \vec{E} + \vec{P}\right) = \nabla \cdot \vec{D} = \rho_\mathrm{f}, \tag{1.100}$$

式中 $\vec{D} = \epsilon_0 \vec{E} + \vec{P}$ 称为电位移矢量.

对于各向同性的线性均匀介质,

$$\vec{P} = \chi_\mathrm{r} \epsilon_0 \vec{E} = \chi \vec{E}, \tag{1.101}$$

式中 χ 为介质的极化率. 由式 (1.101) 和电位移矢量 $\vec{D}$ 的定义, 可得

$$\vec{D} = \epsilon_0 \epsilon_\mathrm{r} \vec{E} = \epsilon \vec{E}, \quad \epsilon_\mathrm{r} = 1 + \chi_\mathrm{r}, \tag{1.102}$$

ϵ 称为介质的介电常量; ϵ_r 称为相对介电常量.

一般电介质材料的相对介电常量 ϵ_r 都不大, 典型值一般小于 10; 然而, 被称为铁电体的电介质具有很大的 ϵ_r (可达 $10^3 \sim 10^5$). 所谓铁电体并不是该材料与铁有关, 而是指材料的电极化特性和铁磁体的磁化性质相似, 是一个 "比方", 铁电体和铁磁体极化的微观机制在形式上也很类似. 铁电晶体都具有压电效应, 在外界机械力作用下即使没有外电场也会发生极化 (称为正压电效应); 反过来, 如果对铁电体施加电场, 铁电体产生机械形变 (称为逆压电效应). 铁电体因为这些特性而在技术上有广泛应用.

1.5.2   磁化矢量

像讨论电极化现象一样, 在讨论磁化现象中我们也引入简化而不失一般性的模型. 介质分子内的电子运动形成微观的分子环流, 我们把第 k 个分子看成电流为 i_k、面积为 s_k 的小线圈, 其磁偶极矩 $\vec{m}_k$ 为

$$\vec{m}_k = i_k \vec{s}_k, \tag{1.103}$$

$\vec{s}_k$ 的方向是以分子电流方向按照右手定则确定的. 在没有外磁场作用时, 热运动导致介质内每个分子磁矩取向的分布是完全随机的, 在宏观尺度上大量分子磁矩取向的分布呈各向同性. 如果存在外磁场, 分子磁矩沿着磁场方向分布的分子数就多于磁矩取向为反磁场方向的分子数, 这些相对 "有序" 排列的分子小磁矩 (分子电流环) 拼接起来, 形成宏观意义上的磁化电流.

用磁化强度 $\vec{M}$ 描述介质的磁化现象,

$$\vec{M} = \frac{\sum\limits_k \vec{m}_k}{\Delta V}, \tag{1.104}$$

其中 k 是 ΔV 内分子的序号. 不失一般性, 我们假定系统内部所有分子磁矩的电流相同 ($i_k = i$), 所有电流小线圈的面积和空间取向也相同 (即 $\vec{s}_k = \vec{s}$). 在这种假设 (见本章简答题 20) 下, 如果介质中分子的密度为 n, 则 $\vec{M} = n\vec{m} = ni\vec{s}$.

设介质内有一个平面积分回路 $\oint_L \mathrm{d}\vec{l}$, 如图 1.7(b) 所示, 我们求从回路 $\oint_L \mathrm{d}\vec{l}$ 围起来的平面内部 "冒出来" 的总电流强度 I_M. 显然, I_M 取决于回路 $\oint_L \mathrm{d}\vec{l}$ 串起来的电流小线圈的个数, $\vec{s}$ 的方向与 $\mathrm{d}\vec{l}$ 夹角小于 $\frac{\pi}{2}$ 每一个线圈贡献为 i, 而夹角大于 $\frac{\pi}{2}$ 每一个线圈贡献为 $-i$. 无论是哪种情况, 对于 I_M 的贡献都可以写作 $i\oint n\vec{s} \cdot \mathrm{d}\vec{l}$. 所以从回路 $\oint_L \mathrm{d}\vec{l}$ 围起来的平面内部 "冒出来" 的总电流强度 I_M 是

$$I_M = i\oint n\vec{s} \cdot \mathrm{d}\vec{l} = \oint \vec{M} \cdot \mathrm{d}\vec{l} = \int \vec{J}_M \cdot \mathrm{d}\vec{S}.$$

其中 $\mathrm{d}\vec{S}$ 是积分回路围起来的二维平面面元, 方向垂直于回路平面; $\vec{J}_M$ 为磁化电流. 利用斯托克斯公式 (1.8), 我们从上式得到

$$\vec{J}_M = \nabla \times \vec{M}. \tag{1.105}$$

除了磁化电流外, 介质还有随时间变化的电极化现象导致的极化电流, 该电流密度记为 $\vec{J}_\mathrm{p}$. 如果外电场不是恒定电场, 不失一般性, 由式 (1.96)、式 (1.97) 以及相应的唯象假设得到

$$\partial_t \vec{P} = \frac{\partial}{\partial t}\left(\frac{\sum_k q\left(\vec{r}_+(k) - \vec{r}_-(k)\right)}{\Delta V}\right) = \frac{\sum_k q\left(\vec{v}_+(k) - \vec{v}_-(k)\right)}{\Delta V}$$
$$= nq\left(\vec{v}_+ - \vec{v}_-\right) = \vec{J}_\mathrm{p}. \tag{1.106}$$

至此我们看到, 介质中任何一点的总电流有四项, 包括自由电流 $\vec{J}_\mathrm{f}$、磁化电流 $\vec{J}_M$、极化电流 $\vec{J}_\mathrm{p}$ 和位移电流 $\epsilon_0 \partial_t \vec{E}$. 这个总电流决定了该点磁感应强度 $\vec{B}$ 的旋

度. 所以麦克斯韦方程组式 (1.62) 中磁感应强度的旋度方程变为

$$\frac{1}{\mu_0}\nabla\times\vec{B} = \vec{J}_\mathrm{f} + \vec{J}_M + \vec{J}_\mathrm{p} + \epsilon_0\partial_t\vec{E} = \vec{J}_\mathrm{f} + \nabla\times\vec{M} + \partial_t\vec{P} + \epsilon_0\partial_t\vec{E}. \qquad (1.107)$$

式 (1.100) 和上式表明, 电磁场中的介质被极化和磁化后, 会反过来影响电磁场. 为方便我们引入

$$\vec{H} = \frac{1}{\mu_0}\vec{B} - \vec{M}, \qquad (1.108)$$

式中 $\vec{H}$ 称为磁场强度. 磁场强度 $\vec{H}$、磁化强度 $\vec{M}$ 和磁感应强度 $\vec{B}$ 的关系可以改写为

$$\vec{B} = \mu_0(\vec{H} + \vec{M}).$$

对于各向同性的非铁磁介质而言, $\vec{H}$、$\vec{M}$ 和 $\vec{B}$ 之间有简单的线性关系,

$$\vec{M} = \chi_M\vec{H}, \quad \vec{B} = \mu\vec{H},$$

$$\mu = \mu_\mathrm{r}\mu_0, \qquad \mu_\mathrm{r} = 1 + \chi_M,$$

式中 χ_M 为介质的磁化率, μ 和 μ_r 分别为介质的磁导率和相对磁导率. 我们在第三章将看到, 对于非铁磁材料 μ_r 接近于 1($|\mu_\mathrm{r} - 1|$ 在 10^{-5} 到 10^{-3} 量级); 铁磁材料的 μ_r 值很大, 可达 10^6.

把式 (1.108) 代入式 (1.107), 得到

$$\nabla\times\vec{H} = \nabla\times\left(\frac{1}{\mu_0}\vec{B} - \vec{M}\right) = \vec{J}_\mathrm{f} + \vec{J}_D, \quad \vec{J}_D = \partial_t\vec{D}, \qquad (1.109)$$

式中 $\vec{J}_D$ 是介质中的位移电流.

现在我们总结上面的结果. 在引入电位移矢量和磁场强度后, 介质中的麦克斯韦方程组微分形式为

$$\nabla\cdot\vec{D} = \rho_\mathrm{f}, \quad \nabla\cdot\vec{B} = 0,$$

$$\nabla\times\vec{E} = -\partial_t\vec{B}, \quad \nabla\times\vec{H} = \vec{J}_\mathrm{f} + \partial_t\vec{D}, \qquad (1.110)$$

积分形式为

$$\oint\vec{D}\cdot\mathrm{d}\vec{S} = Q_\mathrm{f}, \quad \oint\vec{B}\cdot\mathrm{d}\vec{S} = 0,$$

$$\oint\vec{E}\cdot\mathrm{d}\vec{l} = -\frac{\mathrm{d}}{\mathrm{d}t}\int\vec{B}\cdot\mathrm{d}\vec{S}, \quad \oint\vec{H}\cdot\mathrm{d}\vec{l} = I_\mathrm{f} + \frac{\mathrm{d}}{\mathrm{d}t}\int\vec{D}\cdot\mathrm{d}\vec{S}. \qquad (1.111)$$

在线性介质中电磁场的能量密度 w 和能流密度 $\vec{S}$ 形式为

$$w = \frac{1}{2}\vec{E}\cdot\vec{D} + \frac{1}{2}\vec{H}\cdot\vec{B}, \quad \vec{S} = \vec{E}\times\vec{H}. \qquad (1.112)$$

其证明与真空中情况式 (1.76) 类似, 见本章练习题 9.

1.6 似稳电磁场

我们知道, 电荷和电流分布随时间变化系统的电磁场用麦克斯韦方程组描写, 其中关于磁场的旋度方程中出现了一项与恒定情况不同的项 —— 位移电流. 然而在许多实际问题中, 电荷和电流的变化比较 "缓慢", 位移电流远小于传导电流; 再进一步, 如果所考察电磁系统的尺度比较 "小", 电磁场在考察的整个区域内几乎是同相位的, 不同位置电磁场随时间的变化、场与源随时间的变化都可以近似认为是瞬时关系. 在这种情况下, 电磁场与恒定情况很类似, 在这种条件下的电磁场称为似稳场, 这种近似称为似稳近似.

本节先讨论系统内的电荷和电流变化需要多么 "缓慢"、系统尺度需要多么小, 系统的电磁场才可以称为似稳场, 然后讨论似稳电路.

1.6.1 似稳场条件

与一般条件下的麦克斯韦方程组相比, 恒定系统磁场的旋度方程没有位移电流. 似稳场条件之一指的是在什么条件下我们可以忽略位移电流, 即在什么条件下位移电流密度 $\vec{J}_{\mathrm{D}}$ 远小于传导电流密度 $\vec{J}$. $\vec{J}_{\mathrm{D}}$ 由式 (1.109) 给出, 即 $\vec{J}_{\mathrm{D}} = \partial_t \vec{D}$; 对于线性介质 $\vec{D} = \epsilon \vec{E}$. 传导电流密度 $\vec{J}$ 由欧姆定律给出, 即 $\vec{J} = \sigma \vec{E}$, σ 是导电介质的电导率.

由位移电流密度的定义, 如果电荷与电流分布随着时间的变化足够缓慢, 电位移矢量 $\vec{D}$ 关于时间导数的数值就很小, 位移电流密度的数值也很小, 相对于传导电流可忽略不计. 不失一般性, 假设电场的变化是谐变的, 即 $\vec{D} = \vec{D}_0 \exp(-\mathrm{i}\omega t)$, 由 $|\vec{J}_{\mathrm{D}}| \ll |\vec{J}|$ 得到 $\epsilon\omega \ll \sigma$, 即

$$\frac{\sigma}{\epsilon\omega} \gg 1. \tag{1.113}$$

对于一般导电介质和经典电磁波, 式 (1.113) 是很容易满足的. 例如对于铜导体来说, 式 (1.113) 相当于 $\omega \ll 10^{19}$. 在工程上 $\dfrac{\sigma}{\epsilon\omega} > 100$ 被称为良导体条件.

我们类似地讨论似稳场对于电磁系统在系统空间尺度 l 方面的要求. 我们仍假设电场是谐变的, 电场强度 $\vec{E}$ 是时间 t 和空间 $\vec{r}$ 的函数, 其形式为 $\vec{E}(\vec{r},t) = \vec{E}_0 \mathrm{e}^{\mathrm{i}(\vec{k}\cdot\vec{r}-\omega t)}$. 电场强度 $\vec{E}$ 在空间各处同相位的近似条件要求 $kl = \dfrac{2\pi l}{\lambda} \ll 1$, 即

$$l \ll \lambda. \tag{1.114}$$

这是似稳场对于系统空间尺度 l 的限制条件. 当频率不太高时, 似稳系统的尺度 l 可以很大. 例如民用交流电的频率是 50 Hz, 波长 $\lambda \approx 6000\,\mathrm{km}$ (与地球半径差不多), 只要系统尺寸远小于地球尺寸即可.

式 (1.113) 和式 (1.114) 称为电磁场的似稳条件. 在似稳条件下 $\vec{J}_D = 0$, 电磁场方程变为

$$
\begin{aligned}
\nabla \cdot \vec{D} = \rho_{\mathrm{f}}, && \nabla \cdot \vec{B} = 0, \\
\nabla \times \vec{E} = -\partial_t \vec{B}, && \nabla \times \vec{H} = \vec{J}_{\mathrm{f}},
\end{aligned}
\tag{1.115}
$$

上式称为似稳场方程组. 它比麦克斯韦方程组少了位移电流项, 比恒定电场和磁场的方程多了一个电磁感应定律. 这也是似稳 (非稳) 名称的由来. 许多实际问题满足似稳场条件, 如一般交流电路.

1.6.2   似稳电路方程

由麦克斯韦方程组出发求解电磁场一般比较复杂, 传统电路方法则比较简单和直观, 然而电路方法原则上仅适用于恒定系统, 对于电荷电流分布随时间变化的系统不适用, 在这种情况下应当从麦克斯韦方程组出发来讨论系统电磁场的结构和性质. 实际中的电工学设备工作频率一般不高 (如 50 Hz), 空间尺度也不大, 很好地满足电磁场的似稳条件式 (1.113) 和式 (1.114), 属于典型的似稳电磁场系统. 在这种情况下, 我们可以从似稳场方程组式 (1.115) 出发, 把问题归结为似稳电路. 这类电路在工程电路分析中被称为集中参数电路.

似稳电路满足电流的连续性方程 $\nabla \cdot \vec{J} = 0$ [似稳场方程组式 (1.115) 中的第 4 个方程与恒定条件下安培环路定理形式一样]. 因此, 在电路上任何一个节点或任意一个闭合曲面, 流入 (取正号) 和流出 (取负号) 电流的代数和为零, 这个结论称为基尔霍夫电流定律 (Kirchhoff's current law). 似稳电路的尺寸远小于似稳场波长, 整个系统电磁场的变化近似同步, 因此可以引入电势的概念; 对于任意回路的电势差 (电压) 之和为零, 这个结论称为基尔霍夫电压定律 (Kirchhoff's voltage law). 基尔霍夫定律和欧姆定律是电路分析理论的基础.

例题 1.9   图 1.8 是一个由电感 L、电阻 R、电容 C 和外电源 U 组成的 RLC 串联电路. 试推导关于该电路电容器上电荷 Q 满足的微分方程.

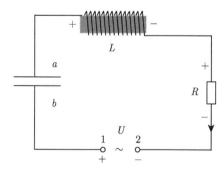

图 1.8   电工学 RLC 串联电路示意图

解答 我们假设某一时刻该回路的电流方向为

$$a \to L \to R \to U \to b \,,$$

该时刻电容器的 a 端带电荷 $-Q$, b 端带正电荷 Q, L 上的感应电势差为

$$\Delta\varphi_L = -\frac{\mathrm{d}(LI)}{\mathrm{d}t} = -L\frac{\mathrm{d}I}{\mathrm{d}t} = -L\frac{\mathrm{d}^2 Q}{\mathrm{d}t^2} \,,$$

上式中负号表示沿回路方向电势下降, 电流强度 $I = \dfrac{\mathrm{d}Q}{\mathrm{d}t}$. 电阻 R 两端电压由欧姆定律给出, 电阻对于回路电势变化的贡献 $\Delta\varphi_L$ 为

$$\Delta\varphi_R = -IR = -R\frac{\mathrm{d}Q}{\mathrm{d}t} \,.$$

外电动势 $U = \phi_1 - \phi_2$, 电容 C 对于回路电势变化的贡献 $\Delta\varphi_C$ 等于 a 端的电势减去 b 端的电势差, $\phi_a - \phi_b = -\dfrac{Q}{C}$. 沿着整个回路转一周后电势不变,

$$\Delta\varphi_L + \Delta\varphi_R + U + \Delta\varphi_C = 0 \,,$$

代入 L、R 和 C 沿着电流方向的电势差, 上式变为

$$U = L\frac{\mathrm{d}^2 Q}{\mathrm{d}^2 t} + R\frac{\mathrm{d}Q}{\mathrm{d}t} + \frac{Q}{C} \,,$$

上式是工程电路中二阶电路的状态方程.

1.7 电磁场的边值关系

1.5 节中我们讨论了单一介质中的麦克斯韦方程组, 本节讨论存在不同介质情况下电磁系统的电磁场在边界上所满足的关系. 对于两种不同的介质来说, 介电常量和磁导率的差异导致描写介质中电磁场的物理量 (电场强度 $\vec{E}$、电位移矢量 $\vec{D}$、磁感应强度 $\vec{B}$、磁场强度 $\vec{H}$) 在两种介质的界面处发生跃变. 本节从介质中的麦克斯韦方程组出发推导这些物理量在两种介质界面处的关系式, 这些关系式称为电磁场的边值关系.

因为描写介质中电磁场的物理量 ($\vec{E}$、$\vec{B}$、$\vec{D}$、$\vec{H}$) 在界面处的数值不连续, 所以它们的散度和旋度是发散的. 在这种情况下就不能应用微分形式的麦克斯韦方程组 (1.110) 讨论电磁场的边值关系, 而应当从介质中麦克斯韦方程的积分形式 (1.111) 出发. 电磁场的边值关系, 其实就是不同介质界面处的麦克斯韦方程组, 是关于电磁场的物理规律, 不能理解为 "边界条件".

1.7.1   垂直于界面方向的电磁场边值关系

首先讨论两种介质界面处电位移矢量 $\vec{D}$ 以及磁感应强度 $\vec{B}$ 沿着界面法线方向的边值关系. 在介质 1 和介质 2 边界上取一个上下底面积都为 $\mathrm{d}S = A$、厚度 d 趋于零 $(d^2 \ll A)$ 的小扁平柱, 柱的上下表面形状任意, 上表面在介质 2 内、下表面在介质 1 内. 规定 $\vec{n}$ 方向是在两种介质的界面处从介质 1 指向介质 2 法线方向, 如图 1.9 所示. 由这些约定, 上底面 $\mathrm{d}\vec{S} = \vec{n}A$, 下底面 $\mathrm{d}\vec{S} = -\vec{n}A$. 忽略扁平柱的周边面上的 $\mathrm{d}\vec{S}$ 贡献, 由式 (1.111) 中前两个方程可得

$$\vec{D}_2 \cdot \vec{n}A + \vec{D}_1 \cdot (-\vec{n})A = A\sigma_{\mathrm{f}}, \quad \vec{B}_2 \cdot \vec{n}A + \vec{B}_1 \cdot (-\vec{n})A = 0,$$

这里 σ_{f} 是在两种介质界面上自由电荷面密度. 在上式中消去 A 得到

$$\vec{n} \cdot \left(\vec{D}_2 - \vec{D}_1 \right) = D_{2n} - D_{1n} = \sigma_{\mathrm{f}}, \quad \vec{n} \cdot \left(\vec{B}_2 - \vec{B}_1 \right) = B_{2n} - B_{1n} = 0. \tag{1.116}$$

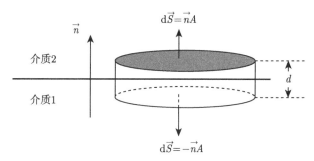

图 1.9   垂直于介质界面的电磁场边值关系中两个介质的面元示意图

上式中关于电位移矢量边值关系的一个典型而简单的应用是讨论真空中带电导体表面 (面电荷密度为 σ_{f}) 的电场强度 $\vec{E}$. 把导体外部取为介质 2, $\vec{n}$ 垂直于导体表面并指向导体外. 因为导体内部电场强度为零, 由 $D_{2n} - D_{1n} = \sigma_{\mathrm{f}}$ 得到 $\epsilon_0 E_n - 0 = \sigma_{\mathrm{f}}$, 即 $E_n = \sigma_{\mathrm{f}}/\epsilon_0$. 在静电问题中的导体表面没有切向电场, 即 $\vec{n} \times \vec{E} = 0$, 否则导体表面必然有表面电流. 也就是说, 导体界面处的电场强度垂直于导体表面, 如图 1.10 所示. 由此可知导体表面的电场强度为

$$\vec{E} = \frac{\sigma_{\mathrm{f}}}{\epsilon_0} \vec{n}. \tag{1.117}$$

与推导式 (1.116) 类似, 由式 (1.98) 我们容易得到两种介质界面上电极化强度的边值关系

$$P_{2n} - P_{1n} = -\sigma_{\mathrm{p}}, \tag{1.118}$$

其中 σ_{p} 是界面上极化电荷面密度.

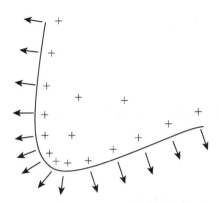

图 1.10 导体外的电场强度与导体表面电荷密度关系示意图

1.7.2 界面切线方向的电磁场

现在我们讨论两种介质的界面处电场强度 $\vec{E}$ 和磁场强度 $\vec{H}$ 沿着界面切线方向的边值关系. 在介质 1 与介质 2 边界上取一个长 L、宽 d $(L \gg d, d \to 0)$ 的小长方形回路, 其中一个长边在介质 2 内、另一个长边在介质 1 内, 短边垂直于界面, 如图 1.11 所示. 我们约定在介质 2 内的长边回路方向为 $\vec{e}_t$ 方向, 则在介质 1 内的长边回路方向为 $-\vec{e}_t$ 方向, 按照右手定则给出小长方形回路的面元方向为 $\vec{e}_s$ 方向. 显然, $\vec{e}_s$、$\vec{e}_t$、$\vec{n}$ 三个单位矢量之间两两垂直, 并且有

$$\vec{e}_t = \vec{e}_s \times \vec{n}. \tag{1.119}$$

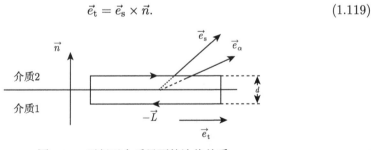

图 1.11 平行于介质界面的边值关系

设 $\vec{\alpha}_f$ 是两种介质界面上自由电流的线密度矢量, 通过小长方形回路内的总自由电流强度是 $\vec{\alpha}_f \cdot \vec{e}_s L$. 由式 (1.111) 中后两个方程可得

$$\vec{H}_2 \cdot \vec{e}_t L + \vec{H}_1 \cdot (-\vec{e}_t) L = \vec{\alpha}_f \cdot \vec{e}_s L + \frac{\mathrm{d}}{\mathrm{d}t} \left(\vec{D} \cdot \vec{e}_s L d \right),$$

$$\vec{E}_2 \cdot \vec{e}_t L + \vec{E}_1 \cdot (-\vec{e}_t) L = -\frac{\mathrm{d}}{\mathrm{d}t} \left(\vec{B} \cdot \vec{e}_s L d \right),$$

上式中消去 L, 并令 $d \longrightarrow 0$, 得到

$$\vec{e}_t \cdot (\vec{H}_2 - \vec{H}_1) = \vec{e}_s \cdot \vec{\alpha}_f, \quad \vec{e}_t \cdot (\vec{E}_2 - \vec{E}_1) = 0, \tag{1.120}$$

把式 (1.119) 代入上式, 并考虑到矢量运算恒等式 (1.5), 即 $(\vec{a}_1 \times \vec{a}_2) \cdot \vec{a}_3 = \vec{a}_1 \cdot (\vec{a}_2 \times \vec{a}_3)$, 得到

$$\vec{e}_{\mathrm{s}} \cdot \left(\vec{n} \times (\vec{H}_2 - \vec{H}_1) - \vec{\alpha}_{\mathrm{f}}\right) = 0, \quad \vec{e}_{\mathrm{s}} \cdot \left(\vec{n} \times (\vec{E}_2 - \vec{E}_1)\right) = 0,$$

上式对于任意 $\vec{e}_{\mathrm{s}}$ 都成立, 并且 $\vec{e}_{\mathrm{s}}$、$\vec{n} \times (\vec{H}_2 - \vec{H}_1)$、$n \times (\vec{E}_2 - \vec{E}_1)$ 都是两个介质界内的矢量, 所以有

$$\vec{n} \times \left(\vec{H}_2 - \vec{H}_1\right) = \vec{\alpha}_{\mathrm{f}}, \quad \vec{n} \times \left(\vec{E}_2 - \vec{E}_1\right) = 0, \tag{1.121}$$

式 (1.116) 和式 (1.121) 是两种介质界面上电磁场的边值关系.

本章小结　本章首先讨论电磁现象的实验定律, 包括库仑定律、毕奥-萨伐尔定律、安培环路定理、法拉第电磁感应定律. 在这些实验定律的基础上, 麦克斯韦引入位移电流概念, 建立了著名的麦克斯韦方程组. 这个方程组是描写经典电磁场的基本出发点. 经典电动力学的核心内容是从电磁场的观点出发, 利用麦克斯韦方程组讨论电磁现象. 电磁场是一种特殊的物质, 具有能量、动量和角动量. 当系统电磁场随时间变化的频率不是太高、系统的空间尺度不太大时, 系统的电磁场称为似稳场. 在这种情况下, 可以用经典的电路方法方便地研究电磁现象. 本章还讨论了介质中的麦克斯韦方程组以及不同介质界面处电磁场的边值关系. 在本章的学习中需要逐步熟悉矢量运算.

本章简答题

1. 电子的电量是多少? 什么是电荷的 "量子化"?
2. 拉普拉斯算符在球坐标系下的数学形式是什么? 三维空间 δ 函数的定义是什么?
3. 矢量乘积 $\vec{a} \times (\vec{b} \times \vec{c})$ 的展开形式是什么?
4. 二阶单位并矢的定义是什么?
5. 真空中的介电常量是多少? 真空磁导率是多少?
6. 为什么说纯粹的静电系统没有稳定的力学平衡态?
7. 良导体内自由电子的密度大约是多少?
8. 奥斯特实验是在哪一年? 这个实验有什么重要意义?
9. 毕奥-萨伐尔定律的内容是什么? 为什么电流元之间的相互作用不满足牛顿第三定律?
10. 写出给定电流密度分布系统的磁场矢量势形式.
11. 真空中麦克斯韦方程组具体形式是什么? 介质中麦克斯韦方程组的积分形式是什么?
12. 洛伦兹力的形式是什么? 真空中位移电流的形式是什么?
13. 写出真空中电磁场能量密度、动量密度和角动量密度的具体形式 (用电场强度和磁感应强度表示).

14. 写出真空中电磁场能流密度、动量流密度和角动量流密度的具体形式 (用电场强度和磁感应强度表示).

15. 带电粒子在磁场中的正则动量的形式是什么?

16. 电极化矢量与束缚电荷密度之间的关系是什么?

17. 电磁场看成似稳场需要满足的条件是什么?

18. 为什么似稳电路满足 $\nabla \cdot \vec{J} = 0$?

19. 在不同介质界面上电磁场的边值关系具体形式是什么?

20. 本章在讨论电极化现象时电荷密度为什么可以假定所有的电偶极子电荷 $q_i \equiv q$、$\vec{l}_i \equiv \vec{l}$ 而不失一般性? 在讨论磁化现象时为什么可以假定所有的分子磁矩大小和取向都相同 (即 $\vec{m}_k = \vec{m}$)? 如果在讨论电极化矢量和磁化矢量时介质中有多种分子而且取向各异, 结论会变化吗? 试解释原因.

练 习 题

1. 试计算 $\nabla \dfrac{1}{r}$, $\nabla^2 \dfrac{1}{r}$, $\nabla \left(\dfrac{\vec{m} \cdot \vec{r}}{r^3} \right)$, $\nabla \times \left(\dfrac{\vec{m} \times \vec{r}}{r^3} \right)$, $\nabla\nabla \dfrac{1}{r}$, $\nabla\nabla\nabla \dfrac{1}{r}$, $\nabla \times (\vec{m} \times \vec{r})$, $\nabla \times (\vec{r} \times (\vec{m} \times \vec{r}))$, 这里 $\vec{m}$ 为常矢量.

2. 在直角坐标系内验算柱坐标系中单位矢量的微分 $\partial_\phi \vec{e}_\rho = \vec{e}_\phi$, $\partial_\phi \vec{e}_\phi = -\vec{e}_\rho$, 其他单位矢量的微分 $(\partial_\phi \vec{e}_z, \partial_\rho \vec{e}_\rho, \partial_\rho \vec{e}_\phi, \partial_\rho \vec{e}_z, \partial_z \vec{e}_\rho, \partial_z \vec{e}_\phi, \partial_z \vec{e}_z)$ 都等于零. 类似地, 验算球坐标系中单位矢量的微分关系式 $\partial_r \vec{e}_r = \partial_r \vec{e}_\theta = \partial_r \vec{e}_\phi = 0$, $\partial_\theta \vec{e}_r = \vec{e}_\theta$, $\partial_\theta \vec{e}_\theta = -\vec{e}_r$, $\partial_\theta \vec{e}_\phi = 0$, $\partial_\phi \vec{e}_r = \vec{e}_\phi \sin\theta$, $\partial_\phi \vec{e}_\theta = \vec{e}_\phi \cos\theta$, $\partial_\phi \vec{e}_\phi = -\vec{e}_r \sin\theta - \vec{e}_\theta \cos\theta$. 推导以上这些关系式; 从梯度算符在直角坐标系内的定义出发, 验算柱坐标和球坐标中的梯度算符、散度、旋量以及拉普拉斯算符的数学形式 (结果见本章第一节); 试证明一个三维矢量在柱坐标系下的 $\vec{e}_\rho$ 分量和 $\vec{e}_z$ 分量为零, 那么该量在球坐标系下的 $\vec{e}_r$ 分量和 $\vec{e}_\theta$ 分量都等于零; 由单位并矢 $\overrightarrow{I} = \nabla \vec{r}$ 验算在柱坐标系下 $\overrightarrow{I} = \vec{e}_\rho \vec{e}_\rho + \vec{e}_\phi \vec{e}_\phi + \vec{e}_z \vec{e}_z$, 在球坐标系下 $\overrightarrow{I} = \vec{e}_r \vec{e}_r + \vec{e}_\theta \vec{e}_\theta + \vec{e}_\phi \vec{e}_\phi$.

3. 设标量函数 $t = t(\vec{r})$, 矢量函数 $\vec{F} = \vec{F}(t)$, 在直角坐标系内验算 $\nabla \times \vec{F} = \nabla t \times \dfrac{\partial \vec{F}}{\partial t}$.

4. 证明任意散度为零的矢量场 $\vec{B}(\vec{r})$, 总可以写为一个矢量场 $\vec{A}(\vec{r})$ 旋度, 即 $\vec{B}(\vec{r}) = \nabla \times \vec{A}(\vec{r})$.

5. 电荷系统的电偶极矩 $\vec{p}(t) = \int \rho(\vec{r}\,', t) \vec{r}\,' \mathrm{d}\tau'$. 试证明 $\dfrac{\mathrm{d}\vec{p}}{\mathrm{d}t} = \int \vec{J}(\vec{r}\,', t) \mathrm{d}\tau'$, $\vec{J}(\vec{r}\,', t)$ 是该系统内 $\vec{r}\,'$ 处、t 时刻的电流密度.

6. 无限长的导线 (横截面是半径为 a 的圆形) 通以电流 I, 试由电磁场动量流密度张量出发求导线的外边缘所受的洛仑兹力密度大小和方向.

7. 匀强电场中有一个均匀带电的薄介质板, 其总面积为 A、面电荷密度为 σ. 忽略边缘效应, 利用电磁场张量求该薄板受到的作用力.

8. 由电磁场边值关系证明静电问题中导体外的电场强度垂直于导体表面, 并求带电导体表面上受到的静电 (负) 压强; 证明电流处于恒定条件的导体内部电场强度平行于导体表面.

9. 由介质中的麦克斯韦方程组和洛伦兹力出发, 给出线性介质中电磁场的能量密度和能流密度的形式, 证明 $w = \frac{1}{2}\vec{B} \cdot \vec{H} + \frac{1}{2}\vec{E} \cdot \vec{D}, \vec{S} = \vec{E} \times \vec{H}$.

10. 证明两种绝缘介质界面上自由电荷面密度为零时, 两种介质内电场与界面法线夹角 θ_1、θ_2 满足 $\frac{\tan\theta_2}{\tan\theta_1} = \frac{\epsilon_2}{\epsilon_1}$, ϵ_1 和 ϵ_2 分别是两种介质的介电常量; 证明两种导电介质内的电流处于恒定状态时, 两种介质内电场与界面法线夹角 θ_1、θ_2 满足 $\frac{\tan\theta_2}{\tan\theta_1} = \frac{\sigma_2}{\sigma_1}$, σ_1 和 σ_2 分别是两种介质的电导率.

第 2 章 静 电 场

第 1 章讨论了电磁场的基本规律, 本章讨论最简单的电磁场 —— 静电场.

静电场指的是系统的电荷分布和电场强度不随时间变化的情况. 静电场问题中的基本物理规律是库仑定律. 我们在本章中首先由库仑定律出发讨论静电势函数的多极展开, 引入电多极矩的概念, 然后讨论给定哪些条件可以唯一确定静电场 (静电问题唯一性定理), 并介绍几种常用的求解静电场的方法 —— 分离变量法、镜像法和格林函数法. 我们讨论等离子体的静电现象, 包括等离子体的静电屏蔽及其在静电扰动下的振荡现象. 作为补充材料, 本章最后讨论自然界中的一些静电现象.

2.1 静电场的多极展开

对于给定电荷分布的静电系统, 我们可以直接利用库仑定律在形式上给出静电场的表达式. 而在系统电荷的空间分布比较复杂的情况下, 静电势的电多极矩展开是常用的近似方法. 我们在本节中讨论静电势的多极展开以及电多极矩在外电场中的能量.

2.1.1 电多极矩

静电场的基本物理定律是库仑定律. 如果系统的电荷分布函数 $\rho(\vec{r}')$ 是已知的, 电场强度直接由式 (1.29) 给出; 在实际中人们往往先求出式 (1.30) 的静电势 $\varphi(\vec{r})$, 这是因为静电势是个标量函数, 在数学处理上更方便.

如果电荷分布在一个极小的区域, 我们可以把该系统作为点电荷处理. 该问题的解由库仑定律直接给出. 如果电荷分布的区域虽然比较小但却不能忽略电荷的空间分布时, 就不能把该系统作为点电荷处理. 设电荷分布区域的线度为 d, 如果 $d/r \ll 1$, 静电势 $\varphi(\vec{r})$ 关于 d/r 的展开是快速收敛的, 此时只需展开式的前几项即可足够精确地描写该系统的静电场. 这种展开称为静电场的电多极矩展开. 这种方法适合于系统电荷分布范围比较小、场点位置 $\vec{r}$ 距离电荷分布区域比较远的情形.

利用 $\dfrac{1}{R} = \dfrac{1}{|\vec{r} - \vec{r}'|}$ 的泰勒展开式 (1.17), 式 (1.30) 中静电势 $\varphi(\vec{r})$ 写为

$$\varphi(\vec{r}) = \frac{1}{4\pi\epsilon_0} \int \left\{ \rho(\vec{r}') \left[\frac{1}{r} + (-\vec{r}') \cdot \nabla\frac{1}{r} + \frac{1}{2}\vec{r}'\vec{r}' : \nabla\nabla\frac{1}{r} + \cdots \right] \right\} \mathrm{d}\tau'$$

$$= \frac{1}{4\pi\epsilon_0} \left(\frac{Q}{r} - \vec{p} \cdot \nabla \frac{1}{r} + \frac{1}{6} \overset{\leftrightarrow}{\mathcal{D}} : \nabla\nabla \frac{1}{r} + \cdots \right), \tag{2.1}$$

式中坐标原点取电荷系统的中心. 由 $d \ll r$ 和 $|\vec{r}'| < d$ 可知, $|\vec{r}'|/r$ 展开是快速收敛的. 上式中 $Q = \int \rho(\vec{r}')\mathrm{d}\tau'$ 为该系统的总电荷, 第一项 $\dfrac{Q}{4\pi\epsilon_0 r}$ 是位于电荷分布中心处、电量为 Q 的点电荷静电势, 对应的电场强度为

$$\vec{E}_Q(\vec{r}) = -\frac{Q}{4\pi\varepsilon_0} \nabla \frac{1}{r} = \frac{Q\vec{r}}{4\pi\epsilon_0 r^3} \ .$$

式 (2.1) 中的第二项中的 $\vec{p} = \int \rho \vec{r}' \mathrm{d}\tau'$, $\vec{p}$ 称为该系统电偶极矩, 该项是位于原点的电偶极矩 $\vec{p}$ 的静电势 φ_p,

$$\varphi_p = -\frac{\vec{p}}{4\pi\epsilon_0} \cdot \nabla \frac{1}{r} = \frac{\vec{p} \cdot \vec{r}}{4\pi\epsilon_0 r^3}. \tag{2.2}$$

由式 (1.6) 的第七个恒等式、式 (1.9) 的第三个等式和式 (1.15) 中的第二个等式, 得到

$$\nabla \left(\vec{p} \cdot \frac{\vec{r}}{r^3} \right) = (\vec{p} \cdot \nabla)\frac{\vec{r}}{r^3} + (\frac{\vec{r}}{r^3} \cdot \nabla)\vec{p} + \vec{p} \times (\nabla \times \frac{\vec{r}}{r^3}) + \frac{\vec{r}}{r^3} \times (\nabla \times \vec{p})$$

$$= (\vec{p} \cdot \nabla)\frac{\vec{r}}{r^3} + 0 + 0 + 0 = (\vec{p} \cdot \nabla)\frac{\vec{r}}{r^3} = \vec{p} \cdot \frac{r^2 \overset{\leftrightarrow}{I} - 3\vec{r}\vec{r}}{r^5}. \tag{2.3}$$

由上式和式 (2.2) 得到电偶极矩 $\vec{p}$ 的电场强度

$$\vec{E}_p(\vec{r}) = -\nabla\varphi_p = -\nabla \left(\frac{\vec{p} \cdot \vec{r}}{4\pi\epsilon_0 r^3} \right) = \frac{\vec{p}}{4\pi\epsilon_0} \cdot \frac{3\vec{r}\vec{r} - r^2 \overset{\leftrightarrow}{I}}{r^5} = \frac{3p_r\vec{e}_r - \vec{p}}{4\pi\epsilon_0 r^3}, \tag{2.4}$$

式中 $p_r = \vec{p} \cdot \vec{e}_r$. 在式 (2.1) 的第三项中

$$\overset{\leftrightarrow}{\mathcal{D}} = 3 \int \rho \vec{r}'\vec{r}' \mathrm{d}\tau', \tag{2.5}$$

称为该系统的电四极矩 (注意这里 $\overset{\leftrightarrow}{\mathcal{D}}$ 中有系数 3). 电四极矩 $\overset{\leftrightarrow}{\mathcal{D}}$ 对应的静电势 $\phi_{\mathcal{D}}$ 为

$$\varphi_{\mathcal{D}}(\vec{r}) = \frac{1}{24\pi\epsilon_0} \overset{\leftrightarrow}{\mathcal{D}} : \nabla\nabla \frac{1}{r},$$

对应的电场强度为

$$\vec{E}_{\mathcal{D}}(\vec{r}) = -\nabla \left(\frac{1}{24\pi\epsilon_0} \overset{\leftrightarrow}{\mathcal{D}} : \nabla\nabla \frac{1}{r} \right).$$

我们定义

$$\vec{\mathcal{Q}} = \int \rho (3\vec{r}'\vec{r}' - (r')^2 \vec{I}) \mathrm{d}\tau', \tag{2.6}$$

$\vec{\mathcal{Q}}$ 也被称为电四极矩. 在定义电四极矩 $\vec{\mathcal{D}}$ 的基础上又定义电四极矩 $\vec{\mathcal{Q}}$ 的意义在于两者对应同样的静电势, 而 $\vec{\mathcal{Q}}$ 比 $\vec{\mathcal{D}}$ 少一个独立变量; 我们还将看到 [见式 (2.28) 和式 (5.62)], $\vec{\mathcal{D}}$ 和 $\vec{\mathcal{Q}}$ 这两个形式上不同的电四极矩在外场中的能量和对应的电磁辐射场也完全一致. 在直角坐标系中

$$\vec{\mathcal{Q}} = \sum_{ij} \mathcal{Q}_{ij} \vec{e}_i \vec{e}_j, \quad \mathcal{Q}_{ij} = \int \rho \left[3x_i' x_j' - \delta_{ij}(r')^2 \right] \mathrm{d}\tau', \tag{2.7}$$

式中 $(x_1', x_2', x_3') = (x', y', z')$ 是电荷的空间坐标, 即 $\vec{r}'$ 矢量的空间三个坐标分量. 容易验证 $\mathcal{Q}_{ij}$ 是一个无迹矩阵,

$$\sum_i \mathcal{Q}_{ii} = \int \rho \left[3(x')^2 + 3(y')^2 + 3(z')^2 - 3|\vec{r}'|^2 \right] \mathrm{d}\tau' = \int \rho \left[3(r')^2 - 3(r')^2 \right] \mathrm{d}\tau' = 0.$$

再考虑到 $\mathcal{Q}_{ij} = \mathcal{Q}_{ji}$ $(i, j = 1, 2, 3)$, 易知 $\mathcal{Q}_{ij}$ 有 5 个独立变量 (而 $\mathcal{D}_{ij}$ 有 6 个独立变量: $\mathcal{D}_{11}$、$\mathcal{D}_{22}$、$\mathcal{D}_{33}$、$\mathcal{D}_{12}$、$\mathcal{D}_{13}$、$\mathcal{D}_{23}$). 考虑到在 $r \neq 0$ 情况下 $\nabla^2 \dfrac{1}{r} = -4\pi\delta(\vec{r}) = 0$ (见式 (1.12)) 以及恒等式 $\nabla^2 = \vec{I} : \nabla\nabla$, 得到

$$\vec{\mathcal{D}} : \nabla\nabla \frac{1}{r} = \left(3 \int \rho \vec{r}' \vec{r}' \mathrm{d}\tau' \right) : \nabla\nabla \frac{1}{r} - \left(\int \rho(r')^2 \mathrm{d}\tau' \right) \nabla^2 \frac{1}{r}$$

$$= \left(\int \rho (3\vec{r}'\vec{r}' - (r')^2 \vec{I}) \mathrm{d}\tau' \right) : \nabla\nabla \frac{1}{r} = \vec{\mathcal{Q}} : \nabla\nabla \frac{1}{r}, \tag{2.8}$$

根据上式, 式 (2.1) 中第三项即电四极矩 $\vec{\mathcal{D}}$ 对应的静电势等于

$$\varphi_{\mathcal{D}}(\vec{r}) = \frac{1}{24\pi\epsilon_0} \vec{\mathcal{Q}} : \nabla\nabla \frac{1}{r} = \varphi_{\mathcal{Q}}(\vec{r}). \tag{2.9}$$

如果用式 (1.23) 展开 $\dfrac{1}{R}$, 把它代入静电势函数式 (1.30) 中, 就得到

$$\varphi(\vec{r}) = \frac{1}{4\pi\epsilon_0} \int \rho(\vec{r}') \left[\sum_{lm} \frac{4\pi}{(2l+1)r^{l+1}} Y_{lm}(\theta, \phi) \left(r'^l Y_{lm}^*(\theta', \phi') \right) \right] \mathrm{d}\tau'$$

$$= \frac{1}{4\pi\epsilon_0} \sum_{lm} \left(\frac{q_{lm}}{r^{l+1}} Y_{lm}(\theta, \phi) \right), \tag{2.10}$$

$$q_{lm} = \frac{4\pi}{2l+1} \int \mathrm{d}\tau' \rho(\vec{r}') \, r'^l Y_{lm}^*(\theta', \phi'). \tag{2.11}$$

q_{lm} 称为该电荷系统的 2^l 极矩, $l = 0, 1, 2, 3, \cdots$ 对应电单极矩 (即总电荷)、电偶极矩、电四极矩、电八极矩等, 独立分量的个数分别为 $1, 3, 5, \cdots, (2l+1), \cdots$. 显然, 电四极矩 q_{2m} 有 5 个独立变量, 与式 (2.7) 中独立变量个数完全一致.

从式 (2.10) 和式 (2.11) 容易看出, 2^{l+1} 极矩在 $\varphi(\vec{r})$ 中的贡献与 2^l 极矩贡献之比为 d/r ($d/r \ll 1$, d 是电荷系统的尺度), 即电多极矩方法是用 d/r 作为小量来展开的. 电多极矩图像可以通过简单点电荷系统予以直观说明, 见本章习题 1.

对于定态状态下宇称守恒的量子系统来说, 无论宇称状态如何, 波函数总有 $\Psi(-\vec{r}') = \pm \Psi(\vec{r}')$, 电荷密度 $\rho(-\vec{r}') = |\Psi(-\vec{r}')|^2 = |\Psi(\vec{r}')|^2 = \rho(\vec{r}')$. 对处于定态的量子系统, 电多极矩

$$
\begin{aligned}
q_{lm} &= \frac{4\pi}{2l+1} \int_{-\infty}^{+\infty} \mathrm{d}x' \int_{-\infty}^{+\infty} \mathrm{d}y' \int_{-\infty}^{+\infty} \mathrm{d}z' \rho(\vec{r}') r'^l Y_{lm}^*(\theta', \phi') \\
&= \frac{4\pi}{(2l+1)} \int_{+\infty}^{-\infty} \mathrm{d}(-x') \int_{+\infty}^{-\infty} \mathrm{d}(-y') \int_{+\infty}^{-\infty} \mathrm{d}(-z') \rho(-\vec{r}')\, r'^l Y_{lm}^*(\pi - \theta', \pi + \phi') \\
&= \frac{4\pi}{(2l+1)} \int_{-\infty}^{+\infty} \mathrm{d}x' \int_{-\infty}^{+\infty} \mathrm{d}y' \int_{-\infty}^{+\infty} \mathrm{d}z' \rho(\vec{r}')\, r'^l (-)^l Y_{lm}^*(\theta', \phi') = (-)^l q_{lm} \ ,
\end{aligned}
$$

上式中第二个等号是把积分内的所有 $\vec{r}'$ 代换为 $-\vec{r}'$, 第三个等号利用了 $\rho(-\vec{r}') = \rho(\vec{r}')$ 以及式 (1.24). 由上式可知, q_{lm} 与 l 之间存在简单的关系式

$$
\left(1 - (-1)^l\right) q_{lm} \equiv 0. \tag{2.12}
$$

这表明对于宇称是好量子数的量子定态而言, 只有 l 为偶数的 q_{lm} 不为零, 奇数 l 的 q_{lm} 只能是零, 即只有零极矩 (点电荷)、四极矩、十六极矩等可能不为零, 而偶极矩、八极矩、三十二极矩等都等于零.

例题 2.1   有一个外表面方程为 $\dfrac{x^2 + y^2}{a^2} + \dfrac{z^2}{b^2} = 1$ 的均匀带电椭球, 求在该椭球远处的静电势.

解答   因为求距离椭球远处的静电势, 故用多极展开方法. 用 ρ_0 标记该椭球的电荷密度, 把椭球中心选为坐标原点, 椭球的总电荷为 $Q = \dfrac{4\pi a^2 b}{3} \rho_0$. 因为对称性, 该椭球的电偶极矩为

$$
\vec{p} = \int \rho_0 \vec{r}'\mathrm{d}\tau' = 0, \tag{2.13}
$$

类似地, 在直角坐标系内电四极矩的矩阵元为

$$
Q_{ij} = \int 3\rho_0 x_i' x_j' \mathrm{d}\vec{r}' = 0 \quad (i \neq j). \tag{2.14}
$$

即只有对角元素才不等于零. 为了在直角坐标系内得到对角元 Q_{ii}, 首先计算积分 $\int (x')^2 \mathrm{d}\tau', \int (y')^2 \mathrm{d}\tau', \int (z')^2 \mathrm{d}\tau'$.

$$\int (x')^2 \mathrm{d}\tau' = \int (y')^2 \mathrm{d}\tau' = \int \frac{(x')^2 + (y')^2}{2} \mathrm{d}\tau' = \frac{1}{2} \int (s')^2 \mathrm{d}\tau'$$

$$= \frac{1}{2} \int_{-b}^{b} \mathrm{d}z' \int_{0}^{a\sqrt{1 - \frac{(z')^2}{b^2}}} (s')^2 2\pi s' \mathrm{d}s' = \frac{1}{2} \int_{-b}^{b} \mathrm{d}z' \cdot 2\pi \frac{1}{4} a^4 \left(1 - \frac{(z')^2}{b^2}\right)^2$$

$$= \int_{0}^{b} \mathrm{d}z' \cdot \frac{\pi}{2} a^4 \left(1 + \frac{(z')^4}{b^4} - 2\frac{(z')^2}{b^2}\right) = \frac{\pi a^4}{2} \left(b + \frac{b}{5} - \frac{2b}{3}\right) = \frac{4\pi}{15} a^4 b,$$

$$\int (z')^2 \mathrm{d}\tau' = \int_{-b}^{b} (z')^2 \mathrm{d}z' \int_{0}^{a\sqrt{1 - \frac{(z')^2}{b^2}}} 2\pi s' \mathrm{d}s' = \int_{-b}^{b} (z')^2 \mathrm{d}z' \cdot \pi a^2 \left(1 - \frac{(z')^2}{b^2}\right)$$

$$= 2\pi a^2 \int_{0}^{b} \mathrm{d}\left((z')^2 - \frac{(z')^4}{b^2}\right) = 2\pi a^2 \left(\frac{1}{3} - \frac{1}{5}\right) b^3 = \frac{4\pi}{15} a^2 b^3.$$

在上式的计算中, 为了方便采用了柱坐标系, $(s')^2 = (x')^2 + (y')^2$. 由上式可得

$$\rho_0 \int (x')^2 \mathrm{d}\tau' = \rho_0 \int (y')^2 \mathrm{d}\tau' = \rho_0 \frac{4\pi}{15} a^4 b = \frac{Q}{5} a^2, \tag{2.15}$$

$$\rho_0 \int (z')^2 \mathrm{d}\tau' = \rho_0 \frac{4\pi}{15} a^2 b^3 = \frac{Q}{5} b^2, \tag{2.16}$$

把式 (2.15) 和式 (2.16) 代入式 (2.7), 得到

$$\mathcal{Q}_{xx} \equiv \mathcal{Q}_{yy} = \int \rho_0 \left[3(x')^2 - (r')^2\right] \mathrm{d}\tau' = \int \rho_0 \left[(x')^2 - (z')^2\right] \mathrm{d}\tau' = \frac{1}{5} Q(a^2 - b^2), \tag{2.17}$$

$$\mathcal{Q}_{zz} = \int \rho_0 \left[3(z')^2 - (r')^2\right] \mathrm{d}\tau' = \int \rho_0 \left[2(z')^2 - 2(x')^2\right] \mathrm{d}\tau' = \frac{2}{5} Q(b^2 - a^2). \tag{2.18}$$

即 $\mathcal{Q}_{xx} = \mathcal{Q}_{yy} = -\frac{1}{2}\mathcal{Q}_{zz}$ 利用以上结果, 可得

$$\overleftrightarrow{\mathcal{Q}} : \nabla\nabla \frac{1}{r} = \sum_{ij} \mathcal{Q}_{ij} \partial_i \partial_j \frac{1}{r} = \left(\mathcal{Q}_{zz}\partial_z^2 + \mathcal{Q}_{xx}\partial_x^2 + \mathcal{Q}_{yy}\partial_y^2\right) \frac{1}{r}$$

$$= \mathcal{Q}_{zz}\partial_z^2 \frac{1}{r} - \frac{1}{2}\mathcal{Q}_{zz}\left(\partial_x^2 + \partial_y^2\right) \frac{1}{r} = \mathcal{Q}_{zz}\partial_z^2 \frac{1}{r} - \frac{1}{2}\mathcal{Q}_{zz}(-\partial_z^2)\frac{1}{r}$$

$$= \frac{3}{2}\mathcal{Q}_{zz}\partial_z^2 \frac{1}{r} = \frac{3}{2}\mathcal{Q}_{zz}\partial_z \left(\partial_z \frac{1}{\sqrt{x^2 + y^2 + z^2}}\right)$$

$$= \frac{3}{2}\mathcal{Q}_{zz}\partial_z \left(\frac{-z}{\sqrt{(x^2 + y^2 + z^2)^3}}\right) = \frac{3}{2}\mathcal{Q}_{zz}\frac{3z^2 - r^2}{r^5}$$

$$= \frac{3}{5}Q(b^2 - a^2)\frac{3z^2 - r^2}{r^5}. \tag{2.19}$$

上式中第四个等号利用了 $\nabla^2 \frac{1}{r} = 0$; 上式中第五个等号右边也可以先变为 $\frac{3}{2}\mathcal{Q}_{zz}\vec{e}_z\vec{e}_z$:

$\nabla\nabla\frac{1}{r}$, 然后利用式 (1.15) 中的第二式直接得到式中倒数第二步结果, 请读者自行验算. 由式 (2.1)、式 (2.9)、式 (2.13) 和式 (2.19), 得到椭球形均匀带电介质的静电势

$$\varphi(\vec{r}) = \frac{Q}{4\pi\epsilon_0 r}\left[1 + \frac{1}{10}(b^2 - a^2)\frac{3z^2 - r^2}{r^4}\right].$$

2.1.2　电多极矩在外场中的能量

由式 (1.76), 真空中静电场的能量密度为 $w = \frac{\epsilon_0}{2}E^2$, 总静电能为 $W = \int\left(\frac{\epsilon_0}{2}E^2\right)\mathrm{d}\tau$. W 可以写为

$$W = \int \mathrm{d}\tau\frac{\epsilon_0}{2}\vec{E}\cdot\vec{E} = \frac{\epsilon_0}{2}\int\mathrm{d}\tau\,(-\nabla\varphi)\cdot\vec{E} = \frac{\epsilon_0}{2}\int\mathrm{d}\tau\left[-\nabla\cdot(\varphi\vec{E}) + \varphi\nabla\cdot\vec{E}\right]$$

$$= \frac{\epsilon_0}{2}\left[-\oint_S(\varphi\vec{E})\cdot\mathrm{d}\vec{S} + \int\varphi(\rho/\epsilon_0)\mathrm{d}\tau\right] = \frac{1}{2}\int\rho\varphi\mathrm{d}\tau. \tag{2.20}$$

在推导过程中利用了式 (1.6) 中的第四个等式、电场的散度公式, 以及 φ、$\vec{E}$、系统外表面积 S 在无穷远处的渐进行为 (分别正比于 $1/r$、$1/r^2$ 和 r^2). 利用式 (1.30), 上式可以改写成对称形式

$$W = \int\frac{\rho(\vec{r})\rho(\vec{r}')}{8\pi\epsilon_0|\vec{r} - \vec{r}'|}\mathrm{d}\tau\mathrm{d}\tau'. \tag{2.21}$$

在介质中静电场的能量密度为 $\frac{1}{2}\vec{E}\cdot\vec{D}$, $\vec{D}$ 为电位移矢量. 与式 (2.20) 相对应, 在介质内的总静电能 W 形式为

$$W = \frac{1}{2}\int\rho_{\mathrm{f}}\varphi\mathrm{d}\tau, \tag{2.22}$$

式中 ρ_{f} 为自由电荷密度. 我们知道, 在电荷密度为零的区域内电场能量密度可以不等于零, 所以式 (2.20) 和式 (2.22) 不能理解为在真空中和在介质中的静电场能量密度分别等于 $\frac{1}{2}\rho\varphi$ 和 $\frac{1}{2}\rho_{\mathrm{f}}\varphi$, 这两式仅表明在这两种情况下静电场总能量分别等于 $\frac{1}{2}\rho\varphi$ 和 $\frac{1}{2}\rho_{\mathrm{f}}\varphi$ 对全空间 τ 积分.

现在我们把整个电荷系统分为内部和外部, 其中 "内部" 的电荷密度采用字母 i (internal) 作下标, "外部" 的电荷密度采用字母 e (external) 作下标. 式 (2.20) 变为

$$W = \frac{1}{2}\int(\rho_{\mathrm{e}} + \rho_{\mathrm{i}})(\varphi_{\mathrm{e}} + \varphi_{\mathrm{i}})\mathrm{d}\tau = W_{\mathrm{e}} + W_{\mathrm{i}} + V. \tag{2.23}$$

这里 $W_{\mathrm{e}} = \frac{1}{2}\int\rho_{\mathrm{e}}\varphi_{\mathrm{e}}\mathrm{d}\tau$, $W_{\mathrm{i}} = \frac{1}{2}\int\rho_{\mathrm{i}}\varphi_{\mathrm{i}}\mathrm{d}\tau$, $V = \frac{1}{2}\int(\rho_{\mathrm{i}}\varphi_{\mathrm{e}} + \rho_{\mathrm{e}}\varphi_{\mathrm{i}})\mathrm{d}\tau$. 这三项的意义分别是外部的电荷单独存在时的静电能、内部电荷单独存在时的静电能以及内部电

荷与外部电荷之间的相互作用能. 因为 $\int \rho_i \varphi_e \mathrm{d}\tau = \int \rho_e \varphi_i \mathrm{d}\tau = \int \dfrac{\rho_e(\vec{r})\rho_i(\vec{r}')}{4\pi\epsilon_0 |\vec{r}-\vec{r}'|}\mathrm{d}\tau\mathrm{d}\tau'$, 所以电荷密度为 $\rho_i(\vec{r})$ 的电荷系统与外电场 $\varphi_e(\vec{r})$ 相互作用的能量为

$$V = \int \rho_i \varphi_e \mathrm{d}\tau. \tag{2.24}$$

如果电荷分布的范围比较小, 取 $\rho_i(\vec{r})$ 的中心作为坐标系的原点, 对式 (2.24) 中的 $\varphi_e(\vec{r})$ 作泰勒展开, 得到

$$
\begin{aligned}
V &= \int \rho_i \left[\varphi_e(\vec{r})|_{\vec{r}=0} + \vec{r}\cdot\nabla\varphi_e(\vec{r})|_{\vec{r}=0} + \frac{1}{2}\vec{r}\vec{r}:(\nabla\nabla\varphi_e(\vec{r}))|_{\vec{r}=0} + \cdots \right] \mathrm{d}\tau \\
&= \left(\int \rho_i \mathrm{d}\tau \right)\varphi_e(0) + \left(\int \rho_i \vec{r}\mathrm{d}\tau \right)(\nabla\varphi_e(\vec{r}))|_{\vec{r}=0} + \frac{1}{6}\left(\int 3\rho_i\vec{r}\vec{r}\mathrm{d}\tau \right):\nabla\nabla\varphi_e(0) + \cdots \\
&= Q\varphi_e(0) - \vec{p}\cdot\vec{E}_e(0) + \frac{1}{6}\overrightarrow{\mathcal{D}}:(\nabla\nabla\varphi_e(\vec{r}))|_{\vec{r}=0} + \cdots \\
&= V_0 + V_1 + V_2 + \cdots,
\end{aligned} \tag{2.25}
$$

式中第一项对应把电荷系统作为点电荷处理时在外电场 φ_e 中的能量

$$V_0 = Q\varphi_e(0), \tag{2.26}$$

第二项对应电荷系统的电偶极矩 $\vec{p} = \int \rho_i \vec{r}\mathrm{d}\tau$ 成分在外电场中的能量

$$V_1 = \vec{p}\cdot(\nabla\varphi_e(\vec{r}))|_{\vec{r}=0} = -\vec{p}\cdot\vec{E}_e(0), \tag{2.27}$$

第三项对应电荷系统的电四极矩 $\overrightarrow{\mathcal{D}} = 3\int \rho_i \vec{r}'\vec{r}'\mathrm{d}\tau'$ 成分在外电场中的能量, 该能量等于

$$
\begin{aligned}
V_2 &= \frac{1}{6}\overrightarrow{\mathcal{D}}:(\nabla\nabla\varphi_e(\vec{r}))|_{\vec{r}=0} \\
&= \frac{1}{6}\left[\overrightarrow{\mathcal{D}}:(\nabla\nabla\varphi_e(\vec{r}))|_{\vec{r}=0} - \overrightarrow{I}:(\nabla\nabla\varphi_e(\vec{r}))|_{\vec{r}=0}\int \rho_i(r')^2\mathrm{d}\tau' \right] \\
&= \frac{1}{6}\overrightarrow{\mathcal{Q}}:(\nabla\nabla\varphi_e(\vec{r}))|_{\vec{r}=0} = -\frac{1}{6}\overrightarrow{\mathcal{Q}}:\nabla\vec{E}_e(0),
\end{aligned} \tag{2.28}
$$

式中电四极矩 $\overrightarrow{\mathcal{Q}}$ 为无迹形式, $\mathcal{Q} = \int \rho_i \left(3\vec{r}'\vec{r}' - \overrightarrow{I}(r')^2 \right)\mathrm{d}\tau'$. 在上式的第二个等号中我们利用了

$$\overrightarrow{I}:(\nabla\nabla\varphi_e(\vec{r}))|_{\vec{r}=0} = \nabla^2\varphi_e(\vec{r})|_{\vec{r}=0} = -\frac{\rho_e(0)}{\epsilon_0} = 0.$$

由电偶极矩 $\vec{p}$ 在外电场 $\vec{E}_e$ 中的能量式 (2.27), 得到 $\vec{p}$ 在外电场 $\vec{E}_e$ 中受到电场的作用力

$$\vec{F} = -\nabla V_1 = \nabla \left(\vec{p} \cdot \vec{E}_{\mathrm{e}} \right)$$

$$= (\vec{p} \cdot \nabla) \, \vec{E}_{\mathrm{e}} + \left(\vec{E}_{\mathrm{e}} \cdot \nabla \right) \vec{p} + \vec{p} \times \left(\nabla \times \vec{E}_{\mathrm{e}} \right) + \vec{E}_{\mathrm{e}} \times (\nabla \times \vec{p}) = \vec{p} \cdot \nabla \vec{E}_{\mathrm{e}}(0) \, , \quad (2.29)$$

式中第三个等号利用了式 (1.6) 中的第七个恒等式, 最后一个等号利用了 $\nabla \vec{p} = 0$, $\nabla \times \vec{E}_{\mathrm{e}} = 0$ 以及 $\nabla \times \vec{p} = 0$. 由式 (2.27), 电偶极矩 $\vec{p}$ 在外电场中的能量与 $\vec{p}$ 和 $\vec{E}_{\mathrm{e}}$ 的夹角 θ 有关, $V_1 = -pE_{\mathrm{e}} \cos \theta$. 由此得到静电场作用在电偶极矩 $\vec{p}$ 上的力矩 $\vec{L}$ 为

$$\vec{L} = \vec{e}_\theta L_\theta = -\vec{e}_\theta \partial_\theta V_1 = -\vec{e}_\theta \partial_\theta (-pE_{\mathrm{e}} \cos \theta) = -pE_{\mathrm{e}} \sin \theta \vec{e}_\theta = \vec{p} \times \vec{E}_{\mathrm{e}} \, . \quad (2.30)$$

我们也可以直接从库仑定律出发, 讨论电荷系统在外场中受到的静电力和静电势能. 我们把外部电场的电场强度 $\vec{E}_{\mathrm{e}}(\vec{r})$ 在电荷系统的中心 $\vec{r} = 0$ 处做泰勒展开, 利用得到库仑定律得到

$$\vec{F} = \int \rho(\vec{r}) \vec{E}_{\mathrm{e}} \mathrm{d}\tau = \int \rho \left(\vec{E}_{\mathrm{e}}(0) + \vec{r} \cdot \nabla \vec{E}_{\mathrm{e}}(0) + \frac{1}{2} \vec{r}\vec{r} : \nabla\nabla\vec{E}_{\mathrm{e}}(0) + \cdots \right) \mathrm{d}\tau$$

$$= \int \rho \mathrm{d}\tau \vec{E}_{\mathrm{e}}(0) + \int \rho \vec{r} \mathrm{d}\tau \cdot \left(\nabla \vec{E}_{\mathrm{e}}(0) \right) + \frac{1}{6} \int 3\rho \vec{r}\vec{r} \mathrm{d}\tau : \left(\nabla\nabla \vec{E}_{\mathrm{e}}(0) \right) + \cdots$$

$$= Q\vec{E}_{\mathrm{e}}(0) + \vec{p} \cdot \nabla \vec{E}_{\mathrm{e}}(0) + \frac{1}{6} \overset{\leftrightarrow}{\mathcal{D}} : \nabla\nabla\vec{E}_{\mathrm{e}}(0) + \cdots \, .$$

上式中第一项对应点电荷在外电场中受到的作用力; 第二项对应电偶极矩 $\vec{p}$ 在外电场中受到的作用力, 与式 (2.29) 一致; 第三项对应电四极矩 $\overset{\leftrightarrow}{\mathcal{D}}$ 在外电场中受到的作用力, 可以证明该项等于 $-\nabla V_2$ (见本章习题 3), $V_2 = \dfrac{1}{6} \overset{\leftrightarrow}{\mathcal{D}} : \nabla\nabla\varphi_{\mathrm{e}}(\vec{r})|_{\vec{r}=0}$ 是电四极矩 $\overset{\leftrightarrow}{\mathcal{D}}$ 在外电场中的能量.

例题 2.2 某均匀气体系统处于热平衡状态, 温度为 T. 把每个气体分子简化为电偶极矩 $\vec{p}_0$. 在弱电场近似下试计算该气体介质的介电常量.

解答 该气体介质的每个分子在外静电场中的势能为 $V = -\vec{E} \cdot \vec{p}_0$. 温度为 T, 分子的分布满足玻尔兹曼分布律. 设外电场 $\vec{E}$ 的方向为 $\vec{e}_z$, 分子电偶极矩 $\vec{p}_0$ 与 $\vec{e}_z$ 之间的夹角标记为 θ, 与外电场夹角标记为 θ 的立体角 $\mathrm{d}\Omega$ 内气体分子数密度为

$$N(\theta)\mathrm{d}\Omega = N_0 \exp\left(-\frac{V}{kT} \right) \mathrm{d}\Omega = N_0 \exp\left(\frac{Ep_0 \cos\theta}{kT} \right) \mathrm{d}\Omega, \quad (2.31)$$

这里 k 为玻尔兹曼 (Ludwig Edward Boltzmann) 常量, $k = 1.38 \times 10^{-23} \mathrm{J} \cdot \mathrm{K}^{-1}$; N_0 为没有外电场存在时单位体积、单位立体角内介质气体的分子数密度, N_0 由下式决定:

$$\int N(\theta)\mathrm{d}\Omega = N \, , \quad (2.32)$$

N 为电场强度为零时系统的单位体积内分子数密度. 在弱电场 (即 $Ep_0 \cos\theta \ll kT$) 条件下, 式 (2.31) 简化为

$$N(\theta)\mathrm{d}\Omega = N_0 \left(1 + \frac{Ep_0 \cos\theta}{kT}\right)\mathrm{d}\Omega.$$

上式对 $\mathrm{d}\Omega$ 积分, 由式 (2.32) 的条件得到 $N_0 = \dfrac{N}{4\pi}$. 在外电场 $\vec{E}$ 的作用下, 该气体介质的极化强度 $\vec{P}$ 与 $\vec{E}$ 同向, 即沿着 $\vec{e}_z$ 方向, 其数值为

$$P = \int [(N(\theta)p_0 \cos\theta)]\,\mathrm{d}\Omega \approx \int \left[N_0 \left(1 + \frac{Ep_0 \cos\theta}{kT}\right)p_0 \cos\theta\right]\mathrm{d}\Omega$$

$$\approx \frac{4\pi N_0 p_0^2}{3kT}E = \frac{Np_0^2}{3kT}E = \chi E. \tag{2.33}$$

由此可知, 该气体介质的介电常量 $\epsilon = \epsilon_0 + \chi = \epsilon_0 + \dfrac{Np_0^2}{3kT}$.

式 (2.33) 的结果还可以用来定性地解释铁电体为什么具有很大介电常量. 铁电体材料局部自发极化, 即局部的分子电极化方向一致, 形成 "铁电畴". 我们把铁电体看做许多大小相同的铁电畴, 每个畴内含有 n 个分子 (n 是很大的数), 总的分子密度为 N, 那么单位体积内有 N/n 个铁电畴. 为简单我们进一步假定在没有外电场时, 这些铁电畴分子极化方向分布是杂乱的, 没有宏观极化现象; 而在外电场 $\vec{E}$ 作用下, 所有铁电畴都可以自由转向. 我们由式 (2.33) 得到铁电体的相对介电常量

$$\epsilon_{\mathrm{r}} = 1 + \frac{\left(\frac{N}{n}\right)(np_0)^2}{3\epsilon_0 kT} = 1 + n\frac{Np_0^2}{3\epsilon_0 kT},$$

因为 n 很大, 所以铁电体的相对介电常量 ϵ_{r} 很大. 实际上铁电畴的转向不是自由的, 因此铁电体的极化率远小于一般介质极化率的 n 倍; 尽管如此, 铁电体 ϵ_{r} 值仍然是很大的.

2.1.3 *粒子电偶极矩

根据标准模型, 自然界中存在三代夸克 (quark)、三代轻子 (lepton), 每代夸克和轻子都有两个种类, 每个夸克有三种颜色自由度, 这些夸克和轻子都有反粒子, 所以其总数为 48 种, 它们是构成自然界的基石. 除了这些粒子, 还有负责传递费米子之间相互作用的玻色子, 包括 8 种传递强相互作用的胶子 (gluon)、传递弱相互作用的 $\mathrm{W}^{\pm}$ 和 Z^0(3 种)、传递电磁相互作用的光子 (1 种)、引起规范群的对称性自发破缺的希格斯粒子 (Higgs). 在标准模型理论中, 传递万有引力相互作用的引力子还不能统一地包括进来, 粒子的质量和作用强度还是参数形式, 有些现象还没有得到满意解释, 所以超出标准模型的新物理是当今物理学重要方面之一, 标准模型的扩展有许多尝试, 如大统一理论等.

扩展标准模型需要注意约束条件, 而微观粒子的电偶极矩 (electric dipole moment, EDM) 为人们提供了一个关于电荷宇称破坏方面的约束. 我们知道, 基本粒子在空间取向只有一个特殊方向, 即自旋 $\vec{s}$ 方向. 其他矢量形式的物理观测量或者沿 $\vec{s}$ 方向或者沿 $-\vec{s}$ 方向. 假设粒子磁矩和电偶极矩与 $\vec{s}$ 方向相同, 如图 2.1 所示, 在宇称变换 $\vec{r} \to -\vec{r}$ 前后电偶极矩 $\vec{p}$ 改变方向, 而磁矩和自旋方向不变, 因此宇称对称性被破坏. 在时间反演变换 $t \to -t$ 前后, 磁矩和自旋方向变化而电偶极矩 $\vec{p}$ 方向不变, 因此时间反演对称性被破坏; 根据 CPT 对称性 (即系统在正反粒子-宇称-时间反演变换下不变), 时间反演对称性被破坏意味着正反粒子-宇称联合变换对称性被破坏, 因此粒子的电偶极矩数值给出自然界关于正反粒子-宇称变换对称性破坏的一个尺度, 这个破坏程度的分析与理论模型几乎无关, 基本粒子的内禀电偶极矩数值对于扩展标准模型提供了强约束. 标准模型的扩展必须遵守这个约束条件; 实际上很多理论也正是因为不符合越来越精确的电偶极矩上限而被抛弃的. 这里指出, 在弱相互作用过程中, 正反粒子-宇称变换对称性也是破坏的, 这种破坏可以用标准模型中卡比博 (Nicola Cabibbo)-小林诚 (Makoto Kobayashi)-益川敏英 (Toshihide Maskawa) 矩阵 (简称为 CKM 矩阵) 中的电荷宇称破坏相位来解释, 然而在正反粒子-宇称变换对称性破坏的弱过程中有味道 (flavor) 改变, 而且该破坏对应的电偶极矩的数值太小.

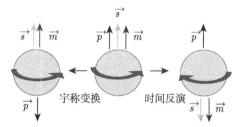

图 2.1   粒子自旋 $\vec{s}$、磁偶极矩 $\vec{m}$、电偶极矩 $\vec{p}$ 在宇称变换、时间反演变换下的方向
这里假设 $\vec{s}, \vec{m}$ 和 $\vec{p}$ 三个方向都一致, 该粒子在宇称变换时电偶极矩改变方向, 而时间反演时自旋和磁偶极矩改变方向. 所以如果粒子存在内禀电偶极矩, 宇称对称性和时间反演对称性都会被破坏, 微观粒子电偶极矩的测量是当今粒子物理实验方面很活跃并受到广泛关注的前沿问题

正因为粒子的 EDM 如此重要, EDM 的理论研究和实验测量长期以来是高能物理中的重要课题, 从 20 世纪 50 年代初开始至今, 实验精度有了很大提高, 目前实验上主要研究电子和中子的 EDM. 电子是基本粒子, 标准模型预言电子的 EDM 上限为 10^{-36}e · cm, 目前实验给出的上限为 10^{-29}e · cm 量级. 中子是由三夸克组成的复合系统, 总电荷为零, 在电场中能级分裂的最高级效应来自于它的 EDM, 标准模型给出的中子 EDM 上限为 10^{-31}e · cm, 目前实验上给出中子 EDM 上限为 10^{-26}e · cm 量级, 只要在理论的上限以上测量到这些粒子的 EDM, 就意味着超出标准模型的新物理.

2.1.4 *原子核电四极矩

原子核在原子中所占体积非常小, 然而原子质量主要集中在原子核. 原子核由质子和中子组成, 质子电荷量与正电子相同, 中子电荷量为零. 在自由状态下的质子质量为 938.2720813(58) MeV (在粒子物理和核物理中经常用能量单位 eV、MeV、GeV 表示粒子的质量, 该数值应该理解为 mc^2, m 为粒子的质量, c 为真空中电磁波传播速度), 寿命大于 8.2×10^{33} 年; 自由状态下的中子质量为 939.5654133 (58) MeV, 寿命约为 (881.5±1.5) s. 原子核的质量密度 ρ 非常大,

$$\rho \approx \frac{Am_{\mathrm{u}}}{\frac{4\pi}{3}r_0^3 A} = \frac{1.66 \times 10^{-27} \text{ kg}}{\frac{4\pi}{3}(1.2 \times 10^{-15})^3 \text{ m}^3} \approx 2 \times 10^{17} \text{ kg/m}^3 \ .$$

式中 m_{u} 为原子质量单位, 是中性碳 -12 原子处于基态时静止质量的 1/12, 数值为 $1.66053906660(50) \times 10^{-27}$ kg, 用能量单位表示为 931.49410242(28) MeV.

当质子和中子数都不太大时, 原子核的库仑能很小, 单核子结合能最大的原子核质子数和中子数相等或相近. 比如单核子结合能最大的氦核同位素由两个质子和两个中子组成, 单核子结合能最大的锂同位素由 3 个质子和 3 个中子组成. 核子数很大的原子核称为重核, 因为质子之间长程的静电能量近似正比于质子数的平方, 因此重核内质子之间的静电能很大; 对于一个重原子核而言, 假如质子数和中子数相同, 那么质子的费米能将会因为质子之间静电能的额外贡献而明显高于中子的费米面, 处于高能态的那些质子通过 β 衰变 (每个质子 β 衰变时放出一个电子和反电子中微子而变成一个中子) 增加中子数量, 最终质子和中子的费米面相同或相近. 所以稳定的重原子核中质子数明显少于中子数, 在 "表皮" 处中子密度大于质子密度, 称为中子皮, 如图 1.6(b) 所示. 当原子核的质子数和/或中子数等于传统的 "幻数" (2、8、20、28、50、82、126) 时, 原子核内处于基态的质子和/或中子填满这些对应的壳层. 这些原子核从基态激发到其他状态所需要的能量比较高, 基态和低激发态接近球形. 原子核电荷半径大约为 $r_0 A^{1/3}$, A 为核子数, $r_0 = 1.2$ fm.

假定原子核是轴对称的均匀带电体, 在与原子核相对静止的坐标系内 (称为内禀坐标系) 原子核的电四极矩由式 (2.17) 和式 (2.18) 给出,

$$\mathcal{Q}_{xx} = \mathcal{Q}_{yy} = -\frac{\mathcal{Q}_{zz}}{2} = \frac{1}{5}Q(a^2 - b^2), \tag{2.34}$$

其中 Q 为原子核的总电量, $Q = Ze$, Z 为原子核内的质子数; b 为对称轴方向的半轴长度; a 为垂直于对称轴方向的半轴长度. 如果 $b > a$, $\mathcal{Q}_{zz} > 0$, 原子核的形状为长椭球; 如果 $b < a$, $\mathcal{Q}_{zz} < 0$, 原子核的形状为扁椭球. 稳定的原子核和目前实验室已经合成的核素低激发态主要是长椭球形状. 内禀电四极矩描述原子核形变, 由内禀电四极矩可以方便地得到电四极跃迁结果, 原子核的电四极跃迁概率等于 $\mathcal{Q}_{zz}$

的平方乘以一些简单的 "几何" 系数. 电四极跃迁是原子核从低激发态退激的主要途径.

定义形变参数

$$\delta = \frac{3}{2} \frac{b^2 - a^2}{b^2 + 2a^2},$$

当 δ 很小时, $\delta \approx \frac{b-a}{R}$, R 为 "平均" 半径. 根据式 (2.34), 在 $\delta \ll 1$ 的情况下, $\mathcal{Q}_{zz}$ 可以用 δ 表示为

$$\mathcal{Q}_{zz} = \frac{2}{5} Q(b^2 - a^2) = \frac{4}{3} \left[\frac{Q}{5}(2a^2 + b^2) \right] \left(\frac{3}{2} \frac{b^2 - a^2}{b^2 + 2a^2} \right) = \frac{4}{3} \left(\int r^2 \rho(\vec{r}) \mathrm{d}\tau \right) \delta. \quad (2.35)$$

$\mathcal{Q}_{zz}$ 还可以用球谐函数表示. 由式(2.7),

$$\mathcal{Q}_{zz} = \mathcal{Q}_{33} = \int \rho(\vec{r})(3z^2 - r^2)\mathrm{d}\tau = \int \rho(\vec{r}) \sqrt{\frac{16\pi}{5}} r^2 Y_{20}(\theta, \phi) \mathrm{d}\tau. \quad (2.36)$$

上式中利用了 $Y_{20}(\theta, \phi) = \sqrt{\frac{5}{16\pi}}(3\cos^2\theta - 1)$. 上式中的 $\mathcal{Q}_{zz}$ 与式 (2.11) 定义的 $q_{lm}|_{l=2, m=0}$ 相比差了一个常数 $\sqrt{\frac{\pi}{5}}$.

原子核是量子系统, 在式 (2.36) 中令 $\rho(\vec{r}) \to q|\chi_K|^2$,

$$\mathcal{Q}_{zz} = \int q\chi_K^* \sqrt{\frac{16\pi}{5}} r^2 Y_{20}(\theta, \phi) \chi_K \mathrm{d}\tau,$$

其中 χ_K 是在内禀坐标系下原子核的状态波函数; q 为有效电荷. 上式中定义的 $\mathcal{Q}_{zz}$ 称为原子核内禀电四极矩, 常被标记为 Q_0.

对于质子数和中子数都不是幻数的原子核, 满壳层外的质子和中子常被称为价核子 (valence nucleon). 壳模型理论认为, 原子核低激发态主要是由价核子所贡献的, 人们可以通过求解关于价核子的多体薛定谔方程来研究原子核的结构性质. 当价质子数和价中子数都大于 8 时, 原子核低激发态有稳定的四极形变, 对应较大的电四极矩. 对于质子数和中子数都是偶数的原子核 (简称为偶偶核) 来说, 由于同类核子之间很强的配对效应, 基态自旋全都是 0 $\hbar$; 在绝大多数情况下, 偶偶核第一个激发态自旋为 2$\hbar$. 图 2.2 给出了质子数大于 82 满壳数、中子数大约 126 满壳数的偶偶核内禀电四极矩的实验结果. 横轴 $N_{\mathrm{p}}N_{\mathrm{n}} = (Z-82)(N-126)$, 这里 $(Z-82)$ 为价质子数, $(N-126)$ 为价中子数. 我们看到随着价质子数和价中子数的增加, 原子核的内禀电四极矩很快增加, 表明原子核开始出现形变. 当 $N_{\mathrm{p}}N_{\mathrm{n}}$ 为 300~400 时, 偶偶核的 Q_0 呈现饱和现象. 在 20 世纪 80 年代, 人们注意到 Q_0 与 $N_{\mathrm{p}}N_{\mathrm{n}}$ 之间的这种简单关联, 但是因为原子核是非常复杂的量子多体系统, 至今对这些简单标度规律的理解

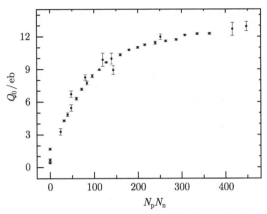

图 2.2 原子核内禀电四极矩的简单标度规律

横轴变量为价质子数与价中子数的乘积, 纵轴变量为 $Z > 82$、$N > 126$ 原子核内禀电四极矩, 单位为 eb ($1\ \mathrm{b} = 10^{-24}\ \mathrm{cm}^2$). 其他区域的偶偶核也呈现出类似的结果, 至今人们还不能深入理解这一简单标度规律

还不深入. 自然界最有趣和最普遍的现象之一是许多复杂系统具有很简单的标度规律, 这些简单性的起源是现代科学的主题之一.

形变原子核低激发态是一系列的转动状态. 这些状态可以用量子力学中刚体转动的图像描述, 对应的状态波函数是 D 函数. 考虑到宇称守恒, 原子核波函数形式写为

$$\Phi_{JMK} = \sqrt{\frac{2J+1}{16\pi^2(1+\delta_{K0})}} \left[D^J_{MK}(\alpha,\beta,\gamma)\chi_K \pm (-)^{J+K} D^J_{M-K}(\alpha,\beta,\gamma)\chi_{\bar{K}} \right],$$

这里 J 为原子核的总自旋; M 为 J 在实验室坐标系下 z 轴的投影; K 为 J 在内禀坐标系中沿着对称轴方向的投影; $D^J_{MK}(\alpha,\beta,\gamma)$ 为 D 函数, D 函数的坐标 (α,β,γ) 为欧拉角; χ_K 为内禀波函数, $\chi_{\bar{K}}$ 为相应的时间反演态. 在实验室坐标系内电四极矩的定义为

$$Q_{JK} = \left(q \int \Phi^*_{JMK} \sqrt{\frac{16\pi}{5}} r^2 Y_{20}(\theta,\phi) \Phi_{JMK} \mathrm{d}\tau \right)_{M=J}.$$

实验室坐标系的电四极矩与内禀坐标系的电四极矩 Q_0 之间的变换关系为

$$Q_{JK} = \frac{3K^2 - J(J+1)}{(J+1)(2J+3)} Q_0.$$

2.2 静电势微分方程的求解

在 2.1 节中我们讨论了给定电荷密度分布系统的静电场, 以及这类电荷系统与外场的相互作用, 在这种情况下可以利用电多极矩展开的方法. 然而在许多情况下

电荷分布并不是预先知道的. 当系统内有导体存在时, 我们一般仅知道导体上的总电荷, 无法事先给定电荷分布的具体情况; 导体上的电荷分布与导体外的电场相互影响而达到平衡. 下面我们将看到, 系统的静电场由该系统绝缘介质内自由电荷分布、每个导体的总电荷或电势以及系统的边界条件唯一确定.

由式 (1.29) 和式 (1.100) 和式 (1.102) 得到在线性介质中的静电势满足

$$\nabla^2\varphi = -\rho_f/\epsilon, \tag{2.37}$$

上式称为泊松方程, 是线性介质中静电势满足的微分方程, 与式 (1.33) 类似. 这里 ρ_f 是绝缘介质内自由电荷密度; ϵ 是绝缘介质的介电常量.

在不同介质的界面上, 电场的边值关系由式 (1.121) 和式 (1.116) 关于电场强度 $\vec{E}$ 和电位移矢量 $\vec{D}$ 在界面上的关系式给出. 由式 (1.121) 中 $\vec{n} \times \left(\vec{E_1} - \vec{E_2}\right) = 0$ 可得不同绝缘介质 (分别标记为介质 1 和介质 2) 中的静电势 φ 在两个介质的界面 $S_{1,2}$ 上具有连续性

$$\varphi_1(\vec{r})|_{S_{1,2}} = \varphi_2(\vec{r})|_{S_{1,2}}. \tag{2.38}$$

这个关系式也可以直接从界面处电场强度的有限性方便地得到. 电位移矢量 $\vec{D}$ 在不同介质界面处的关系由式 (1.116) 给出, 即 $D_{2n} - D_{1n} = \sigma_f$, 这里 σ_f 是在两种介质界面上的自由电荷面密度, $\vec{n}$ 为两种介质界面上由介质 1 指向介质 2 的法线方向. 利用 $\vec{D} = \epsilon\vec{E} = -\epsilon\nabla\varphi(\vec{r})$, 把这个边值关系改写为

$$\left(\epsilon_2 \frac{\partial \varphi_2}{\partial n} - \epsilon_1 \frac{\partial \varphi_1}{\partial n}\right)\Bigg|_{S_{1,2}} = -\sigma_f. \tag{2.39}$$

在静电问题中导体是等势体, 在导体表面 S_i 上

$$\varphi(\vec{r})|_{S_i} = C_i, \tag{2.40}$$

这里下标 i 是导体的序号; C_i 是常量, 由该导体携带的总电荷 Q_i 和导体外的电场分布共同决定. 导体 i 上的总电荷为

$$Q_i = -\epsilon_i \oint_{S_i} \left(\frac{\partial \varphi}{\partial n}\right)\Bigg|_{S_i} \mathrm{d}S_{in}, \tag{2.41}$$

这里 S_i 为导体 i 的表面; n 为该导体表面的外法线方向; ϵ_i 为该导体外介质的介电常量. 在导体表面上的电场强度垂直于导体表面, 见式 (1.117).

在静电问题中, 导体内部电场强度 $\vec{E} \equiv 0$. 这是因为导体内部有大量的自由电子, 如果导体内部存在宏观意义上非零的电场 $\vec{E}$, 自由电子会在电场作用下发生定向移动, 直到导体内电场强度 $\vec{E}(\vec{r})$ 为零后, 该系统才能处于静电平衡. 与此相关的

有趣现象是导体对于静电场的完全屏蔽. 中空的导体把整个空间的电场分为导体内部和外部完全独立的两部分. 导体空腔区域的电场仅取决于该区域的电荷分布和空腔内壁形状, 与导体外表面电荷分布、导体外部空间电荷分布没有关系; 类似地, 导体外空间的电场仅取决于导体外部空间自由电荷分布、导体外表面的形状和总电荷量, 与导体空腔区域的电荷分布以及空腔的结构没有关系. 这个现象很容易理解, 因为这两部分区域被 $\vec{E} \equiv 0$ 的区域分割开, 空腔内外的电荷和静电场分布不可能存在任何相互关联.

下面我们讨论对于静电系统 V 中绝缘介质内的自由电荷密度 $\rho_{\mathrm{f}}(\vec{r})$ 已知的情况下, 需要知道哪些条件才能唯一地确定 V 中的电场强度. 然后我们利用这种唯一性讨论几个简单系统的静电场.

2.2.1 静电场的唯一性定理

设静电系统 V 由多个区域组成, 每个区域或者是均匀分布的绝缘介质或者导体, 每个区域内静电势都满足泊松方程 (2.37), 如图 2.3 所示. 如果已知绝缘介质内的自由电荷分布 $\rho_{\mathrm{f}}(\vec{r})$、各导体上的总电荷 Q_i 或电势 φ_i, 并给定系统 V 边界 S 上的电势 φ_S 或电势在 S 上法线方向的导数 $\left.\left(\dfrac{\partial \varphi}{\partial n}\right)\right|_S = \left.\left(\dfrac{\partial \varphi}{\partial n}\right)\right|_0$, 那么系统 V 的电场强度 $\vec{E}$ 是唯一的, 系统的静电势最多可以差一个常量. 这个结论称为静电场的唯一性定理.

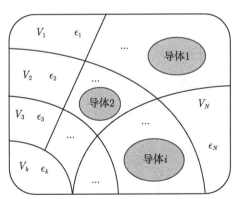

图 2.3 系统 V 示意图

V 由多个均匀介质区域和导体组成, 介质区域标记为 $V_1, V_2, V_3, \cdots, V_N$, 对应的介电常量分别为 $\epsilon_1, \epsilon_2,$ $\epsilon_3, \cdots, \epsilon_N$. 导体标记为导体 1, 导体 2, $\cdots$, 导体 i

我们用反证法证明这个定理. 设有两个电势 φ' 和 φ'' 都满足上述唯一性定理的所有条件. 两个电势在第 i 个绝缘介质内分别标记为 φ_i'、φ_i'', 在第 j 个绝缘介质内分别标记为 φ_j'、φ_j''. 我们有

$$\begin{cases} \nabla^2 \varphi'_i = -\rho_{\mathrm{f}}/\epsilon_i, \\ \left(\epsilon_i \dfrac{\partial \varphi'_i}{\partial n} - \epsilon_j \dfrac{\partial \varphi'_j}{\partial n} \right)\Big|_{S_{i,j}} = 0, \\ \varphi'_i|_{S_{i,j}} = \varphi'_j|_{S_{i,j}}, \end{cases} \qquad \begin{cases} \nabla^2 \varphi''_i = -\rho_{\mathrm{f}}/\epsilon_i, \\ \left(\epsilon_i \dfrac{\partial \varphi''_i}{\partial n} - \epsilon_j \dfrac{\partial \varphi''_j}{\partial n} \right)\Big|_{S_{i,j}} = 0, \\ \varphi''_i|_{S_{i,j}} = \varphi''_j|_{S_{i,j}}, \end{cases} \tag{2.42}$$

式中 n 为第 i 个介质指向第 j 个介质的界面法线方向; $S_{i,j}$ 表示第 i 个和第 j 个介质之间的界面; 式中第二式利用了在绝缘介质界面上自由电荷面密度等于零. 对于第 i 个导体外部的电势 φ'_i、φ''_i 满足

$$\begin{cases} -\epsilon_i \displaystyle\oint_{S_i} \left(\dfrac{\partial \varphi'_i}{\partial n} \right)\Big|_{S_i} \mathrm{d}S_{in} = Q_i, \\ \text{或} \quad \varphi'_i|_{S_i} = C_i, \end{cases} \qquad \begin{cases} -\epsilon_i \displaystyle\oint_{S_i} \left(\dfrac{\partial \varphi''_i}{\partial n} \right)\Big|_{S_i} \mathrm{d}S_{in} = Q_i, \\ \text{或} \quad \varphi''_i|_{S_i} = C_i, \end{cases} \tag{2.43}$$

式中或者导体 i 上面的总电荷 Q_i 给定, 或者该导体上的电势 C_i 给定; 积分号针对于导体 i 的外表面; n 为导体 i 表面的外法线方向; ϵ_i 为导体 i 外绝缘介质的介电常量. 在整个系统 V 的外表面 S 上有

$$\begin{cases} \varphi'|_S = \varphi_0, \\ \text{或} \quad \left(\dfrac{\partial \varphi'}{\partial n} \right)\Big|_S = \left(\dfrac{\partial \varphi}{\partial n} \right)_0, \end{cases} \qquad \begin{cases} \varphi''|_S = \varphi_0, \\ \text{或} \quad \left(\dfrac{\partial \varphi''}{\partial n} \right)\Big|_S = \left(\dfrac{\partial \varphi}{\partial n} \right)_0, \end{cases} \tag{2.44}$$

式中或者系统 V 表面上的静电势 φ_0 给定, 或者电势沿系统 V 表面外法线方向的导数 $\left(\dfrac{\partial \varphi}{\partial n} \right)_0$ 给定.

现在证明 φ' 与 φ'' 最多差一个常量. 定义 $\Phi = \varphi' - \varphi''$, 在整个系统内部

$$\nabla^2 \Phi = \nabla^2 \varphi' - \nabla^2 \varphi'' = -\rho_{\mathrm{f}}/\epsilon_i + \rho_{\mathrm{f}}/\epsilon_i = 0; \tag{2.45}$$

根据式 (2.42), 在介质 i 和介质 j 的界面 $S_{i,j}$ 上,

$$\epsilon_i \left(\dfrac{\partial \Phi_i}{\partial n} \right)\Big|_{S_{i,j}} = \epsilon_j \left(\dfrac{\partial \Phi_j}{\partial n} \right)\Big|_{S_{i,j}}, \quad \Phi_i|_{S_{i,j}} = \Phi_j|_{S_{i,j}}; \tag{2.46}$$

根据式 (2.43), 在导体 i 的外表面上

$$\Phi|_{S_i} = 0 \quad \text{或} \quad \epsilon_i \oint_{S_i} \left(\dfrac{\partial \Phi}{\partial n} \right)\Big|_{S_i} \mathrm{d}S_{in} = 0; \tag{2.47}$$

根据式 (2.44), 在系统的外表面上,

$$\Phi|_S = 0 \quad \text{或} \quad \left(\dfrac{\partial \Phi}{\partial n} \right)\Big|_S = 0. \tag{2.48}$$

现在计算积分求和

$$\sum_k \oint_k (\epsilon_k \varPhi \nabla \varPhi) \cdot \mathrm{d}\vec{S}_k = \sum_k \left[\int_k \epsilon_k \varPhi \nabla^2 \varPhi \mathrm{d}\tau + \int_k \epsilon_k (\nabla \varPhi)^2 \mathrm{d}\tau \right]$$

$$= \sum_k \int_k \epsilon_k (\nabla \varPhi)^2 \mathrm{d}\tau. \tag{2.49}$$

这里的求和是对于系统各个区域的外表面, 用指标 k 标记. 在式 (2.49) 第一个等号过程中利用了高斯定理和式 (1.6) 的第四个等式, 在第二个等号过程中利用了式 (2.45).

式 (2.49) 左边的积分表面分以下三种情况: ① 任意两个相邻绝缘介质的界面; ② 绝缘介质与各个导体交界面; ③ 整个系统 V 的外表面 S. 我们可以看到这三种情况下式 (2.49) 积分求和都等于 0, 这个结论可以通过对这三种情况的分析而得到. 情况①的积分式在两个绝缘介质界面上进行, 根据式 (2.46), $\epsilon \nabla \varPhi$ 和 $\varPhi$ 对于任何相邻的绝缘介质 i 和绝缘介质 j 在界面上都是连续的, 而在介质 i 和介质 j 界面 $S_{i,j}$ 上 $\mathrm{d}\vec{S}_i$ 和 $\mathrm{d}\vec{S}_j$ 方向相反, 所以介质 i 和介质 j 在界面 $S_{i,j}$ 上的积分完全相互抵消, 总的贡献为零. 情况② 的积分表面是各导体与绝缘介质的界面, 该情况下 $\varPhi$ 在界面上的条件见式 (2.47), 此时或者 $\varPhi|_{S_k} \equiv 0$, 或者 $\epsilon_k \oint_{S_k} \left(\dfrac{\partial \varPhi}{\partial n} \right) \Big|_{S_k} \mathrm{d}S_{kn} = 0$, 在这两个条件下都有 $\oint_{S_k} \epsilon_k \varPhi \nabla \varPhi \cdot \mathrm{d}\vec{S}_k = \epsilon_k \oint_{S_k} \varPhi \Big|_{S_k} \left(\dfrac{\partial \varPhi}{\partial n} \right) \Big|_{S_k} \mathrm{d}S_{kn} = 0$, 所以对于所有导体与绝缘介质之间的界面上该积分都等于零, 求和也为零. 情况③的积分求和是在整个系统 V 的外表面上, 根据式 (2.48) $\varPhi|_S = 0$ 或者 $\left(\dfrac{\partial \varPhi}{\partial n} \right) \Big|_S = 0$, 两个条件下都有 $\left(\varPhi \dfrac{\partial \varPhi}{\partial n} \right) \Big|_S = 0$, 即 $\oint_S (\epsilon_k \varPhi \nabla \varPhi) \cdot \mathrm{d}\vec{S} = 0$, 所以这类表面积分也为零.

综合以上三种情况可知, 式 (2.49) 的左边等于零. 把这个结果代入式 (2.49), 得到

$$\sum_k \int_k \epsilon_k (\nabla \varPhi)^2 \mathrm{d}\tau = \sum_k \oint_k \epsilon_k \varPhi \nabla \varPhi \cdot \mathrm{d}\vec{S}_k = 0.$$

因为上式的左端恒大于或等于零, 而等于零的唯一可能情况是 $\nabla \varPhi = 0$, 所以符合条件的 φ' 与 φ'' 最多可以相差一个常量, 系统 V 内的电场强度 $\vec{E}$ 是唯一确定的. 证毕.

2.2.2 镜像法

所谓镜像法, 顾名思义就是类似于光学中镜面成像的方法. 这种方法适用于求解边界形状和自由电荷分布都很简单的情况. 利用镜像法求解静电问题的一个最简单例子是无限大接地导体平面上方有一个点电荷 Q, 电场局限于上半空间. 因为

电荷同性相斥、异性相吸, 导体平面上必然出现感应电荷. 上半空间的电场由点电荷 Q 和这些感应电荷共同决定. 在上半空间内, 电场与感应电荷之间满足边界条件而达到平衡. 这个思路很直观, 但比较复杂; 而镜像法则可以很简洁地解决这个问题.

为方便, 我们把上面待求系统称为系统 (I). 根据唯一性定理, 如果能 "凑出" 一个函数, 它既满足静电泊松方程, 又满足唯一性定理中所需要的边界条件, 那么它一定是待求的静电势 (最多差一个常量). 我们把导体平面 (即上半空间和下半空间的界面) 标记为 $z = 0$ 的平面, 这里的边界条件是导体平面接地, 即 $z = 0$ 的平面上电势为零. 我们在不改变上半空间电荷分布的条件下, 把下半空间换成与上半空间一样的介质, 同时在点电荷 Q 关于 $z = 0$ 平面的对称位置上放置一个点电荷 $-Q$, 得到一个新系统, 我们把它称为系统 (II), 在下半空间的点电荷 $-Q$ 称为上半空间电荷 Q 的像电荷. 由对称性易知系统 (II) 在 $z = 0$ 平面上的电势等于零. 根据静电场的唯一性定理, 如果我们着眼点仅限于上半空间的电场, 那么系统 (I) 和 (II) 是完全等价的. 系统 (II) 的电势是两个点电荷之间的电势, 如果上半空间的点电荷位置为 $a\vec{e}_z$, 系统 (II) 在全空间的电势为

$$\phi(\vec{r}) = \frac{Q}{4\pi\epsilon_0} \left(\frac{1}{|\vec{r} - a\vec{e}_z|} - \frac{1}{|\vec{r} + a\vec{e}_z|} \right). \tag{2.50}$$

系统 (I) 在上半空间内的静电势也由上式给出. 再次强调, 这里对于系统 (I) 的讨论限于上半空间内.

用镜像法求电势的思路是: 如果能够不改变所考察区域内的电荷分布, 同时能够利用少数假想的点电荷取代所考察区域的边界条件, 那么根据唯一性定理, 所考察区域内电场就可以由这几个假想的点电荷和考察区域内电荷分布给出.

例题 2.3 如图 2.4 所示, 整个空间以 $z = 0$ 的平面为界, 上半空间和下半空间内充满介电常量分别为 ϵ_1 和 ϵ_2 的介质. 在上半空间 $\vec{r} = a\vec{e}_z$ 处有一个点电荷 Q. 讨论整个空间的电势.

解答 上半空间和下半空间的电势分别标记为 $\varphi_1(\vec{r})$、$\varphi_2(\vec{r})$. 对于上半空间而言, 我们可以尝试把下半空间的介电常量为 ϵ_2 的介质等效成介电常量为 ϵ_1 的介质内有一个点电荷 Q'; 对于下半空间而言, 把上半空间介电常量为 ϵ_1 的介质和点电荷 Q 等效成介电常量为 ϵ_2 的介质内有一个点电荷 Q''. 根据系统的对称性, 假设 Q' 和 Q'' 的位置分别为 $\vec{r}_{Q'} = -a\vec{e}_z$、$\vec{r}_{Q''} = b\vec{e}_z$. 由此我们尝试的静电势为

$$\varphi_1(\vec{r}) = \frac{1}{4\pi\epsilon_1} \left(\frac{Q}{|\vec{r} - a\vec{e}_z|} + \frac{Q'}{|\vec{r} + a\vec{e}_z|} \right), \quad \varphi_2(\vec{r}) = \frac{1}{4\pi\epsilon_2} \frac{Q''}{|\vec{r} - b\vec{e}_z|}. \tag{2.51}$$

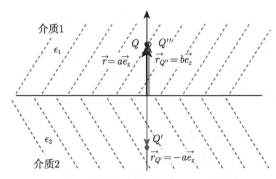

图 2.4 两种介质中点电荷 Q 的静电势

以 $z = 0$ 平面为界, 系统上下两部分空间分别是介电常量为 ϵ_1 和 ϵ_2 的介质. 在讨论上半空间的静电势 φ_1 时, 把下半空间介电常量为 ϵ_2 的介质等效成介电常量为 ϵ_1 的介质和在 $\vec{r}_{Q'} = -a\vec{e}_z$ 处的点电荷 Q'; 在讨论下半空间的静电势 φ_2 时, 把上半空间介电常量为 ϵ_1 的介质和点电荷 Q 等效成介电常量为 ϵ_2 的介质和在 $\vec{r}_{Q''} = b\vec{e}_z$ 处的点电荷 Q''

由静电问题的边界条件 (2.38) 和 (2.39) 得到

$$\varphi_1|_{z=0} = \varphi_2|_{z=0} \,, \quad \epsilon_1 \partial_z \varphi_1|_{z=0} = \epsilon_2 \partial_z \varphi_2|_{z=0} \,.$$

把式 (2.51) 代入上面两式, 得到

$$\frac{Q + Q'}{\epsilon_1 \sqrt{x^2 + y^2 + a^2}} = \frac{Q''}{\epsilon_2 \sqrt{x^2 + y^2 + b^2}} \,, \tag{2.52}$$

$$\frac{a}{\sqrt{(x^2 + y^2 + a^2)^3}}(Q - Q') = \frac{b}{\sqrt{(x^2 + y^2 + b^2)^3}} Q'' \,. \tag{2.53}$$

由电磁场边值关系式 (1.120) 中 $E_{1t} = E_{2t}$, 有 $\partial_x \varphi_1 = \partial_x \phi_2|_{z=0}$, 即

$$\frac{-x}{\epsilon_1 \sqrt{(x^2 + y^2 + a^2)^3}}(Q + Q') = \frac{-x}{\epsilon_2 \sqrt{(x^2 + y^2 + b^2)^3}} Q'' \,. \tag{2.54}$$

由式 (2.52) 和式 (2.54) 容易得到 $b = a$. 把 $b = a$ 代入式 (2.52) 和式 (2.53), 得到

$$\frac{Q + Q'}{\epsilon_1} = \frac{Q''}{\epsilon_2} \,, \quad Q - Q' = Q'' \,.$$

由上式容易解得

$$Q' = \frac{\epsilon_1 - \epsilon_2}{\epsilon_1 + \epsilon_2} Q \,, \quad Q'' = \frac{2\epsilon_2}{\epsilon_1 + \epsilon_2} Q \,. \tag{2.55}$$

当 $\epsilon_1 = \epsilon_2$ 时, $Q' = 0$, $Q'' = Q$, 属于只有一种均匀介质的简单情况; 当 $\epsilon_2 \gg \epsilon_1$ 时, $Q' = -Q$, $Q'' = 2Q$, 此时 $\varphi_1(\vec{r})$ 和 $\varphi_2(\vec{r})$ 由式 (2.51) 给出, 即 $\varphi_1(\vec{r}) =$

$\dfrac{Q}{4\pi\epsilon_1}\left(\dfrac{1}{|\vec{r}-a\vec{e_z}|}-\dfrac{1}{|\vec{r}+a\vec{e_z}|}\right)$, $\varphi_2(\vec{r})=\dfrac{2Q}{4\pi\epsilon_2|\vec{r}-a\vec{e_z}|}$. 因为 $\epsilon_2\gg\epsilon_1$, $\varphi_2(\vec{r})\ll\varphi_1(\vec{r})$,
在 $\epsilon_2\to\infty$ 的极限下可以近似为 $\varphi_2(\vec{r})\to 0$, 在这种情况下该系统等价于无限大导体平面上方有一个点电荷情况; 当两种介质都是普通绝缘介质时, 像电荷 Q' 的正负号由 ϵ_1 和 ϵ_2 的相对大小决定, 当 $\epsilon_1<\epsilon_2$ 时, Q 与 Q' 异号; 当 $\epsilon_1>\epsilon_2$ 时, Q 和 Q' 同号.

点电荷 Q 受到静电作用力为

$$\vec{F}=\frac{QQ'}{4\pi\epsilon_1(2a)^2}\vec{e}_z=\frac{(\epsilon_1-\epsilon_2)Q^2}{16\pi\epsilon_1(\epsilon_1+\epsilon_2)a^2}\vec{e}_z,$$

如果 $\epsilon_1>\epsilon_2$, 则 $\vec{F}$ 的方向向上; 反之, 则 $\vec{F}$ 的方向向下.

例题 2.4 半径为 R_0 的接地导体球外有一个点电荷 Q, 与球心之间的距离为 R_0+a. 讨论球外空间的电势.

解答 把球外的点电荷 Q 所在位置标记为 A, 用球内的像电荷 Q' 取代导体球接地这个边界条件. 因为系统的轴对称性, 像电荷 Q' 一定在对称轴上并且局限在球内; 假如不能把 Q' 局限在球内, 那么就改变了球外的电荷分布, 镜像法就不再适用. 把像电荷 Q' 所在的空间位置标记为 A_1, 把导体球的球心位置 O 作为坐标原点、OA 方向为 $\vec{e}_z$ 方向, 如图 2.5 所示. 本问题的边界条件是以球心 O 为圆心、R_0 为半径的导体球面上的电势为零, 这就要求球面上任意一点 B 处的电势 φ 满足

$$\frac{Q}{4\pi\epsilon_0|AB|}+\frac{Q'}{4\pi\epsilon_0|A_1B|}=0,$$

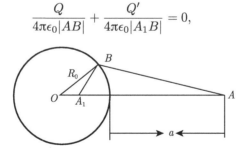

图 2.5 外部存在点电荷 Q 的接地导体球外部空间的电势

这里 $|AB|$ 表示点 A 和点 B 之间的距离. 现在我们需要确定两个量: 像电荷 Q' 的值以及它的位置 (即 $|OA_1|$ 的长度). 上式的边界条件可以改写为

$$\frac{|A_1B|}{|AB|}=-\frac{Q'}{Q}.$$

因为边界条件要求上式对于球面上任意一点都成立, $|A_1B|$ 与 $|AB|$ 之间的比值必须是个常量. 也就是说, 如果局限在球内的对称轴上找到某一个点 A_1, 满足 $\dfrac{|A_1B|}{|AB|}$ 等于一个常量, 那么不仅确定了像电荷的位置, 也从上式中得到了像电荷值 Q'. 显

然, A_1 位于球内 $\vec{e}_z$ 正方向, 如图 2.5 所示; 假如 A_1 位于 $-\vec{e}_z$ 方向, 例如 $\vec{r}' = -x\vec{e}_z$ ($x > 0$), 则 B 点的位置从最右边逐步滑动到最左边时, $|AB|$ 从 $a - R_0$ 逐步增加到 $a + 2R_0$, 而 $|A_1B|$ 从 $R_0 + x$ 逐步减少到 $R_0 - x$, 因此 A_1 位于 $-\vec{e}_z$ 方向轴线上任意点都无法满足 $|A_1B|$ 与 $|AB|$ 之比等于定值的要求. 而利用几何关系可知, 在球内 $\vec{e}_z$ 正方向、$|A_1B|$ 与 $|AB|$ 之比等于常量的几何点 A_1 确实可以找到: 如果 $\triangle OAB$ 与 $\triangle OA_1B$ 相似, 就有

$$\frac{|A_1B|}{|AB|} = \frac{|OA_1|}{|OB|} = \frac{|OB|}{|OA|} \equiv \frac{R_0}{R_0 + a},$$

因为 R_0 和 a 都是事先给定的, 上面的比值是常量. 由上式和边界条件得到

$$|OA_1| = \frac{R_0^2}{R_0 + a}, \quad Q' = -\frac{R_0}{R_0 + a}Q. \tag{2.56}$$

由此得到接地导体球外的电势

$$\varphi(\vec{r}) = \frac{Q}{4\pi\epsilon_0}\left[\frac{1}{|\vec{r} - (R_0 + a)\vec{e}_z|} - \frac{R_0}{R_0 + a} \cdot \frac{1}{|\vec{r} - \vec{e}_z R_0^2/(R_0 + a)|}\right]. \tag{2.57}$$

如果 $a \ll R_0$, 式 (2.56) 变为

$$|OA_1| = \frac{R_0^2}{R_0 + a} \approx R_0 - a, \quad Q' = -\frac{R_0}{R_0 + a}Q \approx -Q, \tag{2.58}$$

这与接地的无穷大导体平面上方 a 处的点电荷静电问题等价.

如果我们把本问题的条件稍作变化: 导体球不接地而带有电荷 Q_0, 那么式 (2.57) 的电势变为

$$\varphi(\vec{r}) = \frac{1}{4\pi\epsilon_0}\left[\frac{Q}{|\vec{r} - (R_0 + a)\vec{e}_z|} + \frac{Q'}{\left|\vec{r} - \dfrac{R_0^2}{R_0 + a}\vec{e}_z\right|} + \frac{Q_0 - Q'}{r}\right], \tag{2.59}$$

Q 的像电荷 Q' 的形式仍由式 (2.56) 给出. 在这种情况下的电势 φ 与式 (2.57) 相比仅多了一项 $\dfrac{Q_0 - Q'}{4\pi\epsilon_0 r}$, 这相当于在球心处多放置一个像电荷 $(Q_0 - Q')$. 在球心处放置的像电荷在球面上产生的静电势是等势面, 满足导体球是等势体的条件; 球心处的像电荷 $(Q_0 - Q')$ 加上在 A_1 处的像电荷 Q' 等于 Q_0, 满足球面上总电通量为 Q_0/ϵ_0 的条件. 根据唯一性定理, 式 (2.59) 就是满足要求的球外静电势.

2.2.3 静电问题的格林函数方法

我们在前面利用镜像法讨论了点电荷在特殊边界关系下的静电势, 而利用格林 (Gorge Green) 函数方法可以在此基础上走得更远. 换句话说, 从点电荷在特殊边

界条件下的解出发, 利用格林函数方法可以讨论任意电荷分布在更一般的边界条件下系统的静电势.

在静电问题中的格林函数是在特殊边界条件下空间坐标为 $\vec{r}\,'$ 的单位点电荷在空间 $\vec{r}$ 处的静电势, 记为 $G(\vec{r}, \vec{r}\,')$. 边界条件有两类, 第一类是在边界上静电势

$$G(\vec{r}, \vec{r}\,')|_S = 0;$$

第二类是在边界上静电势的法线方向的导数

$$\partial_n G(\vec{r}, \vec{r}\,')\big|_S = \left(\frac{\partial}{\partial n} G(\vec{r}, \vec{r}\,') \right)\bigg|_S = -\frac{1}{\epsilon S},$$

上式右端分母中的 S 为系统外表面的面积. 第一类边界条件对应的格林函数称为第一类边值关系的格林函数, 第二类边界条件对应的格林函数称为第二类边值关系的格林函数.

在 2.2.2 小节中我们利用镜像法讨论了两个简单边界问题的静电势. 在式 (2.50) 中令 $Q = 1$, 把 $a\vec{e}_z$ 换成 $\vec{r}\,'$, 就得到上半空间第一类边值关系的格林函数

$$G(\vec{r}, \vec{r}\,') = \frac{1}{4\pi\epsilon_0} \left(\frac{1}{|\vec{r} - \vec{r}\,'|} - \frac{1}{|\vec{r} - \overline{\vec{r}\,'}|} \right). \tag{2.60}$$

这里 $\overline{\vec{r}\,'}$ 是 $\vec{r}\,'$ 关于 $z = 0$ 平面的对称矢量. 在式 (2.57) 中令 $Q = 1$, 把 $(R_0 + a)\vec{e}_z$ 换成 $\vec{r}\,'$, 就得到球外空间第一类边值关系的格林函数

$$G(\vec{r}, \vec{r}\,') = \frac{1}{4\pi\epsilon_0} \left[\frac{1}{|\vec{r} - \vec{r}\,'|} - \frac{R_0}{r'} \cdot \frac{1}{|\vec{r} - (R_0/r')^2 \vec{r}\,'|} \right], \tag{2.61}$$

这里 $r' = |\vec{r}\,'| > R_0$.

现在我们利用格林函数讨论给定电荷分布、给定边界上静电势或静电势在边界上法线方向导数电荷系统的静电势. 首先看下面的数学恒等式:

$$\Psi(\nabla')^2 \varphi - \varphi(\nabla')^2 \Psi = \nabla' \cdot (\Psi \nabla' \varphi - \varphi \nabla' \Psi), \tag{2.62}$$

其中 $\nabla' = \vec{e}_x \dfrac{\partial}{\partial x'} + \vec{e}_y \dfrac{\partial}{\partial y'} + \vec{e}_z \dfrac{\partial}{\partial z'}$. 把上式右端展开, 可以直接验证这一恒等式. 令 $\Psi = G(\vec{r}\,'', \vec{r})$ 为格林函数, $\varphi = \varphi(\vec{r}\,')$ 为所讨论系统在 $\vec{r}\,'$ 处的静电势. 对上式两端作积分运算, 积分元为 $\mathrm{d}\tau' = \mathrm{d}x'\mathrm{d}y'\mathrm{d}z'$. 式 (2.62) 左边对 $\mathrm{d}\tau'$ 积分给出

$$\int \mathrm{d}\tau' \left[G(\vec{r}\,'', \vec{r})(\nabla')^2 \varphi(\vec{r}\,') - \varphi(\vec{r}\,')(\nabla')^2 G(\vec{r}\,'', \vec{r}) \right]$$

$$= \int \mathrm{d}\tau' \left[G(\vec{r}\,'', \vec{r}) \left(-\frac{\rho(\vec{r}\,')}{\epsilon} \right) - \varphi(\vec{r}\,') \left(\frac{-1}{\epsilon} \delta(\vec{r}\,' - \vec{r}) \right) \right]$$

$$= -\frac{1}{\epsilon} \int \mathrm{d}\tau' G(\vec{r}\,'', \vec{r}) \rho(\vec{r}\,') + \frac{1}{\epsilon} \varphi(\vec{r}), \tag{2.63}$$

在推导上式过程中利用了静电势的泊松方程和格林函数的定义; 由式 (1.8) 高斯定理可得, 式 (2.62) 右边为

$$\oint_S \mathrm{d}S'_n \left[G(\vec{r}', \vec{r})(\partial_{n'}\varphi) - \varphi \left(\partial_{n'} G(\vec{r}', \vec{r})\right) \right]\big|_{\vec{r}' \in S}.$$

由以上两式得到

$$\varphi(\vec{r}) = \int \mathrm{d}\tau' G(\vec{r}', \vec{r})\rho(\vec{r}') + \epsilon \oint_S \mathrm{d}S'_{n'} \left[G(\vec{r}', \vec{r})(\partial_{n'}\varphi) \right]\big|_{\vec{r}' \in S}$$

$$-\epsilon \oint_S \mathrm{d}S'_{n'} \left[\varphi(\vec{r}') \left(\partial_{n'} G(\vec{r}', \vec{r})\right) \right]\big|_{\vec{r}' \in S}. \tag{2.64}$$

针对给定静电系统外表面电势 $\varphi|_S$ 的情形, 我们选择第一类边值关系的格林函数, $G(\vec{r}', \vec{r})|_{\vec{r}' \in S} = 0$. 由式 (2.64) 得到

$$\varphi(\vec{r}) = \int \mathrm{d}\tau' G(\vec{r}', \vec{r})\rho(\vec{r}') - \epsilon \oint_S \mathrm{d}S'_{n'} \varphi(\vec{r}')|_{\vec{r}' \in S} \left[\partial_{n'} G(\vec{r}', \vec{r}) \right]. \tag{2.65}$$

针对给定静电系统外表面静电势法向导数 $\partial_n \varphi|_S$ 的情形, 我们选择第二类边值关系的格林函数, $\partial_{n'} G(\vec{r}', \vec{r})|_{\vec{r}' \in S} = -\dfrac{1}{\epsilon_0 S}$. 代入式 (2.64) 得到

$$\varphi(\vec{r}) = \int \mathrm{d}\tau' G(\vec{r}', \vec{r})\rho(\vec{r}') + \epsilon \oint_S \mathrm{d}S'_{n'} G(\vec{r}', \vec{r}) \left(\partial_{n'}\varphi\right)|_{\vec{r}' \in S} - \epsilon \oint_S \mathrm{d}S'_n \varphi|_{\vec{r}' \in S} \left(-\frac{1}{\epsilon S} \right)$$

$$= \int \mathrm{d}\tau' G(\vec{r}', \vec{r})\rho(\vec{r}') + \epsilon \oint_S \mathrm{d}S'_{n'} G(\vec{r}', \vec{r}) \left(\partial_{n'}\varphi\right)|_{\vec{r}' \in S} + \overline{\varphi}. \tag{2.66}$$

这里的最后一项 $\overline{\varphi}$ 数值等于系统表面上静电势的平均值, 是常量. 式 (2.65) 和 (2.66) 分别为静电系统第一类边值问题和第二类边值问题的静电势.

例题 2.5 无穷大导体平面有一半径为 a 的圆, 该圆的边界 (包括底部) 用很薄的绝缘介质与其他部分隔离, 圆内导体的电势为 V_0, 圆外导体接地. 求上半空间的静电势.

解答 在本问题中上半空间的无穷远处静电势 $\varphi = 0$; 在 $z = 0$ 平面上 $\varphi|_S = 0$ (圆外), $\varphi|_S = V_0$ (圆内). 本问题给定了静电势在边界上的值, 因此我们选择第一类边值关系格林函数. 上半空间第一类边值关系的格林函数由式 (2.60) 给出. 为了方便, 我们采用柱坐标 (R, ϕ, z).

$$\vec{r} = R\cos\phi\vec{e}_x + R\sin\phi\vec{e}_y + z\vec{e}_z, \quad \vec{r}' = R'\cos\phi'\vec{e}_x + R'\sin\phi'\vec{e}_y + z'\vec{e}_z$$

易得

$$|\vec{r} - \vec{r}'| = \sqrt{R^2 + (R')^2 - 2RR'\cos(\phi - \phi') + (z - z')^2},$$

$$|\vec{r} - \overline{\vec{r}'}| = \sqrt{R^2 + (R')^2 - 2RR'\cos(\phi - \phi') + (z + z')^2}, \tag{2.67}$$

由式 (2.65) 以及 $\rho(\vec{r}') = 0$, 得到

$$
\begin{aligned}
\varphi(\vec{r}) &= -\epsilon_0 \oint_{\vec{r}' \in S} \mathrm{d}S'_{n'} \left[\partial_{n'} G(\vec{r}', \vec{r}) \right] \varphi(\vec{r}') \Big|_{\vec{r}' \in S} \\
&= \epsilon_0 V_0 \int_{(R' < a)} \mathrm{d}S'_{z'=0} \left[\partial_{z'} G(\vec{r}', \vec{r}) \right] \Big|_{z'=0} .
\end{aligned}
\tag{2.68}
$$

注意 $\vec{n}'$ 方向朝下, z' 方向朝上, 所以在上式中 $\partial_{n'} = -\partial_{z'}$. 由式 (2.60) 和式 (2.67), 得到

$$
\begin{aligned}
&\partial_{z'} G(\vec{r}', \vec{r}) \big|_{z'=0} \\
&= \frac{1}{4\pi\epsilon_0} \left[\frac{-1}{2} \frac{2(z'-z)}{\sqrt{[R^2 + (R')^2 - 2RR'\cos(\phi-\phi') + (z-z')^2]^3}} \right. \\
&\qquad\qquad \left. - \frac{-1}{2} \frac{2(z'+z)}{\sqrt{[R^2 + (R')^2 - 2RR'\cos(\phi-\phi') + (z+z')^2]^3}} \right]_{z'=0} \\
&= \frac{1}{4\pi\epsilon_0} \frac{2z}{\sqrt{[R^2 + (R')^2 - 2RR'\cos(\phi-\phi') + z^2]^3}} .
\end{aligned}
\tag{2.69}
$$

把上式代入式 (2.68) 得到

$$
\begin{aligned}
\varphi(\vec{r}) &= \epsilon_0 V_0 \int_0^a R' \mathrm{d}R' \int_0^{2\pi} \mathrm{d}\phi' \frac{1}{4\pi\epsilon_0} \frac{2z}{\sqrt{[R^2 + (R')^2 - 2RR'\cos(\phi-\phi') + z^2]^3}} \\
&= \frac{V_0 z}{2\pi} \int_0^a R' \mathrm{d}R' \int_0^{2\pi} \mathrm{d}\phi' \frac{1}{\sqrt{[R^2 + (R')^2 - 2RR'\cos(\phi-\phi') + z^2]^3}} .
\end{aligned}
\tag{2.70}
$$

上式即为所求系统的静电势. $r = |\vec{r}|$ 是原点到空间点 $\vec{r}$ 的距离, $r^2 = R^2 + z^2$. 如果 $r \gg a$, 即 $R^2 + z^2 \gg a^2$, 那么可以对式 (2.70) 中的积分式作泰勒展开

$$
\begin{aligned}
&\frac{1}{\sqrt{[R^2 + (R')^2 - 2RR'\cos(\phi-\phi') + z^2]^3}} \\
&= \frac{1}{\sqrt{(R^2 + z^2)^3}} \frac{1}{\sqrt{\left[1 + \dfrac{(R')^2 - 2RR'\cos(\phi-\phi')}{R^2 + z^2} \right]^3}}
\end{aligned}
$$

$$= \frac{1}{\sqrt{(R^2+z^2)^3}} \left[1 - \frac{3}{2} \frac{(R')^2 - 2RR'\cos(\phi-\phi')}{R^2+z^2} \right.$$

$$\left. + \frac{1}{2}\left(-\frac{3}{2}\right)\left(-\frac{5}{2}\right)\left(\frac{(R')^2 - 2RR'\cos(\phi-\phi')}{R^2+z^2}\right)^2 + \cdots \right].$$

把上式代入式 (2.70), 得到

$$\varphi(\vec{r}) = \frac{V_0 z}{2\pi (R^2+z^2)^{3/2}} \int_0^a R' \mathrm{d}R' \int_0^{2\pi} \mathrm{d}\phi' \left[1 - \frac{3}{2}\frac{(R')^2}{R^2+z^2} \right.$$

$$\left. + \frac{15}{8}\frac{4R^2(R')^2\cos^2(\phi'-\phi)}{(R^2+z^2)^2} + \cdots \right]$$

$$= \frac{V_0 z}{2\pi (R^2+z^2)^{3/2}} \left[\pi a^2 - \frac{3}{2}\frac{\pi a^4/2}{R^2+z^2} + \frac{15}{8}\frac{4\pi R^2 a^4/4}{(R^2+z^2)^2} + \cdots \right]$$

$$= \frac{V_0 a^2 z}{2r^3}\left(1 - \frac{3a^2}{4r^2} + \frac{15R^2 a^2}{8r^4} + \cdots \right).$$

因为 $\cos(\phi'-\phi)$ 对 ϕ' 在 $0 \sim 2\pi$ 积分为零, 因此在上式的第一个等号右边没有包括 $\cos(\phi'-\phi)$ 的一次项; 我们这里展开精度为 $\left(\dfrac{a}{r}\right)^2$ 量级, 所以上式第一个等号右边也没有包含 $(R')^4$ 项. 注意上式中静电势 $\varphi(\vec{r})$ 的结果与 ϕ 角无关, 这是由系统的轴对称性所决定的.

2.2.4 分离变量法

在许多问题中, 自由电荷并不弥散在空间中, 而仅存在于导体表面. 如果把导体表面作为边界, 那么在这类问题的待求区域内电荷密度 $\rho_\mathrm{f} = 0$, 静电问题的微分方程由泊松方程变成拉普拉斯方程, 即 $\nabla^2\varphi = 0$. 在许多常用的坐标系 (如直角坐标系、柱坐标系和球坐标系) 中拉普拉斯方程可以分离变量, 通解形式是已知的, 通解中的系数由边界条件来确定. 静电势在不同介质界面上的关系由式 (2.38) 和式 (2.39) 给出, 一个对应静电势在两个介质界面上的连续性, 另一个对应静电势在两个介质界面上沿界面法线方向导数之间的关系.

本书关于静电问题分离变量法的讨论限于球坐标系的简单情形, 其他情形的"套路"与此完全相同, 差异仅在于通解的形式. 在球坐标系 (r, θ, ϕ) 下, 拉普拉斯方程的通解形式为

$$\varphi(r,\theta,\phi) = \sum_{mn}\left(a_{mn}r^n + \frac{b_{mn}}{r^{n+1}} \right) P_n^m(\cos\theta)\cos m\phi$$

$$+ \sum_{mn}\left(c_{mn}r^n + \frac{d_{mn}}{r^{n+1}} \right) P_n^m(\cos\theta)\sin m\phi.$$

这里, $a_{mn}, b_{mn}, c_{mn}, d_{mn}$ 是待定系数; $P_n^m(x)$ 称为缔合勒让德多项式 (associated Legendre polynomial). 在轴对称情况下通解与 ϕ 无关 (相当于 $m = 0$), 上式化简为

$$\varphi(r, \theta, \phi) = \sum_n \left(a_n r^n + \frac{b_n}{r^{n+1}} \right) P_n(\cos\theta). \tag{2.71}$$

式中 $P_n(x)$ 是勒让德多项式. 最简单情况是待求系统具有球对称性, 通解与 θ、ϕ 都无关 (相当于 $n = 0$), 式 (2.71) 进一步化简为

$$\varphi(r, \theta, \phi) = a + \frac{b}{r}.$$

例题 2.6   真空条件下匀强电场 $\vec{E}(\vec{r}) = E_0 \vec{e}_z$ 中放入一个密度均匀、半径为 R_0 的介质球 (介电常量为 ϵ), 求该系统的静电势.

解答   把介质球的球心作为坐标原点, 采用球坐标系. 因为系统内自由电荷密度为零, 静电势满足拉普拉斯方程 $\nabla^2\varphi = 0$. 系统具有轴对称性, 该方程的通解由式 (2.71) 给出. 把球外的静电势标记为 $\varphi_1(\vec{r})$, 球内的静电势标记为 $\varphi_2(\vec{r})$, 如图 2.6 所示. 边界条件是无穷远处 $\varphi_1(\vec{r}) = -Er\cos\theta$; 而在球心即 $r \to 0$ 处 $\varphi_2(\vec{r})$ 取有限值. 利用式 (2.71) 和这些边界条件, 可得到 $\varphi_1(\vec{r})$ 和 $\varphi_2(\vec{r})$ 的形式为

$$\varphi_1(\vec{r}) = -Er\cos\theta + \sum_n \frac{a_n}{r^{n+1}} P_n(\cos\theta), \quad \varphi_2(\vec{r}) = \sum_n b_n r^n P_n(\cos\theta). \tag{2.72}$$

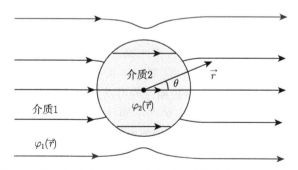

图 2.6   均匀介质球置于匀强电场内, 系统的电场分布示意图

由式 (2.38) 和式 (2.39) (注意到 $\sigma_f = 0$), 得到

$$-ER_0\cos\theta + \sum_n \frac{a_n}{R_0^{n+1}} P_n(\cos\theta) = \sum_n b_n R_0^n P_n(\cos\theta) ,$$

$$\epsilon_0 \left[-E_0\cos\theta + \sum_n \frac{-a_n(n+1)}{R_0^{n+2}} P_n(\cos\theta) \right] = \epsilon \sum_n n b_n R_0^{n-1} P_n(\cos\theta) . \tag{2.73}$$

利用勒让德多项式的正交性 (式 (1.21)), 由上式得到

$$
\begin{aligned}
n \neq 1: \quad & \frac{a_n}{R_0^{n+1}} = b_n R_0^n, \quad -\epsilon_0 \frac{a_n(n+1)}{R_0^{n+2}} = \epsilon n b_n R_0^{n-1} ; \\
n = 1: \quad & -E_0 R_0 + \frac{a_1}{R_0^2} = b_1 R_0, \quad -\epsilon_0 E_0 + \frac{-2\epsilon_0 a_1}{R_0^3} = \epsilon b_1 .
\end{aligned} \tag{2.74}
$$

从上面的关系式容易得到

$$
\begin{aligned}
n \neq 1: \quad & a_n = b_n = 0; \\
n = 1: \quad & a_1 = \frac{\epsilon - \epsilon_0}{\epsilon + 2\epsilon_0} E_0 R_0^3, \quad b_1 = -\frac{3\epsilon_0}{\epsilon + 2\epsilon_0} E_0 .
\end{aligned} \tag{2.75}
$$

由此得到

$$
\varphi_1(\vec{r}) = \left(-Er + \frac{\epsilon - \epsilon_0}{\epsilon + 2\epsilon_0} \cdot \frac{E_0 R_0^3}{r^2} \right) \cos\theta, \quad \varphi_2(\vec{r}) = -\frac{3\epsilon_0}{\epsilon + 2\epsilon_0} E_0 r \cos\theta . \tag{2.76}
$$

在上式中看到, 介质内部的电场强度为 $\vec{E}_2 = -\nabla\varphi_2(\vec{r}) = \dfrac{3\epsilon_0}{\epsilon + 2\epsilon_0} E_0 \vec{e}_z$, 与未放置介质球时的匀强电场 $\vec{E} = E_0 \vec{e}_z$ 同向, 其强度比 E_0 小 ($\epsilon > \epsilon_0$), 这是因为介质表面的极化电荷产生的电场与原电场 $\vec{E}$ 反向所导致的.

因为介质球内部是匀强电场, 所以整个介质球是均匀极化的, 电极化强度为

$$
\vec{P} = (\epsilon - \epsilon_0)\vec{E}_2 = \frac{3\epsilon_0(\epsilon - \epsilon_0)}{\epsilon + 2\epsilon_0} E_0 \vec{e}_z . \tag{2.77}
$$

介质球表面的极化电荷面密度 σ_p 由式 (1.118) 给出, 即 $P_{2n} - P_{1n} = -\sigma_p$. 这里 $P_{1n} = 0$, $P_{2n} = \vec{P} \cdot (-\vec{e}_r)$. 由此得到

$$
\sigma_p = P \cdot \vec{e}_r = \frac{3\epsilon_0(\epsilon - \epsilon_0)}{\epsilon + 2\epsilon_0} E_0 \cos\theta . \tag{2.78}
$$

在介质球外部, 可以把这个介质球等效成一个电偶极矩 $\vec{p} = \vec{P} V$, V 为介质球的体积. 根据式 (2.2), 电偶极矩 $\vec{p}$ 的电势为

$$
\begin{aligned}
\frac{\vec{p} \cdot \vec{r}}{4\pi\epsilon_0 r^3} &= \frac{\vec{r}}{4\pi\epsilon_0 r^3} \cdot \left[\frac{3\epsilon_0(\epsilon - \epsilon_0)}{\epsilon + 2\epsilon_0} E_0 \vec{e}_z \frac{4\pi R_0^3}{3} \right] \\
&= \frac{\epsilon - \epsilon_0}{\epsilon + 2\epsilon_0} \cdot \frac{E_0 R_0^3}{r^2} \cos\theta .
\end{aligned}
$$

这正是式 (2.76) 中 $\varphi_1(\vec{r})$ 的第二项.

从本例出发, 很容易讨论如下问题; 设无限大的均匀介质 (介电常量为 ϵ) 内有匀强静电场 $\vec{E} = E_0 \vec{e}_z$, 在原点处挖去一个半径为 R_0 的球, 形成一个球形空穴. 在

式 (2.76)~式 (2.78) 中, 把 ϵ 和 ϵ_0 相互交换即为该系统的静电势和空穴表面的极化电荷面密度. 容易看出, 空穴内的电场强度 $|\vec{E}_2| = \dfrac{3\epsilon}{\epsilon_0 + 2\epsilon} E_0 > E_0$. 球形空穴内增强的电场起源于空穴表面的束缚电荷.

我们还可以考虑这样的理想实验: 在本题中介质的介电常量 ϵ 不断增加以至无穷大, 那么介质内部的电场强度为

$$\vec{E}_2 = \frac{3\epsilon_0}{\epsilon + 2\epsilon_0} E_0 \to 0,$$

整个介质球就成了等势体. 介电常量为无穷大的绝缘介质球与同样大小的导体球在静电问题中是等价的. 在式 (2.76) 中令 $\epsilon \to \infty$, 就得到了同样半径的导体球放入该电场中的静电势.

2.3　等离子体中的静电现象

等离子体不同于日常熟知的液体、气体、固体, 是部分原子被电离的物质, 具有许多独特的性质. 高温物质因为原子之间的剧烈碰撞, 常温或低温稀薄气体 (如大气电离层) 因为受到外界 (如宇宙射线) 辐射, 部分外层电子和内部的原子实分离, 而物质的整体保持电中性, 这种物质状态常被称为物质的第四态, 处于这种状态的物质被称为等离子体, 也被形象地称为电浆. 等离子体并不是处于稀有状态的物质, 在宇宙中超过 99% 的可见星系物质处于等离子体状态. 等离子体技术被广泛应用于空间、材料、环境、微电子、受控热核聚变等方面, 等离子体物理是蓬勃发展的新兴学科.

等离子体物理过程涉及原子实和自由电子的热运动和流体运动, 微观组元之间还有很强的电磁相互作用, 所以等离子体是很复杂的系统. 这里我们讨论等离子体的电荷屏蔽和等离子体振荡.

不失一般性, 这里假设等离子体内只有一种正离子, 每个离子带正电荷 Ze. 处于热平衡态情况下正离子的数密度为 n_{i0}, 自由电子的数密度为 n_{e0}. 等离子体整体电中性, 即

$$n_{i0}Ze + n_{e0}(-e) = 0. \tag{2.79}$$

2.3.1　库仑屏蔽现象

把一个宏观意义上的电荷 q 置于等离子体内, 因为电荷同性相斥、异性相吸, 该点电荷周围会形成与 q 异性的电荷云, 点电荷 q 对于远处带电粒子的作用可以忽略不计. 这种现象称为等离子体电荷屏蔽现象.

我们考虑一个点电荷 q 置于等离子体内, 并约定该电荷的位置作为坐标原点. 置入该点电荷后等离子体形成新的热平衡, 系统的静电势为 $\varphi(\vec{r})$, 电子和正离子热运动受到静电势的影响. 假设电离的电子和正离子处于相同温度, 由玻尔兹曼分布, 新的热平衡态下电子和离子的密度为

$$n_{\mathrm{e}} = n_{\mathrm{e}0}\mathrm{e}^{-\frac{V_{\mathrm{e}}}{kT}}, \quad n_{\mathrm{i}} = n_{\mathrm{i}0}\mathrm{e}^{-\frac{V_{\mathrm{i}}}{kT}}. \tag{2.80}$$

其中 k 为玻尔兹曼常量; T 为等离子温度; V_{e} 和 V_{i} 分别为单个电子和单个离子的静电势能,

$$V_{\mathrm{e}} = -e\varphi(\vec{r}), \quad V_{\mathrm{i}} = Ze\varphi(\vec{r}).$$

对于高温等离子体, $kT \gg e\varphi$. 对式 (2.80) 进行泰勒展开, 近似到一阶项有

$$n_{\mathrm{e}} = n_{\mathrm{e}0} + \frac{e\varphi}{kT}n_{\mathrm{e}0}, \quad n_{\mathrm{i}} = n_{\mathrm{i}0} - \frac{Ze\varphi}{kT}n_{\mathrm{i}0}. \tag{2.81}$$

代入静电势 φ 的泊松方程式 (1.33), 得到

$$\begin{aligned}
\nabla^2\varphi(\vec{r}) &= -\frac{1}{\epsilon_0}\left[Zen_{\mathrm{i}} + (-e)n_{\mathrm{e}} + q\delta(\vec{r})\right]\\
&= -\frac{1}{\epsilon_0}\left[Zen_{\mathrm{i}0} - \frac{Z^2e^2\varphi}{kT}n_{\mathrm{i}0} - en_{\mathrm{e}0} - \frac{e^2\varphi}{kT}n_{\mathrm{e}0} + q\delta(\vec{r})\right]\\
&= -\frac{1}{\epsilon_0}\left[-\frac{(Z+1)e^2\varphi}{kT}n_{\mathrm{e}0} + q\delta(\vec{r})\right].
\end{aligned}$$

即

$$\left(\nabla^2 - \frac{1}{\lambda_{\mathrm{D}}^2}\right)\varphi(\vec{r}) = -\frac{1}{\epsilon_0}q\delta(\vec{r}), \tag{2.82}$$

这里 $\lambda_{\mathrm{D}}^2 = \dfrac{\epsilon_0 kT}{(1+Z)e^2 n_{\mathrm{e}0}}$, λ_{D} 称为德拜 (Peter Joseph Wilhelm Debye) 屏蔽长度. 考虑到正离子质量远大于自由电子质量, 我们忽略电荷 $q\delta(\vec{r})$ 对于正离子热运动的影响, 即取 $n_{\mathrm{i}} \equiv n_{\mathrm{i}0}$, 则相应的德拜屏蔽长度为 $\lambda_{\mathrm{D}} = \sqrt{\dfrac{\epsilon_0 kT}{n_{\mathrm{e}0}e^2}}$. 德拜屏蔽长度是描写等离子体特征的基本物理量, λ_{D} 由等离子体的温度和自由电子密度决定, 温度高则 λ_{D} 增大, 电子密度大则 λ_{D} 减小.

因为系统的球对称性, $\varphi(\vec{r})$ 与 θ 和 ϕ 无关, 只是半径的函数. 当 $\vec{r} \neq 0$ 时, 由式 (1.4) 和式 (2.82) 得到

$$\frac{1}{r}\frac{\mathrm{d}^2(r\varphi)}{\mathrm{d}r^2} = \frac{1}{\lambda_{\mathrm{D}}^2}\varphi. \tag{2.83}$$

由此得 $r\varphi = Ce^{-\frac{r}{\lambda_{\mathrm{D}}}}$, 即

$$\varphi = \frac{C}{r}e^{-\frac{r}{\lambda_{\mathrm{D}}}}.$$

注意这里舍去了另一个随着 r 增加而发散的解 $r\varphi = Ce^{\frac{r}{\lambda_{\mathrm{D}}}}$. 当 $r \to 0$ 时, 可以忽略等离子体效应, 此时 $\varphi = \frac{q}{4\pi\epsilon_0 r}$, 即上式中的常数 $C = \frac{q}{4\pi\epsilon_0}$. 所以上式写为

$$\varphi(\vec{r}) = \frac{q}{4\pi\epsilon_0 r}e^{-\frac{r}{\lambda_{\mathrm{D}}}}. \tag{2.84}$$

上式是由 (2.82) 式在 $\vec{r} \neq 0$ 时得到的, 此时 $\left(\nabla^2 - \frac{1}{\lambda_{\mathrm{D}}^2}\right)\left(\frac{q}{4\pi\epsilon_0 r}e^{-\frac{r}{\lambda_{\mathrm{D}}}}\right) = 0$; 又因为

$$\int_{-\infty}^{\infty}\left(\nabla^2 - \frac{1}{\lambda_{\mathrm{D}}^2}\right)\left(\frac{q}{4\pi\epsilon_0 r}e^{-\frac{r}{\lambda_{\mathrm{D}}}}\right)\mathrm{d}\tau$$

$$=\lim_{r \to 0}\frac{q}{4\pi\epsilon_0}\int\left[e^{-\frac{r}{\lambda_{\mathrm{D}}}}\nabla^2\left(\frac{1}{r}\right) + 2\left(\nabla e^{-\frac{r}{\lambda_{\mathrm{D}}}}\right)\cdot\nabla\left(\frac{1}{r}\right) + \frac{1}{r}\nabla^2 e^{-\frac{r}{\lambda_{\mathrm{D}}}} - \frac{1}{\lambda_D^2}\frac{e^{-\frac{r}{\lambda_{\mathrm{D}}}}}{r}\right]\mathrm{d}\tau$$

$$=\frac{q}{4\pi\epsilon_0}\int e^{-\frac{r}{\lambda_{\mathrm{D}}}}[-4\pi\delta(\vec{r}) + 0 + 0 - 0]\mathrm{d}\tau = -\frac{q}{\epsilon_0},$$

所以, 式 (2.84) 中的 $\varphi(\vec{r})$ 是泊松方程式 (2.82) 的解. 上式第二个等号右边中括号内第一项利用了式 (1.12), 其他项在 $r \to 0$ 时对 $\mathrm{d}\tau$ 的积分都等于零.

(2.84) 表明, 当 $r \ll \lambda_{\mathrm{D}}$ 时, 电势 $\varphi(\vec{r})$ 与真空中的库仑势相同; 当 $r \gg \lambda_{\mathrm{D}}$ 时, 静电势 $\varphi(\vec{r})$ 指数衰减为 0. 这里库仑力不再是一个长程力, 德拜屏蔽长度 λ_{D} 描述了等离子体内库仑力有效方程. 在等离子体中, 在与宏观意义上的电荷距离远超过 λ_{D} 的空间内, 这些电荷的影响都是可以忽略的.

2.3.2　等离子体振荡

当等离子体受到扰动因而在局部区域电中性受到破坏时, 等离子体会产生很强的局域性静电恢复力, 使等离子体内的电荷密度发生振荡, 这种现象称为等离子体振荡. 因为正离子质量比电子质量大很多, 在这个过程中可忽略离子运动, 只考虑电子围绕平衡位置的振荡. 假设等离子体在扰动后处于自由状态的电子数密度为 $n_{\mathrm{e}} = n_{\mathrm{e}0} + n'$, $n' \ll n_{\mathrm{e}0}$, 则等离子体内电荷密度为

$$\rho_{\mathrm{f}} = Zen_{\mathrm{i}0} + (-e)(n_{\mathrm{e}0} + n') = -en'. \tag{2.85}$$

等离子体内因自由电子振荡而形成的局部电流密度 $\vec{J} = n_{\mathrm{e}}(-e)\vec{v}$. 由电荷守恒定律, 我们得到

$$\nabla \cdot (n_{\mathrm{e}}(-e)\vec{v}) + \partial_t(-en') = 0.$$

为标记方便, 物理量对时间求一次导数在该量上面打一个点号, 求两次导数在上面打两个点号. 考虑到 $n' \ll n_{e0}$, 上式变为

$$n_{e0}\nabla \cdot (\vec{v}) + \dot{n}' = 0 .$$

上式两边对时间求偏导数, 得

$$n_{e0}\nabla \cdot \dot{\vec{v}} + \ddot{n}' = 0 . \tag{2.86}$$

电子受到因扰动而产生宏观意义上净自由电子密度 n' 所对应局域性电场 $\vec{E}'$ 的作用, 其运动方程为

$$m_e\dot{\vec{v}} = -e\vec{E}' . \tag{2.87}$$

上式两边除以 m_e 后求散度, 得到

$$\nabla \cdot \dot{\vec{v}} = -\frac{e}{m_e}\nabla \cdot \vec{E}' = \frac{n'e^2}{m_e\epsilon_0} , \tag{2.88}$$

上式最后一个等号利用了电场强度的散度公式. 把上式代入式 (2.86), 得到

$$\frac{n_{e0}e^2}{m_e\epsilon_0}n' + \ddot{n}' = \omega_p^2 n' + \ddot{n}' = 0 , \tag{2.89}$$

$$\omega_p^2 = \frac{n_{e0}e^2}{m_e\epsilon_0}, \tag{2.90}$$

式中 ω_p 称为等离子体振荡频率, 由等离子体内的自由电子数密度 n_{e0} 决定. 由式 (2.89) 得到

$$n' = n'(0)e^{-i\omega_p t}. \tag{2.91}$$

上式表明等离子体在受到扰动后自由电子密度以频率 $\omega_p = \sqrt{\dfrac{n_{e0}e^2}{m_e\epsilon_0}}$ 振荡.

等离子体振荡频率 ω_p 是描写等离子体系统的基本参数之一, 由等离子体内自由电子密度决定.

2.4 *自然界中的静电现象

本节讨论在生活实践和自然界中的几个静电问题, 包括大气静电和天体电中性、尖端放电、带电体吸引细屑, 以及原子结构和原子核结构中的静电相互作用.

2.4.1 大气静电现象和天体电中性

地球大气是一个巨大的静电系统, 地面带有负电, 大气层顶部整体上带正电. 电场强度在地面附近大约 100 V/m, 在高空逐步减弱, 在 50 km 高度上已十分微弱. 从地面到大气层顶部的电势差大约为 4×10^5 V. 空气中的极少数离子和电子使地面负电与大气层顶部正电之间形成非常微弱的电流 (每平方米在皮安量级). 因为地球面积很大, 整个地球由大气层顶部到地面总电流强度是很大的 (大约 2000 A). 维持大气静电系统的机制是雷暴雨. 静电的吸附以及各种对流过程使云层产生静电荷. 各种观测表明, 雷暴雨中的云层 7000~8000 m 以上高空带正电, 3000~4000 m 以下的云层带负电. 当雷雨云底部负电荷和地面感应正电荷之间的电场足够强时空气被击穿, 雷雨云中大量的负电荷流入地面. 雷电现象为地球制造了大量亚硝酸盐分子和空气中的负氧离子.

自然界中一个令人惊异的现象是在宇宙中天体都是电中性的; 迄今为止还没有发现在任何天体上有明确的正负电荷不平衡效应. 天体上只要有极微小的正负电荷不平衡, 就会有非常大的观测效应. 例如地球的核子 (质子和中子) 数量约为

$$\frac{m_{\mathrm{E}}}{m_{\mathrm{N}}} = \frac{6 \times 10^{24}\mathrm{kg}}{1.67 \times 10^{-27}\mathrm{kg}} \approx 4 \times 10^{51}, \tag{2.92}$$

这里 m_{E} 为地球质量, m_{N} 为核子质量. 对于多数稳定原子核来说, 质子数和中子数比较接近, 由式 (2.92) 估算得到地球的质子数约为 2×10^{51}. 假如地球上电子数比质子数仅多了亿分之一 (10^{-8}) 且均匀分布在地球内部, 那么地球总的剩余电量为 $Q = 2 \times 10^{43} \times 1.6 \times 10^{-19} = 3.2 \times 10^{24}$ C, 由高斯定理得到地球表面处电场强度为

$$\frac{Q}{4\pi\epsilon_0 R^2} = \frac{3.2 \times 10^{24}}{4\pi \times 8.85 \times 10^{-12} \times (6.4 \times 10^6)^2} \approx 7 \times 10^{20} \ (\mathrm{V/m}),$$

即约 7 万亿亿 V/m 的电场强度. 在宇宙中, 天体在整体上呈现出很完美的电中性, 电场在宇宙大尺度范围内极弱, 其直接影响远不如磁场显著, 见第 3 章中关于宇宙中磁场的讨论.

2.4.2 尖端放电现象

在雷雨天气中, 避雷措施不完善的高层建筑物或高大树木的雷击现象属于典型的尖端放电. 空气一般是很好的绝缘体, 但是当电场很强 ($E > 3 \times 10^6$ V/m) 时, 导体周围的空气可能突然生成不规则的电离通道而导电, 这种现象称为空气击穿. 一旦空气被强电场击穿, 导体上的电荷就被突然释放出去.

尖端处的曲率大, 所以导体的电荷主要分布在尖端处, 带电导体尖端周围的电场很强. 为了说明这一点, 不失一般性地比较两个半径分别为 R_1 和 R_2 $(R_1 \gg R_2)$

的、静电势相同的导体球静电场强度. 设这两个导体球带电量分别为 Q_1 和 Q_2, 则两者的电势分别为

$$\varphi_1 = \frac{Q_1}{4\pi\epsilon_0 R_1}, \quad \varphi_2 = \frac{Q_2}{4\pi\epsilon_0 R_2}.$$

由于 $\varphi_1 = \varphi_2$, 上式给出 $Q_1/R_1 = Q_2/R_2$. 这两个球面处的电场强度分别为

$$E_1 = \frac{Q_1}{4\pi\epsilon_0 R_1^2}, \quad E_2 = \frac{Q_2}{4\pi\epsilon_0 R_2^2},$$

两者之比为

$$\frac{E_1}{E_2} = \frac{Q_1/R_1^2}{Q_2/R_2^2} = \frac{\dfrac{Q_1}{R_1}\dfrac{1}{R_1}}{\dfrac{Q_2}{R_2}\dfrac{1}{R_2}} = \frac{R_2}{R_1} \ll 1. \tag{2.93}$$

由此可见, 在相同电势情况下半径为 R_1 的大球表面电场远小于半径为 R_2 的小球表面电场.

式 (2.93) 说明, 带电导体在曲率大的表面处电场强度大, 这是尖端放电现象的起因. 在雷雨天气中, 高层建筑和地面可以看成相互连通、电势相同的导体, 然而建筑曲率比地面大得多, 高层建筑的顶部因静电感应而生成的电荷密度大, 电场强, 当电场强度达到一定程度时就会击穿空气而发生雷击现象. 高层建筑物使用避雷针也正是利用了这一现象: 相对于建筑物来说, 避雷针的曲率半径更大, 在建筑物顶层达到击穿电压之前, 避雷针先把建筑物顶部附近积蓄的电荷通过电路引入大地或先行放电, 从而避免建筑物顶部出现由强电场引发的雷击现象发生. 反过来, 如果我们希望对一个物体充电到一个很高的电压, 就应该使该物体表面尽可能光滑, 没有尖刺, 避免放电现象.

2.4.3 静电吸引细屑

人类认识最早的静电现象之一是摩擦后的琥珀吸引细小物体. 这个现象的物理实质是细屑被带电体的电场极化为很小的电偶极矩, 这些电偶极矩在电场中受到了非均匀的电场力作用的结果. 例如被丝绸摩擦过的橡胶棒带正电荷, 电场方向是远离棒的方向 (定义为 $\vec{e}_r$ 方向). 碎纸屑或毛发被带正电荷橡胶棒的电场 (记为 $\vec{E}$) 极化, 可以看成电偶极矩 (标记为 $\vec{p}$), $\vec{p}$ 的方向与电场 $\vec{E}$ 方向相同. 为了简单, 在这里不考虑电场在 $\vec{e}_\theta$ 和 $\vec{e}_\phi$ 方向的变化, 仅考虑在 $\vec{e}_r$ 方向的变化, 把问题简化成沿着 $\vec{e}_r$ 方向的一维问题. 假设带电体的电荷为正电荷, 电场强度 $\vec{E} = E\vec{e}_r$, $E > 0$; 电偶极矩 $\vec{p} = p\vec{e}_r$, $p > 0$. 因为在离开橡胶棒越远的区域, 电场强度越小, 所以有

$$\nabla\vec{E} = \nabla E\vec{e}_r = -C\vec{e}_r\vec{e}_r, \quad C > 0. \tag{2.94}$$

根据式 (2.29), 纸屑受到橡胶棒的作用力 $\vec{F}$ 为

$$\vec{F} = \vec{p} \cdot \nabla \vec{E} = p\vec{e_r} \cdot (-C\vec{e_r}\vec{e_r}) = -(pC)\vec{e_r}. \tag{2.95}$$

上式表明, $\vec{F}$ 的方向与 $\vec{e_r}$ 相反 (p 和 C 都大于零), 所以纸屑受到的作用力是吸引力. 纸屑与橡胶棒距离越近, 纸屑极化越强 (p 的数值增加), 同时式 (2.94) 中 C 的数值也越大, 因此极化的纸屑受到来自橡胶棒的吸引力随着纸屑不断靠近橡胶棒而增加. 这个现象也可利用式 (2.27) (即电偶极矩在外电场中的势能 $V = -\vec{p} \cdot \vec{E}$) 和作用力 $\vec{F} = -\nabla V$ 予以解释. 容易看出

$$\vec{F} = -\nabla V = \nabla \left(\vec{E} \cdot \vec{p} \right) = \vec{e_r} \frac{\mathrm{d}}{\mathrm{d}r} \left(\vec{E} \cdot \vec{p} \right),$$

式中仅考虑了电场强度和电偶极矩在 $\vec{e_r}$ 方向的变化. 因为带电体的电场方向与纸屑被极化后电偶极矩方向总是一致的, 即 $\vec{E} \cdot \vec{p} > 0$; 而随着纸屑到带电体距离 r 的增加, 电场强度和电偶极矩在数值上都变小, 即 $\left(\vec{E} \cdot \vec{p} \right)$ 是随着 r 单调递减的函数, 所以纸屑受到的作用力 $\vec{F}$ 的方向为 $-\vec{e_r}$ 方向.

2.4.4   原子和分子中的库仑相互作用

原子核与核外电子之间的库仑相互作用是原子作为原子核和电子束缚态的物理基础. 核外电子处于不同的束缚轨道上, 最简单的结构是氢原子 (质子外一个电子)和类氢原子 (电荷数为 Z 的原子核外一个电子) 系统, 电子与原子核之间的静电势能为 $V(r) = -\dfrac{Ze^2}{4\pi\epsilon_0 r}$, 束缚能 $\mathrm{E}_n = -\dfrac{\mu_{\mathrm{e}}}{2\hbar^2} \left(\dfrac{Ze^2}{4\pi\epsilon_0} \right) \dfrac{1}{n^2}$, 这里 n 称为原子能级的主量子数, μ_{e} 为电子与原子核两体系统的约化质量 (reduced mass), $\mu_{\mathrm{e}} = \dfrac{m_{\mathrm{e}} m_{\mathrm{N}}}{m_{\mathrm{e}} + m_{\mathrm{N}}}$, m_{e} 是电子质量, m_{N} 是原子核质量. E_n 可以利用量子力学严格给出, 也可以利用玻尔 (Niels Henrik David Bohr) 的半经典理论很方便地得到. 氢原子的结合能只有 13.6 eV, 与质子质量和电子质量对应的静止能量相比很小, 在讨论氢原子总质量时该结合能的影响几乎是可以忽略的.

中性原子的核外电子数等于原子核内的质子数 Z, 这些电子的总静电束缚能和电子结构可以进行很准确的数值计算, 其中电子的总静电束缚能 E 有一个经验公式

$$E = -14.4381Z^{2.39} + 1.55468 \times 10^{-6}Z^{5.35},$$

式中 Z 为核电荷数 (即原子核内的质子数), 单位为 keV. 上式对于轻核比较准确, 而对于重元素的预期精度在 3 keV. 重元素完全电离是很困难的, 所以中重元素电子束缚能的实验结果不多. 重元素内电子的总束缚能接近 MeV 量级 (如铀元素的

电子束缚能大约为 760 keV), 因此电子的静电束缚能对于原子质量的贡献是不能忽略的.

原子 (或离子) 通过化学键而形成分子或晶体, 化学键主要源于静电相互作用. 化学键表现形式各异, 例如有些原子之间共享电子对 (共价键), 有些原子的电子转移到另一个原子 (离子键). 分子间的范德瓦耳斯 (Johannes Diderik van der Waals) 力和所谓氢键实际上也源于静电相互作用. 在计算原子和分子结构中电子之间静电相互作用时要考虑量子力学中的交换项, 它源于泡利 (Wolfgang E. Pauli) 效应. 关于化学键和分子间作用力方面的研究加深了人们关于原子和分子层次物质结构、运动规律的认识, 人们利用这些知识合成了许多特殊性能的新材料. 这方面一个有趣的实例是人们基于化学键和键能的研究合成了惰性气体原子的化合物 (六氟铂酸氙), 打破了传统上 "惰性" 元素不能参加化学反应的观念.

简而言之, 静电相互作用在原子和分子结构中起主导作用; 没有静电相互作用, 就没有丰富多彩的原子和分子.

例题 2.7   由于氯离子和钠离子之间的静电吸引, 氯化钠分子聚合在一起形成离子晶体, 其中每个氯离子处于正立方点阵的中心, 即氯离子在立方体 8 个顶点、6 个面的中心, 同样地, 每个钠离子也处于立方点阵的中心, 这种结构称为面心立方点阵. 把氯化钠晶体看做经典静电系统, 计算分离晶体内一个钠粒子所需的静电能.

解答   设氯化钠晶体内一个钠离子与 6 个相邻的氯离子距离为 r_0, 钠原子和这 6 个氯原子之间是吸引的, 相互作用能量为 $\left(\dfrac{-6e^2}{4\pi\epsilon_0 r_0}\right)$ (两种离子都近似为点电荷); 钠离子还与次近邻 (距离为 $\sqrt{2}r_0$) 的 12 个钠离子相互作用, 对应能量为 $\left(\dfrac{12e^2}{4\pi\epsilon_0\sqrt{2}r_0}\right)$; 同样, 钠离子还与第三近邻 (距离为 $\sqrt{3}r_0$) 的 8 个氯离子相互作用, 对应能量为 $\left(\dfrac{-8e^2}{4\pi\epsilon_0\sqrt{3}r_0}\right)$, 这样计算下去, 得到氯化钠晶体内一个钠离子的经典静电能 V 为

$$W = -\frac{e^2}{4\pi\epsilon_0 r_0}\left(6 - \frac{12}{\sqrt{2}} + \frac{8}{\sqrt{3}} - \frac{6}{2} + \frac{24}{\sqrt{5}} - \cdots\right) = -\alpha\frac{e^2}{4\pi\epsilon_0 r_0}\ .$$

式中 $\alpha = 1.7476$ 是面心立方离子晶体的马德隆 (Erwin Madelung) 常数.

简单点阵结构对应的马德隆常数一般在 1.6 到 1.8 之间. 除了这些经典静电能, 还存在一个电子的交换项贡献短程排斥的库仑能量, 数值上与 r^n 成反比; 对于一般离子晶体, n 在 6 到 12 之间. 所以, 离子晶体内一个离子的总库仑能为

$$V = -\alpha\frac{e^2}{4\pi\epsilon_0 r} + \frac{A}{r^n}\ , \quad A > 0,$$

离子平衡位置 $r = r_0$ 由 $\dfrac{dV}{dr} = 0$ 给出, 即

$$\alpha \frac{e^2}{4\pi\epsilon_0 r_0^2} - n\frac{A}{r_0^{n+1}} = 0 , \quad A = \alpha \frac{e^2 r_0^{n-1}}{4\pi\epsilon_0 n} .$$

由此得到处于平衡位置时离子晶体内一个离子的总库仑能 V_0 为

$$V_0 = -\frac{\alpha e^2}{4\pi\epsilon_0 r_0}\left(1 - \frac{1}{n}\right) ,$$

$-V_0$ 的意义是把整个离子晶体分离为一个个独立的正负离子过程中平均每个离子所需要的能量.

2.4.5　原子核的库仑能

　　原子核内核子之间的相互作用能量是由强相互作用主导的, 由于核子之间强相互作用是短程力, 强相互作用的总能量近似正比于原子核的核子数 A[称为质量数]; 而根据式 (1.77), 如果假定 $A \simeq 2Z$, 那么原子核内质子之间的静电能量近似与 $A^{5/3}$ 成正比. 因此, 尽管静电相互作用强度比强相互作用弱很多, 但是随着原子核质量数的增加, 库仑能在原子核内所有核子之间的总相互作用中的相对贡献越来越重要. 原子核内质子之间的静电 (排斥) 能是制约在自然界中的重元素质子数不能过大的最重要因素. 在原子核反应中两个带正电的原子核在接触前需要克服库仑位垒 (因原子核都带正电荷而相互相斥), 所以静电能是原子核反应研究中需要考虑的关键因素之一.

　　假定质子在球形的原子核内均匀分布, 原子核内质子之间的静电相互作用能由式 (1.77) 给出, 该公式很好地符合大量数据拟合得到的结果. 需要说明的是, 静电能与原子核内的其他相互作用贡献纠缠在一起, 并不是可以直接观测的物理量, 因此原子核静电能只有理论计算结果. 尽管如此, 人们相信式 (1.77) 给出的静电能已经是原子核库仑能很好的近似; 如果进一步考虑原子核内的电荷分布、形变和交换效应以及核结构方面的效应, 理论计算结果是比较准确的.

　　原子核内的强相互作用具有电荷无关性, 即强相互作用满足同位旋守恒. 而电磁相互作用破坏质子 - 中子的同位旋对称性, 对于轻质量原子核电磁相互作用数值很小, 可以作为微扰处理, 这种情况下同位旋对称性是很好的; 而由于重核存在很大的库仑能, 人们曾经预期同位旋对称性不再重要. 然而实验表明, 静电能对于重原子核的同位旋对称性破坏也很小, 同位旋量子数对于重核低激发态而言仍然近似是好量子数. 这个奇特现象的原因在于在原子核内库仑场的变化很缓慢, 静电能的主要贡献是在原子核总能量上增加了一个与质子数相关的能量. 当然, 重核的高激发态能级密集, 即使很小的微扰也能引起自旋和宇称的量子数都相同而同位旋不同的态之间比较强的混合.

原子核内核子之间强相互作用电荷无关性导致一系列有趣的实验现象, 其中很有用处的一个结果是镜像核之间的对称性质. 所谓镜像核指的是质量数 A 相同的一对核素, 在核素图中的位置关于质子数等于中子数的直线对称, 即其中之一的中子数和质子数为 $(Z-k, Z)$、另一个核素的中子数和质子数为 $(Z, Z-k)$. 这两个核素的基态一般具有相同的量子数, 核子之间强相互作用的电荷无关性意味着这两个镜像核基态能量差等于两者之间的静电能量差 (因为质子数不同) 加上质子 - 中子的质量差. 我们取原子核库仑能公式为 $W = a_{\mathrm{c}} \dfrac{Z^2}{A^{1/3}}$, 由此得到两个原子核的质量差等于

$$M(Z-k, Z) - M(Z, Z-k)$$
$$= \frac{a_{\mathrm{c}}}{A^{1/3}} \left(Z^2 - (Z-k)^2 \right) + k(m_{\mathrm{p}} - m_{\mathrm{n}})$$
$$= \frac{a_{\mathrm{c}}}{A^{1/3}} k(2Z-k) + k(m_{\mathrm{p}} - m_{\mathrm{n}}) = a_{\mathrm{c}} k A^{2/3} + k(m_{\mathrm{p}} - m_{\mathrm{n}}) ,$$

式中 $A = 2Z - k$, m_{p} 和 m_{n} 分别为自由状态的质子和中子质量. 利用目前原子核质量的数据库, 容易验证上式的精度在 300 keV 左右 (比目前流行的质量公式精度略高), 偏差的主要来源在于库仑能的精度不够; 如果采用其他计算结果, 例如式 (1.77) 以及考虑库仑能交换项的形式, 或者采用其他方法给出的库仑能, 基于上式的精度都与此相当. 静电能是带电粒子 "脱不掉的衣服", 实际上没有直接测量的原子核内质子之间库仑能实验数据来校准静电能的计算结果. 为了降低库仑能计算结果导致的偏差, 一个巧妙的办法是同时考虑两对相邻的镜像核, 中子数和质子数分别为 $(Z-k-1, Z)$、$(Z-k, Z)$、$(Z, Z-k-1)$、$(Z, Z-k)$, 我们利用上式得到

$$M(Z-k-1, Z) - M(Z-k, Z) - M(Z, Z-k-1) + M(Z, Z-k)$$
$$= a_{\mathrm{c}} \left[(k+1)(A-1)^{2/3} - k A^{2/3} \right] + (m_{\mathrm{p}} - m_{\mathrm{n}}) .$$

上式的精度为 120 keV 左右, 这个公式经过配对效应以及统计效应的简单处理后与实验数据的方均根偏离大约 50 keV, 而且具有很好的外推性. 上式具有很高精度的原因在于, 即使库仑能理论计算的精度不高, 不过由于上式计算的是一对镜像核库仑能之差减去相邻镜像核库仑能之差, 而这个差比两个镜像核质量差在数值上小得多, 因此上式具有高精度是预期之中的. 与此对照的是, 迄今为止系统计算中等重量丰质子区域原子核质量的其他理论结果与实验方均根偏差普遍在 300 到 1000 keV. 原子核质量的理论预言以及精确实验测量是目前原子核科学领域的重要前沿问题, 而基于简单库仑能构造的上式在高精度预言未知的中等重量丰质子区域原子核质量方面具有很大优势. 由此可见, 关于原子核内质子之间静电能量的简单讨论居然能够帮助人们获得镜像原子核质量关系的高精度公式, 可谓 "古为今用".

因为核子由夸克组成, 而夸克带有电荷, 因此核子质量中也存在来自于电磁相互作用 (主要是库仑能) 的贡献. 假设质子是均匀带电体, 由式 (1.77) 容易估计质子自身的库仑能约为 0.7 MeV. 质子和中子性质很类似, 两者质量差大约为 1.3 MeV, 主要来源于库仑能和 u、d 夸克的质量差. 夸克模型的理论计算与实验结果的平均偏差在 10 MeV 左右, 所以迄今关于电磁相互作用对核子 (或其他重子) 质量贡献方面的定量讨论不多.

例题 2.8 因为库仑排斥力, 自然界中原子核不能太大. 重原子核主要衰变模式是 α 衰变, 衰变寿命极其灵敏地依赖 α 衰变能 $Q_\alpha = B(Z-2, A-4) + B(2,2) - B(Z,A)$, $B(Z,A)$ 为质量数 A、质子数 Z 的原子核结合能; 经验上当 $Q_\alpha > 5$ MeV 时, 原子核变得越来越不稳定. 试由此估计自然界中最重元素的核电荷数.

解答 原子核结合能中与核子自由度相关部分的简单形式为

$$B(Z,A)_\text{s} = \alpha_1 \left(A - A^{2/3} \right) - a_\text{sym} \frac{(N-Z)^2}{A} ,$$

式中 N 为原子核的中子数, 以上三项分别称为体积项、表面项和对称能, 我们在第 6.4.3 节中将给予上式一个简单图像. 库仑能是排斥力, 因此原子核总结合能形式为

$$B(Z,A) = B(Z,A)_\text{s} - a_\text{c} \frac{Z(Z-1)}{A^{1/3}} ,$$

式中使用了库仑能结果式 (1.77).

α 衰变可以看作 α 粒子轰击原子核复合反应的逆过程, 在复合反应中 α 粒子需要克服 α 粒子和原子核之间的静电排斥能以后才能入射并与原子核融合, 人们通常把这个静电排斥势能称为库仑位垒; α 衰变也要越过这个位垒才能发射出去, 如图 2.7 所示. 库仑位垒的高度大于 α 衰变能 Q_α, 因此 α 衰变是典型的量子隧道贯穿过程. α 衰变的第一步是两个质子和两个中子在原子核内预先形成一个 α 粒子, 第二步是 α 粒子穿越库仑位垒, 原子核 $X(A,Z)$ 就衰变成一个子核 $X'(A-4, Z-2)$ 和一个 α 粒子. 假定 $A, Z \gg 1$, 由原子核结合能公式得到

$$\begin{aligned}
\delta B &= B(Z,A) - B(Z-2, A-4) \simeq \frac{\partial B(Z,A)}{\partial A} \delta A + \frac{\partial B(Z,A)}{\partial Z} \delta Z \\
&= \alpha_1 \delta A (1 - \frac{2}{3} A^{-1/3}) + a_\text{sym} \frac{(N-Z)^2}{A^2} \delta A - a_\text{c} \frac{2Z-1}{A^{1/3}} \delta Z + \frac{1}{3} a_\text{c} \frac{Z(Z-1)}{A^{4/3}} \delta A \\
&\simeq 4\alpha_1 \left(1 - \frac{2}{3} (2.5Z)^{-1/3} \right) + 4 a_\text{sym} \left(\frac{1.5 - 1.0}{2.5} \right)^2 - \frac{52}{15} \times \frac{a_\text{c} Z^{\frac{2}{3}}}{(2.5)^{1/3}} .
\end{aligned}$$

我们假定了重元素中 $A \simeq 2.5Z$ (即中子数比质子数多 50%) 以及 $Z \gg 1$, 这里最后一步中令 $\delta Z = 2, \delta A = 4$. 这里需要说明的是, 在 α 衰变前后, 原子核的 $N - Z$ 值是不变的: 该值衰变前为 $N - Z$, 衰变后为 $(N-2) - (Z-2) = N - Z$; 所以 α 衰变前后 $\delta B_\text{s}(Z,A)$ 只包含 δA 的差分这一项, 不包含 δZ 的差分.

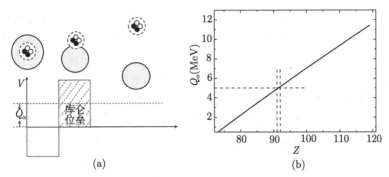

图 2.7 (a) α 衰变和库仑位垒示意图; (b) α 衰变能 Q_α 与质子数 Z 之间的关系

实验上 α 粒子的结合能 $B_\alpha \simeq 28$ MeV, 我们取 $\alpha_1 \simeq 15.6$ MeV, $a_{\mathrm{sym}} \simeq 23$ MeV, $a_c = 0.7$ MeV, 由 $Q_\alpha = B(Z-2, A-4) + B(2,2) - B(Z,A) = B_\alpha - \delta B \leqslant 5$ (MeV) 得到

$$Q_\alpha = 28 - 4 \times 15.6 \left(1 - \frac{2}{3}(2.5Z)^{-1/3}\right) - \frac{92}{25} + \frac{52}{15} \times \frac{0.7Z^{\frac{2}{3}}}{(2.5)^{1/3}} \leqslant 5 .$$

由上式可知, $Z \gg 1$ 时, Q_α 随着 Z 的增加而增加, 这个变化趋势的起源是上式中最后一项即 α 衰变前后库仑能的变化 [式中第二项随着 Z 的增加是缓慢减少的]; 当 $Z = 85$ 时, $Q_\alpha = 3.5$ MeV; 当 $Z = 91$ 时, $Q_\alpha = 4.9$ MeV; 当 $Z = 92$ 时, $Q_\alpha = 5.1$ MeV; 当 $Z = 100$ 时, $Q_\alpha = 7.0$ MeV; 当 $Z = 120$ 时, $Q_\alpha = 11.6$ MeV, 这些衰变能数值与实验结果或理论计算结果在统计上是比较接近的. 这里简单估计得到自然界中存在的最重元素核电荷数大约在 $91 \sim 92$ 左右.

在自然界中存在的最重元素铀的核电荷数为 92, 质子数超过铀元素的原子核不稳定, 人们已经合成了许多种质子数 $Z > 92$ 的核素. 随着原子核质子数 Z 的增加, 原子核平均寿命越来越短. $Z > 110$ 的元素通常被称为超重元素, 超重元素的同位素被称为超重核素. 在上世纪六十年代人们在理论上预言 $Z = 114$、$N = 184$ 的核素是双幻数的原子核, 质子和中子都填满整个壳层, 稳定性高, 因而在该核素区域可能存在一个 "稳定岛".

超重核素的人工合成是当今原子核结构领域很活跃的前沿之一, 国际竞争激烈 (合成新元素可以获得命名权), 国内学者在理论和实验两方面都做出了重要贡献. 目前实验室合成原子核最大的核电荷数为 118, 国际理论与应用化学联合会 (IUPAC) 2012 年命名了 $Z = 114$ 和 116 的元素, 分别标记为 Flerovium (Fl) 和 Livermorium (Lv); 2017 年命名了 $Z = 113$、115、117、118 的元素, 分别称为 Nihonium (Nh)、Moscovium (Mc)、Tennessine (Ts) 和 Oganesson (Og). 可惜这些已经合成的超重核素都是缺中子的原子核, 距离预言的稳定岛 ($Z = 114$、$N = 184$) 还比较远, 近年来人们寄希望于通过多核子转移反应合成超重稳定岛附近的核素.

本章小结　本章讨论静电场. 当电荷系统的尺度远小于该系统与场点的距离而又不能把该系统作为点电荷处理时, 通常引入电多极矩来描写电荷系统的静电场或者电荷系统在外电场中的能量. 作为补充材料, 我们介绍微观粒子的电偶极矩和原子核电四极矩. 本章强调简单情况下静电问题的求解, 主要内容包括静电场的唯一性定理以及求解静电势的镜像法、格林函数法和分离变量法. 本章讨论了线性绝缘介质、导体和等离子体的静电学性质: 线性绝缘介质可以通过引入电位移矢量来描述, 导体在静电场中是等势体, 等离子体对于内部宏观意义上的电荷存在库仑屏蔽现象, 在局部区域内电中性被破坏时该区域内的自由电子密度会发生振荡现象. 我们还定性讨论了静电荷吸引细屑、尖端放电、宇宙天体的电中性现象, 以及原子、原子核系统的静电能相关问题. 在本章学习中要熟悉简单的特殊函数.

本章简答题

1. 静电场基本的物理定律是什么? 在静电场中电场强度满足的微分方程形式是什么?

2. 给定电荷分布系统的电偶极矩的定义是什么? 电四极矩的定义是什么?

3. 电偶极矩 $\vec{p}$ 对应的静电势形式是什么? 电四极矩 $\overleftrightarrow{Q}$ 对应的静电势的形式是什么?

4. 电偶极矩 $\vec{p}$ 在外电场中的势能形式是什么? $\vec{p}$ 在外电场中受到的力和力矩的形式分别是什么?

5. 电四极矩 $\overleftrightarrow{Q}$ 在外电场中的势能形式是什么?

6. 测量微观粒子的电偶极矩有什么重要意义?

7. 如何估计原子核密度? 该密度的数值大约有多大?

8. 静电场泊松方程的数学形式是什么?

9. 静电问题中的唯一性定理的内容是什么?

10. 在静电问题中导体表面处的静电势边界条件是什么? 为什么导体是等势体? 为什么导体表面的电场强度垂直于导体表面?

11. 无限大接地的导体平面上方 $\vec{r}'$ 处有点电荷 Q, 上半空间的静电势形式是什么? 接地的内径为 R_0 的导体球壳内部 $\vec{r}'$ 处有一个点电荷 Q, 球壳内部静电势形式是什么?

12. 为什么导体可以屏蔽外电场?

13. 静电问题的格林函数指的是什么? 什么是第一类边值关系的格林函数? 什么是第二类边值关系的格林函数?

14. 轴对称和球对称条件下拉普拉斯方程的通解形式分别是什么?

15. 什么是等离子体? 什么是等离子体的库仑屏蔽? 等离子体的振荡频率形式是什么?

16. 为什么带电体能够吸引毛发、纸屑等小物体?

17. 为什么雷雨天气中不能在树下避雨?

18. 什么叫尖端放电现象? 物理机制是什么?

19. 静电系统的电场能量是 $\int \left(\dfrac{1}{2} \rho \varphi \right) \mathrm{d}\vec{r}$ 即 (2.20) 式. 能否据此认为静电场的能量密度

等于 $\frac{1}{2}\rho\varphi$?

20. 在常压下的干燥空气不被高电压击穿的最大电场强度约为 $10^6\,\mathrm{V/m}$, 问一个 1 m 的孤立导体球上最多可以承载多少电荷?

21. 对于大气电离层电子密度 $n_{e0} \sim 10^{10}$ 到 $10^{12}\ \mathrm{m^{-3}}$, 估计大气电离层的等离子体振荡频率.

练 习 题

1. 两个点电荷分别放置于 $\vec{r} = \pm a/2\vec{e}_z$ 处, 其电荷量分别为 $\pm q$, 如图 2.8(a) 所示. 计算在远处的静电势并验算该结果等价于一个在原点的电偶极子 (电偶极矩 $\vec{p} = qa\vec{e}_z$) 的静电势.

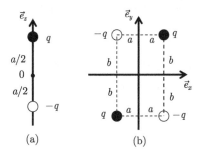

图 2.8　电偶极矩和电四极矩示意图

(a) 由两个带电量分别为 $\pm q$ 的点电荷组成的系统, 在远处等价于电偶极矩 $\vec{p} = qa\vec{e}_z$; (b) 四个点电荷组成的系统, 在远处等价于电四极矩 $\overset{\leftrightarrow}{Q} = \overset{\leftrightarrow}{\mathcal{D}} = 12qab(\vec{e}_x\vec{e}_y + \vec{e}_y\vec{e}_x)$

2. 推导两个电偶极矩 $\vec{p}_1$ 和 $\vec{p}_2$ 之间的相互作用能量和相互作用力的表达式; 在 $\vec{p}_1 = \vec{p}_2 = \vec{p}$ 的简单情况下, 标记 $\vec{r} = \vec{r}_2 - \vec{r}_1$, $\vec{p}$ 与 $\vec{r}$ 之的夹角标记为 θ, 试证明 $\theta > \arccos\left(\dfrac{1}{\sqrt{3}}\right) \simeq 0.392\pi(55°)$ 时两者之间是排斥的, $\theta < \arccos\left(\dfrac{1}{\sqrt{3}}\right)$ 时两者之间是吸引的.

3. 设某电荷系统由四个点电荷组成, 第 1 电荷和第 2 电荷分别位于 $\vec{r}_1' = a\vec{e}_x + b\vec{e}_y$ 和 $\vec{r}_2' = -a\vec{e}_x - b\vec{e}_y$, 电荷量都是为 q, 而第 3 电荷和第 4 电荷分别位于 $\vec{r}_3' = -a\vec{e}_x + b\vec{e}_y$ 和 $\vec{r}_4' = a\vec{e}_x - b\vec{e}_y$, 电荷量都为 $-q$, 如图 2.8(b) 所示. 试求该电荷系统在空间 $\vec{r}$ 处产生的静电势, 验算在 $r \gg a$、$r \gg b$ 的极限下该静电势等于电四极矩 $12qab(\vec{e}_x\vec{e}_y + \vec{e}_y\vec{e}_x)$ 对应的静电势 (在形式上与式 (2.9) 中的 $\varphi_{\mathcal{D}}$ 一致).

4. 电四极矩 $\overset{\leftrightarrow}{\mathcal{D}}$ 在外电场 $\vec{E}_e(0)$ 所受的作用力为 $\vec{F} = \dfrac{1}{6}\overset{\leftrightarrow}{\mathcal{D}} : \nabla\nabla\vec{E}_e(\vec{r})|_{\vec{r}=0}$, 试由此证明 $\vec{F} = -\nabla V_2$, $V_2 = -\dfrac{1}{6}\overset{\leftrightarrow}{\mathcal{D}} : \nabla\vec{E}_e(\vec{r})|_{\vec{r}=0}$.

5. 设某原子核的表面半径为 $r(\theta,\phi) = R_0\left(1 + \sum\limits_{lm}\alpha_{lm}Y_{lm}(\theta,\phi)\right)$, α_{lm} 表征原子核形变的幅度, 一般都是小量. 假定原子核内质子连续均匀分布, 总电荷数为 Ze. 试证明该原子核的

电多极矩 $q_{lm} = \dfrac{3}{2l+1} Z e R_0^l \alpha_{lm}$ (精确到 α_{lm} 的一次项), 这里 q_{lm} 按照式 (2.11) 定义.

6. 无限大接地导体平面上方 $\vec{r} = a\vec{e}_z$ 处放置点电荷 Q, 该系统的静电势由式 (2.50) 给出. 试求导体平面上感应电荷面密度, 验算导体平面上总感应电荷为 $-Q$, 计算带电粒子与感应电荷之间的相互作用能量 (即系统的静电势能, 注意不包括点电荷 Q 静电自能).

7. 半径为 R 接地导体球外与球心 O 距离为 a 的 P 处放置一个电偶极子 $\vec{p}$, $\vec{p}$ 与 OP 连线的夹角为 α. 求电偶极子 $\vec{p}$ 受到的作用力.

8. 半径为 R_1 的接地导体球外部同心地放置一个带电荷 Q 的导体球壳 (内外半径为 R_2 和 R_3). 求该系统的静电势.

9. 半径为 R_0 的不带电导体球壳放入匀强电场 $\vec{E} = E_0 \vec{e}_z$ 中, 球心处于坐标原点. 现在沿着 x-y 平面把这个球壳一分为二. 计算为了保持这两个部分不分开需要多少外力.

10. 给定球面上的电势 φ, 球面内外都是真空. 证明球心处的电势等于球面电势的平均.

11. 例题 2.4 镜像法求镜像荷的位置和电量时也可以这样做: 假定满足条件的镜像荷 Q' 存在, 根据该系统的对称性 Q' 位置一定在球心与外电荷连线上, 我们标记其位置 $\vec{r}_{Q'} = z\vec{e}_z$. 那么镜像荷 Q' 和外电荷 Q 在 $\vec{r} = \pm R_0 \vec{e}_z$ 处的静电势都等于零. 试利用这两个条件确定电量 Q' 和坐标 z, 并验算所得结果满足边界条件.

第 3 章　静　磁　场

上一章讨论了静电场, 本章讨论另一种简单的电磁场: 静磁场. 所谓静磁场指的是系统内电流分布和对应磁场不随时间变化的情况. 本章讨论磁场的矢量势, 包括矢量势的多极展开、矢量势的边值关系和静磁场的唯一性定理. 在单连通空间内自由电流处处为零的情况下人们可以引入磁场的标量势, 标量势在数学处理上比矢量势简单, 可以借鉴静电场的方法和结果. 本章还讨论介质材料的磁性, 介绍宇观磁场的特点和作用. 作为补充材料, 我们讨论了微观系统的磁矩、超导现象、磁单极和磁场矢量势的宏观量子效应.

3.1　磁场矢量势的多极展开

本节讨论恒定电流系统磁场的矢量势及其多极展开, 讨论磁偶极矩对应的磁场以及磁偶极矩在外磁场中的能量.

我们在第 1 章中从毕奥–萨伐尔实验定律出发讨论了静磁场性质. 描写磁场的基本物理量是磁感应强度 $\vec{B}$, 磁场是无源场, 因此磁感应强度 $\vec{B}$ 可以写成一个矢量函数 $\vec{A}$ 的旋度, 即 $\vec{B} = \nabla \times \vec{A}$, $\vec{A}$ 称为磁场的矢量势. 电流密度为 $\vec{J} = \vec{J}(\vec{r'})$ 系统的静磁场矢量势 $\vec{A}$ 由式 (1.42) 给出, 即

$$\vec{A}(\vec{r}) = \frac{\mu_0}{4\pi} \int \frac{\vec{J}(\vec{r'})}{|\vec{r} - \vec{r'}|} d\tau', \tag{3.1}$$

矢量势 $\vec{A}$ 满足泊松方程 (1.47), 其散度为零 (见 (1.43) 式), 即

$$\nabla^2 \vec{A}(\vec{r}) = -\mu_0 \vec{J}(\vec{r}), \quad \nabla \cdot \vec{A} = 0. \tag{3.2}$$

3.1.1　磁多极矩

由泰勒展开式 (1.17), 把式 (3.1) 改写为

$$
\begin{aligned}
\vec{A}(\vec{r}) &= \frac{\mu_0}{4\pi} \int \frac{\vec{J}(\vec{r'})}{|\vec{r} - \vec{r'}|} d\tau' = \frac{\mu_0}{4\pi} \int \vec{J}(\vec{r'}) d\tau' \left[\frac{1}{r} + (-\vec{r'}) \cdot \nabla \frac{1}{r} + \cdots \right] \\
&= \frac{\mu_0}{4\pi r} \int \vec{J}(\vec{r'}) d\tau' - \left(\frac{\mu_0}{4\pi} \int \vec{J}\vec{r'} d\tau' \right) \cdot \nabla \frac{1}{r} + \cdots \\
&= \frac{\mu_0}{4\pi r^3} \int \vec{J}\vec{r'} d\tau' \cdot \vec{r} + \cdots
\end{aligned}
\tag{3.3}
$$

上式最后一步利用了在恒定条件下电流密度对全空间积分为零.

为了进一步化简式 (3.3), 我们计算三阶并矢 $\vec{J}\vec{r}'\vec{r}'$ 的散度

$$\nabla' \cdot \left(\vec{J}\vec{r}'\vec{r}' \right) = \sum_i \left[(\partial_i' J_i)\vec{r}'\vec{r}' + J_i(\partial_i'\vec{r}')\vec{r}' + J_i\vec{r}'(\partial_i'\vec{r}') \right]$$

$$= 0 + \sum_i (J_i\vec{e}_i'\vec{r}') + \sum_i (J_i\vec{r}'\vec{e}_i') = \vec{J}\vec{r}' + \vec{r}'\vec{J}, \tag{3.4}$$

上式中第一步利用了式 (1.15) 的最后一个等式, 第二步利用了恒定条件 $\nabla \cdot \vec{J} = \sum_i (\partial_i J_i) = 0$. 把式 (3.4) 的两边对 $\mathrm{d}\tau'$ 积分, 左边等于 $\oint (\vec{J}\vec{r}'\vec{r}') \cdot \mathrm{d}\vec{S}'$, 考虑到边界上 $\vec{J} = 0$, 左边积分为零; 右边等于 $\int (\vec{J}\vec{r}' + \vec{r}'\vec{J})\mathrm{d}\tau'$. 由此得到

$$\int \vec{J}\vec{r}'\mathrm{d}\tau' = -\int \vec{r}'\vec{J}\mathrm{d}\tau' = \int \frac{\vec{J}\vec{r}' - \vec{r}'\vec{J}}{2}\mathrm{d}\tau'. \tag{3.5}$$

把上式代入式 (3.3), 有

$$\vec{A}(\vec{r}) = \frac{\mu_0}{4\pi r^3} \int \vec{J}\vec{r}'\mathrm{d}\tau' \cdot \vec{r} + \cdots = \frac{\mu_0}{4\pi r^3} \int \frac{\vec{J}\vec{r}' - \vec{r}'\vec{J}}{2} \cdot \vec{r}\mathrm{d}\tau' + \cdots$$

$$= \frac{\mu_0}{4\pi} \frac{\left[\frac{1}{2} \int \left(\vec{r}' \times \vec{J} \right) \mathrm{d}\tau' \right] \times \vec{r}}{r^3} + \cdots. \tag{3.6}$$

定义给定电流分布 $\vec{J}(\vec{r}')$ 系统的磁偶极矩为

$$\vec{m} = \frac{1}{2} \int \left[\vec{r}' \times \vec{J}(\vec{r}') \right] \mathrm{d}\tau'. \tag{3.7}$$

对于很细的通电平面线圈, $\vec{J}(\vec{r}')\mathrm{d}\tau' = I\mathrm{d}\vec{l}'$, I 是细导线内的电流强度. 在这种情况下, 上式可以写成

$$\vec{m} = \frac{I}{2} \oint \vec{r}' \times \mathrm{d}\vec{l} = I\vec{S},$$

这里 $\vec{S}$ 的方向由沿着电流圈内的电流方向按照右手定则确定, 数值为电流线圈围起来的面积.

在忽略式 (3.6) 的高阶项后, 矢量势 $\vec{A}(\vec{r})$ 可以写为

$$\vec{A}(\vec{r}) = \frac{\mu_0}{4\pi} \cdot \frac{\vec{m} \times \vec{r}}{r^3}. \tag{3.8}$$

矢量势 $\vec{A}(\vec{r})$ 对应磁场的磁感应强度为

$$\vec{B} = \left(\frac{\mu_0}{4\pi} \right) \nabla \times \left(\vec{m} \times \frac{\vec{r}}{r^3} \right). \tag{3.9}$$

利用式 (1.6) 的第八个数学恒等式,

$$\begin{aligned}
\vec{B} &= \frac{\mu_0}{4\pi} \nabla \times \left(\vec{m} \times \frac{\vec{r}}{r^3} \right) \\
&= \frac{\mu_0}{4\pi} \left[\left(\nabla \cdot \frac{\vec{r}}{r^3} + \frac{\vec{r}}{r^3} \cdot \nabla \right) \vec{m} - (\nabla \cdot \vec{m} + \vec{m} \cdot \nabla) \frac{\vec{r}}{r^3} \right] \\
&= \frac{\mu_0}{4\pi} \left[0 + 0 - (0 + \vec{m} \cdot \nabla) \frac{\vec{r}}{r^3} \right] = -\frac{\mu_0}{4\pi} (\vec{m} \cdot \nabla) \frac{\vec{r}}{r^3}.
\end{aligned}$$

这里利用了 $\nabla \vec{m} = 0$、$\nabla \cdot \vec{m} = 0$ ($\vec{m}$ 是由给定的电流密度 $\vec{J} = \vec{J}(\vec{r}')$ 给定, 与 $\vec{r}$ 无关) 以及当 $r \neq 0$ 时 $\nabla \cdot \frac{\vec{r}}{r^3} = -\nabla^2 \frac{1}{r} = 0$ (见式 (1.10)). 在式 (2.3) 中把 $\vec{p}$ 变成 $\vec{m}$, 代入上式得到

$$\vec{B} = -\mu_0 \nabla \left(\frac{\vec{m} \cdot \vec{r}}{4\pi r^3} \right) = -\mu_0 \nabla \varphi_m. \tag{3.10}$$

上式表明, 磁偶极矩 $\vec{m}$ 对应的磁感应强度 $\vec{B}$ 可以写成一个标量函数 $\varphi_m = \varphi_m(\vec{r})$ 的梯度,

$$\varphi_m(\vec{r}) = \frac{\vec{m} \cdot \vec{r}}{4\pi r^3} \tag{3.11}$$

称为磁偶极矩 $\vec{m}$ 的标量势. 可见, 磁场原则上是用矢量势描述的, 然而在有些情况下也可以用标量势描述, 两种描述是等价的.

容易注意到, 式 (3.11) 中的 φ_m 与式 (2.2) 中电偶极矩 $\vec{p}$ 的静电势 φ_p 在形式上相同, 由此可知磁偶极矩 $\vec{m}$ 对应磁场的空间分布与电偶极矩 $\vec{p}$ 对应静电场的空间分布式 (2.4) 仅相差一个常量因子, 即

$$\vec{B}_m = -\mu_0 \nabla \varphi_m = \frac{\mu_0 \vec{m}}{4\pi} \cdot \frac{3\vec{r}\vec{r} - r^2 \overleftrightarrow{I}}{r^5} = \mu_0 \frac{3m_r \vec{e}_r - \vec{m}}{4\pi r^3}, \tag{3.12}$$

式中 $m_r = \vec{m} \cdot \vec{e}_r$.

3.1.2 磁偶极矩在外场中的能量

在外磁场中的电流元 $\vec{J} = \vec{J}(\vec{r})$ 受到洛伦兹力的作用, $\mathrm{d}\vec{F} = \int \mathrm{d}\tau [\vec{J}(\vec{r}) \times \vec{B}(\vec{r})]$, 这里 $\vec{B}$ 是外磁场的磁感应强度. 把 $\vec{B}(\vec{r})$ 在电流分布的中心位置展开到一阶项, 我们得到

$$\begin{aligned}
\vec{F} &= \int \vec{J} \times \left[\vec{B}(0) + \vec{r} \cdot \nabla \vec{B}(0) + \cdots \right] \mathrm{d}\tau \\
&= \left(\int \vec{J} \mathrm{d}\tau \right) \times \vec{B}(0) + \int \vec{J} \times [\vec{r} \cdot \nabla \vec{B}(0)] \mathrm{d}\tau + \cdots \\
&= 0 + \int \vec{J}(\vec{r} \cdot \nabla) \times \vec{B}(0) \mathrm{d}\tau + \cdots = \left[\int (\vec{J}\vec{r}) \mathrm{d}\tau \cdot \nabla \right] \times \vec{B}(0) + \cdots,
\end{aligned}$$

在推导上式过程中把 $(\vec{r} \cdot \nabla)$ 作为标量算符处理, 利用了并矢运算的结合律式 (1.13). 利用式 (3.5), 并忽略高阶项后从上式得到

$$\vec{F} = \left[\frac{1}{2} \int \left(\vec{J}\vec{r} - \vec{r}\vec{J} \right) \mathrm{d}\tau \right) \cdot \nabla \right] \times \vec{B}(0)$$

$$= \left[\frac{1}{2} \int \left(\vec{r} \times \vec{J} \right) \mathrm{d}\tau \times \nabla \right] \times \vec{B}(0) = (\vec{m} \times \nabla) \times \vec{B}(0)$$

$$= (\nabla \vec{B}(0)) \cdot \vec{m} - \vec{m}(\nabla \cdot \vec{B}(0)) = \nabla(\vec{m} \cdot \vec{B}) + 0 = -\nabla V, \tag{3.13}$$

$$V = -\vec{m} \cdot \vec{B}. \tag{3.14}$$

注意在以上各式中 $\vec{B}(0) \equiv \vec{B}(\vec{r})|_{\vec{r}=0}$, 例如 $\nabla(\vec{m} \cdot \vec{B}(0)) \equiv \nabla(\vec{m} \cdot \vec{B}(\vec{r}))|_{\vec{r}=0}$ 不能理解为 $\nabla(\vec{m} \cdot \vec{B}(0)) = 0, \vec{B}(0)$ 在这里不能理解为一个常量. 式 (3.13) 是磁偶极矩 $\vec{m}$ 在外磁场 $\vec{B}$ 中受到的力, V 是磁偶极矩 $\vec{m}$ 在外磁场 $\vec{B}$ 中的势能. 这一结果与电偶极矩 $\vec{p}$ 在外电场中的能量式 (2.27) 类似.

类似于推导式 (2.29), 磁偶极矩 $\vec{m}$ 在非均匀的外磁场 B 中受到的作用力可以写为

$$\vec{F} = \vec{m} \cdot \left(\nabla \vec{B}(0) \right). \tag{3.15}$$

与电偶极矩在外电场中受到力矩的作用相似, 磁偶极矩 $\vec{m}$ 在外磁场 $\vec{B}$ 中也受到力矩 (标记为 $\vec{L}$) 的作用. 根据式 (3.14), 磁矩 $\vec{m}$ 在磁场中的势能 V 是 $\vec{m}$ 与 $\vec{B}$ 夹角 θ 的函数, $V = -mB\cos\theta$; 由此我们得到磁偶极矩 $\vec{m}$ 在外磁场 $\vec{B}$ 中受到的力矩 $\vec{L}$ 为

$$\vec{L} = \vec{e}_\theta L_\theta = -\vec{e}_\theta \partial_\theta V = -mB\sin\theta \vec{e}_\theta = \vec{m} \times \vec{B}(0) . \tag{3.16}$$

3.1.3　恒定电流的磁场能量

现在讨论在真空中电流系统的磁场能量. 由式 (1.76), 静磁场的能量密度是 $w = \frac{1}{2\mu_0} \vec{B}^2$. 一个电流系统的磁场总能量 W 为

$$W = \int \frac{1}{2\mu_0} \vec{B} \cdot \vec{B} \mathrm{d}\tau = \frac{1}{2\mu_0} \int \left(\nabla \times \vec{A} \right) \cdot \vec{B} \mathrm{d}\tau$$

$$= \frac{1}{2\mu_0} \int \left[\nabla \cdot (\vec{A} \times \vec{B}) + \vec{A} \cdot (\nabla \times \vec{B}) \right] \mathrm{d}\tau$$

$$= \frac{1}{2\mu_0} \oint (\vec{A} \times \vec{B}) \cdot \mathrm{d}\vec{S} + \frac{1}{2} \int \vec{A} \cdot \vec{J} \mathrm{d}\tau = \frac{1}{2} \int \vec{A} \cdot \vec{J} \mathrm{d}\tau. \tag{3.17}$$

上式第三步利用了式 (1.6) 中的第六个数学恒等式, 第四步利用了式 (1.8) 中的高斯定理和静磁场的磁感应强度 $\vec{B}$ 的旋度式 (1.45), 在最后一步利用了无穷远边界上 $\vec{A} \propto 1/r, \vec{B} \propto 1/r^2$, 积分面积 $\propto r^2$, 由此第四个等号右边的第一项积分为零.

式 (3.17) 与电荷系统的静电能式 (2.20) 相似. 类似于静电情况, 这里也不能认为磁场能量密度 $w = \dfrac{1}{2}\vec{A}\cdot\vec{J}$. 式 (3.17) 仅说明系统的静磁场总能量等于 $\dfrac{1}{2}\vec{A}\cdot\vec{J}$ 对全空间的积分, 在 $\vec{J}=0$ 的空间磁场能量密度 w 显然可以不为零. 式 (3.17) 在介质中变成

$$W = \frac{1}{2}\int \vec{A}\cdot\vec{J}_{\mathrm{f}}\mathrm{d}\tau. \tag{3.18}$$

这里 $\vec{J}_{\mathrm{f}}$ 为介质中的自由电流密度.

与静电问题中式 (2.23) 的处理类似, 我们把整个空间的电流分为外部电流和内部电流, 所对应的磁场分别称为内部磁场和外部磁场, 分别用下标 i 和 e 来标记. 整个空间内所有电流对应的总磁场能量为

$$W = \frac{1}{2}\int \left(\vec{A}_{\mathrm{i}}+\vec{A}_{\mathrm{e}}\right)\cdot\left(\vec{J}_{\mathrm{i}}+\vec{J}_{\mathrm{e}}\right)\mathrm{d}\tau = W_{\mathrm{i}}+W_{\mathrm{e}}+W_{\mathrm{ie}}. \tag{3.19}$$

其中 $W_{\mathrm{i}} = \dfrac{1}{2}\int \vec{A}_{\mathrm{i}}\cdot\vec{J}_{\mathrm{i}}\mathrm{d}\tau$, 是 $\vec{J}_{\mathrm{i}}$ 电流系统的磁场能量; $W_{\mathrm{e}} = \dfrac{1}{2}\int \vec{A}_{\mathrm{e}}\cdot\vec{J}_{\mathrm{e}}\mathrm{d}\tau$, 是 $\vec{J}_{\mathrm{e}}$ 电流系统的磁场能量; W_{ie} 是内外两部分电流系统对应磁场的相互作用能量

$$\begin{aligned}
W_{\mathrm{ie}} &= \frac{1}{2}\int \left(\vec{A}_{\mathrm{i}}\cdot\vec{J}_{\mathrm{e}}+\vec{A}_{\mathrm{e}}\cdot\vec{J}_{\mathrm{i}}\right)\mathrm{d}\tau = \int \vec{A}_{\mathrm{i}}\cdot\vec{J}_{\mathrm{e}}\mathrm{d}\tau = \int \vec{A}_{\mathrm{e}}\cdot\vec{J}_{\mathrm{i}}\mathrm{d}\tau \\
&= \frac{\mu_0}{4\pi}\int \frac{\vec{J}_{\mathrm{e}}(\vec{r})\cdot\vec{J}_{\mathrm{i}}(\vec{r}\,')}{|\vec{r}-\vec{r}\,'|}\mathrm{d}\tau\mathrm{d}\tau'.
\end{aligned} \tag{3.20}$$

对于小的平面电流线圈, W_{ie} 为

$$\begin{aligned}
W_{\mathrm{ie}} &= \int \vec{A}_{\mathrm{e}}\cdot\vec{J}_{\mathrm{i}}\mathrm{d}\tau = \oint \vec{A}_{\mathrm{e}}\cdot I\mathrm{d}\vec{l}_{\mathrm{i}} = I\int (\nabla\times\vec{A}_{\mathrm{e}})\cdot\mathrm{d}\vec{S}_{\mathrm{i}} \\
&= I\int \vec{B}_{\mathrm{e}}(\vec{r})\cdot\mathrm{d}\vec{S}_{\mathrm{i}} = \vec{m}\cdot\vec{B}_{\mathrm{e}}(0).
\end{aligned} \tag{3.21}$$

在上式的最后一步中, 因为线圈面积很小, 磁场在线圈中心 $\vec{r}=0$ 处的变化也足够小, 因而可以用 $\vec{B}_{\mathrm{e}}(0)$ 代替 $\vec{B}_{\mathrm{e}}(\vec{r})$. 注意在上式中 $W_{\mathrm{ie}} = \vec{m}\cdot\vec{B}_{\mathrm{e}}(0)$ 与磁偶极矩 $\vec{m}$ 在外磁场中的势能 V 相比, $W_{\mathrm{ie}} = -V$; 这与静电场情形不一样, 在静电问题中电偶极矩 $\vec{p}$ 与外电场 $\vec{E}_{\mathrm{e}}$ 的相互作用能量等于该电偶极矩在外电场中的势能 (即 $W_{\mathrm{ie}}=V$).

3.1.4 * 微观粒子的磁偶极矩

由式 (3.7), 一个以速度 v 做圆周运动带电粒子的磁矩为

$$\begin{aligned}
\vec{m}_{\mathrm{L}} &= \frac{1}{2}\int (\vec{r}\,'\times\vec{J})\mathrm{d}\tau' = \frac{1}{2}\int \left[\vec{r}\,'\times q\vec{v}(\vec{r}\,')\delta(\vec{r}\,'-\vec{r})\right]\mathrm{d}\tau' \\
&= \frac{1}{2}q\left[\vec{r}\times\vec{v}(\vec{r})\right] = \frac{q}{2M}(\vec{r}\times M\vec{v}) = \frac{q}{2M}\vec{L}.
\end{aligned}$$

式中 $\vec{J}(\vec{r'}) = \rho(\vec{r'})\vec{v}(\vec{r'})$, $\rho(\vec{r'}) = q\delta(\vec{r'} - \vec{r})$; M 为粒子质量 (为了避免与磁矩 $\vec{m}$ 的符号混淆, 这里使用 M 标记粒子质量); r 为圆周半径; $\vec{L} = \vec{r} \times M\vec{v}$ 为粒子做圆周运动的轨道角动量. 上式在形式上也适用于微观粒子, 对应带电粒子的轨道磁矩.

与宏观情况不同的是, 微观粒子带有自旋角动量 $\vec{I}_s$, 自旋部分对应磁矩 $\vec{m}_s$. 电子自旋磁矩为 $\vec{m}_s = \dfrac{-e}{M_e}\vec{I}_s$. 一般情况下, 电荷为 q 微观粒子的磁矩 $\vec{m}$ 与总角动量 $\vec{I}$ 的关系可以写为

$$\vec{m} = g\frac{q}{2M}\vec{I}. \tag{3.22}$$

这里系数 g 称为朗德 (Alfred Landé) 因子或 g 因子. 微观粒子的角动量 I 是量子化的, 对于费米子, I 为 $\hbar$ ($\hbar = h/(2\pi)$, h 为普朗克常量, 等于 $6.62606876 \times 10^{-34}$ J·s) 的半整数倍; 对于玻色子, I 为 $\hbar$ 的整数倍. 经典带电粒子的轨道磁矩的 $g = 1$, 电子的朗德因子 $g \approx 2$ [精确值为 $g = 2.00231930436153(53)$].

存在复合结构的微观粒子 g 因子比较复杂, 如质子内禀磁矩约为 2.79284734462 $(82)\mu_N$, $\mu_N = \dfrac{e\hbar}{2M_p}$ 称为核子磁矩, e 等于正电子电量, M_p 为质子质量. 中子是电中性的, 然而它的内禀磁矩不是零, 而约等于 $-1.91304272(45)\mu_N$. 这是因为中子由夸克组成, 而夸克是带电荷的. 从高能电子与质子、中子散射实验可以得到质子、中子内部的电荷分布信息, 如图 3.1 所示. 质子和中子的自旋都是 $\dfrac{\hbar}{2}$, 所以对于质子 $g = 5.58569468924(164)$, 对于中子 $g = -3.82608544(90)$. 质子、中子和其他强子的磁矩可以用组分夸克模型解释. 在夸克模型中, 质子和中子的价夸克轨道角动量都为零, 其磁矩等于三个价夸克的自旋磁矩之和. 原子核处于不同能级上, 就有不同的自旋和 g 因子, 这些 g 因子原则上可以通过求解关于质子和中子的多体薛定谔方程得到解释. 磁矩值是原子核低激发态的重要参量, 原子核的磁矩等于所有质子的轨道磁矩加上所有质子和中子的自旋磁矩. 类似地, 原子磁矩等于原子内所有电子的轨道磁矩、自旋磁矩、原子核磁矩之和.

磁矩为 $\vec{m}$ 的微观粒子在磁场 $\vec{B} = B\vec{e}_z$ 中的势能由式 (3.14) 给出, 即

$$V = -\vec{m} \cdot \vec{B} = -g\frac{qI_z}{2M}B_z, \quad I_z = -I, -(I-1), \cdots, I-1, I.$$

也就是说, 微观粒子在磁场中的能量是量子化的, 共有 $2I+1$ 个分立的状态, 能级间距正比于外磁场的磁感应强度 B, 这种现象称为塞曼 (Pieter Zeeman) 效应. 比如电子 ($I = \hbar/2$) 在外磁场 $\vec{B} = B\vec{e}_z$ 中有两个能级, 能量分别是 $\pm\dfrac{e\hbar B}{2M_e} = \pm\mu_B B$, $\mu_B = \dfrac{e\hbar}{2M_e}$ 称为电子的玻尔 (Niels Bohr) 磁矩. 塞曼和洛伦兹因为在外磁场中原子光谱出现劈裂现象的实验和理论研究而获得 1902 年的诺贝尔物理学奖.

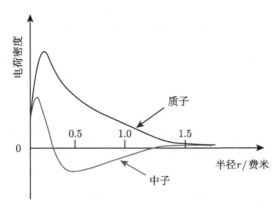

图 3.1 质子和中子内部电荷密度分布示意图

质子和中子都不是点粒子, 都是由夸克组成的复合系统, "边界"不明显. 包含质子和中子在内
的强子磁矩可以用夸克模型给予定量解释

许多微观粒子具有内禀磁矩, 在非均匀磁场中受到的作用力由式 (3.15) 给出. 施特恩 (Otto Stern) 和格拉赫 (Walter Gerlach) 在 1921 年发现很细的银原子束经过不均匀磁场区域时分成两束, 从而证实了角动量空间取向的量子化现象, 施特恩因此在 1943 年获得诺贝尔物理学奖 (格拉赫因政治原因未获奖). 1949 年费米 (Enrico Fermi) 提出宇宙线中高能粒子是因为具有磁偶极矩而在很强的非均匀磁场中被加速, 从而获得极高能量的.

3.2 静磁场的矢量势和标量势

本节讨论磁场的矢量势 (包括磁场矢量势的边值关系和静磁场的唯一性定理) 以及在某些条件下可以用来描写磁场的标量势.

3.2.1 磁场矢量势

首先讨论磁场矢量势的边值关系. 由电磁场边值关系式 (1.116) 和式 (1.121) 得到

$$\vec{n} \cdot \left(\nabla \times \vec{A}_2 - \nabla \times \vec{A}_1 \right) = 0, \tag{3.23}$$

$$\vec{n} \times \left(\frac{\nabla \times \vec{A}_2}{\mu_2} - \frac{\nabla \times \vec{A}_1}{\mu_1} \right) = \vec{\alpha}_{\mathrm{f}}. \tag{3.24}$$

式中 $\vec{n}$ 是在界面上从介质 1 到介质 2 的法线方向; $\vec{\alpha}_{\mathrm{f}}$ 是界面上自由电流的线密度. 式 (3.23) 可以用更简单的形式取代. 在介质 1 和介质 2 表面取一个狭长的回路 $\vec{L}$

(图 1.11), 因为 $\oint_L \vec{A} \cdot d\vec{l} = (A_{2t} - A_{1t})L = \int \nabla \times \vec{A} d\vec{S} = \int \vec{B} \cdot d\vec{S} = BLd$. 因为在界面上, $d \to 0$ 导致 $A_{2t} - A_{1t} = Bd \to 0$, 即在界面上 $A_{2t} = A_{1t}$. 而由式 (3.2), 可得 $A_{1n} = A_{2n}$, 所以在两种介质的界面上有

$$\vec{A}_2 = \vec{A}_1. \tag{3.25}$$

可用上式取代式 (3.23), 把式 (3.24) 和式 (3.25) 作为矢量势的边界条件.

与静电问题类似, 有静磁场的唯一性定理: 设系统 V 内有恒定电流, 磁介质 V 内磁感应强度 $\vec{B}$ 与磁场强度 $\vec{H}$ 满足 $\vec{B} = \mu\vec{H}$. 如果给定 V 内的电流分布、磁介质分布、边界上 $\vec{A}$ 或者 $\vec{H}$ 的切向分量, 那么 V 内的磁感应强度 $\vec{B}$ 是唯一确定的.

现在我们用反证法证明这个定理. 设有任意两个磁场 $\vec{B}'$ 和 $\vec{B}''$ 满足静磁场唯一性定理中的所有条件, 对应的磁场强度分别为 $\vec{H}'$ 和 $\vec{H}''$, 磁场的矢量势分别为 $\vec{A}'$ 和 $\vec{A}''$. 由安培环路定理, 系统内部 $\nabla \times \vec{H}' = \vec{J}_f$, $\nabla \times \vec{H}'' = \vec{J}_f$. 任意矢量 $\vec{F}$ 在界面的切向分量为 $\vec{F}_t = \vec{n} \times \vec{F}$, 所以给定边界上 $\vec{A}$ 或者 $\vec{H}$ 的切向分量意味着 $\vec{n} \times \vec{A}' = \vec{n} \times \vec{A}''$ 或 $\vec{n} \times \vec{H}' = \vec{n} \times \vec{H}''$.

定义 $\vec{\mathcal{B}} = \vec{B}' - \vec{B}''$, $\vec{\mathcal{H}} = \vec{H}' - \vec{H}''$, $\vec{\mathcal{A}} = \vec{A}' - \vec{A}''$, 显然有

$$\nabla \times \vec{\mathcal{H}} = \nabla \times \vec{H}' - \nabla \times \vec{H}'' = 0.$$

给定系统的矢量势或磁场强度在系统边界 S 上的切向分量意味着

$$\vec{n} \times \vec{\mathcal{A}}|_S = \vec{n} \times \vec{A}'|_S - \vec{n} \times \vec{A}''|_S = 0 \quad \text{或} \quad \vec{n} \times \vec{\mathcal{H}}|_S = \vec{n} \times \vec{H}'|_S - \vec{n} \times \vec{H}''|_S = 0.$$

现在求积分

$$\begin{aligned} W &= \int_V \vec{\mathcal{B}} \cdot \vec{\mathcal{H}} d\tau = \int_V \left(\nabla \times \vec{\mathcal{A}} \right) \cdot \vec{\mathcal{H}} d\tau \\ &= \int_V \left[\nabla \cdot (\vec{\mathcal{A}} \times \vec{\mathcal{H}}) + \vec{\mathcal{A}} \cdot (\nabla \times \vec{\mathcal{H}}) \right] d\tau = \oint_S (\vec{\mathcal{A}} \times \vec{\mathcal{H}}) \cdot \vec{n} dS. \end{aligned} \tag{3.26}$$

这里利用了式 (1.6) 中的第六个恒等式、$\nabla \times \vec{\mathcal{H}} = 0$ 以及高斯定理. 利用式 (1.5) 中的第二个恒等式, 有

$$(\vec{\mathcal{A}} \times \vec{\mathcal{H}}) \cdot \vec{n} = (\vec{n} \times \vec{\mathcal{A}}) \cdot \vec{\mathcal{H}} = \vec{\mathcal{A}} \cdot (\vec{\mathcal{H}} \times \vec{n}).$$

边界条件无论是 $\vec{n} \times \vec{\mathcal{A}} = 0$ 还是 $\vec{n} \times \vec{\mathcal{H}} = 0$, 上式都等于零. 将上式为零的结果代入式 (3.26), 得到 $W = \int_V \vec{\mathcal{B}} \cdot \vec{\mathcal{H}} d\tau = 0$. 因为 $\vec{\mathcal{B}} = \mu\vec{\mathcal{H}}$, 所以 $W = 0$ 意味着 $\vec{\mathcal{B}} = 0$, 即 $\vec{B}' = \vec{B}''$, 因此满足静磁场唯一性定理条件的任意两个磁场必然是完全相同的. 证毕.

静磁场的唯一性定理表明, 给定电流分布均匀介质系统的磁场由边界上矢量势切向分量或磁场强度切向分量唯一确定.

3.2.2 静磁场标量势

磁场是有旋场, 原则上不能用标量势讨论. 然而矢量运算不如标量运算方便, 矢量势边界条件也相对复杂, 所以如果条件允许, 最好用标量势描述磁场.

利用标量势描写磁场的困难在于磁场强度的旋度可能不为零, 该旋度等于场点位置的自由电流密度. 而在有些实际问题中, 在所考察的空间内自由电流密度处处为零, 例如永久磁体的磁场由束缚的分子电流给出, 系统内不存在自由电流. 在这种情况下, 就可以引入磁场的标量势. 退一步说, 假如系统的电流仅分布于某些区域, 我们可以从这个系统中挖去这些有电流的区域, 只要这些挖掉电流后留下的无自由电流区域是单连通区域, 该区域内任意闭合曲线上磁场强度的环量积分就等于零, 此时也可以引入磁场的标量势. 简而言之, 标量势描写磁场的前提条件是在所考察的单连通区域内 $\vec{J}_f = 0$. 在这个条件下,

$$\nabla \times \vec{H} = 0, \quad \nabla \cdot \vec{B} = 0. \tag{3.27}$$

我们可以定义 $\vec{H} = -\nabla \varphi_m(\vec{r})$, $\varphi_m(\vec{r})$ 为磁场强度为 $\vec{H}$ 的磁场标量势.

这里指出, 描写电场的是电场强度 $\vec{E}$, 描写磁场的物理量是磁感应强度 $\vec{B}$; 从数学形式上看, 在利用标量势描写磁场时, $\vec{H}$ 则与静电问题中的电场强度 $\vec{E}$ 相对应. 与静电场 $\nabla \cdot \vec{E} = (\rho_f + \rho_p)/\epsilon_0$ 类似, 引入磁荷密度

$$\nabla \cdot \vec{H} = \rho_m. \tag{3.28}$$

这里与静电场情况的区别在于实验上至今没有发现自由磁荷, 而极化磁荷是由非均匀分布的磁化矢量 "给出" 的. 因为 $\vec{B} = \mu_0(\vec{H} + \vec{M})$, $\nabla \cdot \vec{B} = 0$,

$$\rho_m = \nabla \cdot \vec{H} = -\nabla \cdot \vec{M} , \tag{3.29}$$

$$\nabla^2 \varphi_m = \nabla \cdot \nabla \varphi_m = \nabla \cdot (-\vec{H}) = -\rho_m. \tag{3.30}$$

式 (3.30) 是标量势满足的微分方程.

在均匀介质中 $\rho_m = 0$, 磁标势满足拉普拉斯方程

$$\nabla^2 \varphi_m = 0. \tag{3.31}$$

在两种介质的界面上, 边界条件是

$$\varphi_{m1} = \varphi_{m2}, \quad \mu_1 \frac{\partial \varphi_{m1}}{\partial n} = \mu_2 \frac{\partial \varphi_{m2}}{\partial n}, \tag{3.32}$$

式中 φ_{m1} 是第一种介质内的磁标势; φ_{m2} 是第二种介质内的磁标势; n 为界面上从介质 1 指向介质 2 的法线方向. 我们可以从磁场强度 $\vec{H}$ 的有限性得到第一个边界条件, 从磁感应强度法向分量的连续性得到第二个边界条件.

例题 3.1   求均匀磁化 (磁化强度 $\vec{M} = M_0 \vec{e}_z$) 半径为 R_0 的铁球内外的磁场.

解答   在该系统中自由电流密度 $\vec{J}_f = 0$, 因此可以利用标量势讨论系统的磁场. 设球内外的磁场标量势分别为 φ_1 和 φ_2, 两者均满足拉普拉斯方程. 轴对称系统的拉普拉斯方程在球坐标系下的通解由式 (2.71) 给出. 考虑到 φ_2 在无穷远处为零以及 φ_1 在 r 趋于零时的有限性, 有

$$\varphi_1 = \sum_n a_n r^n P_n(\cos\theta), \quad \varphi_2 = \sum_n \frac{b_n}{r^{n+1}} P_n(\cos\theta). \tag{3.33}$$

边界条件由 $\varphi_1 = \varphi_2$, $B_{1n} = B_{2n}$ 给出. 这里 $\vec{B}_1 = \mu_0(-\nabla\varphi_1) + \mu_0\vec{M}$, $\vec{B}_2 = \mu_0(-\nabla\varphi_2)$. 由边界条件得到

$$\sum_n a_n R_0^n P_n(\cos\theta) = \sum_n \frac{b_n}{R_0^{n+1}} P_n(\cos\theta),$$

$$-\mu_0 \sum_n a_n n R_0^{n-1} P_n(\cos\theta) + \mu_0 M_0 \cos\theta = \mu_0 \sum_n \frac{(n+1)b_n}{R_0^{n+2}} P_n(\cos\theta). \tag{3.34}$$

类似于 2.2.4 节静电问题分离变量法例题 2.6, 利用勒让德多项式的正交性, 有

$$\begin{aligned} n \neq 1 : \ & a_n R_0^n = \frac{b_n}{R_0^{n+1}}, \quad -na_n R_0^{n-1} = nb_n \frac{(n+1)}{R_0^{n+2}} ; \\ n = 1 : \ & a_1 R_0 = \frac{b_1}{R_0^2}, \quad M_0 - a_1 = 2\frac{b_1}{R_0^3} . \end{aligned} \tag{3.35}$$

从上面的关系式得到

$$\begin{aligned} n \neq 1 : \ & a_n = b_n = 0 ; \\ n = 1 : \ & a_1 = \frac{1}{3}M_0, \quad b_1 = \frac{1}{3}M_0 R_0^3 . \end{aligned} \tag{3.36}$$

把这些系数代入式 (3.33), 得到

$$\begin{aligned} \varphi_1 &= \frac{1}{3}M_0 r\cos\theta = \frac{1}{3}\vec{M}_0 \cdot \vec{r} = \frac{1}{3}M_0 z, \\ \varphi_2(\vec{r}) &= \frac{1}{3}M_0 R_0^3 \cdot \frac{1}{r^2}\cos\theta = \frac{R_0^3}{3r^2}\vec{M}_0 \cdot \vec{e}_r = \frac{\vec{m} \cdot \vec{r}}{4\pi r^3}. \end{aligned} \tag{3.37}$$

$\vec{m} = \dfrac{4\pi R_0^3}{3}M_0 \vec{e}_z$ 是铁球的总磁偶极矩. 可见, 类似于均匀电极化的介质球对于球外电场而言可以看成 $\vec{p} = \dfrac{4\pi R_0^3}{3}\vec{P}\vec{e}_z$ 的电偶极子, 均匀磁化的铁球对于球外磁场的贡献可以看成 $\vec{m} = \dfrac{4\pi R_0^3}{3}M_0 \vec{e}_z$ 的磁偶极矩. 由式 (3.37) 中 φ_1 可得, 球内的磁场强度

和磁感应强度分别为

$$\vec{H}_1 = -\nabla \varphi_1 = -\frac{1}{3} M_0 \vec{e}_z = -\frac{1}{3} \vec{M},$$

$$\vec{B}_1 = \mu_0 \left(\vec{H}_1 + \vec{M} \right) = \frac{2}{3} \mu_0 M_0 \vec{e}_z. \tag{3.38}$$

球外的磁感应强度由式 (3.12) 给出

$$\vec{B}_2 = \frac{\mu_0}{4\pi} \frac{3(\vec{m} \cdot \vec{e}_r)\vec{e}_r - \vec{m}}{r^3}. \tag{3.39}$$

例题 3.2　求任意形状的单匝电流线圈磁场的标量势.

解答　由 3.1 节知道, 平面小电流线圈型磁偶极子 $\vec{m}$ 所对应的磁场标量势形式为 $\frac{\vec{m} \cdot \vec{R}}{4\pi R^3}$. $\vec{R} = \vec{r} - \vec{r}'$, $\vec{r}'$ 是磁矩所在位置, $\vec{r}$ 是场点, $\vec{m}$ 是平面小线圈的磁矩, $\vec{m} = I\vec{S}$, I 是线圈内的电流强度. $\vec{S}$ 的方向由小线圈回路电流遵循右手定则而决定, $\vec{S}$ 的数值是小线圈的面积.

这里的线圈为任意形状 (也可以是非平面情况). 我们把该线圈分成许多小面元, 每个面元都是 "无穷小", 各边的电流强度都是 I, 相邻面元边上的电流方向相反, 每个面元都是一个电流为 I 的回路, 这些电流回路小面元加起来就等价于这里任意形状的单匝通有电流 I 的线圈. 如图 3.2 所示, 假定 $\vec{R}$ 与小回路面元 $\mathrm{d}\vec{S}$ 夹角小于 $\pi/2$, 此时该小面元对应的磁场标量势为

$$\mathrm{d}\varphi_m = \frac{I\mathrm{d}\vec{S} \cdot \vec{R}}{4\pi R^3} = \frac{I}{4\pi} \mathrm{d}\Omega.$$

$\mathrm{d}\Omega$ 是以观测点 $\vec{r}$ 为中心、线圈小面元所张开的立体角. 因为标量势的叠加性, 系统的磁场标量势为

$$\varphi_m(\vec{r}) = \int_S \mathrm{d}\varphi_m = \int_S \frac{I}{4\pi} \mathrm{d}\Omega = \frac{I\Omega}{4\pi}.$$

如果 $\vec{R}$ 与小面元 $\mathrm{d}\vec{S}$ 夹角大于 $\pi/2$, 即 $\vec{r}$ 位于图 3.2 中的线圈右侧, 则小回路面元的磁标势为

$$\mathrm{d}\varphi_m = \frac{I\mathrm{d}\vec{S} \cdot \vec{R}}{4\pi R^3} = -\frac{I}{4\pi} \mathrm{d}\Omega.$$

线圈在 $\vec{r}$ 处的总磁标势为

$$\varphi_m(\vec{r}) = \int_S \mathrm{d}\varphi_m = -\int_S \frac{I}{4\pi} \mathrm{d}\Omega = -\frac{I\Omega}{4\pi}.$$

从上面的例子可以看出, 磁标势描写磁场比较简便. 因为静磁场问题的微分方程和边界条件与静电问题中的情形很类似, 可以把静电势的办法移植到磁场问题

中, 而且许多结论是很类似的. 例如在静电问题中我们可以把导体等效成介电常量为无穷大的介质, 内部静电场强度为零, 导体本身是个等势体; 在静磁问题中, 那些磁导率非常大的铁磁介质内部磁场强度也近似为零, 或者说铁磁材料的磁标势近似为常量. 这也是铁磁材料对于磁场有很好屏蔽效应的原因.

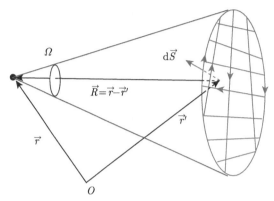

图 3.2　单匝电流线圈的磁标势示意图

这里 $\vec{R} = \vec{r} - \vec{r}'$ 与 $\mathrm{d}\vec{S}$ 夹角小于 $\pi/2$

这里强调, 关于静磁场和静电场的描述既有类似也有差异. 归根结底, 原则上应该用矢量势描写静磁场而用标量势描写静电场. 静磁场与静电场的宇称变换性质完全不同. 电场是真矢量 (极矢量), 在宇称变换下改变符号; 而磁场是赝矢量 (即轴矢量), 在宇称变换下符号不变. 前者可以从电场 $\vec{E}$ 中的电荷 q 受到电场力 $\vec{F} = \vec{E}q$ 看出: 电荷受到的作用力 $\vec{F}$ 在宇称变换下变号, 而电荷 q 在宇称变换下是不变量, 所以电场强度在宇称变换下变号. 磁场为轴矢量容易从 $\vec{B} = \nabla \times \vec{A}$ 看出, 矢量势 $\vec{A}$ 和算符 ∇ 都是真矢量, 两者的乘积在宇称变换下不变号.

3.3　静磁场与量子现象

本节讨论几个与磁场密切相关的量子现象, 包括超导现象、阿哈罗诺夫 (Yakir Aharonov)-玻姆 (David Joseph Bohm) 效应和磁单极子.

3.3.1　超导现象

荷兰学者昂内斯 (Heike Kamerlingh Onnes, 1913 年诺贝尔物理学奖获得者) 在 1911 年发现, 当温度下降到 4.2K 时, 水银的电阻突然消失. 这种现象称为超导, 处于超导状态的导体称为超导体. 超导体除了电阻为零的性质外还具有完全抗磁性, 即超导体内部的磁场为零; 超导体完全抗磁性是迈斯纳 (Walther Meissner) 于 1933 年发现的, 所以也称为迈斯纳效应.

超导现象是量子现象, 金属导体在极低温下的超导现象由巴丁 (John Bardeen)、库珀 (Leon N Cooper) 和施里弗 (John Robert Schrieffer) 在 1957 年提出的 BCS 理论予以解释, 这三位学者因为提出这一理论而获得 1972 年诺贝尔物理学奖. 金属超导体内的载流子是配对的电子 (称为库珀对), 这种超导体称为 "传统" 超导体. 超导机制不能用 BCS 超导理论来解释的超导体被称为 "非传统" 超导体. 目前已知的超导材料包括某些金属化学元素 (如汞)、合金 (如铌锗合金)、陶瓷 (如钇钡铜氧)、有机化合物体 (如富勒烯). 根据超导相的转变温度高低, 人们把超导相的转变温度在液氮温区 (63~77K) 或更高温度的超导体称为高温超导体, 超导相转变温度比液氮温区还低的超导体称为低温超导体. 自从 1987 年起, 人们在高温超导实验和理论两方面的研究都取得了许多进展, 但是关于高温超导现象迄今仍没有令人满意的理论解释.

超导现象的应用潜力巨大. 最容易想到的是超导体输电可以避免能量损耗. 利用超导体的完全抗磁性, 磁体和超导体之间会产生排斥力, 可以制作高速超导磁悬浮列车. 利用超导体的大电流可以产生 10T 以上稳定的强磁场, 而利用常规导体产生这样的强磁场则需要兆瓦量级的电能和大量冷却水, 耗资巨大. 强磁场在粒子加速器实验装置和核聚变反应堆中很重要, 前者利用强磁场实现高能粒子的偏转, 后者利用强磁场实现高温等离子的 "约束". 近年刚刚实现商用的磁流体发电设备输出容量大、效率高、体积小、污染少, 而这种新型发电设备也以超导电流产生的强磁场为核心部分. 人们还期待超导技术帮助解决超大规模集成电路中的散热难题.

这里简单讨论伦敦兄弟 (Fritz London 和 Heinz London) 在 1935 年建立的方程, 这一唯象理论能够解释超导体内电场强度、磁感应强度和电流密度均为零的性质. 我们假定超导体中的电子处于两种不同状态, 分别称为正常态和超导态, 分别用下标 n 和 s (分别是 normal 和 super 的首字母) 标记. 正常电子满足欧姆定律 $\vec{J}_n = \sigma \vec{E}$, σ 是电导率; 超导态的电流密度为 $\vec{J}_s = n_s(-e)\vec{v}_s$, n_s 是超导态电子密度, $-e$ 为电子电量. 超导体内总电流密度为 $\vec{J} = \vec{J}_n + \vec{J}_s$. 由 $\vec{J}_s$ 的表达式以及电子的运动方程 $m_e \dot{\vec{v}} = -e\vec{E}$, 得到

$$\partial_t \vec{J}_s = -n_s e \dot{\vec{v}}_s = \frac{n_s e^2}{m_e} \vec{E} = \alpha \vec{E}. \tag{3.40}$$

这里 $\alpha = \dfrac{n_s e^2}{m_e}$. 对于恒定情形, $\partial_t \vec{J}_s = 0$; 把这个结果代入上式可知超导体内

$$\vec{E} = 0, \quad \vec{J}_n = \sigma \vec{E} = 0, \quad \vec{J} = \vec{J}_s, \tag{3.41}$$

即超导体内电场强度为零; 超导体的电流完全由超导电子承载, 正常态的电子没有定向移动.

对式 (3.40) 两边求旋度, 左边为 $\nabla \times \partial_t \vec{J}_s = \partial_t (\nabla \times \vec{J}_s)$, 右边为 $\alpha \nabla \times \vec{E} = -\alpha \partial_t \vec{B}$, 即

$$\partial_t \left(\nabla \times \vec{J}_s \right) = \partial_t \left(-\alpha \vec{B} \right). \tag{3.42}$$

由此可得

$$\nabla \times \vec{J}_s = -\alpha \vec{B} + \vec{f}(\vec{r}).$$

这里 $\vec{f}(\vec{r})$ 是坐标 $\vec{r}$ 的任意矢量函数. 取最简单情况 $\vec{f}(\vec{r}) = 0$, 上式变为

$$\nabla \times \vec{J}_s = -\alpha \vec{B}. \tag{3.43}$$

式 (3.40) 和式 (3.43) 称为伦敦方程.

对安培环路定理式 (1.45) 两端求旋度, 注意到 $\vec{J} = \vec{J}_s$, 并利用式 (3.43), 得

$$\nabla (\nabla \cdot \vec{B}) - \nabla^2 \vec{B} = \nabla \times \left(\mu_0 \vec{J}_s \right) = -\alpha \mu_0 \vec{B}.$$

因为 $\nabla \cdot \vec{B} = 0$, 上式变为

$$\nabla^2 \vec{B} = \alpha \mu_0 \vec{B} = \frac{1}{\lambda^2} \vec{B}, \tag{3.44}$$

这里 $\lambda = \sqrt{\dfrac{1}{\alpha \mu_0}}$. 不失一般性, 假设超导体处于 $z > 0$ 的上半空间, 磁感应强度 $\vec{B} = B(z) \vec{e}_x$. 式 (3.44) 可简化为一维情形 $\dfrac{\mathrm{d}^2 B(z)}{\mathrm{d}z^2} = \dfrac{B(z)}{\lambda^2}$, 由此易得

$$B(z) = B(0)\mathrm{e}^{-z/\lambda}. \tag{3.45}$$

这里舍去了随着 z 增加而发散的解 $B(z) = B(0)\mathrm{e}^{z/\lambda}$. 由上式可知, 在超导体内磁感应强度是指数衰减的. 假设超导体内的超导电子数密度 n_s 比正常电子数密度 n_n 少一个量级, 约为 $10^{28}/\mathrm{m}^3$, 电子的电量和质量分别取 10^{-19}C 和 10^{-30} kg, $\mu_0 = 4\pi \times 10^{-7} \approx 10^{-6}H\cdot$m^{-1}. 由此估计出

$$\lambda = \frac{1}{\alpha \mu_0} = \left(\frac{m_e}{n_s e^2 \mu_0} \right)^{-1/2} \approx \left(\frac{10^{-30}}{10^{28} \times 10^{-38} \times 10^{-6}} \right)^{-1/2} \approx 10^{-7} \ (\mathrm{m}) .$$

所以超导体的磁场只能存在于超导体表面 $z = 0 \sim 10^{-7}$m 的薄层内.

同样地, 对于式 (3.43) 两端求旋度, 并注意到恒定条件 $\nabla \cdot \vec{J}_s = 0$, 得到

$$\nabla^2 \vec{J}_s = \frac{1}{\lambda^2} \vec{J}_s. \tag{3.46}$$

与式 (3.44) 类似, 上式的解为 $\vec{J}_s = \vec{J}_0 \mathrm{e}^{-z/\lambda}$, 由此可知超导电流也仅存在于超导体表面 $z = 0 \sim 10^{-7}$ m 的薄层内.

由式 (3.41)、式 (3.45) 和式 (3.46) 可知, 超导体内部可谓 "三无": 无电场、无磁场、无电流. 如果把超导体放入外磁场中, 外磁场就在超导体表面诱发超导电流, 这些超导电流产生的磁场与外磁场反向, 强度相等, 超导体内的总磁感应强度为零.

如果把处于正常态的导体环放入外磁场中, 降低环境温度使该环变成超导环, 然后撤去外磁场, 那么该环孔内的磁通量保持不变并且是量子化的. 现在我们讨论这个现象.

在超导环内围绕环孔任取一个闭合回路, 环体内部无电场, 即 $\vec{E} = 0$. 根据磁感应定律 $\dfrac{\mathrm{d}\Phi}{\mathrm{d}t} = \oint \vec{E} \cdot \mathrm{d}\vec{l} = 0$, 所以超导体环内的磁通量是不变量. 由式 (1.90) 已知, 在磁场中运动的带电粒子正则动量为

$$\vec{\mathcal{P}} = m\vec{v} + q\vec{A}. \tag{3.47}$$

式中 $m\vec{v}$ 为超导电子的机械动量; $\vec{A}$ 为磁场的矢量势; q 为带电粒子的电荷. 超导体输运电流的载流子是库珀电子对, 所以上式中 $q = -2e$, $m = 2m_{\mathrm{e}}$. 超导体库珀电子对的运动速度为 $\vec{v} = \vec{J}_{\mathrm{s}}/(n_{\mathrm{s}}q) = 0$ (超导体内电流密度 $\vec{J}_{\mathrm{s}}$ 为零), 把这个结果代入式 (3.47) 可知库珀电子对的正则动量为 $\vec{\mathcal{P}} = q\vec{A}$. 超导电子对在环内沿着任意闭合回路转一周, 该系统的波函数保持不变, 这要求超导电子对在环内沿着环孔转一周的相位变化是 2π 的整数倍, 即

$$\frac{1}{\hbar} \oint \vec{\mathcal{P}} \cdot \mathrm{d}\vec{l} = \frac{q}{\hbar} \oint \vec{A} \cdot \mathrm{d}\vec{l} = \frac{q}{\hbar}\Phi = 2\pi n, \tag{3.48}$$

n 为整数. 上式给出 $\Phi = n\left(\dfrac{h}{2e}\right)$, 表明超导体环内的磁通量是量子化的. $\dfrac{h}{2e}$ 称为磁通量子, 其数值为 $2.06783385 \times 10^{-15}$ Wb.

3.3.2 * 阿哈罗诺夫-玻姆效应

正如前面多次提到的, 描写磁场的基本物理量是磁感应强度. 在描写磁场时, 我们基于方便引入了磁场的矢量势 $\vec{A}$. 也就是说, 在经典电动力学中矢量势只是一个人为引进的一个辅助量, 不是有直接观测效应的物理量, 带电粒子在磁场中受到的力完全由磁感应强度决定. 一个区域内磁感应强度为零, 在该区域内就应该观测不到与磁场相关的效应. 而在量子现象中, 这一说法则并不完整. 阿哈罗诺夫-玻姆效应说明了量子系统的行为不仅取决于磁感应强度 $\vec{B}$, 矢量势 $\vec{A}$ 也有直接观测效应. 换句话说, 量子系统的磁场仅用磁感应强度 $\vec{B}$ 描述是不够的.

如图 3.3(a) 所示, 在电子双缝实验中的双缝中间的挡板后面放置一个 "无限" 长的螺线管, 在螺线管上加一定电势防止电子进入螺线管. 实验的第一步是螺线管不通电流, 在这种条件下做电子双缝干涉实验, 电子通过双缝在屏幕上产生干涉

图像. 第二步是给螺线管通电流, 此时螺线管内有匀强磁场而螺线管外部的磁感应强度仍然为零. 在这两个过程中, 螺线管外部的磁感应强度一直为零, 而且电子都不进入管内; 如果电子干涉条纹有移动, 那么一定不是由电子与管内的磁场相互作用引起的, 管内的磁场不可能直接作用于管外的电子. 而在实验中观测到了螺线管通电前后条纹的移动, 这表明该实验中磁场的物理效应不能完全由磁感应强度描述. 这个在经典电动力学中看起来奇特的现象称为阿哈罗诺夫–玻姆 (简称为 AB) 效应.

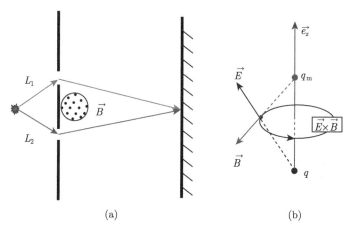

图 3.3　(a) 阿哈罗诺夫–玻姆效应示意图; (b) 假想磁单极 q_m 和任意点电荷 q 系统内的电磁场示意图

AB 效应是量子现象. 为了简单, 假定电子波函数是平面波, 波函数为

$$\Psi(\vec{r}) = \exp\left(\frac{\mathrm{i}}{\hbar}\vec{\mathcal{P}}\cdot\vec{r}\right).$$

这里 $\vec{\mathcal{P}} = m\vec{v} + q\vec{A}$ 为正则动量, 见式 (1.90), $m\vec{v}$ 为电子的机械动量, $q = -e$ 为电子的电量. 电子通过双缝的相位差为

$$\Delta\phi = \frac{1}{\hbar}\left(\int_{L_2}\vec{\mathcal{P}}_2\cdot\mathrm{d}\vec{L} - \int_{L_1}\vec{\mathcal{P}}_1\cdot\mathrm{d}\vec{L}\right) = \Delta\phi_0 + \frac{q}{\hbar}\left(\int_{L_2}\vec{A}_2\cdot\mathrm{d}\vec{L} - \int_{L_1}\vec{A}_1\cdot\mathrm{d}\vec{L}\right)$$

$$= \Delta\phi_0 + \frac{q}{\hbar}\oint_L\vec{A}\cdot\mathrm{d}\vec{L} = \Delta\phi_0 + \frac{q}{\hbar}\int\vec{B}\cdot\mathrm{d}\vec{S} = \Delta\phi_0 + \frac{q}{\hbar}\Phi. \tag{3.49}$$

式中 $\Delta\phi_0$ 是螺线管不通电流时电子通过双缝到达屏幕的相位差; L_1 和 L_2 分别是穿过第一个缝和第二个缝到达屏幕上同一位置的路径; 第三个等号利用了路径 L_1 减去路径 L_2 构成一个闭合回路 (记为 L). 上式中 Φ 是回路 L 内的磁通量, 因为螺线管外没有磁场, Φ 就是螺线管内的磁通量. 式 (3.49) 表明, 尽管这里的电子没有

受到螺线管内磁场的直接作用, 但是螺线管内磁场的变化影响了电子的相位. 实验结果与上式给出的相位变化一致.

3.3.3 * 磁单极子

磁单极子 (自由磁荷) 存在吗? 存在自由磁荷是个很诱人的想法, 假如存在自由磁荷, 与电荷密度和电流密度相对应, 我们引入磁荷密度 ρ_{m} 和磁流密度 $\vec{J}_{\mathrm{m}}$, 麦克斯韦方程组关于电与磁在形式上就完全对称了, 而对称性高的理论更 "符合" 人们的审美观. 自然的和谐与对称性使人们乐于相信, 自由磁荷或许应该存在. 磁荷 q_{m} 所产生磁场的磁感应强度为

$$\vec{B} = \frac{\mu_0 q_{\mathrm{m}} \vec{r}}{4\pi r^3}. \tag{3.50}$$

考虑 "磁荷守恒" 定律 $\nabla \cdot \vec{J}_{\mathrm{m}} + \partial_t \rho_{\mathrm{m}} = 0$ 之后, 我们得到电磁场方程的新形式 (见第 1 章习题 3), 即

$$\nabla \cdot \vec{E} = \rho/\epsilon_0, \quad \nabla \cdot \vec{B} = \mu_0 \rho_{\mathrm{m}},$$
$$\nabla \times \vec{E} = -\partial_t \vec{B} - \mu_0 \vec{J}_{\mathrm{m}}, \quad \nabla \times \vec{B} = \mu_0 \left(\vec{J} + \epsilon_0 \partial_t \vec{E} \right).$$

电荷为 q、磁荷为 q_{m} 粒子在电磁场中受到的作用力为

$$\vec{F} = q \left(\vec{E} + \vec{v} \times \vec{B} \right) + q_{\mathrm{m}} \left(\vec{B} - \frac{\vec{v}}{c^2} \times \vec{E} \right). \tag{3.51}$$

人们希望磁单极子存在的另一个 "理由" 是关于电荷量子化现象的物理起源. 迄今为止实验上发现的微观粒子所带电荷量都是电子电量的整数倍, 也就是说电荷量是量子化的. 狄拉克、施温格 (Julian Schwinger)、吴大猷和杨振宁从不同角度证明, 只要存在磁单极子, 电荷量子化起源问题即可迎刃而解, 然而至今人们在实验中没有观测到磁单极子. 即便如此, 仍有人讨论假如自由磁荷存在的可能后果.

下面利用点电荷 q 和点磁荷 q_{m} 组成的系统总角动量的量子化来解释电荷的量子化现象. 我们把点电荷 q 和点磁荷 q_{m} 分别固定在 $\vec{r} = 0$ 和 $\vec{r}_{\mathrm{m}} = a\vec{e}_z$ 处, 如图 3.3(b) 所示, 采用在球坐标系中计算该系统的角动量. 由式 (1.94), 空间任一点 $\vec{r}$ 处电磁场的角动量密度为

$$\vec{L}_{\mathrm{em}} = \vec{r} \times \vec{g} = \vec{r} \times \left(\epsilon_0 \vec{E} \times \vec{B} \right) = \frac{\mu_0 q q_{\mathrm{m}}}{(4\pi)^2} \frac{\vec{r} \times [\vec{r} \times (\vec{r} - a\vec{e}_z)]}{r^3 |\vec{r} - a\vec{e}_z|^3}. \tag{3.52}$$

利用式 (1.5) 中的第一个恒等式, 得到

$$\vec{r} \times [\vec{r} \times (\vec{r} - a\vec{e}_z)] = -\vec{r} \times (\vec{r} \times a\vec{e}_z) = ar^2(\vec{e}_z - \cos\theta \vec{e}_r).$$

把上式代入式 (3.52) 中, 得到 $\vec{r}$ 处电磁场的角动量密度为

$$\vec{L}_{em} = \frac{\mu_0 q q_m}{(4\pi)^2} \frac{a(\vec{e}_z - \cos\theta\vec{e}_r)}{r|\vec{r} - a\vec{e}_z|^3}. \tag{3.53}$$

根据系统的轴对称性, 系统的总角动量 $\vec{L}$ 只有 $\vec{e}_z$ 方向的分量 L_z,

$$\begin{aligned}
L_z &= \int d\tau \vec{L}_{em} \cdot \vec{e}_z = \int d\tau \frac{\mu_0 q q_m}{(4\pi)^2} \frac{a(\vec{e}_z - \cos\theta\vec{e}_r) \cdot \vec{e}_z}{r|\vec{r} - a\vec{e}_z|^3} \\
&= \frac{\mu_0 q q_m}{(4\pi)^2} \int 2\pi \sin\theta d\theta \int r^2 dr \frac{a(1 - \cos^2\theta)}{r\left(r^2 - 2ar\cos\theta + a^2\right)^{3/2}} \\
&= \frac{\mu_0 q q_m}{(4\pi)^2} \int 2\pi \sin^3\theta d\theta \int_0^\infty \frac{x}{\left(x^2 - 2x\cos\theta + 1\right)^{3/2}} dx,
\end{aligned} \tag{3.54}$$

上式的最后一步中 $x = r/a$, 把对 r 的积分变成对 x 的积分. 由此可知, 系统的总角动量大小与电荷磁荷之间的距离 a 无关. 把积分公式

$$\int_0^\infty \frac{x}{\left(x^2 - 2x\cos\theta + 1\right)^{3/2}} dx = \frac{1 + \cos\theta}{\sin^2\theta} \tag{3.55}$$

代入式 (3.54), 得到

$$L_z = \frac{\mu_0 q q_m}{(4\pi)^2} \int 2\pi \sin^3\theta \frac{1 + \cos\theta}{\sin^2\theta} d\theta = \frac{\mu_0 q q_m}{4\pi}. \tag{3.56}$$

量子力学中轨道角动量 L_z 是量子化的, 数值只能取 $\hbar$ $[\hbar = h/(2\pi)$, h 为普朗克常量] 的整数倍. 因此我们得到

$$\frac{\mu_0 q q_m}{4\pi} = n(\hbar), \quad q q_m = n\frac{2h}{\mu_0},$$

即对应于任何给定的 q_m, 点电荷 q 一定是 $\dfrac{2h}{\mu_0 q_m}$ 的整数倍, 即电荷是量子化的. 上式也称为施温格电荷量子化条件.

例题 3.3   把半径为 R_0 的超导体球放入匀强外磁场 $\vec{B} = \mu_0 H_0 \vec{e}_z$ 中. 求超导体表面的超导电流.

解答   超导球内外都没有电流, 都可利用磁标势描写. 在超导球的内部磁感应强度 $\vec{B} = 0$, 所以在本问题中只需求解球外的磁场标量势 φ. 利用轴对称下拉普拉斯方程的通解, 并考虑到无穷远处的标量势渐近形式, 得到

$$\varphi = -H_0 r\cos\theta + \sum_n \frac{a_n}{r^{n+1}} P_n(\cos\theta). \tag{3.57}$$

球外表面处的边界上 $B_n = 0$, 即 $-\mu_0 \partial_r \varphi|_{r=R_0} = 0$. 代入式 (3.57) 中, 得到

$$\begin{aligned}
n \neq 1, \quad & a_n = 0, \\
n = 1, \quad & a_1 = -\frac{H_0 R_0^3}{2}.
\end{aligned}$$

由此得到球外的磁场标量势

$$\varphi(\vec{r}) = -H_0 r \cos\theta - \frac{H_0 R_0^3}{2r^2}\cos\theta. \tag{3.58}$$

球外的磁场强度 $\vec{H} = -\nabla\varphi$. 因为球内的磁场强度为零, 球表面超导电流密度 $\vec{\alpha}_s$ 为

$$\begin{aligned}
\vec{\alpha}_s &= \vec{n}\times(\vec{H}-0)|_{r=R_0} = \vec{e}_r\times(-\nabla\varphi)\,|_{r=R_0}\\
&= -\vec{e}_r\times\left[\left(\vec{e}_r\partial_r + \vec{e}_\theta\frac{1}{r}\partial_\theta + \vec{e}_\phi\frac{1}{r\sin\theta}\partial_\phi\right)\left(-H_0 r\cos\theta - \frac{H_0 R_0^3}{2r^2}\cos\theta\right)\right]_{r=R_0}\\
&= 0 + \vec{e}_r\times\vec{e}_\theta\left[\frac{1}{r}\partial_\theta\left(H_0 r\cos\theta + \frac{H_0 R_0^3}{2r^2}\cos\theta\right)\right]_{r=R_0} + 0\\
&= -\frac{3H_0}{2}\sin\theta\,\vec{e}_\phi,
\end{aligned}$$

式中 $\vec{n} = \vec{e}_r$. 上式第三步利用了梯度算符在球坐标系下的表达式, 第四步利用了 $\vec{e}_r\times\vec{e}_r = 0$ 以及标量势 $\varphi(\vec{r})$ 与 ϕ 无关, 最后一步利用了 $\vec{e}_r\times\vec{e}_\theta = \vec{e}_\phi$ 以及 $\partial_\theta\cos\theta = -\sin\theta$.

3.4 介质的磁性

宏观介质由微观粒子构成, 因为微观粒子具有磁矩, 所以任何介质都有磁性. 有些介质称为铁磁性材料, 如铁、钴、镍以及某些合金等, 铁磁性介质材料的磁性比较强. 除了铁磁性介质外, 绝大多数材料的磁性都比较弱. 由于磁性来源于介质的微观结构, 关于磁性的深入讨论应该从量子力学出发. 本节从经典理论出发, 讨论介质顺磁性、抗磁性和铁磁性的相关物理机制.

3.4.1 顺磁性

有些材料的原子或分子本身有一个固有磁矩. 当不存在外磁场时, 原子或分子的热运动使这些磁矩取向具有随机性, 因而材料在整体上没有磁性. 当存在外磁场 $\vec{B}$ 时, 这些微观固有磁矩的取向沿着磁场方向的分子数量比磁矩与磁场反向的分子数量多, 从而产生一个沿着磁场方向附加的极化磁场. 这种现象称为介质的顺磁性 (paramagnetism).

不失一般性地, 我们把每个原子都简化成磁矩为 $m = |\vec{m}|$ 的磁偶极子. 根据式 (3.14), 磁偶极矩 $\vec{m}$ 在磁场强度为 $\vec{H}$ 的外磁场中势能 $V = -\mu_0 m H\cos\theta$, 其中 θ 是磁矩 $\vec{m}$ 与磁场强度 $\vec{H}$ 之间的夹角. 根据玻尔兹曼分布律, 与外磁场夹角为 θ 的立体角 $d\Omega$ 内原子数密度为

$$N(\theta)\mathrm{d}\Omega = N_0\exp\left(-\frac{V}{kT}\right)\mathrm{d}\Omega = N_0\exp\left(\frac{\mu_0 m H\cos\theta}{kT}\right)\mathrm{d}\Omega, \tag{3.59}$$

这里 $N_0 = \dfrac{N}{4\pi}$, N 为单位体积内的原子数密度. 完全类似于推导式 (2.33), 我们把在推导式 (2.33) 过程中的电极化矢量 $\vec{P}$ 换成磁化强度 $\vec{M}$, 外电场的电场强度 $\vec{E}$ 换成外磁场的磁感应强度 $\vec{B} = \mu_0 \vec{H}$, 电偶极矩 $\vec{p}_0$ 换成磁偶极矩 $\vec{m}$, 即得到在外磁场中介质的磁化矢量

$$\vec{M} = \frac{\mu_0 N m^2}{3kT} \vec{H}, \tag{3.60}$$

这里 k 为玻尔兹曼常量; T 为温度. 由上式得到磁化率 χ_{M} 和相对磁导率 μ_{r}

$$\chi_{\mathrm{M}} = \frac{\mu_0 N m^2}{3kT}, \quad \mu_{\mathrm{r}} = 1 + \chi_{\mathrm{M}}. \tag{3.61}$$

从上式可知, 顺磁性材料的磁化率 χ_{M} 与温度 T 成反比, 这一规律称为居里 (Pierre Curie) 定律.

对于一般顺磁性材料来说, 磁化率 χ_{M} 的值在 10^{-5} 到 10^{-3} 之间. 为了说明这一点, 取一般介质的典型值来估计这个数量. 我们取 $N \approx 10^{29} \mathrm{m}^{-3}$, m 取玻尔磁子 μ_{B} 的值 ($\sim 10^{-23} \mathrm{J \cdot T^{-1}}$), T 取常温 300 K, 得到

$$\chi_{\mathrm{M}} = \frac{\mu_0 N m^2}{3kT} = \left(4\pi \times 10^{-7}\right) \ \mathrm{H \cdot m^{-1}} \times \frac{10^{29}\mathrm{m}^{-3} \times (10^{-23}\mathrm{J \cdot T^{-1}})^2}{3 \times 1.38 \times 10^{-23}\mathrm{J \cdot K^{-1}} \times 300\mathrm{K}} \approx 10^{-3},$$

由此可见, 一般顺磁性材料的相对磁导率 $\mu_{\mathrm{r}} = 1 + \chi_{\mathrm{M}} \sim 1$ (比 1 略大), 例如金属铝是顺磁性材料, μ_{r} 值为 1.0000214.

3.4.2 抗磁性

原子或分子内每个电子都有轨道角动量及其对应的轨道磁矩, 分别标记为 $\vec{I}_{\mathrm{e}}$ 和 $\vec{m}_{\mathrm{e}}$. 处于磁感应强度 $\vec{B} = \mu_0 H \vec{e}_z$ 均匀外磁场中的每个电子都受到外磁场力矩的作用. 根据式 (3.16) 和式 (3.22),

$$\frac{\mathrm{d}\vec{I}_{\mathrm{e}}}{\mathrm{d}t} = \dot{\vec{I}}_{\mathrm{e}} = \vec{m}_{\mathrm{e}} \times \vec{B} = -\frac{e}{2M_{\mathrm{e}}} \vec{I}_{\mathrm{e}} \times \vec{B} = \frac{eB}{2M_{\mathrm{e}}} \vec{e}_z \times \vec{I}_{\mathrm{e}}.$$

$\vec{I}_{\mathrm{e}}$ 在直角坐标系下的投影标记为 I_x、I_y 和 I_z, 上式可以写为

$$\dot{I}_x = -\frac{eB}{2M_{\mathrm{e}}} I_y, \quad \dot{I}_y = \frac{eB}{2M_{\mathrm{e}}} I_x, \quad \dot{I}_z = 0,$$

上式最后一式表明 I_z 不随时间而变. 前两式的两边对时间求导数, 得到

$$\ddot{I}_x = -\left(\frac{eB}{2M_{\mathrm{e}}}\right)^2 I_x, \quad \ddot{I}_y = -\left(\frac{eB}{2M_{\mathrm{e}}}\right)^2 I_y,$$

即有 $I_x = I_0 \cos(\omega_{\mathrm{L}} t + \phi_0)$, $I_y = I_0 \sin(\omega_{\mathrm{L}} t + \phi_0)$, $I_z = $ 常量, $\omega_{\mathrm{L}} = \dfrac{eB}{2M_{\mathrm{e}}}$, ϕ_0 为初始

相位. 由 I_x、I_y、I_z 这三个随时间变化的表达式可知, 电子的轨道角动量 $\vec{I}_e$ 围绕 $\vec{e}_z$ 进动, 进动的角速度为 ω_L, 如图 3.4 所示. 这种进动称为拉莫尔 (Joseph Larmor) 进动, 在此过程中电子的轨道平面以 ω_L 角速度围绕 $\vec{e}_z$ 方向转动, 带负电的轨道上电子云绕 z 轴逆时针转动, 相当于一个正的电流绕 z 轴做顺时针转动, 因而电子做拉莫尔进动的附加磁矩方向总是与磁场方向相反, 这就是介质抗磁性 (diamagnetism) 的起源. 电子在原子内的轨道运动是原子结构的普遍现象, 所以原则上各种介质材料都有这种机制所导致的抗磁性.

电子拉莫尔进动的角动量为 $\vec{I}_L = \vec{\rho} \times M_e \vec{v}_L$, $v_L = \rho \omega_L$, $\rho = |\vec{\rho}|$ 为电子到进动轴的距离, $\vec{I}_L$ 数值大小为 $M_e \rho^2 \omega_L$. 每个电子附加磁矩值的大小为

$$\frac{e}{2M_e} I_L = \frac{e}{2M_e} \cdot (M_e \rho^2) \frac{eB}{2M_e} = \frac{e^2 \rho^2 B}{4M_e},$$

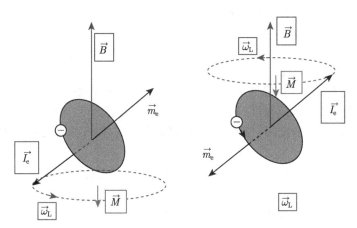

图 3.4 电子轨道角动量在外磁场作用下做拉莫尔进动产生附加磁矩的示意图

无论电子轨道角动量朝哪个方向, 电子拉莫尔进动附加磁矩的方向都与外磁场方向相反,

因此该进动产生抗磁性

方向与外磁场 $\vec{B}$ 方向相反. 对于由大量原子组成的介质, 平均每个电子附加磁矩为

$$\vec{m} = -\frac{e^2}{4M_e}\overline{\rho^2}\vec{B} = -\frac{e^2}{4M_e} \cdot \frac{2\overline{r^2}}{3} \cdot \vec{B} = -\frac{e^2\overline{r^2}}{6M_e}\vec{B}.$$

上式第二步中使用了三维空间大量各向同性电子 $\overline{x^2} = \overline{y^2} = \overline{z^2}$, $r^2 = x^2 + y^2 + z^2$, $\rho^2 = \overline{x^2 + y^2} = \frac{2}{3}\overline{r^2}$. 单位体积内附加的磁矩 $\vec{\mathcal{M}}$ 为

$$\vec{\mathcal{M}} = -\left(\frac{NZe^2\overline{r^2}}{6M_e}\right)\vec{B} = -\left(\frac{\mu_0 NZe^2\overline{r^2}}{6M_e}\right)\vec{H}.$$

式中 N 为单位体积内原子的个数; Z 为每个原子的电子数. 由上式得到

$$\chi_{\mathrm{M}} = -\frac{\mu_0 N Z e^2 \overline{r^2}}{6 M_{\mathrm{e}}} , \quad \mu_{\mathrm{r}} = 1 + \chi_{\mathrm{M}}. \tag{3.62}$$

我们对抗磁性材料的磁化率 χ_{M} 数量级做一个简单估计. 取 $N \approx 10^{29}/\mathrm{m}^3$, $Z \approx 10$, $e \approx 1.6 \times 10^{-19}$ C, $r \approx 10^{-10}$ m, 电子质量取 $M_{\mathrm{e}} \approx 10^{-30}$ kg, 有

$$\frac{\mu_0 N Z q^2 \overline{r^2}}{6 M_{\mathrm{e}}} = \frac{4\pi \times 10^{-7} \text{ H} \cdot \mathrm{m}^{-1} \times 10^{29} \mathrm{m}^{-3} \times 10 \times (1.6 \times 10^{-19}\mathrm{C})^2 \times 10^{-20} \mathrm{m}^2}{6 \times 10^{-30} \mathrm{kg}}$$
$$\approx 10^{-5}.$$

对于一般抗磁性介质, 磁化率 χ_{M} 的值在 $10^{-6} \sim 10^{-5}$ 量级, 可见抗磁性比顺磁性还弱许多. 抗磁性是任何介质都具有的现象, 顺磁性介质也不例外, 只是在顺磁性介质中抗磁性被磁化率数值更大的顺磁性所掩盖而难以明显表现出来. 由式 (3.62) 和以上估算结果可以看出, 抗磁性介质的 μ_{r} 比 1 小, 不过非常接近于 1. 金属铜和铅都是抗磁性材料, μ_{r} 分别为 0.9999906 和 0.9999831.

3.4.3　铁磁性

与顺磁材料类似, 铁磁性 (ferromagnetism) 材料在外磁场中被磁化, 磁化方向与外磁场方向相同. 铁磁材料的 μ_{r} 值远大于 1, 而且在撤走外磁场后还有剩余磁性 (称为磁滞现象). 铁是铁磁材料中最常见和最典型的代表, 所以这种材料被称为铁磁材料.

铁磁材料之所以具有很大的 μ_{r} 值, 并不是因为铁磁材料原子的磁矩比顺磁材料的磁矩大许多, 比如铁原子 (原子序数 26) 与铬原子 (原子序数 24) 的磁矩几乎是相同的 (金属铬是顺磁材料). 铁磁性的奥秘在于铁磁材料结构的特殊性. 对于一般的顺磁材料, 每个原子或分子的取向具有随机性, 在外磁场中每个原子或分子的势能为 $-\vec{m} \cdot \vec{B}$, 遵守玻尔兹曼分布律. 对于铁磁性材料, 在所谓交换力 (量子效应) 的作用下, 当相邻原子的自旋具有相同的取向时, 相互作用的能量低, 材料内的原子自发形成一块块局域性的 "独立王国", 这些独立王国被称为磁畴 (magnetic domain). 在每一个磁畴内的原子自旋取向相同, 磁畴的尺度为 $10^{-5} \sim 10^{-3}$m, 原子数 n_0 非常大 (可达 $10^{17} \sim 10^{20}$). 我们标记单个原子的磁矩为 $\vec{m}_1$, 一个磁畴的磁矩则为 $n_0 \vec{m}_1$.

铁磁材料内各个磁畴磁矩大小和方向具有随机性, 所以铁磁材料在没有磁化之前的净磁矩为零. 不失一般性, 为简单我们可以假设材料内所有磁畴大小相同, 磁矩大小等于 $n_0 |\vec{m}_1|$. 作为一个定性讨论, 我们仍考虑弱场情况. 假设磁畴的磁矩方向与外磁场夹角为 θ, 外磁场的磁感应强度 $\vec{B} = \mu_0 \vec{H}$. 磁畴在外磁场中的势能 $V = -\mu_0 n_0 m_1 H \cos \theta$. 与式 (3.59) 类似, 与外磁场方向夹角为 θ 的立体角 $\mathrm{d}\Omega$ 内磁

畴数密度为

$$N(\theta)\mathrm{d}\Omega = N_0\exp(-\frac{V}{kT})\mathrm{d}\Omega \approx N_0\left(1 + \frac{\mu_0 n_0 m_1 H\cos\theta}{kT}\right)\mathrm{d}\Omega, \qquad (3.63)$$

这里 $N_0 = \dfrac{N}{4\pi n_0}$, N 为单位体积原子数密度. 在上式中的最后一步利用了弱磁场条件 $\dfrac{n_0 m_1 B\cos\theta}{kT} \ll 1$. 类似于式 (2.33) 和式 (3.61), 在弱磁场近似下得到磁化强度

$$\vec{M} = \mu_0\frac{N}{n_0}\frac{(n_0 m_1)^2}{3kT}\vec{H} = \frac{\mu_0 n_0 N m_1^2}{3kT}\vec{H}, \qquad (3.64)$$

即铁磁性材料的磁化率 χ_M 为顺磁性材料的 n_0 倍[1]. 这正是铁磁材料的相对磁导率 $\mu_r = 1 + \chi_M$ 值非常大 (如 10^6) 的原因, 也是磁铁能吸引铁屑的原因. 为了说明这一点, 不失一般性, 假定铁屑为磁矩为 $n_0\vec{m}_1$ 的小磁畴, 根据式 (3.15), 铁屑在外磁场中受到的作用力为

$$\vec{F} = n_0\vec{m}_1 \cdot \nabla\vec{B}.$$

由类似于第 2 章式 (2.95) 关于静电吸引细屑的讨论可知, 这个作用力为吸引力; 与式 (2.95) 的差异在于在这里多了一个非常大的因子 n_0, 所以磁铁吸引铁屑的力比带电体对细屑的吸引力还大.

铁磁材料处于外磁场中, 与外磁场取向相同的磁畴范围随外磁场强度的增加逐步扩大, 与外磁场非同向的磁畴范围变小. 在磁场继续增强时, 有些磁畴可能突然转向, 直至整个材料被 "统一" 成为一个大磁畴. 磁畴的大角度转向是不可逆过程, 所以铁磁材料有磁滞现象.

3.5 *自然界的磁场

磁场在宇宙中无处不在, 在宇宙大尺度结构中起重要作用. 这个特点与电场不同, 每一个天体在整体上完美的电中性使电场在宇宙大尺度结构中的作用并不明显.

3.5.1 星际和恒星的磁场

宇宙大尺度结构如星系团、局域结构如恒星系统内部都有磁场, 其中星系际磁场以及更大尺度上的磁场可能还保留了大爆炸之后某些物理过程的信息. 来自星际稀薄的等离子体流在太阳磁场作用下形成所谓的日球层 (称为太阳系的空间范围),

---

[1] 磁畴在外磁场中转向在很大程度上受到周围磁畴形状的制约, 因此铁磁性材料的实际磁化强度比式 (3.64) 的结果要小很多倍. 这里关于铁磁性材料具有很大磁导率现象的解释是定性的.

不同恒星和星系也类似地形成各自空间范围. 磁场在形成这类多层嵌套和并列分布的空间结构中起了主导作用, 也为人们认识宇宙提供了重要线索.

近年来人们绘制了银河系的磁场分布图, 磁力线沿着银河系的悬臂结构分布, 磁场强度大约为 10^{-10}T 量级. 由恒星组成的星系之间磁场比恒星之间的磁场 (银河系磁场) 再低 2~3 个数量级. 涡旋星系 (例如银河系) 中带电粒子随着星系的较慢自转, 能够成量级地放大本来微弱得多的原初磁场 (可能在 10^{-16} T 量级). 在近年来大型国际合作项目平方公里阵 (the Square Kilometre Array, SKA) 射电望远镜成果预期中, 人们希望能探测到第一代天体, 并寻找宇宙的早期磁场; 如果 SKA 发现在第一代天体周围存在强磁场, 就说明所谓的原初磁场比星系的形成更早, 并可能对星系的演化起了重要作用. 有人认为, 磁场是盘状星系形成的原因, 没有磁场不可能有星系.

在恒星中我们最熟悉的太阳表面磁场比较复杂, 太阳磁场与活动状态密切相关. 在日面宁静区的磁场为 $1 \sim 3$G (1G=10^{-4}T), 太阳黑子的磁场约为 0.1~0.5 T. 黑子之所以 "黑", 是因为其温度比周围环境低很多 (见本章习题 4), 黑子依靠内部强磁场提供的额外磁压维持黑子内外的压力平衡. 在太阳系中的行星际磁场为 $10^{-9} \sim 5 \times 10^{-9}$T. 太阳系的行星和这些行星的卫星上也有强弱不同的磁场. 恒星在氢燃料耗尽之后形成白矮星、中子星或黑洞, 晚期白矮星的磁场为 $10^3 \sim 10^4$ T, 中子星磁场可达 $10^8 \sim 10^9$ T, 一些新发现中子星的磁场甚至达 $10^{10} \sim 10^{11}$ T. 这些天体 (如太阳、中子星、地球等) 磁场的起源还不太清楚, 目前仅有一些理论模型.

磁场像万有引力一样是宇宙演化过程中的关键因素, 这是因为磁场对于运动带电粒子的作用力很强, 在某些情况下远超过万有引力. 例如电子以地球的公转速度沿着地球轨道运动受到的太阳系内的行星际磁场的作用力的大小与太阳万有引力之比为

$$\frac{evB}{GM_{S}m_{e}/r^2} = \frac{evB}{v^2 m_e/r} = \frac{eBr}{m_e v} \approx \frac{1.6 \times 10^{-19} \times 10^{-9} \times 1.5 \times 10^{11}}{0.9 \times 10^{-30} \times 3 \times 10^4} \approx 10^9. \quad (3.65)$$

这里 G 是万有引力常数; M_S 是太阳质量, m_e 为电子质量, v 为地球公转速度, r 为地球公转半径 (上式中利用了向心力等于万有引力). 对于质子或离子, 该比例为 $10^4 \sim 10^6$. 对于孤立的带电粒子来说, 行星际磁场比太阳万有引力场的作用更重要.

例题 3.4　假如忽略太阳表面的普通磁场, 试证明太阳黑子内部的强磁场对于黑子内表面的压强等于磁场能量密度.

解答　为了简单, 我们假定在太阳黑子以外的磁场为零, 黑子内侧局部磁场可以近似看成匀强磁场. 由于太阳黑子外面磁场很弱, 可以忽略黑子外的磁场. 磁场是无源场, 因此黑子内侧的磁场方向平行于黑子的界面. 如果在界面上取一个面元 $d\vec{S} = (dS)\,\vec{n}$, $\vec{n}$ 方向是从黑子内部指向黑子外部方向, 那么 $\vec{B} \cdot \vec{n} = 0$.

太阳黑子内部电场强度 $\vec{E} = 0$. 由式 (1.85), 黑子内部磁场 $\vec{B}$ 对应的动量流密度张量为

$$\overset{\leftrightarrow}{T} = -\frac{1}{\mu_0}\vec{B}\vec{B} + \frac{\overset{\leftrightarrow}{I}}{2\mu_0}B^2,$$

这是太阳黑子内的磁场在单位时间内通过单位截面流出的动量. 由此得到在单位时间内通过太阳黑子的界面 $(\mathrm{d}S)\vec{n}$ 流到黑子外面的动量 (即黑子内部磁场作用于界面 $\mathrm{d}S$ 面元上的作用力) 为

$$\overset{\leftrightarrow}{T} \cdot \mathrm{d}\vec{S} = \left(-\frac{1}{\mu_0}\vec{B}\vec{B} + \frac{\overset{\leftrightarrow}{I}}{2\mu_0}B^2\right)\cdot \vec{n}\mathrm{d}S = \left(0 + \frac{\vec{n}}{2\mu_0}B^2\right)\mathrm{d}S = \vec{n}w\mathrm{d}S\,,$$

方向指向黑子外部. 上式表明, 太阳黑子内部强磁场对于黑子界面的压强等于太阳黑子内磁场的能量密度.

3.5.2 地磁场

人类很早就认识到了地磁场. 中国古代四大发明之一司南 (指南针), 正是利用地磁场对于小磁针的力矩指示方向. 地球表面磁场为 $0.3 \sim 0.7\mathrm{G}$. 在地球外空间看地磁场很接近一个磁偶极系统, 地磁北极位于地理南极附近, 地磁南极位于地理北极附近, 地磁轴与地球自转轴并不重合, 两者夹角约为 $11°$. 地球磁场俘获太阳风中的带电粒子形成范艾伦 (James Van Allen) 辐射带, 其中内辐射带里高能质子多, 外辐射带里高能电子多. 辐射带是地球生命的保护伞, 使得地球上的生物避免了太阳风和宇宙射线中高能量粒子的直接伤害. 地磁场并不是固定的, 而是随着时间呈现出比较复杂的变化, 如地磁场随着地磁外源 (电离层、磁层、太阳黑子和磁暴等) 状态的快速变化、地球磁极随时间缓慢西向漂移 (全球磁场平均西漂速度每年 $0.2°$)、长时期地磁场极性的倒转等.

由本章例题 3.1 可知, 均匀磁化介质球在球外的磁场等价于一个磁偶极子的磁场. 因此, 人们曾根据地球外空间的磁场分布猜测地球可能是个均匀磁化球. 然而现在已经知道地表并没有被均匀磁化, 地幔和地核的温度也大大超过了磁化的居里温度, 因此这一假想是不正确的, 地磁场的起源至今仍是有待揭示的重要谜团. 目前关于这一问题的主流理论是地核磁流体发电机理论, 即把地核作为一个满足似稳电磁场条件的 "发电机". 地核是处于高温高压状态下 "渗透" 了地磁场的导电流体, 其运动状态由流体力学和磁流体力学描述. 在地核参考系中, 地核介质所受的作用力包括压力、离心力、科里奥利力、黏滞力、重力和洛伦兹力.

对于运动的地核电流而言, 电磁场强度为 $\vec{E}' = \vec{E} + \vec{v} \times \vec{B}$(非相对论情形), 所以传导电流 $\vec{J} = \sigma\left(\vec{E} + \vec{v} \times \vec{B}\right)$. 对似稳场方程 (1.115) 中关于磁感应强度的旋度

方程

$$\nabla \times \vec{B} = \mu \vec{J} = \sigma\mu \left(\vec{E} + \vec{v} \times \vec{B} \right)$$

两边求旋度, 左边为

$$\nabla \times (\nabla \times \vec{B}) = -\nabla^2 \vec{B},$$

右边为

$$\sigma\mu \nabla \times \left(\vec{E} + \vec{v} \times \vec{B} \right) = \sigma\mu \left(-\partial_t \vec{B} \right) + \sigma\mu \nabla \times (\vec{v} \times \vec{B}).$$

假设地核内的导电流体电导率 σ 为常量, 磁导率 $\mu = \mu_0$, 由以上两式得到

$$\partial_t \vec{B} = \nabla \times \left(\vec{v} \times \vec{B} \right) + \eta_{\mathrm{m}} \nabla^2 \vec{B}, \tag{3.66}$$

这里 $\eta_{\mathrm{m}} = \dfrac{1}{\sigma\mu_0}$ 称为导电流体的磁扩散系数, 这是因为上式在 $\vec{v} = 0$ 时化简为磁场的扩散方程. 上式描写了地核内导电流体中磁场变化规律, 因为地球磁场变化非常慢, 所以可令 $\partial_t \vec{B} \approx 0$, 代入式 (3.66) 得到

$$\nabla^2 \vec{H} + \mu\sigma \nabla \times (\vec{v} \times \vec{H}) = 0. \tag{3.67}$$

上式是自激励发电机理论关于磁场强度的方程. 人们针对这个方程找到了一些特解, 这些特解满足地磁场边界条件以及速度分布, 人们由此模拟和解释了许多地磁场的重要特征和变化规律. 然而, 该理论中的地核状态目前并不甚明了, 模型参数导致的不确定性很大, 需要进一步研究.

　　总之, 磁场在宇宙中广泛分布, 并且在宇宙演化过程中起了重要作用. 人们利用电动力学能够解释其中的部分谜团.

　　本章小结　本章讨论静磁场. 在电流系统尺度与该系统到场点的距离相比很小的情况下, 可以引入磁多极矩 (一般展开到磁偶极矩) 来讨论该系统的磁场及其在外磁场中的势能. 描写静磁场时, 原则上应该使用磁场的矢量势; 当所考察的局部单连通区域内没有自由电流存在时, 用标量势描写磁场更方便, 此时可以使用类似于静电问题的各种方法求解磁场问题. 作为补充材料, 我们介绍了微观粒子的磁矩、自然界中的磁场 (地磁场、太阳黑子、宇宙大尺度磁场), 讨论了介质顺磁性、抗磁性和铁磁性以及描述超导现象的伦敦方程、AB 效应和磁单极. 本章的基础内容是熟悉磁偶极矩, 并能求解简单系统的磁场分布, 了解一些与磁场相关的物理前沿问题.

本章简答题

1. 给定电流分布系统的磁偶极矩定义是什么? 磁偶极矩 $\vec{m}$ 对应的磁场矢量势形式是什么?

2. 磁偶极矩 $\vec{m}$ 在外磁场中的势能形式是什么? 它与外磁场相互作用能量是什么? 二者是否一致?

3. 描写磁场时在什么条件下可以引入磁标势? 磁偶极矩 $\vec{m}$ 标量势的形式是什么?

4. 磁偶极矩 $\vec{m}$ 在外磁场中受到的力和力矩的形式是什么?

5. 什么叫玻尔磁子? 其形式是什么? 如何计算原子核的磁矩?

6. 电子在外磁场作用下做拉莫尔进动, 简单描述其过程.

7. 物质有顺磁性和抗磁性, 二者的物理机制分别是什么?

8. 简述静磁场的唯一性定理的内容.

9. 为什么铁磁介质能够屏蔽外界磁场?

10. 为什么磁铁能够吸引铁屑而不能吸引其他灰尘?

11. 超导体有哪些特性? 超导体是什么年代由谁发现的? 试利用伦敦方程解释超导体的完全抗磁性.

12. 为什么超导体环具有磁通量子化现象? 什么是阿哈罗诺夫-玻姆效应?

13. 地球表面的磁场大约多强? 太阳黑子内部的磁场大约多少?

14. 如果电子为半径为 $10^{-17}\mathrm{m}$ 的经典均匀带电小球, 磁矩为 $9.28 \times 10^{-24}\mathrm{A} \cdot \mathrm{m}^2$, 计算电子表面的转动速度.

15. 估计铜质超导体的磁场穿透薄层深度.

16. 把地球作为一个磁偶极系统, 试根据地磁场强度估计地球的磁偶极矩大小.

练 习 题

1. 证明磁场矢量势 $\vec{A}(\vec{r}) = \dfrac{\mu_0}{4\pi} \displaystyle\int \dfrac{\vec{J}(\vec{r}\,')}{|\vec{r} - \vec{r}\,'|}\mathrm{d}\tau'$ 满足 $\nabla^2\vec{A} = -\mu_0\vec{J}, \nabla \cdot \vec{A} = 0$.

2. 在非均匀磁场 $\vec{B}$ 中放置一个边长为 a 的小正方形线圈, 线圈通电流 I. 为了简单, 假定某两个对边垂直于磁场 $\vec{B}$, 验算小线圈受到磁场所施加的力矩为 $\vec{m} \times \vec{B}$, 受力为 $\nabla(\vec{m} \cdot \vec{B})$. 这里 $\vec{m}$ 是通电线圈对应的磁矩.

3. 求两个磁偶极矩 $\vec{m}_1$ 和 $\vec{m}_2$ 之间的相互作用势能.

4. 均匀磁介质球壳 (磁导率 μ_r、内外半径分别为 R_1、R_2) 放置在匀强外磁场 $\vec{B} = \mu_0\vec{H}_0 = \mu_0 H_0\vec{e}_z$ 中, 求各区域内磁场分布.

5. 半径为 R、磁化矢量为 $\vec{M} = M_0\vec{e}_z$ 的均匀磁化球放入磁导率为 μ 的介质中, 求球内外的磁感应强度.

6. 证明相对磁导率 $\mu_\mathrm{r} \gg 1$ 的介质表面近似为磁场标量势的等势面.

7. 磁矩为 $\vec{m}$ 的小永久磁体, 放置于磁导率为 μ 的介质平面 ($z = 0$) 上方 $\vec{r} = a\vec{e}_z$ 处, $\vec{m}$ 与 $\vec{e}_z$ 夹角为 α. 求小磁体受力情况; 当 $\mu \to \infty$ 时化简该结果.

8. 把超导体看作特殊的磁介质, 超导电流看作为磁化电流. 令 $\vec{M}$ 是超导体这个 "磁介质" 的磁化强度, 导体外的真空磁化强度为零, $\vec{n}$ 是超导体表面的外法线方向, 在超导体边界超导电流面密度 $\vec{\alpha}_s = -\vec{n} \times \vec{M}$, 超导体内部的磁感应强度 $\vec{B} = \mu_0(\vec{H} + \vec{M}) = 0, \vec{H} = -\vec{M}$. 试从这个角度求半径为 R_0 的超导体球放入匀强的外磁场 $\vec{B} = \mu_0 H_0 \vec{e}_z$ 中的超导电流.

9. 太阳表面磁场大约 0.01 特斯拉, 温度大约 $5800°C$. 太阳黑子内部温度大约 $4500°C$, 同时存在较强的磁场 (大约 0.1 特斯拉). 试解释太阳黑子内部强磁场提供额外压强. 设太阳黑子内外的粒子数密度相同, $n \sim 3 \times 10^{23} \mathrm{m}^{-3}$. 验算这种条件下太阳黑子是否能基本维持内外压力平衡.

*10. 一个总电量为 Q、半径为 R 的均匀带电球面绕通过球心的轴以恒定的角速度 ω 转动, 试求球内外的磁场.

第4章 电磁波的传播

第 2 章和第 3 章分别讨论了恒定的电场和磁场, 它们是形态最简单的电磁场. 电磁场还有一种常见形式 —— 电磁波, 即电磁场以波动形式在空间传播. 电磁波知识在光学、广播通信等方面有很多应用.

不失一般性, 本章讨论**单色平面电磁波**在绝缘介质和导体界面上的折射和反射、单色平面波遇到障碍物时发生的衍射现象、在导电介质 (良导体和等离子体) 内电磁波的传播特点以及把良导体表面作为经典电磁波 "硬边界" 的情况下电磁波的几种简单模式.

4.1 平面电磁波

电磁波是电磁场的一种形式, 可以独立于电荷和电流单独存在. 本节先讨论电磁场的波动方程, 然后讨论单色平面电磁波的性质.

4.1.1 电磁场波动方程

在麦克斯韦方程组中令 $\rho = 0, \vec{J} = 0$, 并对电场强度的旋度方程两端同时求旋度, 得到

$$\nabla \times \left(\nabla \times \vec{E} \right) = -\partial_t \left(\nabla \times \vec{B} \right) = -\partial_t \left(\epsilon_0 \mu_0 \partial_t \vec{E} \right). \tag{4.1}$$

上式第二个等号中利用了麦克斯韦方程组式 (1.62) 中的磁场旋度方程. 由式 (1.6) 的第五个恒等式, 并利用 $\nabla \cdot \vec{E} = \rho / \epsilon_0 = 0$, 式 (4.1) 变为

$$\left(\nabla^2 - \frac{1}{c^2} \partial_t^2 \right) \vec{E} = 0; \tag{4.2}$$

同样地, 通过对磁感应强度的旋度方程两端求旋度, 得到

$$\left(\nabla^2 - \frac{1}{c^2} \partial_t^2 \right) \vec{B} = 0. \tag{4.3}$$

式 (4.2) 和式 (4.3) 称为电磁波的波动方程, 其中 $c = \dfrac{1}{\sqrt{\epsilon_0 \mu_0}}$, 数值为 $2.99792458 \times 10^8 \mathrm{m/s}$, 是电磁波在真空中的传播速度. 现在已经清楚, 一般的可见光也是电磁波, 所以 c 也被称为真空中的光速, 是基本的物理常数之一. 麦克斯韦方程组给出了真

空中光速 c 与真空介电常量 ϵ_0、磁导率 μ_0 的简单关系, 而这些常数最初是从完全不同的途径 (光学、静电学、静磁学) 引入到物理学中的. 这几个物理学常数之间的简单关系 $c^2\epsilon_0\mu_0 = 1$ 也反映了麦克斯韦方程组的和谐、美妙与深刻.

　　不同波长电磁波对应的名称如图 4.1 所示, 如可见光的波长 λ 为 $4 \times 10^{-7} \sim 7.6 \times 10^{-7}$ m, 频率在 $3.9 \times 10^{14} \sim 7.5 \times 10^{14}$ Hz. 在这个意义上说, 光学可看成电动力学的一个特别分支. 与此相应, 在本章 4.2 节中将利用电磁场边值关系解释光学中的反射与折射定律、不同偏振情况下的反射率和透射率; 在 4.3 节中将利用单色电磁波的方程讨论光学中的小孔衍射实验结果.

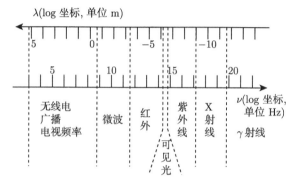

图 4.1　电磁波谱示意图

不同波长、频率的电磁波通常使用不同的名称, 如波长 λ 在 $4\times10^{-7}\sim7.6\times10^{-7}$ m 的电磁波称为可见光

　　我们采用复数形式 $\vec{E}(\vec{r}, t) = \vec{E}(\vec{r})\mathrm{e}^{-\mathrm{i}\omega t}$ 和 $\vec{B}(\vec{r}, t) = \vec{B}(\vec{r})\mathrm{e}^{-\mathrm{i}\omega t}$ 标记单色电磁波. 这种复数形式只是出于数学处理的方便, 实际上把它理解为该复数的实部即可. 单色电磁波麦克斯韦方程组形式为

$$\nabla \cdot \vec{E} = 0, \qquad \nabla \cdot \vec{B} = 0,$$
$$\nabla \times \vec{E} = \mathrm{i}\omega\vec{B}, \quad \nabla \times \vec{B} = -\mathrm{i}\mu_0\epsilon_0\omega\vec{E}. \tag{4.4}$$

对于单色电磁波, 上式和式 (4.2) 可以整理为

$$\begin{cases} \left(\nabla^2 + k^2\right)\vec{E} = 0 \\ \nabla \cdot \vec{E} = 0 \\ \vec{B} = -\dfrac{\mathrm{i}}{\omega}\nabla \times \vec{E} \end{cases}, \qquad \begin{cases} \left(\nabla^2 + k^2\right)\vec{B} = 0 \\ \nabla \cdot \vec{B} = 0 \\ \vec{E} = \dfrac{\mathrm{i}c^2}{\omega}\nabla \times \vec{B} \end{cases}, \tag{4.5}$$

式中

$$k^2 = \mu_0\epsilon_0\omega^2, \quad k = \frac{\omega}{c} = \frac{2\pi}{\lambda}. \tag{4.6}$$

这里 λ 是电磁波的波长. 式 (4.5) 称为亥姆霍兹 (Hermann von Helmholtz) 方程, 是描写单色电磁波满足的基本方程.

4.1.2 单色平面波的电场和磁场性质

式 (4.2–4.3) 有一组特解

$$\vec{E}(\vec{r},t) = \vec{E}_0 e^{i(\vec{k}\cdot\vec{r}-\omega t)}, \quad \vec{B}(\vec{r},t) = \vec{B}_0 e^{i(\vec{k}\cdot\vec{r}-\omega t)}. \tag{4.7}$$

这个解称为单色平面电磁波, 其中 $\left(\vec{k}\cdot\vec{r}-\omega t\right)$ 是该电磁波的相位, 该电磁波的传播方向与 $\vec{k}$ 相同, 记为 $\vec{e}_k = \vec{k}/k$. 我们再次强调, 电场强度和磁感应强度取复数形式只是为了运算方便, 这两个量应该理解为取各自的实部.

在真空中电场和磁场的散度都为零, 即 $\nabla \cdot \vec{E} = 0, \nabla \cdot \vec{B} = 0$. 把式 (4.7) 代入这两个散度关系式, 利用式 (1.7) 得到

$$\vec{k} \cdot \vec{E}_0 e^{i(\vec{k}\cdot\vec{r}-\omega t)} = \vec{k} \cdot \vec{E} = 0, \quad \vec{k} \cdot \vec{B}_0 e^{i(\vec{k}\cdot\vec{r}-\omega t)} = \vec{k} \cdot \vec{B} = 0. \tag{4.8}$$

由式 (4.4) 中电场强度 $\vec{E}$ 和磁感应强度 $\vec{B}$ 的旋度公式、式 (4.7) 和式 (1.7) 得到

$$\vec{B} = \frac{i\vec{k}}{i\omega} \times \vec{E} = \frac{1}{c}\vec{e}_k \times \vec{E}, \quad \vec{E} = \frac{ic^2}{\omega}i\vec{k} \times \vec{B} = c\vec{B} \times \vec{e}_k. \tag{4.9}$$

上式表明 $\left|\dfrac{E}{B}\right| = c$, 而且具有相同的相位. 由式 (4.8) 和式 (4.9) 知道: $\vec{E}$、$\vec{B}$、$\vec{k}$ 三者两两垂直, $\vec{e}_k = \vec{e}_E \times \vec{e}_B$, 因此单色平面电磁波也被称为横波, 即电场强度 $\vec{E}$ 和磁感应强度 $\vec{B}$ 只有沿波矢量 $\vec{k}$ 的横向分量 (即垂直于传播方向的分量), 电场和磁场在传播方向 (称为纵向方向, 即 $\vec{e}_k$ 方向) 分量为零.

如果把 $\vec{e}_k$ 方向选做直角坐标系的 $\vec{e}_z$ 方向, 那么对于单色平面电磁波来说, $\vec{E}(\vec{r},t)$ 和 $\vec{B}(\vec{r},t)$ 这两个矢量在 x-y 平面内, 再由式 (4.9), 式 (4.7) 中的 $\vec{E}_0$ 和 $\vec{B}_0$ 可以写成

$$\vec{E}_0 = E_x \vec{e}_x + E_y \vec{e}_y, \quad \vec{B}_0 = \frac{\vec{e}_k}{c} \times \vec{E}_0. \tag{4.10}$$

E_x、E_y 都是复数, 即 $E_x = |E_x|e^{i\delta_x}, E_y = |E_y|e^{i\delta_y}, \delta_x$ 和 δ_y 都是实数.

当单色平面电磁波式 (4.10) 中的 $\delta_x \neq \delta_y$ 时, $\vec{E}$ 在 x-y 平面内的轨迹一般呈椭圆形, 这样的单色平面波被称为 椭圆偏振电磁波. 进一步, 如果 $|E_x| = |E_y|$, 并且 $\delta_y - \delta_x = \pm\dfrac{\pi}{2}$, 单色平面波被称为 圆偏振电磁波. 其中当 $\delta_y - \delta_x = \dfrac{\pi}{2}$ 时, $\vec{E}$ 的旋转方向与平面波传播方向 $\vec{e}_z$ 方向呈右手螺旋关系 (正螺旋性), 称为右旋圆偏振电磁波; 当 $\delta_y - \delta_x = -\dfrac{\pi}{2}$ 时, $\vec{E}$ 的旋转方向与 $\vec{e}_z$ 方向呈左手螺旋关系 (负螺旋性), 称为

左旋圆偏振电磁波. 如果 $\delta_x = \delta_y = \delta$, 电场强度 $\vec{E} = (|E_x|\vec{e_x} + |E_y|\vec{e_y})\, \mathrm{e}^{\mathrm{i}(\vec{k}\cdot\vec{r}-\omega t+\delta)}$, $\vec{E}$ 在 x-y 平面内的轨迹是长度和方向确定的一条线段, 这样的单色平面波称为线偏振电磁波.

在式 (4.1)$\sim$ 式 (4.9) 中令

$$\epsilon_0 \to \epsilon\ ,\quad \mu_0 \to \mu\ ,\quad c \to v_\mathrm{p} = \frac{1}{\sqrt{\epsilon\mu}}\ ,\quad k \to \omega/v_\mathrm{p}$$

就得到线性介质中电磁场波动方程和单色平面电磁波的性质, 上式中 v_p 为相速度. 在第 7 章中我们看到, 介质的介电常量 ϵ 和磁导率 μ 都与电磁波频率 ω 有关, 所以电磁波的相速度与 ω 有关, 这种现象称为介质的色散现象. 在线性介质中仍然有 $\vec{e}_E \times \vec{e}_B = \vec{e}_k$, 即 $\vec{E}$、$\vec{B}$ (或磁场强度 $\vec{H}$)、$\vec{e}_k$ 三个矢量成右手关系. 波矢量的模 k 与频率 ω 之间的关系式称为介质的色散关系. 真空中介电常量和磁导率都是常量, 相速度与 ω 无关; 在真空中 $v_\mathrm{p} = c$, $\omega = ck$.

近年来人们在实验室中设计出一类新型材料, 这种材料有效介电常量 ϵ 和有效磁导率 μ 都是负数, 也可以传播电磁波, 电磁波的相速度 $v_\mathrm{p} = \dfrac{1}{\sqrt{\epsilon\mu}}$. 根据介质中的麦克斯韦方程, 在这种材料内单色平面波 $\vec{E}(\vec{r}, t) = \vec{E}_0 \mathrm{e}^{\mathrm{i}(\vec{k}\cdot\vec{r}-\omega t)}$, $\vec{H}(\vec{r}, t) = \vec{H}_0 \mathrm{e}^{\mathrm{i}(\vec{k}\cdot\vec{r}-\omega t)}$ 满足

$$\nabla \times \vec{E} = -\partial_t\left(\mu\vec{H}\right)\ ,\quad \nabla \times \vec{H} = \partial_t\left(\epsilon\vec{E}\right)\ .$$

上式整理为

$$\vec{k} \times \vec{E} = -\omega(-\mu)\vec{H}\ ,\quad \vec{k} \times \vec{H} = \omega(-\epsilon)\vec{E}\ .$$

这里 $\vec{E}$、$\vec{H}$ 和 $\vec{k}$ 的方向构成左手螺旋关系, 因此人们把这种有效介电常量 ϵ、有效磁导率 μ 都为负数的人工材料称为左手材料. 左手材料具有许多奇特的电磁特性, 例如负折射、反常多普勒效应等, 人们基于左手材料技术还在实验室实现了电磁隐身. 由于左手材料有许多潜在的应用前景, 这方面研究近年来受到许多关注.

4.1.3   单色平面电磁波的能量和动量

单色平面电磁波无论在线性介质内还是在真空中都满足 $\left|\vec{B}(\vec{r}, t)\right|^2 = \epsilon\mu\left|\vec{E}(\vec{r}, t)\right|^2$, 其电场部分的能量密度和磁场部分的能量密度相等. 因为在式 (4.7) 中 $\vec{E}(\vec{r}, t)$ 和 $\vec{B}(\vec{r}, t)$ 对应各自的实数部分, 单色平面电磁波的总能量密度为

$$\begin{aligned}
w(\vec{r}, t) &= \frac{\epsilon}{2}\mathrm{Re}\left(\vec{E}(\vec{r}, t)\right) \cdot \mathrm{Re}\left(\vec{E}(\vec{r}, t)\right) + \frac{1}{2\mu}\mathrm{Re}\left(\vec{B}(\vec{r}, t)\right) \cdot \mathrm{Re}\left(\vec{B}(\vec{r}, t)\right) \\
&= \epsilon\mathrm{Re}\left(\vec{E}(\vec{r}, t)\right) \cdot \mathrm{Re}\left(\vec{E}(\vec{r}, t)\right) = \frac{1}{\mu}\mathrm{Re}\left(\vec{B}(\vec{r}, t)\right) \cdot \mathrm{Re}\left(\vec{B}(\vec{r}, t)\right) \\
&= \epsilon\left|\vec{E}_0\right|^2 \cos^2(\vec{k}\cdot\vec{r} - \omega t) = \frac{1}{\mu}\left|\vec{B}_0\right|^2 \cos^2(\vec{k}\cdot\vec{r} - \omega t)\ .
\end{aligned} \tag{4.11}$$

单色平面电磁波的能流密度矢量 (坡印亭矢量) 为

$$\vec{S}(\vec{r},t) = \text{Re}\left(\vec{E}(\vec{r},t)\right) \times \text{Re}\left(\vec{H}(\vec{r},t)\right) = \text{Re}\left(\vec{E}(\vec{r},t)\right) \times \left(\vec{e}_k \times \frac{1}{\mu}\sqrt{\epsilon\mu}\,\text{Re}\left(\vec{E}(\vec{r},t)\right)\right)$$

$$= \sqrt{\frac{\epsilon}{\mu}}|E_0|^2 \cos^2(\vec{k}\cdot\vec{r} - \omega t)\vec{e}_k.$$

$w(\vec{r},t)$ 和 $\vec{S}(\vec{r},t)$ 在一个周期 T 时间内的平均值分别为

$$\overline{w}(\vec{r}) = \frac{\epsilon}{2}|E_0|^2, \quad \overline{\vec{S}}(\vec{r}) = \frac{1}{2}\sqrt{\frac{\epsilon}{\mu}}|E_0|^2\vec{e}_k = \frac{v_\text{p}}{2\mu}|B_0|^2\vec{e}_k = v_\text{p}\overline{w}\vec{e}_k. \tag{4.12}$$

这里的系数 $\frac{1}{2}$ 源于 $\cos^2(\vec{k}\cdot\vec{r} - \omega t)$ 对时间的平均 $\frac{1}{T}\int_0^T \cos^2(\vec{k}\cdot\vec{r} - \omega t)\text{d}t$. 有些教科书把上式写为

$$\overline{w} = \frac{1}{2}\epsilon\vec{E}^* \cdot \vec{E}, \quad \overline{\vec{S}} = \frac{1}{2}\vec{E}^* \times \vec{H}, \tag{4.13}$$

这里 $\vec{E}^*$ 为 $\vec{E}$ 的复共轭. 容易验证式 (4.12) 和式 (4.13) 是等价的.

我们类似地讨论真空中单色平面电磁波的动量流密度张量 $\overset{\leftrightarrow}{T}$. 选择 $\vec{e}_E$、$\vec{e}_B$、$\vec{e}_k$ 作为三维直角坐标系的单位矢量. 由式 (1.85) 得

$$\overset{\leftrightarrow}{T} = -\epsilon_0 E^2 \vec{e}_E\vec{e}_E - \frac{1}{\mu_0}B^2\vec{e}_B\vec{e}_B + \frac{\overset{\leftrightarrow}{I}}{2}\left(\epsilon_0 E^2 + \frac{1}{\mu_0}B^2\right)$$

$$= -\epsilon_0 E^2 \vec{e}_E\vec{e}_E - \epsilon_0 E^2 \vec{e}_B\vec{e}_B + \frac{\vec{e}_E\vec{e}_E + \vec{e}_B\vec{e}_B + \vec{e}_k\vec{e}_k}{2}\cdot 2\epsilon_0 E^2$$

$$= \epsilon_0 E^2 \vec{e}_k\vec{e}_k = \frac{1}{\mu_0}B^2\vec{e}_k\vec{e}_k = w\vec{e}_k\vec{e}_k, \tag{4.14}$$

式中 $\vec{E}$ 和 $\vec{B}$ 都理解为取实部, 即 $E^2 = \text{Re}(\vec{E})\cdot\text{Re}(\vec{E})$, $B^2 = \text{Re}(\vec{B})\cdot\text{Re}(\vec{B})$. 在上式第二步利用了真空中的单色平面电磁波性质 $\epsilon_0 E^2 = \dfrac{1}{\mu_0}B^2$ 和单位并矢的定义. 上式表明真空中单色平面电磁波的动量流密度张量 $\overset{\leftrightarrow}{T}$ 只有 $\vec{e}_k\vec{e}_k$ 分量, 平面电磁波的动量沿着波矢 $\vec{e}_k$ 方向, 只有在 $\vec{e}_k$ 方向才有动量通过, 单位时间内通过垂直于波矢 $\vec{e}_k$ 的平面单位面积的动量数值为 w. 这就是该单色平面电磁波对垂直于波矢平面的压强, 称为辐射压强.

例题 4.1 证明漫射的经典电磁波在任意界面上的辐射压强为 $P = \dfrac{w}{3}$, w 为在界面处漫射电磁波的能量密度.

解答 设漫射的电磁波中入射方向与界面法线方向夹角为 θ 的成分所对应的能量密度为 w_θ. 漫射电磁波没有特定的方向性, 所以 $w_\theta = \dfrac{1}{2\pi}w$, 如图 4.2 所示. 这

里的 $\frac{1}{2\pi}$ 因子来源于上半空间的立体角. 根据式 (4.14), 该方向的电磁波在单位时间内通过单位截面的动量流密度张量为 $\overset{\leftrightarrow}{T}_{\theta} = w_{\theta} \vec{e}_k \vec{e}_k$.

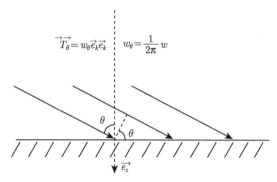

图 4.2　漫射电磁波在任意界面上辐射压强示意图

在界面处沿着 $\vec{e}_k$ 方向的电磁波能量密度为 $w_{\theta} = \dfrac{w}{2\pi}$, 该电磁波动量流密度张量为 $w_{\theta}\vec{e}_k\vec{e}_k$, 单位时间通过 $\vec{e}_k$ 方向横截面单位面积的动量在界面法线方向 $\vec{e}_z$ 上的投影为 $w_{\theta}\cos\theta$. 通过 $\vec{e}_k$ 横截面单位面积的电磁波作用在 $\dfrac{1}{\cos\theta}$ 的界面面积上, 所以该电磁波作用于界面垂直方向上的压强 (即单位面积上在单位时间内接收的动量) 为 $w_{\theta}\cos^2\theta$

该电磁波在单位时间内通过 $\vec{e}_k$ 横截面内单位面积的动量在界面法线方向 $\vec{e}_z$ 上的投影为 $\overset{\leftrightarrow}{T}_{\theta}:\vec{e}_k\vec{e}_z = w_{\theta}\cos\theta$. 通过 $\vec{e}_k$ 横截面单位面积的电磁波在界面上所作用的面积不是单位面积, 而是更大的面积 $\dfrac{1}{\cos\theta}$, 所以单位面积的界面沿着 $\vec{e}_z$ 方向在单位时间内所接收到的、入射方向与界面法线方向夹角为 θ 的电磁波动量为

$$P_{\theta} = \frac{w_{\theta}\cos\theta}{\dfrac{1}{\cos\theta}} = w_{\theta}\cos^2\theta.$$

因为漫射电磁波是无序地从各个角度入射的, 所以要考虑所有 θ 角度情形. 对上半空间立体角积分, 我们得到漫射的经典电磁波对界面的总辐射压强

$$P = \int P_{\theta}\mathrm{d}\Omega = \int_0^{\pi/2} w_{\theta}\cos^2\theta\,(2\pi\sin\theta\mathrm{d}\theta) = \int_0^{\pi/2} w\cos^2\theta\sin\theta\mathrm{d}\theta = \frac{w}{3}.$$

在上述讨论中假定了界面对于入射电磁波没有反射. 如果反射率为 r, 那么 P_{θ} 应该乘以 $(1+r)$ 倍, 而 w 也要乘以同样的倍数, 结果不变. 上式与量子统计中光子气体辐射压力的结果相同.

单色平面电磁波的辐射压强在一般情况下数值很小. 例如把太阳在地球表面辐射看成平面波, 能流密度为 $I = 1.35 \times 10^3\ \mathrm{W\cdot m^{-2}}$, 对应的辐射压强为 $P = w = I/c = 4.50 \times 10^{-6}\ \mathrm{Pa}$, 这一辐射压强是很微弱的. 不过, 地球的截面积为

$\pi r^2 \approx 3.14 \times (6.4 \times 10^6)^2 \approx 1.29 \times 10^{14}~(\mathrm{m}^2)$, 由此求得太阳辐射对地球的总压力为

$$\frac{I\pi r^2}{c} \approx 4.5 \times 10^{-6}~\mathrm{Pa} \times 1.29 \times 10^{14}~\mathrm{m}^2 \approx 5.81 \times 10^8~\mathrm{N},$$

总压力在数值上很大. 在天文学中辐射压强对于星体结构和演化机制方面起着非常重要的作用. 对处于主序星阶段的恒星来说, 内部氢核聚变反应供给向外辐射强度非常大的电磁波. 恒星内部电磁波的辐射压力如此之大, 以至于能抵消万有引力而维持恒星结构. 在恒星演化的晚期, 聚变燃料越来越少, 中心区域产生的能量变少, 当辐射压力不足以抵抗万有引力时, 星体就会发生引力坍缩, 形成致密星体.

辐射压力也是决定彗星的彗尾形态几个关键因素之一. 在实验室里产生的强激光也能产生巨大的辐射压强.

4.2 电磁波在绝缘介质界面的反射和折射

4.1 节讨论了均匀介质中的单色平面电磁波. 本节从电磁场的边值关系式 (1.116) 和式 (1.121) 出发, 讨论单色平面电磁波在两种不同的绝缘介质界面上的反射现象和折射现象. 在绝缘介质中没有自由电荷和自由电流, 电磁场边值关系式 (1.116) 和式 (1.121) 分别变为

$$D_{2n} - D_{1n} = 0, \qquad B_{2n} - B_{1n} = 0 ; \tag{4.15}$$

$$\vec{n} \times (\vec{H}_2 - \vec{H}_1) = 0, \quad \vec{n} \times (\vec{E}_2 - \vec{E}_1) = 0. \tag{4.16}$$

这里单位矢量 $\vec{n}$ 是在两种介质的界面上从介质 1 指向介质 2 的法线方向.

4.2.1 反射和折射定律

如图 4.3(a) 所示, 介质 1 中的单色平面电磁波传播至介质 1 和介质 2 之间的界面, 该平面波称为入射波, 入射波的电场强度和磁场强度分别标记为 $\vec{E}$ 和 $\vec{H}$; 在界面处有一部分电磁波被反射回介质 1, 这部分平面波称为反射波. 反射波的电场强度和磁场强度分别为 $\vec{E}\,'$ 和 $\vec{H}\,'$, 剩余部分的电磁波进入介质 2, 这部分电磁波称为折射波; 折射波的电场强度和磁场强度分别为 $\vec{E}\,''$ 和 $\vec{H}\,''$. 在图 4.3(a) 中, θ、θ'、θ'' 分别称为入射角、反射角和折射角. 令

$$\begin{aligned}
\vec{E} &= \vec{E}_0 \mathrm{e}^{\mathrm{i}(\vec{k}\cdot\vec{r}-\omega t)}, & \vec{H} &= \vec{H}_0 \mathrm{e}^{\mathrm{i}(\vec{k}\cdot\vec{r}-\omega t)}, \\
\vec{E}' &= \vec{E}\,'_0 \mathrm{e}^{\mathrm{i}(\vec{k}'\cdot\vec{r}-\omega' t)}, & \vec{H}\,' &= \vec{H}\,'_0 \mathrm{e}^{\mathrm{i}(\vec{k}'\cdot\vec{r}-\omega' t)}, \\
\vec{E}'' &= \vec{E}\,''_0 \mathrm{e}^{\mathrm{i}(\vec{k}''\cdot\vec{r}-\omega'' t)}, & \vec{H}\,'' &= \vec{H}\,''_0 \mathrm{e}^{\mathrm{i}(\vec{k}''\cdot\vec{r}-\omega'' t)}.
\end{aligned} \tag{4.17}$$

我们约定 x-z 平面为入射面, 在两种介质的界面上 $z = 0$. 式 (4.15) 中电位移矢量的连续性方程给出

$$(\epsilon_1 \vec{n} \cdot \vec{E}_0)\mathrm{e}^{\mathrm{i}(k_x x - \omega t)} + (\epsilon_1 \vec{n} \cdot \vec{E}\,'_0)\mathrm{e}^{\mathrm{i}(k'_x x - \omega' t)} = (\epsilon_2 \vec{n} \cdot \vec{E}\,''_0)\mathrm{e}^{\mathrm{i}(k''_x x - \omega'' t)}. \tag{4.18}$$

上式在界面上每时每刻都成立, 由此得到

$$\omega = \omega' = \omega'', \tag{4.19}$$

即单色平面波在不同绝缘介质界面处的反射和折射过程中不改变电磁波的频率. 式 (4.18) 在界面上各处即对于任意 x 值都成立, 所以

$$k_x = k'_x = k''_x, \tag{4.20}$$

即波矢量在入射面与两种介质界面相交线上的投影不变. 由波矢量定义 $k = \omega\sqrt{\epsilon\mu}$ 得到 $k = \omega\sqrt{\epsilon_1\mu_1}$, $k' = \omega'\sqrt{\epsilon_1\mu_1}$, $k'' = \omega''\sqrt{\epsilon_2\mu_2}$. 由图 4.3(a) 可知, $k_x = k\sin\theta$, $k'_x = k'\sin\theta'$, $k''_x = k''\sin\theta''$. 把这些关系代入式 (4.20) 得到

$$\omega\sqrt{\epsilon_1\mu_1}\sin\theta = \omega'\sqrt{\epsilon_1\mu_1}\sin\theta' = \omega''\sqrt{\epsilon_2\mu_2}\sin\theta''. \tag{4.21}$$

把式 (4.19) 代入上式, 得到

$$\theta' = \theta, \quad \frac{\sin\theta''}{\sin\theta} = \frac{\sqrt{\epsilon_1\mu_1}}{\sqrt{\epsilon_2\mu_2}}. \tag{4.22}$$

上式关于反射角 θ'、折射角 θ'' 与入射角 θ 之间的两个关系式分别称为反射定律和折射定律. 对于绝大多数介质 $\mu \approx \mu_0$, 入射角和折射角关系式化简为

$$\frac{\sin\theta''}{\sin\theta} = \frac{\sqrt{\epsilon_1}}{\sqrt{\epsilon_2}}. \tag{4.23}$$

由式 (4.15) 中关于磁感应强度法线方向的连续性, 或式 (4.16) 中关于磁场强度、电场强度的切向方向的连续性出发, 也可以类似地得到平面电磁波在绝缘介质界面处的反射定律和折射定律.

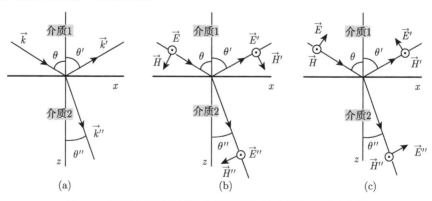

图 4.3　平面波在两种不同介质界面上的反射和折射示意图

4.2.2 菲涅尔公式

这里讨论反射波和折射波的振幅与入射波振幅之间的关系. 分两种情形: (a) $\vec{E}$ 垂直于入射面; (b) $\vec{E}$ 平行于入射面. 其他情形可以用这两种情形展开. 在这两种情况下, 如图 4.3(b-c) 所示, 电场强度和磁场强度的方向都是给定的, 因此我们可以用 E, E', E'' (H, H', H'') 分别标记入射波、反射波、折射波的电场强度 (磁场强度), 不需要再象式 (4.17) 中那样在这些物理量上加箭头标记它们的方向.

(a) $\vec{E}$ 垂直于入射面, 如图 4.3(b) 所示, 由电磁场边值关系式 (4.16) 得到

$$-H\cos\theta + H'\cos\theta = -H''\cos\theta'', \quad E + E' = E'' . \tag{4.24}$$

因为 $\epsilon E^2 = \dfrac{B^2}{\mu} = \mu H^2$, 即 $\sqrt{\epsilon}E = \sqrt{\mu}H$, 上式变为二元一次方程

$$\sqrt{\frac{\epsilon_1}{\mu_1}}(E - E')\cos\theta = \sqrt{\frac{\epsilon_2}{\mu_2}}E''\cos\theta'', \quad E + E' = E''. \tag{4.25}$$

在利用上式计算电磁波反射和折射比例之前, 我们说明式 (4.15) 关于电位移矢量和磁感应强度在界面法线方向的连续性关系导致的结果与上式完全一致, 不带来新的约束. 图 4.3(b) 中电场强度 $\vec{E}$ 垂直入射面, 平行于两种介质的界面, 电位移矢量也平行于两介质的界面, 所以 $D_n = D'_n = D''_n = 0$, 即式 (4.15) 电磁场边值关系中关于电位移矢量的关系式 $D_{2n} - D_{1n} = 0$ 自动满足. 式 (4.15) 关于磁感应强度 B 法线方向的连续性可以写为

$$\mu_1(H + H')\sin\theta = \mu_2 H''\sin\theta''.$$

因为 $\sqrt{\epsilon}E = \sqrt{\mu}H$, 上式变为

$$\mu_1\sqrt{\frac{\epsilon_1}{\mu_1}}(E + E')\sin\theta = \mu_2\sqrt{\frac{\epsilon_2}{\mu_2}}E''\sin\theta_2.$$

由式 (4.21), 上式等价于式 (4.24) 中关于电场强度的关系式, 即 $E + E' = E''$.

利用式 (4.21) 并考虑 $\mu_1 \approx \mu_2 \approx \mu_0$, 式 (4.25) 给出

$$\frac{E + E'}{E - E'} = \frac{\sqrt{\epsilon_1/\mu_1}\cos\theta}{\sqrt{\epsilon_2/\mu_2}\cos\theta''} \approx \frac{\sin\theta''\cos\theta}{\sin\theta\cos\theta''}, \tag{4.26}$$

即

$$\frac{E'}{E} = \frac{\sin\theta''\cos\theta - \sin\theta\cos\theta''}{\sin\theta''\cos\theta + \sin\theta\cos\theta''} = \frac{\sin(\theta'' - \theta)}{\sin(\theta'' + \theta)}. \tag{4.27}$$

把上式代入 $E + E' = E''$ 中, 得到

$$\frac{E''}{E} = 1 + \frac{E'}{E} = \frac{2\sin\theta''\cos\theta}{\sin(\theta'' + \theta)}. \tag{4.28}$$

(b) $\vec{E}$ 平行于入射面, 如图 4.3(c) 所示, 式 (4.16) 变为

$$H + H' = H'', \quad E\cos\theta - E'\cos\theta = E''\cos\theta''. \tag{4.29}$$

因为 $\epsilon E^2 = \dfrac{B^2}{\mu} = \mu H^2$, 上式变为二元一次方程

$$\sqrt{\frac{\epsilon_1}{\mu_1}}(E + E') = \sqrt{\frac{\epsilon_2}{\mu_2}}E'', \quad (E - E')\cos\theta = E''\cos\theta''. \tag{4.30}$$

类似于 $\vec{E}$ 垂直于入射面情形, 这里先说明式 (4.15) 关于电位移矢量和磁感应强度在界面法线方向的连续性关系所导致的结果与上式完全一致. 在图 4.1(c) 中, 磁感应强度 $\vec{B}$ 垂直于入射面, 平行于两种介质的界面, 所以有 $B_n = B_n' = B_n'' = 0$, 即边值关系式 (4.15) 中关于磁感应强度法线方向的连续性 $B_{2n} - B_{1n} = 0$ 自动满足. 由式 (4.15) 中关于电位移法线方向的连续性得到

$$\epsilon_1(E + E')\sin\theta = \epsilon_2 E''\sin\theta''.$$

由 H 与 E 的关系, 上式变为 $\epsilon_1\sqrt{\dfrac{\mu_1}{\epsilon_1}}(H + H')\sin\theta = \epsilon_2\sqrt{\dfrac{\mu_2}{\epsilon_2}}H''\sin\theta_2$. 根据式 (4.21), 上式中关于 E 的方程等价于式 (4.29) 中关于磁场强度 H 的关系式.

利用式 (4.21) 并考虑 $\mu_1 \approx \mu_2 \approx \mu_0$, 由式 (4.30) 得到

$$\frac{E + E'}{E - E'} = \frac{\sqrt{\epsilon_2/\mu_2}\cos\theta}{\sqrt{\epsilon_1/\mu_1}\cos\theta''} \approx \frac{\sin\theta\cos\theta}{\sin\theta''\cos\theta''} = \frac{\sin 2\theta}{\sin 2\theta''}, \tag{4.31}$$

即

$$\frac{E'}{E} = \frac{\sin 2\theta - \sin 2\theta''}{\sin 2\theta + \sin 2\theta''} = \frac{\cos(\theta + \theta'')\sin(\theta - \theta'')}{\sin(\theta + \theta'')\cos(\theta - \theta'')} = \frac{\tan(\theta - \theta'')}{\tan(\theta + \theta'')}. \tag{4.32}$$

当 $\theta + \theta'' = \pi/2$ 时, $\tan\left(\dfrac{\pi}{2}\right)$ 为无穷大; 由上式以及 E' 与 H' 的关系可知, E' 和 H' 都等于零. 也就是说, 在这种情况下即使入射波的 $\vec{E}$ 是非偏振的, 同时存在平行于入射面的成分和垂直于入射面的成分, 反射波中也只存在 $\vec{E}$ 垂直于入射面的偏振电磁波, 而没有 $\vec{E}$ 平行于入射面的成分. 因此, 在这个特殊的入射角情况下可以利用非偏振的电磁波获得偏振波, 这个角度称为布儒斯特 (David Brewster) 角或起偏角.

把式 (4.32) 代入式 (4.30) 中的第一个方程中, 得到

$$\frac{E''}{E} = \frac{2\cos\theta\sin\theta''}{\sin(\theta + \theta'')\cos(\theta - \theta'')}. \tag{4.33}$$

式 (4.27) 和式 (4.28)、式 (4.32) 和式 (4.33) 分别给出了当电场强度 $\vec{E}$ 垂直于入射面、$\vec{E}$ 平行于入射面时反射波和折射波振幅与入射波振幅的比值. 1824 年菲涅耳利用以太理论也得到了式 (4.27) 和式 (4.28)、式 (4.32) 和式 (4.33), 所以这些公式称为菲涅耳 (Augustin-Jean Fresnel) 公式. 1875 年, 洛伦兹从麦克斯韦方程出发, 重新推导了菲涅耳公式. 菲涅耳公式圆满地解释了许多光学现象, 例如人们在河边很难看清自己的倒影, 却能很清晰地看见较远处水面上对于远处景色的倒影等 (见本章练习题 3).

4.2.3　全反射

在折射定律式 (4.23) 中, 如果 $\dfrac{\epsilon_1}{\epsilon_2}$ 大于 1, 那么随着 θ 角在 $\left[0, \dfrac{\pi}{2}\right]$ 范围内从小到大不断增加的过程中总有一个角度 θ_0, 有 $\sin\theta_0\sqrt{\dfrac{\epsilon_1}{\epsilon_2}} = 1$, 对应的 $\theta'' = \pi/2$. 如果 θ 继续增加, 那么 θ'' 没有实数解. 下面我们将看到, 在这种情况下反射波与入射波有相同的振幅和平均能流密度, 这种现象称为全反射.

在全反射情形下, 式 (4.23) 给出的 $\sin\theta'' = \sqrt{\epsilon_1/\epsilon_2}\sin\theta > 1$. 在形式上 θ'' 的 "余弦函数"

$$\cos\theta'' = \sqrt{1 - \sin^2\theta''} = \mathrm{i}\sqrt{\frac{\epsilon_1}{\epsilon_2}\sin^2\theta - 1} = \mathrm{i}\eta$$

是纯虚数 (这里的 η 是实数). 我们把这个结果代入式 (4.27), 得到在入射电磁波电场强度 $\vec{E}$ 垂直于入射面情况下

$$\frac{E'}{E} = \frac{\sin\theta''\cos\theta - \mathrm{i}\eta\sin\theta}{\sin\theta''\cos\theta + \mathrm{i}\eta\sin\theta} = \exp\left[-2\mathrm{i}\arctan\left(\frac{\eta\sqrt{\epsilon_2}}{\sqrt{\epsilon_1}\cos\theta}\right)\right];$$

类似地, 由式 (4.32) 得到在入射波电场强度 $\vec{E}$ 平行于入射面情况下

$$\frac{E'}{E} = \frac{\sin 2\theta - 2\mathrm{i}\eta\sin\theta''}{\sin 2\theta + 2\mathrm{i}\eta\sin\theta''} = \exp\left[-2\mathrm{i}\arctan\left(\frac{\eta\sqrt{\epsilon_1}}{\sqrt{\epsilon_2}\cos\theta}\right)\right].$$

在两种情况下都有

$$\left|\frac{E'}{E}\right| = 1. \tag{4.34}$$

入射波 E 与反射波 E' 有相同的振幅, 即入射波的能量全部被反射回第一种介质中, 然而两者之间有相位差. 电磁波在介质 2 中的波矢量 $\vec{k}''$ 在 x 轴分量由式 (4.20) 给出 (k_x 的连续性关系, 为 $k_x'' = k_x = \omega\sqrt{\epsilon_1\mu_1}\sin\theta$), 在 z 轴的分量为 $k_z = k''\cos\theta'' = \mathrm{i}\omega\sqrt{\mu_2(\epsilon_1\sin^2\theta - \epsilon_2)}$, 所以在介质 2 中的电磁波电场强度为

$$\vec{E}'' = E_0''\mathrm{e}^{-(\omega\sqrt{\mu_2(\epsilon_1\sin^2\theta - \epsilon_2)})z}\mathrm{e}^{\mathrm{i}(k_x x - \omega t)}, \tag{4.35}$$

即在 z 方向指数衰减, 折射波仅存在于第二种介质内靠近界面附近的薄层内沿着 x 方向传播, 薄层厚度 $d = \dfrac{1}{\omega\sqrt{\mu_2(\epsilon_1 \sin^2\theta - \epsilon_2)}} \sim \dfrac{v}{\omega} = \lambda$, 与频率为 ω 电磁波的波长同数量级. 该电磁波是入射 "开始" 时建立的定态电磁场.

4.3　电磁波的衍射

电磁波在传播过程中遇到有边界的 "障碍物"(如良导体) 或者穿过障碍物小孔时电磁波的传播方向会改变, 这种现象称为衍射. 衍射理论是在波动光学中发展起来的, 可以解释光的衍射图样. 可见光是特别波段的电磁波, 光学衍射理论也适用于其他波段电磁波的衍射.

惠更斯 (Christiaan Huygens) 在 1690 年发表的《光论》中提出, 光的波面上任何一点都是次级的光源, 各个次级光源都发出子波, 子波叠加形成下一个新的波面. 这个假设称为惠更斯原理. 惠更斯原理经过菲涅耳、基尔霍夫 (Gustav Robert Kirchhoff) 和索末菲 (Arnold Johannes Wilhelm Sommerfeld) 等补充完善, 成为衍射光学的理论基础. 本节由单色电磁波亥姆霍兹方程出发推导衍射理论中的基尔霍夫公式, 并在此基础上讨论小孔衍射.

4.3.1　基尔霍夫公式

解决衍射问题原则上应该求解在给定边界条件下的电磁场波动方程. 这里忽略电磁场的矢量性质, 把电磁场的每一个分量 (E_i 和 B_i, $i = 1, 2, 3$) 都作为标量场处理. 令 $\psi(\vec{r}, t) = \psi(\vec{r}) \mathrm{e}^{-\mathrm{i}\omega t}$ 是单色电磁波任一分量, 满足亥姆霍兹方程

$$\left(\nabla^2 + k^2\right) \psi(\vec{r}) = 0.$$

利用这个方程, 可以将系统内 $\vec{r}$ 处的 ψ 值用系统边界上的 ψ 表示出来, 为此需要引入两个辅助性的数学恒等式.

第一个辅助性的恒等式是

$$\left(\nabla^2 + k^2\right) \left(\frac{\mathrm{e}^{\mathrm{i}kR}}{R}\right) = -4\pi\delta(\vec{R}), \tag{4.36}$$

这里 $\vec{R} = \vec{r} - \vec{r}\,'$, $R = |\vec{R}|$. 可以直接验算上式左右相等: 首先, 验算在 $R \neq 0$ 时上式左边为零,

$$\nabla^2 \left(\frac{\mathrm{e}^{\mathrm{i}kR}}{R}\right) = \frac{1}{R} \partial_R^2 \left(R \frac{\mathrm{e}^{\mathrm{i}kR}}{R}\right) = -k^2 \left(\frac{\mathrm{e}^{\mathrm{i}kR}}{R}\right),$$

即 $(\nabla^2 + k^2)\left(\dfrac{\mathrm{e}^{\mathrm{i}kR}}{R}\right) = 0$; 其次, 式 (4.36) 的两边进行三维空间积分, 利用式 (1.12), 该式左边的积分等于 -4π(来源于 $\mathrm{e}^{\mathrm{i}kR}\nabla^2\left(\dfrac{1}{R}\right)$ 项对于 $\mathrm{d}\tau$ 积分, 另一项的积分为零). 根据 δ 函数的定义可知式 (4.36) 成立. 验算式 (4.36) 的另一个便利的办法是利用在等离子体内静电场问题中的库仑屏蔽势方程 (2.82) 及其解式 (2.84), 在这两式中作

$$\vec{r} \to \vec{r} - \vec{r}', \quad \frac{1}{\lambda_D} \to -\mathrm{i}k, \quad q \to 4\pi\epsilon_0$$

简单代换后即得式 (4.36).

第二个辅助性恒等式为

$$\Psi(\nabla')^2\varphi - \varphi(\nabla')^2\Psi = \nabla' \cdot (\Psi\nabla'\varphi - \varphi\nabla'\Psi), \tag{4.37}$$

见第 2 章式 (2.62).

在式 (4.37) 中令 $\Psi = \psi(\vec{r}')$ 为待求在 $\vec{r}'$ 处电磁波任一分量, 令 $\varphi = \left(\dfrac{\mathrm{e}^{\mathrm{i}kR}}{R}\right)$. 对该式的左右两端作体积分 $\displaystyle\int \mathrm{d}\tau'$, 积分变元 $\mathrm{d}\tau'$ 为系统内部空间. 在 Ψ 和 φ 这样的约定下, 式 (4.37) 左边对 $\mathrm{d}\tau'$ 积分, 得到

$$\int \left[\psi(\vec{r}')(\nabla')^2\left(\frac{\mathrm{e}^{\mathrm{i}kR}}{R}\right) - \left(\frac{\mathrm{e}^{\mathrm{i}kR}}{R}\right)(\nabla')^2\psi(\vec{r}')\right]\mathrm{d}\tau'$$

$$= \int \left[\psi(\vec{r}')(\nabla')^2\left(\frac{\mathrm{e}^{\mathrm{i}kR}}{R}\right) - \left(\frac{\mathrm{e}^{\mathrm{i}kR}}{R}\right)(-k^2)\psi(\vec{r}')\right]\mathrm{d}\tau'$$

$$= \int \left[\psi(\vec{r}')\left((\nabla')^2 + k^2\right)\left(\frac{\mathrm{e}^{\mathrm{i}kR}}{R}\right)\right]\mathrm{d}\tau'$$

$$= \int \psi(\vec{r}')\left[-4\pi\delta(\vec{r} - \vec{r}')\right]\mathrm{d}\tau' = -4\pi\psi(\vec{r}), \tag{4.38}$$

其中第一步利用了关于场量 ψ 的亥姆霍兹方程; 第三步利用了式 (4.36). 式 (4.37) 右边对 $\mathrm{d}\tau'$ 积分后变为

$$\int \left[\nabla' \cdot \left(\psi\nabla'\frac{\mathrm{e}^{\mathrm{i}kR}}{R} - \frac{\mathrm{e}^{\mathrm{i}kR}}{R}\nabla'\psi\right)\right]\mathrm{d}\tau'$$

$$= \oint_{S'}\left(-\psi\nabla\frac{\mathrm{e}^{\mathrm{i}kR}}{R} - \frac{\mathrm{e}^{\mathrm{i}kR}}{R}\nabla'\psi\right) \cdot \mathrm{d}\vec{S}'$$

$$= \oint_{S'}\left[-\psi(\vec{r}')\left(\mathrm{i}k - \frac{1}{R}\right)\frac{\mathrm{e}^{\mathrm{i}kR}}{R}\vec{e}_R - \frac{\mathrm{e}^{\mathrm{i}kR}}{R}\nabla'\psi(\vec{r}')\right] \cdot (-\vec{n}\mathrm{d}S')$$

$$= \oint_{S'}\frac{\mathrm{e}^{\mathrm{i}kR}}{R}\vec{n} \cdot \left[\nabla'\psi(\vec{r}') + \left(\mathrm{i}k - \frac{1}{R}\right)\vec{e}_R\psi(\vec{r}')\right]\mathrm{d}S'. \tag{4.39}$$

上式推导过程中利用了高斯定理、$\mathrm{d}\vec{S}\,' = \mathrm{d}S'\vec{n}' = -\mathrm{d}S'\vec{n}$、$\nabla'\left(\dfrac{\mathrm{e}^{\mathrm{i}kR}}{R}\right) = -\nabla\left(\dfrac{\mathrm{e}^{\mathrm{i}kR}}{R}\right)$ $= -\left(\mathrm{i}k - \dfrac{1}{R}\right)\dfrac{\mathrm{e}^{\mathrm{i}kR}}{R}\vec{e}_R$, 这里 $\vec{n}'$ 是系统表面 S' 的外法线方向, $\vec{n}$ 为内法线方向 (见图 4.4). 整理式 (4.38) 和式 (4.39), 得到

$$\psi(\vec{r}) = -\frac{1}{4\pi}\oint_{S'}\left(\frac{\mathrm{e}^{\mathrm{i}kR}}{R}\right)\vec{n}\cdot\left[\nabla'\psi(\vec{r}') + \left(\mathrm{i}k - \frac{1}{R}\right)\vec{e}_R\psi(\vec{r'})\right]\mathrm{d}S', \qquad (4.40)$$

上式称为基尔霍夫公式, 其中 $\left(\dfrac{\mathrm{e}^{\mathrm{i}kR}}{R}\right)$ 可以理解为从给定边界上的 $\vec{r}'$ 处出射并传播到 $\vec{r}$ 处单位强度的电磁波. 基尔霍夫公式把系统内部 $\vec{r}$ 处的电磁场强度用给定边界上的电磁场 ψ 及 $\partial_n\psi$ 表示.

4.3.2　小孔衍射

我们用基尔霍夫公式讨论单色平面电磁波的小孔衍射. 如图 4.4 所示, 无穷大的屏幕上有一个小孔, 平面电磁波从左侧射向屏幕, 我们讨论屏幕后方 $\vec{r}$ 处的电磁场. 根据式 (4.40), $\vec{r}$ 处的场取决于系统边界处的场分布情况. 在这里边界由三部分组成: ①小孔部分, ②屏幕部分, ③屏幕右面的无穷远处的表面.

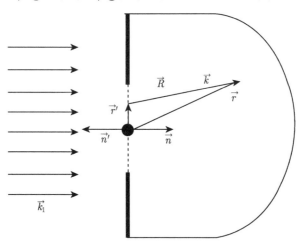

图 4.4　电磁波衍射示意图

为了简单, 我们假定在小孔部分的 ψ 及 $\partial_n\psi$ 未受到屏幕影响, 即忽略非常靠近小孔边界处电磁场的任何畸变 (在小孔尺寸 $l \gg \lambda$ 的情况下近似成立). 我们还假设屏幕完整地遮断电磁波, 屏幕右侧的屏表面上各处的电磁场 ψ 及 $\partial_n\psi$ 为零; 无穷远处的表面上 ψ 及 $\partial_n\psi$ 也为零. 在这些近似条件下, 基尔霍夫公式右边的积分号化简为对于小孔的表面积分

$$\psi(\vec{r}) = -\frac{1}{4\pi}\int_{S_0}\frac{e^{ikR}}{R}\vec{n}\cdot\left(\nabla'\psi(\vec{r}'') + ik\vec{e}_R\psi(\vec{r}')\right)dS', \tag{4.41}$$

这里 S_0 表示小孔. 在上式中假定 R 很大, 略去了 $\dfrac{1}{R^2}$ 项.

假设图 4.4 中的小孔处电磁波为

$$\psi(\vec{r}') = \psi_0 e^{i\vec{k}_1\cdot\vec{r}'}, \quad \nabla'\psi = i\vec{k}_1\psi_0 e^{i\vec{k}_1\cdot\vec{r}'} = i\vec{k}_1\psi. \tag{4.42}$$

在 $r \gg r'$ 条件下, 由三角形的余弦定理

$$R = \left[r^2 + (r')^2 - 2\vec{r}\cdot\vec{r}'\right]^{1/2} = r\left[1 + \left(\frac{r'}{r}\right)^2 - 2\vec{r}'\cdot\vec{e}_r/r\right]^{1/2}$$

$$\approx r\left[1 + \frac{1}{2}\cdot(-2\vec{r}'\cdot\vec{e}_r/r)\right] = r - \vec{r}'\cdot\vec{e}_r. \tag{4.43}$$

把式 (4.42) 和式 (4.43) 代入式 (4.41) 中, 得到

$$\psi(\vec{r}) = -\frac{1}{4\pi}\int_{S_0}\frac{e^{ik(r-\vec{r}'\cdot\vec{e}_r)}}{r - \vec{r}'\cdot\vec{e}_r}\left[\vec{n}\cdot i\vec{k}_1\left(\psi_0 e^{i\vec{k}_1\cdot\vec{r}'}\right) + \vec{n}\cdot ik\vec{e}_R\left(\psi_0 e^{i\vec{k}_1\cdot\vec{r}'}\right)\right]dS'$$

$$\approx -\frac{ik\psi_0 e^{ikr}}{4\pi r}\int_{S_0}e^{i(\vec{k}_1 - k\vec{e}_r)\cdot\vec{r}'}(\cos\theta_1 + \cos\theta_2)dS'. \tag{4.44}$$

这里 θ_1 是入射波矢 $\vec{k}_1$ 方向和 $\vec{n}$ 方向 (小孔水平向右, 见图 4.4) 的夹角; θ_2 是衍射波矢量 $k\vec{e}_R$ 与 $\vec{n}$ 方向的夹角; $(\cos\theta_1 + \cos\theta_2)$ 称为倾斜因子. 在上式第二步过程中略去了在分母展开时关于 $\left(\dfrac{r'}{r}\right)$ 的高阶项.

例题 4.2 图 4.4 中的小孔为边长为 $2a$ 和 $2b$ 的长方形, 波长为 λ 的电磁波从左边垂直入射, $a, b \gg \lambda$. 讨论夫琅禾费 (Joseph von Fraunhofer) 远场衍射图样.

解答 图 4.4 中, 在入射波垂直入射条件下, 有 $\theta_1 = 0$, $\vec{k}_1\cdot\vec{r}' = 0$. 取长方形小孔的中心作为坐标原点, 平行于边长 $2a$ 的方向为 x 轴, 平行于边长 $2b$ 方向作为 y 轴. 在远场近似下 $R \gg a$、b, $\vec{r}$ 与 $\vec{R}$ 是平行的, 即 $\vec{e}_R = \vec{e}_r$, $\cos\theta_2$ 在小孔范围内与 $\vec{r}'$ 无关, 移到积分号外面, 式 (4.44) 化简为

$$\psi(\vec{r}) = -\frac{ik\psi_0 e^{ikr}}{4\pi r}(1 + \cos\theta_2)\int_{S_0}e^{-ik\vec{e}_r\cdot\vec{r}'}dS'$$

$$= -\frac{ik\psi_0 e^{ikr}}{4\pi r}(1 + \cos\theta_2)\int_{-a}^{a}dx' e^{-ik_{x'}x'}\int_{-b}^{b}dy' e^{-ik_{y'}y'}$$

$$= -\frac{ik\psi_0 e^{ikr}}{4\pi r}(1 + \cos\theta_2)\int_{-a}^{a}dx'\left[\cos(k_{x'}x') + i\sin(k_{x'}x')\right]$$

$$\int_{-b}^{b} \mathrm{d}y' \left[\cos(k_{y'}y') + \mathrm{i}\sin(k_{y'}y')\right]$$

$$= -\frac{\mathrm{i}k\psi_0 \mathrm{e}^{\mathrm{i}kr}}{4\pi r}\left(1 + \cos\theta_2\right)\frac{4}{k_{x'}k_{y'}}\sin\left(k_{x'}a\right)\sin\left(k_{y'}b\right). \tag{4.45}$$

在上式最后一步中利用了 $\sin(k_{x'}x')$ 和 $\sin(k_{y'}y')$ 分别是关于 x' 和 y' 的奇函数, 以及积分的上下限关于原点对称; 这个对称性导致上式中两个虚部的积分都为零. 式中 $k_{x'}$ 和 $k_{y'}$ 分别对应 $\vec{k}$ 在 x' 和 y' 轴上的分量, 可以用衍射角 α、β 表示. $\frac{\pi}{2} - \alpha$ 为衍射波矢量 $\vec{e}_r$ 与 x' 轴夹角, $\frac{\pi}{2} - \beta$ 为 $\vec{e}_r$ 与 y' 轴夹角. 夫琅禾费衍射是远场衍射, α、β 都很小, $\theta_2 \approx 0$, 有

$$k_{x'} = k\cos\left(\frac{\pi}{2} - \alpha\right) = k\sin\alpha \approx k\alpha,$$
$$k_{y'} = k\cos\left(\frac{\pi}{2} - \beta\right) = k\sin\beta \approx k\beta,$$
$$\cos\theta_2 \approx 1.$$

把这些结果代入式 (4.45), 得到

$$\psi(\vec{r}) = -\frac{\mathrm{i}k\psi_0 \mathrm{e}^{\mathrm{i}kr}}{2\pi r}4ab\frac{\sin k\alpha a}{k\alpha a}\frac{\sin k\beta b}{k\beta b}.$$

在衍射角 α、β 方向上的光强 $I = \frac{1}{2}|\psi|^2$ 为

$$I = I_0\left(\frac{\sin k\alpha a}{k\alpha a}\right)^2\left(\frac{\sin k\beta b}{k\beta b}\right)^2,$$

这里 $I_0 = \dfrac{2a^2b^2k^2|\psi_0|^2}{\pi^2 r^2}$ 为 $\vec{n}$ 方向 (即 $\alpha = \beta = \theta_2 = 0$) 的光强. 可见长方形小孔的衍射图样是衍射角 α 和 β 的正弦平方形式, 随 α 和 β 的变化出现一系列的暗纹. 暗纹条件是 $k\alpha a = i\pi$, $k\beta b = j\pi$, $i, j = 1, 2, 3, \cdots$. 因此波长 λ 越小, 条纹越密.

4.4　电磁波在导电介质内的传播

本节讨论单色平面电磁波在导电介质内的特点, 主要讨论两种导电介质: 等离子体和良导体.

4.4.1　良导体和等离子体内电磁波的色散关系

在导电介质中的自由电子受外来电磁场的洛伦兹力作用. 因为单色平面电磁波的电场强度 $|E| = c|B|$, 而在电子运动速度不太大时 $v/c \ll 1$, 因此洛伦兹力

$$\vec{F} = -e\left(\vec{E} + \vec{v} \times \vec{B}\right) \approx -e\vec{E}, \tag{4.46}$$

即可以忽略来自电磁波中磁场部分的作用力. 自由电子除了受到来自外电磁场的作用力, 在运动中还受到介质内原子的频繁散射而损失部分动量. 人们把这种散射等效为阻碍电子运动的 "散射力" $\vec{F}'$, $\vec{F}'$ 与电子运动方向相反; 电子动量越大, 这个散射力越强, 在数值上散射力和电子动量近似成正比例关系, 即 $\vec{F}' = -\frac{1}{\tau}m_e\vec{v}$. 所以电子的运动方程为

$$m_e\dot{\vec{v}} = -e\vec{E} - \frac{1}{\tau}m_e\vec{v}.$$

对于单色电磁波 $\vec{E} = \vec{E}_0 e^{-i\omega t}$, 受迫运动的电子运动速度为 $\vec{v} = \vec{v}_0 e^{-i\omega t}$. 把 $\vec{E}$ 和 $\vec{v}$ 代入上式, 可得到电子运动速度与外电场关系

$$\vec{v} = \frac{e\vec{E}}{i m_e\left(\omega + \dfrac{i}{\tau}\right)}.$$

我们利用上式得到导电介质内的电流密度

$$\vec{J} = n_e(-e)\vec{v} = \frac{i n_e e^2}{m_e\left(\omega + \dfrac{i}{\tau}\right)}\vec{E} = \sigma_\omega\vec{E}, \tag{4.47}$$

式中 n_e 为导电介质内自由电子数密度, σ_ω 为导电介质的电导率. 由上式得到 σ_ω 与外电磁波频率之间的关系式

$$\sigma_\omega = \frac{i n_e e^2}{m_e\left(\omega + \dfrac{i}{\tau}\right)}. \tag{4.48}$$

把 $\vec{E} = \vec{E}_0 e^{-i\omega t}$ 和式 (4.47) 代入麦克斯韦方程组中关于磁感应强度的旋度公式中,

$$\nabla \times \vec{B} = \mu_0\vec{J} + \mu_0\epsilon_0\partial_t\vec{E} = \mu_0\sigma_\omega\vec{E} - i\mu_0\epsilon_0\omega\vec{E} = -i\omega\mu_0\epsilon'\vec{E},$$

这里 ϵ' 称为导电介质的等效介电常量,

$$\epsilon' = \epsilon_0 + i\frac{\sigma_\omega}{\omega} = \epsilon_0 - \frac{n_e e^2}{m_e\omega\left(\omega + \dfrac{i}{\tau}\right)}. \tag{4.49}$$

上式给出了导电介质的等效介电常量与电磁波频率的关系, 常称为德鲁德 (Paul Karl Ludwig Drude) 模型.

由此可见, 如果不考虑导电介质内因为扰动而可能出现宏观意义上的电荷密度 ρ [见式 (4.61) 和本章练习题 4], 则导电介质内电磁场的麦克斯韦方程和单色波的

亥姆霍兹方程在形式上与真空中单色电磁波方程即式 (4.4-4.6) 相同, 仅把其中 ϵ_0 换成式 (4.49) 中的 ϵ' 即可. 由式 (4.6), 一般导电介质内电磁波色散关系为

$$k^2 = \omega^2 \mu_0 \epsilon'. \tag{4.50}$$

当 $\omega \ll 1/\tau$ 时, 式 (4.48) 变为

$$\sigma_\omega = \frac{n_e e^2 \tau}{m_e}, \tag{4.51}$$

即 σ_ω 近似与 ω 无关, 标记为 $\sigma_\omega = \sigma$. 对于良导体, 容易估计 τ 的值; 比如导体铜的 $n_e \approx 10^{29}/\mathrm{m}^3$, 电导率 $\sigma \approx 5.6 \times 10^7 \Omega^{-1} \cdot \mathrm{m}^{-1}$, 由式 (4.51) 给出导体铜对应的 $1/\tau$ 数量级为

$$\frac{1}{\tau} = \frac{n_e e^2}{m_e \sigma} \approx \frac{10^{29} \times 10^{-38}}{10^{-30} \times 10^7} \approx 10^{14} \ (\mathrm{Hz}), \tag{4.52}$$

属于近红外波段. 换句话说, 对于 $\omega \ll 10^{14}$ Hz 的电磁波而言, 欧姆定律 $\vec{J} = \sigma \vec{E}$ (σ 与 ω 无关) 可以直接应用于良导体. 把 $\sigma_\omega = \sigma$ 代入式 (4.49) 第一个等号的右边, 得到

$$\epsilon' = \epsilon_0 + \mathrm{i}\frac{\sigma}{\omega}. \tag{4.53}$$

把上式代入式 (4.50), 得到良导体内 $\omega \ll 10^{14}$ Hz 电磁波的色散关系

$$k^2 = \omega^2 \mu_0 \epsilon' = \omega^2 \mu_0 \epsilon_0 + \mathrm{i}\mu_0 \sigma \omega. \tag{4.54}$$

对于稀薄的等离子体, 散射力 $\vec{F}'$ 对于电子运动影响可以忽略, 式 (4.48) 变为

$$\sigma_\omega = \mathrm{i}\frac{n_e e^2}{m_e \omega}. $$

由上式和式 (4.49) 的第一个等式得到等效介电常量为

$$\epsilon' = \epsilon_0 + \mathrm{i}\sigma_\omega/\omega = \epsilon_0 - \frac{n_e e^2}{m_e \omega^2} = \epsilon_0 \left(1 - \frac{\omega_p^2}{\omega^2}\right), \tag{4.55}$$

式中 $\omega_p = \sqrt{\dfrac{n_e e^2}{m_e \epsilon_0}}$ 是式 (2.90) 定义的等离子振荡频率. 把上式代入式 (4.50), 得到稀薄等离子体中电磁波的色散关系

$$k^2 = \omega^2 \mu_0 \epsilon' = \frac{\omega^2}{c^2} \left(1 - \frac{\omega_p^2}{\omega^2}\right), \tag{4.56}$$

上式也可以写成

$$\omega^2 = c^2 k^2 + \omega_{\mathrm{p}}^2. \tag{4.57}$$

上式两边做微分运算, 得到 $\omega \mathrm{d}\omega = c^2 k \mathrm{d}k$. 由此得到等离子体中电磁波的相速度 $v_{\mathrm{p}} = \dfrac{\omega}{k}$ 和群速度 $v_{\mathrm{g}} = \dfrac{\mathrm{d}\omega}{\mathrm{d}k}$ 的关系

$$v_{\mathrm{p}} v_{\mathrm{g}} = c^2. \tag{4.58}$$

从式 (4.56) 和式 (4.58) 得到

$$v_{\mathrm{p}} = \frac{c}{\sqrt{1 - \dfrac{\omega_{\mathrm{p}}^2}{\omega^2}}}, \quad v_{\mathrm{g}} = c\sqrt{1 - \frac{\omega_{\mathrm{p}}^2}{\omega^2}} = \frac{c^2}{v_{\mathrm{p}}}. \tag{4.59}$$

4.4.2 良导体内的电荷密度和经典电磁波

在静电场情形下导体内宏观意义上的电荷密度 ρ 处处为零, 那么处于非恒定情形的导体 (如电磁波射入导体内) 在什么条件下还能继续存留这个简单性质呢?

假定电磁波频率 $\omega \ll 1/\tau \approx 10^{14}$ Hz, 即式 (4.51) 成立, 在这种情况下 $\sigma_{\omega} = \dfrac{n_{\mathrm{e}} e^2 \tau}{m_{\mathrm{e}}} = \sigma$. 由欧姆定律 $\vec{J} = \sigma \vec{E}$ 和电场强度的散度方程 $\nabla \cdot \vec{E} = \dfrac{\rho}{\epsilon_0}$ 得到

$$\nabla \cdot \vec{J} = \nabla \cdot \left(\sigma \vec{E} \right) = \frac{\sigma}{\epsilon_0} \rho.$$

把上式代入电荷守恒定律的微分形式式 (1.39), 得到关于 ρ 的方程 $\dfrac{\sigma}{\epsilon_0} \rho + \partial_t \rho = 0$. 这个方程的解为

$$\rho(t) = \rho(0) \mathrm{e}^{-\frac{t}{t_0}}. \tag{4.60}$$

其中 $t_0 = \epsilon_0/\sigma$. 根据上式, 如果导体内存在宏观意义上的电荷密度 $\rho(0)$, 该电荷密度 $\rho(t)$ 将随着时间 t 指数衰减. 对于一般导体而言, 假如因为各种涨落而出现了宏观意义上的电荷密度 $\rho(0)$, 则该电荷密度的衰减时间非常短. 例如导体铜的电导率 $\sigma = 5.6 \times 10^7 \Omega^{-1} \cdot \mathrm{m}^{-1}$, (4.60) 式给出的电荷密度的 “半衰期” 的量级为 $\epsilon_0/\sigma \approx 10^{-19}$ s. 对于满足 $\omega \ll 1/\tau \sim 10^{14}$ Hz 条件的电磁波 (见式 (4.52)), 其周期远大于电荷密度的半衰期 $t_0 = 10^{-19}$ s. 因此, 即使某个瞬间真的出现了一个宏观意义上非零的电荷密度, 在该电磁波周期这样的时间尺度上, 电荷密度的值在更短的时间内早已变成零, 电磁波根本就 “感觉” 不到来自非零电荷密度的效应. 换句话说, 只要电磁波的频率不太高, 一般金属都能作为良导体处理, 可以假设导体内部宏观意义上的电荷密度是零. 对于良导体, 经典电磁波的频率都满足

$$\omega \ll \frac{1}{\tau} \ll \frac{\sigma}{\epsilon_0}, \tag{4.61}$$

即对于经典电磁波而言, 良导体内都有 $\rho(t) = 0$.

我们考虑单色平面电磁波由真空射向良导体表面的情形, 见示意图 4.3(a). 在这里介质 1 为真空, 介质 2 为良导体, 由真空 (介质 1) 中入射的电磁波一部分被反射, 剩余部分进入导体内部, 电磁波入射面为 x-z 平面, 导体平面为 $z = 0$ 平面, z 轴正方向为指向导体内部. 真空中单色平面波的波矢量标记为 $\vec{k}$ ($k = \omega/c$), 导体内平面电磁波的波矢量标记为 $\vec{k}''$. 根据式 (4.54),

$$(k'')^2 = \omega^2 \epsilon_0 \mu_0 + \mathrm{i}\sigma\mu_0\omega, \tag{4.62}$$

因此在导体内电磁波的波矢量 $\vec{k}''$ 是一个复数矢量. 在图 4.3 中, $\vec{k}''$ 在 y 轴分量为零, $k_y'' = 0$, 波矢量 $\vec{k}$ 只有 $\vec{e}_x$ 和 $\vec{e}_z$ 分量. 由于在导体和真空的界面上 k_x 有连续性 (见式 (4.20)), 导体内波矢量沿着 x 轴投影为 $k_x'' = k_x = k\sin\theta$, 所以有

$$\vec{k}'' = k\sin\theta\vec{e}_x + (\beta + \mathrm{i}\gamma)\,\vec{e}_z. \tag{4.63}$$

这里 β, γ 都取正的实数. 把上式代入式 (4.62) 得到

$$\beta^2 - \gamma^2 = k^2\cos^2\theta, \tag{4.64}$$

$$2\beta\gamma = \omega\mu_0\sigma. \tag{4.65}$$

式 (4.64) 和式 (4.65) 两边平方, 所得到的左右两边分别相加, 得到

$$\left(\beta^2 + \gamma^2\right)^2 = (\omega\mu_0\sigma)^2 + k^4\cos^4\theta.$$

对上式两边开平方后变为

$$\beta^2 + \gamma^2 = \sqrt{(\omega\mu_0\sigma)^2 + k^4\cos^4\theta}.$$

由上式和式 (4.64) 得到

$$\beta = \sqrt{\frac{\sqrt{(\omega\mu_0\sigma)^2 + k^4\cos^4\theta} + k^2\cos^2\theta}{2}},$$
$$\gamma = \sqrt{\frac{\sqrt{(\omega\mu_0\sigma)^2 + k^4\cos^4\theta} - k^2\cos^2\theta}{2}}. \tag{4.66}$$

由式 (4.61) 可得 $\omega\mu_0\sigma \gg \omega^2\mu_0\epsilon_0 = k^2$. 把这个关系代入式 (4.66) 和式 (4.63), 得到

$$\beta \approx \gamma \approx \sqrt{\frac{\omega\mu_0\sigma}{2}} \gg k, \tag{4.67}$$

$$\vec{k}'' = \frac{\omega}{c}\sin\theta\vec{e}_x + \sqrt{\frac{\omega\mu_0\sigma}{2}}(1+\mathrm{i})\vec{e}_z$$

$$\approx \sqrt{\frac{\omega\mu_0\sigma}{2}}(1+\mathrm{i})\vec{e}_z = \sqrt{\omega\mu_0\sigma}\,\mathrm{e}^{\mathrm{i}\frac{\pi}{4}}\vec{e}_z. \tag{4.68}$$

由式 (4.68) 得到导体内传播的单色平面电磁波电场强度形式

$$\vec{E}''(\vec{r},t) = \vec{E}_0''\mathrm{e}^{\mathrm{i}(\vec{k}''\cdot\vec{r}-\omega t)} \approx \vec{E}_0''\mathrm{e}^{-\sqrt{\frac{\omega\mu_0\sigma}{2}}z}\mathrm{e}^{\mathrm{i}(\sqrt{\frac{\omega\mu_0\sigma}{2}}z-\omega t)} = \vec{E}_0''\kappa\mathrm{e}^{\mathrm{i}(\sqrt{\frac{\omega\mu_0\sigma}{2}}z-\omega t)}, \tag{4.69}$$

式中 $\kappa = \mathrm{e}^{-\sqrt{\frac{\omega\mu_0\sigma}{2}}z} = \mathrm{e}^{-z/\delta}$ 为电磁波在导体内的衰减因子, 这里 $\delta = \sqrt{\dfrac{2}{\omega\mu_0\sigma}}$ 为电磁波在导体内的穿透深度. 令导体内单色平面电磁波的磁感应强度形式为 $\vec{B}''(\vec{r}, t) = \vec{B}_0''\kappa\mathrm{e}^{\mathrm{i}(\vec{k}''\cdot\vec{r}-\omega t)}$. 由麦克斯韦方程组中电场强度的旋度关系 $\nabla\times\vec{E} = -\partial_t\vec{B}$ 和式 (4.68) 得到

$$\vec{B}_0'' = \left(\frac{1}{\mathrm{i}\omega}\right)\mathrm{i}\vec{k}''\times\vec{E}_0'' = \sqrt{\frac{\mu_0\sigma}{\omega}}\mathrm{e}^{\mathrm{i}\frac{\pi}{4}}\vec{e}_z\times\vec{E}_0''. \tag{4.70}$$

由此得到

$$|\vec{B}_0''| = \sqrt{\frac{\mu_0\sigma}{\omega}}|\vec{E}_0''|, \quad |\vec{H}_0''| = \sqrt{\frac{\sigma}{\omega\mu_0}}|\vec{E}_0''|. \tag{4.71}$$

因此, 良导体内电磁波中的磁场部分能量密度 $\overline{w}_B$ 为

$$\overline{w}_B = \frac{\overline{\mathrm{Re}(\vec{B}'')\cdot\mathrm{Re}(\vec{B}'')}}{2\mu_0} = \frac{|B_0''\kappa|^2}{4\mu_0} = \frac{\kappa^2}{4\mu_0}\frac{\mu_0\sigma}{\omega}|E_0''|^2$$

$$= \frac{\sigma}{\epsilon_0\omega}\left(\frac{\epsilon_0}{4}|E_0''\kappa|^2\right) \gg \frac{\epsilon_0}{4}|E_0''\kappa|^2 = \overline{w}_E. \tag{4.72}$$

上式左右两边分别是磁场能量密度和电场能量密度对时间求平均, 其中第二步出现的 $\dfrac{1}{2}$ 常数因子推导过程与推导式 (4.12) 的过程相同. 上式表明, 在良导体内的电磁波能量中, 磁场部分的能量密度远大于电场部分的能量密度; 这与真空中或线性介质中的单色平面电磁波相比有很大差异 —— 在那些情形下, 电场能量密度和磁场能量密度是相等的.

由式 (4.68) 得到电磁波在导体内的传播速度 v 为

$$v = \frac{\omega}{|\mathrm{Re}(\vec{k}'')|} = \frac{\omega}{\sqrt{k_x^2 + \dfrac{\omega\mu_0\sigma}{2}}} \approx \sqrt{\frac{2\omega}{\sigma\mu_0}} = \sqrt{\frac{2\omega\epsilon_0}{\sigma}}c \ll c. \tag{4.73}$$

由式 (4.67)~ 式 (4.73) 可知, 良导体内的电磁波有以下几个特点:

(1) "平面电磁波" 的波长远小于该电磁波在真空中的波长.

(2) 电磁波是极其迅速衰减的, "穿透" 深度在 $\sqrt{\dfrac{2}{\omega\mu_0\sigma}}$ 量级.

(3) 透射电磁波的波矢量 $\vec{k}''$ 的大小和方向几乎与入射角度无关, 垂直于导体表面.

(4) 磁感应强度 $\vec{B}$ 的相位比电场强度 $\vec{E}$ 的相位提前 $\pi/4$.

(5) 电磁波中磁场部分的能量密度远大于电场部分的能量密度.

(6) 传播速度远小于真空中电磁波的传播速度 c.

4.4.3　经典电磁波在良导体边界上的反射

真空中的单色平面电磁波入射到良导体表面的反射和折射的处理方法与绝缘介质情形的方法很类似. 从上面讨论已经知道, 无论单色平面电磁波的入射角 θ 多大, 根据式 (4.68) 在良导体内的折射波几乎都沿 $\vec{e}_z$ 方向传播, 折射角 $\theta'' \approx 0$. 在良导体内部, 电场强度和磁感应强度的关系由式 (4.70) 给出.

由式 (4.60) 和式 (4.61), 对于经典电磁波而言良导体内宏观意义上电荷密度 ρ_{f} 为零, 电流密度可以通过引入复数形式的介电常量 [见式 (4.49)] 考虑, 所以在良导体内经典电磁波满足的方程在形式上与绝缘介质内的方程形式完全相同, 从真空入射导体单色平面电磁波的边值关系与绝缘介质界面处的情形完全一样, 即式 (4.15-4.16). 相应地, 在图 4.3(b) 和 (c) 情况下良导体表面处的电磁场边值关系分别由式 (4.24) 和式 (4.29) 给出.

这里首先讨论图 4.3(b) 即 $\vec{E}$ 垂直于入射面情形. 把在真空中和在良导体内的电场强度与磁场强度关系式代入式 (4.24), 得到

$$\sqrt{\frac{\epsilon_0}{\mu_0}}(E - E')\cos\theta \approx \sqrt{\frac{\sigma}{\omega\mu_0}}\mathrm{e}^{\mathrm{i}\frac{\pi}{4}}E'', \quad E + E' = E'',$$

上面两个关系式的左边除以左边, 右边除以右边, 得到

$$\frac{E + E'}{E - E'} = \frac{\cos\theta\sqrt{\epsilon_0}}{\sqrt{\sigma/\omega}\mathrm{e}^{\mathrm{i}\frac{\pi}{4}}} = \frac{\cos\theta\sqrt{\frac{\epsilon_0\omega}{\sigma}}}{\mathrm{e}^{\mathrm{i}\frac{\pi}{4}}},$$

即有

$$\frac{E'}{E} = \frac{\cos\theta\sqrt{\frac{\omega\epsilon_0}{\sigma}} - \mathrm{e}^{\mathrm{i}\frac{\pi}{4}}}{\cos\theta\sqrt{\frac{\omega\epsilon_0}{\sigma}} + \mathrm{e}^{\mathrm{i}\frac{\pi}{4}}} = \frac{\left(\cos\theta\sqrt{\frac{\omega\epsilon_0}{\sigma}} - \dfrac{1}{\sqrt{2}}\right) - \dfrac{\mathrm{i}}{\sqrt{2}}}{\left(\cos\theta\sqrt{\frac{\omega\epsilon_0}{\sigma}} + \dfrac{1}{\sqrt{2}}\right) + \dfrac{\mathrm{i}}{\sqrt{2}}},$$

因为 $\sqrt{\dfrac{\epsilon_0\omega}{\sigma}} \ll 1$, 由上式可得在 $\vec{E}$ 垂直于入射面情形下良导体对于经典电磁波的反射率

$$R = \left| \frac{E'}{E} \right|^2 \approx \frac{1 - \cos\theta \sqrt{\dfrac{2\omega\epsilon_0}{\sigma}}}{1 + \cos\theta \sqrt{\dfrac{2\omega\epsilon_0}{\sigma}}} \approx 1 - 2\cos\theta \sqrt{\frac{2\omega\epsilon_0}{\sigma}} \approx 1. \tag{4.74}$$

现在讨论图 4.3 (c) 即 $\vec{E}$ 平行于入射面的情形. 由式 (4.29) 和式 (4.70), 得到

$$\sqrt{\frac{\epsilon_0}{\mu_0}}(E + E') \approx \sqrt{\frac{\sigma}{\omega\mu_0}} \mathrm{e}^{\mathrm{i}\frac{\pi}{4}} E'', \quad E\cos\theta - E'\cos\theta = E''.$$

这两式左右两边分别相除, 得到 $\dfrac{E + E'}{E - E'} = \dfrac{\cos\theta \mathrm{e}^{\mathrm{i}\frac{\pi}{4}}}{\sqrt{\dfrac{\omega\epsilon_0}{\sigma}}}$, 即

$$\frac{E'}{E} = \frac{\cos\theta \mathrm{e}^{\mathrm{i}\frac{\pi}{4}} - \sqrt{\dfrac{\omega\epsilon_0}{\sigma}}}{\cos\theta \mathrm{e}^{\mathrm{i}\frac{\pi}{4}} + \sqrt{\dfrac{\omega\epsilon_0}{\sigma}}} = \frac{\left(\dfrac{1}{\sqrt{2}} - \dfrac{1}{\cos\theta} \sqrt{\dfrac{\omega\epsilon_0}{\sigma}} \right) + \dfrac{\mathrm{i}}{\sqrt{2}}}{\left(\dfrac{1}{\sqrt{2}} + \dfrac{1}{\cos\theta} \sqrt{\dfrac{\omega\epsilon_0}{\sigma}} \right) + \dfrac{\mathrm{i}}{\sqrt{2}}},$$

由此可得 $\vec{E}$ 平行于入射面情形下良导体对于经典电磁波的反射率

$$R = \left| \frac{E'}{E} \right|^2 \approx \frac{1 - \dfrac{1}{\cos\theta} \sqrt{\dfrac{2\omega\epsilon_0}{\sigma}}}{1 + \dfrac{1}{\cos\theta} \sqrt{\dfrac{2\omega\epsilon_0}{\sigma}}} \approx 1 - \frac{2}{\cos\theta} \sqrt{\frac{2\omega\epsilon_0}{\sigma}} \approx 1. \tag{4.75}$$

由式 (4.74) 和式 (4.75) 可知, 良导体对于经典电磁波的反射率很高, 接近于全反射, 这就是雷达探测飞机和军舰的基本原理. 因为飞机和军舰表面材料主要是金属良导体, 雷达能接收到这些导体表面对于雷达所发射电磁波的反射波. 类似地, 这也可以解释为什么在金属车厢内手机信号不好的现象: 因为车厢的导体外壳对普通电磁波的高反射率, 外界电磁信号难以进入车厢内.

上面讨论了良导体对于经典电磁波的高反射率. 需要特别说明的是, 对于波长很短的电磁波, 良导体表面的这种高反射率不再成立. 对于 $\omega \sim 1/\tau \approx 10^{14}$ Hz 的电磁波而言, 式 (4.49) 的等效介电常量是一个复数, 也就是说在这种情况下, 导体对于电磁波既有反射也有少部分的透射, 透射部分是衰减波. 在日常生活中看到金属光泽就是金属表面反射的可见光. 如果再增加电磁波的频率, 透射部分增多, 而反射部分减少. 如果电磁波的频率继续增加, 电磁波依次为紫外线 ($\omega \approx 10^{15} \sim 10^{17}$ Hz)、X 射线 ($\omega \approx 10^{18} \sim 10^{20}$ Hz)、γ 射线 ($\omega > 10^{20}$ Hz), 电磁波的频率 $\omega \gg 1/\tau \approx 10^{14}$ Hz, 式 (4.49) 引入的等效介电常量中可以忽略来自原子散射部分的贡献, 等效介电常量由对应导体的式 (4.53) 变为对应等离子体的式 (4.55), 此时的 "导体" 对于该

电磁波成为"透明"的等离子体. 对于良导体,

$$\omega_{\mathrm{p}} = \sqrt{\frac{n_{\mathrm{e}}e^2}{m_{\mathrm{e}}\epsilon_0}} \approx \sqrt{\frac{10^{29} \times \left(1.6 \times 10^{-19}\right)^2}{10^{-30} \times 8.85 \times 10^{-12}}} \approx 1.7 \times 10^{16}~(\mathrm{Hz}).$$

在这种条件下, 导体内电磁波色散关系以及相速度、群速度由式 (4.56)~ 式 (4.59) 给出. 这就是许多导体不能有效屏蔽 X 射线和 γ 射线的原因.

4.4.4　* 地球电离层与短波通信

本小节定性讨论利用地球电离层进行无线电通信.

地球电离层是地球大气中原子、分子在太阳紫外线、X 射线以及来自宇宙空间的高能带电粒子作用下发生电离而形成的等离子体. 电离过程伴随着电子与离子的复合过程, 所以地球电离层状态不是稳定的, 随着地球的自转和公转发生准周期的变化. 例如在早晨太阳辐射逐步增强, 单位时间内电离过程生成的自由电子增多, 电子数密度 n_{e0} 变大; 而在傍晚来自太阳的辐射逐步变弱, 电离生成的自由电子数降低, n_{e0} 变小. 地球大气电离层的分布和变化是很复杂的. 一般情况下, 电离层分布大约为海拔 60~500 km. 更高的区域 (600~1000 km) 大气异常稀薄, 在这个区域内来自太阳风中粒子运动受地磁场控制, 在地球大气层外表面形成一个太阳风包围的彗星状区域, 称为磁层. 磁层顶高度则为 5 0000~7 0000 km.

电离层按照其高度分为 D、E、F 层. 最低层称为 D 层, 其海拔为 60~90 km, $n_{\mathrm{e0}} \approx 10^8 \sim 10^{10}\mathrm{m}^{-3}$, 最大密度出现在约 80 km 附近; D 层大气很稠密, 电子、离子很容易复合. 在夜晚没有太阳辐射的情况下, D 层内分子的电离过程和电子离子的复合过程在白天的动态平衡被打破, 复合过程导致 D 层消失. E 层的海拔为 90~140 km, $n_{\mathrm{e0}} \approx 10^9 \sim 10^{11}~\mathrm{m}^{-3}$, 最高值大约在海拔 110 km; E 层夜晚不完全消失, 不过数值变小 ($10^9 \sim 10^{10}\mathrm{m}^{-3}$). 海拔为 140~500 km 的电离层被称为 F 层, 这一区域 n_{e0} 可达 $10^{12}\mathrm{m}^{-3}$, 在海拔大约 300 km 处最大, 300 km 以上电离层中的 n_{e0} 则逐渐降低. 夜晚 F 中的部分电子和离子复合, n_{e0} 的峰值大约在 $10^{11}\mathrm{m}^{-3}$ 量级. 利用式 (2.90), 由电离层的 n_{e0} 容易得到电离层的等离子体振荡频率的大致量级, 如 F 层对应的等离子体振荡频率约为

$$f_{\mathrm{p}} = \frac{\omega_{\mathrm{p}}}{2\pi} = \frac{1}{2\pi}\left(\frac{n_{\mathrm{e0}}e^2}{m_{\mathrm{e}}\epsilon_0}\right)^{1/2} \approx \frac{1}{6.28}\left[\frac{10^{12} \times (1.6 \times 10^{-19})^2}{0.9 \times 10^{-30} \times 8.85 \times 10^{-12}}\right]^{1/2} \approx 9(\mathrm{MHz}). \quad (4.76)$$

因为昼夜和不同地理位置 n_{e0} 的不同, F 层的 f_{p} 在 5~13 MHz. 类似地, 可得到 D 层和 E 层对应的 f_{p} 分别约为 0.4MHz 和 2 MHz.

根据式 (4.59), 等离子体相对于真空的折射率为 $c/v_{\mathrm{p}} = \sqrt{1 - \dfrac{\omega_{\mathrm{p}}^2}{\omega^2}} < 1$, ω_{p} 是式 (2.90) 中的等离子体振荡频率. 当电磁波从地表入射大气的电离层 (ionosphere) 时,

如果入射角大于 $\arcsin\sqrt{1 - \dfrac{\omega_p^2}{\omega^2}}$, 电磁波被电离层全反射; 当 $\omega < \omega_p$, 等离子体色散关系式 (4.57) 中的波矢量 k 是虚数时, 由地面发射沿任意入射角度的电磁波都会被电离层反射, 因此 ω_p 是可穿越等离子体电磁波的最低频率. 电离层对于电磁波这种全反射被广泛应用于无线电广播通讯.

按照电磁波的波长, 人们把电磁波人为地分为长波 (波长 λ 在 1 km 以上, 对应频率在 0.3 MHz 以下)、中波 (λ 在 100~1000 m, 对应频率在 0.3~3 MHz)、短波 (λ 在 10~100 m, 对应频率在 3~30 MHz). 我国无线电广播频率范围规定中波为 535~1605 kHz, 短波为 2~24 MHz. 白天电离层的 D 层对中波的吸收很强, 所以白天收到的广播少; 夜晚 D 层消失, E 层反射中波而吸收很少, 夜晚中波可传播很远; F 层反射短波段电磁波, 而 D 层、E 层对短波吸收少, 所以短波在白天也传播得较远.

不同波段的通信有各自的优缺点. 长波容易被电离层反射并向远处传播, 受电离层变化的影响小, 可深入海水几十米 (如用于潜水艇通信); 然而长波的频率低, 可同时传送频道数量很有限, 需要长天线和大功率, 并且容易受到干扰. 短波由 F 层反射, 电离层吸收少, 传播的距离远、功耗小; 然而短波通信受电离层变化 (如昼夜、季节) 影响, 稳定性较差、噪音大, 传播过程中可能导致信号畸变或弱化. 短波广播较难干扰, 在冷战时期曾经是各方政治宣传的重要手段之一.

4.4.5 * 磁化等离子体中的电磁波

为了简单, 设等离子体中存在一个恒定匀强磁场 $\vec{B}_e$, $\vec{B}_e = B_0 \vec{e}_z$. 入射电磁波为 $\vec{E}(\vec{r}, t) = \vec{E}(\vec{r}) e^{-i\omega t}$. 等离子体内的电子受迫运动, 运动速度 $\vec{v}(\vec{r}, t) = \vec{v}(\vec{r}) e^{-i\omega t}$. 与式 (4.46) 中对于磁感应强度 $\vec{B}$ 的处理一样, 这里忽略来自单色平面电磁波中磁场对于电子的作用力, 而考虑磁场 $\vec{B}_e$ 对于电子的作用力. 电子运动方程为

$$m_e \dot{\vec{v}} = -e(\vec{E} + \vec{v} \times \vec{B}_e), \tag{4.77}$$

即

$$i m_e \omega v_x = e(E_x + v_y B_e), \quad i m_e \omega v_y = e(E_y - v_x B_e), \quad i m_e \omega v_z = e E_z. \tag{4.78}$$

由上式通过简单的加减消元, 得到

$$\begin{pmatrix} v_x \\ v_y \\ v_z \end{pmatrix} = \begin{pmatrix} -\dfrac{e(i\omega E_x + \omega_B E_y)}{m_e(\omega^2 - \omega_B^2)} \\ -\dfrac{e(i\omega E_y - \omega_B E_x)}{m_e(\omega^2 - \omega_B^2)} \\ -i\dfrac{e E_z}{m_e \omega} \end{pmatrix} \tag{4.79}$$

其中 $\omega_B = \dfrac{eB_e}{m}$ 是电子在磁场中的回旋圆频率. 在上式中当 $\omega = \omega_B$ 时, v_x 和 v_y 的值是发散的, 入射电磁波的能量被电子吸收, 这种现象称为电子回旋共振现象. 对于地球大气电离层, 取地球磁场平均强度作为等离子体内的磁场强度, $B_0 \sim 5\times10^{-5}\mathrm{T}$, 可得地磁场对应的 $\omega_B \approx 8.8 \times 10^6 \mathrm{s}^{-1}$, 频率为 $f_B \approx 1.4\,\mathrm{MHz}$ (属于中波频段), 因此在无线通信中应避开 $1.4\,\mathrm{MHz}$ 附近的频率.

由式 (4.79) 和电流密度定义 $\vec{J} = n_\mathrm{e}(-e)\vec{v}$, 得到等离子体内电流密度分量形式

$$J_x = \frac{n_\mathrm{e}e^2(\mathrm{i}\omega E_x + \omega_B E_y)}{m_e(\omega^2 - \omega_B^2)} = \epsilon_0 \frac{\omega_\mathrm{p}^2}{\omega^2 - \omega_B^2}(\mathrm{i}\omega E_x + \omega_B E_y)\,, \tag{4.80}$$

$$J_y = \frac{n_\mathrm{e}e^2(\mathrm{i}\omega E_y - \omega_B E_x)}{m_e(\omega^2 - \omega_B^2)} = \epsilon_0 \frac{\omega_\mathrm{p}^2}{\omega^2 - \omega_B^2}(\mathrm{i}\omega E_y - \omega_B E_x)\,, \tag{4.81}$$

$$J_z = \mathrm{i}\frac{n_\mathrm{e}e^2 E_z}{m_e\omega} = \mathrm{i}\epsilon_0 \frac{\omega_\mathrm{p}^2 E_z}{\omega}\,, \tag{4.82}$$

式中 $\omega_\mathrm{p} = \sqrt{\dfrac{n_\mathrm{e}e^2}{m_e\epsilon_0}}$ 是式 (2.90) 中的等离子体振荡频率.

对于单色电磁波的电场强度旋量方程 $\nabla \times \vec{E} = \mathrm{i}\omega\vec{B}$ 的两边求旋度, 利用 $\nabla \cdot \vec{E} = 0$ 以及磁感应强度的旋量方程 $\nabla \times \vec{B} = \mu_0\vec{J} + \mu_0\epsilon_0(-\mathrm{i}\omega)\vec{E}$, 得到

$$-\nabla^2\vec{E} = \omega^2\mu_0\epsilon_0\vec{E} + \mathrm{i}\omega\mu_0\vec{J}\,. \tag{4.83}$$

下面我们利用上式讨论电磁波传播方向平行于磁场方向时等离子体内单色平面电磁波的色散关系. 令 $\vec{E}(\vec{r},t) = (E_x\vec{e}_x + E_y\vec{e}_y)\mathrm{e}^{\mathrm{i}(kz-\omega t)}$, 把式 (4.80) 代入式 (4.83), 得到式 (4.83) 的 x 分量形式

$$k^2 E_x = \omega^2\mu_0\epsilon_0 E_x + \mathrm{i}\omega\mu_0\epsilon_0 \frac{\omega_\mathrm{p}^2}{\omega^2 - \omega_B^2}(\mathrm{i}\omega E_x + \omega_B E_y)$$

把上式右边的 E_x 移到左边, 整理得到

$$\left[k^2 c^2 - \omega^2\left(1 - \frac{\omega_\mathrm{p}^2}{\omega^2 - \omega_B^2}\right)\right] E_x = \mathrm{i}\omega\omega_B \frac{\omega_\mathrm{p}^2}{\omega^2 - \omega_B^2} E_y. \tag{4.84}$$

类似地, 把式 (4.81) 代入式 (4.83), 得到式 (4.83) 的 y 分量形式为

$$\left[k^2 c^2 - \omega^2\left(1 - \frac{\omega_\mathrm{p}^2}{\omega^2 - \omega_B^2}\right)\right] E_y = -\mathrm{i}\omega\omega_B \frac{\omega_\mathrm{p}^2}{\omega^2 - \omega_B^2} E_x.$$

上式和式 (4.84) 左右两边分别相乘 (左乘左、右乘右), $E_x E_y \neq 0$ 意味着

$$\left[k^2 c^2 - \omega^2 \left(1 - \frac{\omega_{\mathrm{p}}^2}{\omega^2 - \omega_B^2} \right) \right]^2 = \left(\omega \omega_B \frac{\omega_{\mathrm{p}}^2}{\omega^2 - \omega_B^2} \right)^2,$$

即

$$k^2 c^2 - \omega^2 \left(1 - \frac{\omega_{\mathrm{p}}^2}{\omega^2 - \omega_B^2} \right) = \pm \omega \omega_B \frac{\omega_{\mathrm{p}}^2}{\omega^2 - \omega_B^2}, \tag{4.85}$$

上式右边的 "±" 取正号时, 把上式代入式 (4.84), 得到 $E_x = \mathrm{i} E_y$, 这说明上式右边 "±" 取正号对应左旋电磁波; 类似地, 当上式右边 "±" 取负号时, 得到 $E_x = -\mathrm{i} E_y$, 对应右旋电磁波. 上式表明左旋和右旋的单色平面电磁波的色散关系是不同的, 所以两种情况电磁波的波速也是不同的. 如果沿着磁场方向入射的电磁波是线偏振的, 该电磁波在等离子体内可分解为等振幅的左旋和右旋平面单色电磁波的叠加. 因为左右旋电磁波的波速不一样, 合成波的偏振方向沿着传播方向旋转. 类似现象在光学中称为磁场旋光现象或法拉第效应.

当式 (4.85) 右边取正号 (对应左旋波时), 该式移项整理得到

$$\begin{aligned}
k^2 c^2 &= \omega^2 \left(1 - \frac{\omega_{\mathrm{p}}^2}{\omega^2 - \omega_B^2} \right) + \frac{\omega_{\mathrm{p}}^2 \omega_B \omega}{(\omega^2 - \omega_B^2)} \\
&= \omega^2 \left(1 - \frac{\omega_{\mathrm{p}}^2}{\omega^2 - \omega_B^2} + \frac{\omega_B \omega_{\mathrm{p}}^2}{(\omega^2 - \omega_B^2)\omega} \right) \\
&= \omega^2 \left(1 - \frac{\omega_{\mathrm{p}}^2}{\omega(\omega + \omega_B)} \right).
\end{aligned} \tag{4.86}$$

令上式左边的 $k^2 \geqslant 0$, 即得到等离子体内的单色平面波在传播方向平行于外磁场 $\vec{B}_{\mathrm{e}}$ 情况下的左旋波传播频带

$$\omega^2 - \frac{\omega_{\mathrm{p}}^2}{(1 + \omega_B/\omega)} \geqslant 0, \quad \omega \geqslant \omega_{\mathrm{c}} = \sqrt{\omega_{\mathrm{p}}^2 + \omega_B^2/4} - \frac{\omega_B}{2}. \tag{4.87}$$

上式在数学上还有一个解 $\omega \leqslant -\sqrt{\omega_{\mathrm{p}}^2 + \omega_B^2/4} - \frac{\omega_B}{2}$. 由于 ω 大于零, 该解应该舍去. 所以左旋波只有一个传播频带, $\omega_{\mathrm{L}} > \sqrt{\omega_{\mathrm{p}}^2 + \omega_B^2/4} - \frac{\omega_B}{2}$.

类似于推导式 (4.86) 的过程, 当式 (4.85) 右边取负号 (对应右旋波时), 该式变为

$$k^2 c^2 = \omega^2 \left(1 - \frac{\omega_{\mathrm{p}}^2}{\omega(\omega - \omega_B)} \right). \tag{4.88}$$

令上式左边的 $k^2 \geqslant 0$, 得到

$$1 - \frac{\omega_p^2}{\omega(\omega - \omega_B)} \geqslant 0. \tag{4.89}$$

上式的解分为两种情况. 第一种情况是

$$\omega < \omega_B, \tag{4.90}$$

在这种情况下式 (4.89) 恒成立, 所以 $\omega_R < \omega_B$ 是右旋波的传播频带; 第二种情况是 $\omega > \omega_B$, 此时式 (4.89) 的解为

$$\omega \geqslant \omega_c = \sqrt{\omega_p^2 + \omega_B^2/4} + \frac{\omega_B}{2}. \tag{4.91}$$

类似于式 (4.87), 这里舍去了式 (4.89) 的另一个解 $\omega \leqslant -\sqrt{\omega_p^2 + \omega_B^2/4} + \frac{\omega_B}{2}$. 可见右旋波有两个传播频带, 即 $\omega_R < \omega_B$ 或 $\omega_R > \sqrt{\omega_p^2 + \omega_B^2/4} + \frac{\omega_B}{2}$.

在地球电离层中, 不同高度自由电子密度 n_{e0} 不同, ω_p 数值也不同. 在 D 层, $f_p \sim 0.4\,\text{MHz}$, 即等离子振荡频率 ω_p 小于 ω_B; 如果在式 (4.87) 中忽略 ω_p, 可知这种情况下左旋波的最低频率 (截止频率) 接近于零, 而由式 (4.90) 和式 (4.91) 右旋波频带为 $\omega \neq \omega_B$. 对于 E 电离层, ω_p 与 ω_B 接近, 如果 $\omega_p \approx \omega_B$, 式 (4.87) 给出左旋波截止频率约为 $0.6\omega_B$, 而右旋波频率或者小于 ω_B 或者大于 $1.6\omega_B$. 在 F 电离层中 $f_p \approx 5 \sim 13\,\text{MHz}$, 远大于 $f_B/2 \approx 0.7\,\text{MHz}$, 左旋波的截止频率为 $\omega_c \approx \omega_p - \frac{1}{2}\omega_B$; 而右旋波的频率或者大于 $\omega_p + \frac{1}{2}\omega_B$, 或者小于 ω_B.

对于低频的右旋波, 如果 $\omega \ll \omega_B < \omega_p$, 则由式 (4.88) 可得

$$c^2 k^2 = \omega^2 - \frac{\omega_p^2}{1 - \omega_B/\omega} \approx \frac{\omega_p^2}{\omega_B/\omega} = \frac{\omega_p^2 \omega}{\omega_B}, \tag{4.92}$$

即 $\omega = \dfrac{c^2 k^2 \omega_B}{\omega_p^2}$, 由此得到低频右旋波的群速度为

$$v_g = \frac{\mathrm{d}\omega}{\mathrm{d}k} = \frac{c^2 2k \omega_B}{\omega_p^2} = 2c \frac{\omega_B}{\omega_p^2} \sqrt{\frac{\omega_p^2 \omega}{\omega_B}} = \frac{2c}{\omega_p} \sqrt{\omega_B \omega}. \tag{4.93}$$

v_g 正比于 $\sqrt{\omega}$. 由此可知, 在地球电离层中传播的右旋低频信号中, 频率相对高些的信号沿磁场方向比频率更低的信号传播速度快, 所以这种电磁波被称为哨音波 (whistler wave), 这种现象在电离层研究中很重要.

4.5 有界空间内的电磁波

从式 (4.74) 和式 (4.75) 知道, 除非电磁波的频率很高, 电磁波在良导体表面几乎被全反射, 所以良导体对于一般电磁波 (如微波) 是很 "硬" 的边界. 谐振腔和波导管正是利用了良导体这一特点. 谐振腔是中空的良导体空腔, 用来产生高频电磁振荡; 波导管是很长的均匀空心良导体管, 电磁波在管内沿着管的轴线方向传播, 常用来传输微波.

为了简单, 我们假定导体为理想导体, 即令电导率为无穷大. 在这种假定下电磁波在导体内的穿透深度 $\delta = \sqrt{\dfrac{2}{\omega \mu_0 \sigma}}$ 为零, 即电磁波的电场强度和磁感应强度在导体内不再是逐步衰减, 而是在导体表面发生跃变. 在理想导体内电场强度 $\vec{E}$ 和磁感应强度 $\vec{B}$ 都为零, 电磁场边值关系式 (1.116) 和式 (1.121) 变为

$$\vec{n} \times \vec{E} = 0, \quad \vec{n} \cdot \vec{B} = 0, \tag{4.94}$$

$$\vec{n} \times \vec{H} = \vec{\alpha}_{\mathrm{f}}, \quad \vec{n} \cdot \vec{D} = \sigma_{\mathrm{f}}. \tag{4.95}$$

在以上两式中 $\vec{n}$ 方向是内表面的法线方向, 指向空腔或波导管内部; $\vec{E}$、$\vec{B}$、$\vec{H}$、$\vec{D}$ 分别是导体空腔或波导管内壁处电场强度、磁感应强度、磁场强度和电位移矢量, 它们满足真空中单色电磁波的方程组 (4.5). 式 (4.95) 中的 $\vec{\alpha}_{\mathrm{f}}$ 和 σ_{f} 分别是导体表面自由电流的线密度矢量和自由电荷的面密度. 我们在求解电磁场分布时把式 (4.94) 作为电场强度 $\vec{E}$ 和磁感应强度 $\vec{B}$ 的限定条件, 由此条件和麦克斯韦方程共同确定导体边界处的 $\vec{E}$ 和 $\vec{B}$, 然后再利用式 (4.95) 得到导体表面上的自由电流线密度和自由电荷面密度. 实际上只需先求出 $\vec{E}$ 或 $\vec{B}$ 两者之一, 另一个就可以由麦克斯韦方程组 (4.4) 中电场强度或磁感应强度的旋度关系式方便地求出来.

4.5.1 矩形谐振腔

为了简单, 我们在这里只讨论矩形谐振腔. 讨论其他形状谐振腔的理论方法与此类似, 差异仅在数学处理方面.

采用直角坐标系, 令原点与谐振腔的顶点重合, 空腔的六个内表面分别为

$$x = 0, \quad x = L_1; \quad y = 0, \quad y = L_2; \quad z = 0, \quad z = L_3.$$

式 (4.94) 中 $\vec{n} \times \vec{E} = 0$, 意味着 $\vec{E}_\parallel = 0$, 即在空腔内表面处的电场强度只有垂直于腔体表面的分量. 在腔体内部 $\nabla \cdot \vec{E} = 0$, 所以在空腔内表面处有 $\partial_n E_n = 0$.

腔体内部的电场强度由亥姆霍兹方程 (4.5) 描述. $\vec{E}(\vec{r}, t) = \vec{E}(\vec{r}) e^{-i\omega t}$. 先考虑电场强度在 x 轴的分量

$$\left(\nabla^2 + k^2 \right) E_x(\vec{r}) = 0. \tag{4.96}$$

用分离变量法求解, 令 $E_x = X(x)Y(y)Z(z)$, 得到

$$X''(x) + k_x^2 X(x) = 0, \quad Y''(y) + k_y^2 Y(y) = 0, \quad Z''(z) + k_z^2 Z(z) = 0,$$

$$E_x(x, y, z) = A_1(\alpha_1 \cos k_x x + \beta_1 \sin k_x x)(\alpha_2 \cos k_y y + \beta_2 \sin k_y y)$$
$$\times (\alpha_3 \cos k_z z + \beta_3 \sin k_z z),$$

这里 $k_x^2 + k_y^2 + k_z^2 = k^2 = \omega^2/c^2$. 因为 $x = 0$ 平面上 $\partial_x E_x = 0$, 所以上式中的 $\beta_1 = 0$. 因为 $y = 0$ 和 $z = 0$ 平面上都有 $E_x = 0$, 所以上式中 $\alpha_2 = \alpha_3 = 0$. 所以有

$$E_x(x, y, z) = A_1 \cos k_x x \sin k_y y \sin k_z z. \tag{4.97}$$

同样有

$$E_y(x, y, z) = A_2 \sin k_x x \cos k_y y \sin k_z z, \tag{4.98}$$

$$E_z(x, y, z) = A_3 \sin k_x x \sin k_y y \cos k_z z. \tag{4.99}$$

当 $y = L_2$ 或 $z = L_3$ 时, 式 (4.97) 的 E_x 为零; 当 $x = L_1$ 或 $z = L_3$ 时, 式 (4.98) 的 E_y 为零; 由此得

$$k_x L_1 = m_1 \pi, \quad k_y L_2 = m_2 \pi, \quad k_z L_3 = m_3 \pi, \qquad m_1, m_2, m_3 = 0, 1, 2, 3, \cdots. \tag{4.100}$$

所以谐振腔内的波矢量 $\vec{k}$ 不是任意连续的实数矢量, $\vec{k}$ 的一般形式为

$$\vec{k} = \pi \left(\frac{m_1}{L_1} \vec{e}_x + \frac{m_2}{L_2} \vec{e}_y + \frac{m_3}{L_3} \vec{e}_z \right), \quad k = \pi \sqrt{\frac{m_1^2}{L_1^2} + \frac{m_2^2}{L_1^2} + \frac{m_3^2}{L_3^2}}.$$

因为在空腔内 $\nabla \cdot \vec{E} = 0$, 由式 (4.97)$\sim$ 式 (4.99) 得

$$A_1 m_1/L_1 + A_2 m_2/L_2 + A_3 m_3/L_3 = 0. \tag{4.101}$$

即 A_1、A_2、A_3 只有两个变量是独立的.

假设 $L_1 \geqslant L_2 \geqslant L_3$, 谐振腔产生的最低频率 $\nu_{\min}$ 为

$$\nu_{\min} = \frac{ck_{\min}}{2\pi} = \frac{c}{2}\sqrt{\frac{1}{L_1^2} + \frac{1}{L_2^2}}. \tag{4.102}$$

对应的电场强度 $\vec{E}(\vec{r}, t) = E_z \mathrm{e}^{-\mathrm{i}\omega t} \vec{e}_z$, $E_z = A \sin \frac{\pi x}{L_1} \sin \frac{\pi y}{L_1}$. 磁感应强度 $\vec{B}$ 由式 (4.4) 中电场强度的旋量方程给出,

$$\vec{B} = \frac{1}{\mathrm{i}\omega} \nabla \times \vec{E}. \tag{4.103}$$

显然这里 $\vec{B} = B_x \vec{e}_x + B_y \vec{e}_y$, $B_z = 0$, B_x 和 B_y 分别为

$$B_x = \frac{1}{\mathrm{i}\omega} \partial_y E_z = \frac{A\pi}{\omega L_2} \sin \frac{\pi x}{L_1} \cos \frac{\pi y}{L_2} \mathrm{e}^{-\mathrm{i}(\omega t + \frac{\pi}{2})},$$

$$B_y = \frac{-1}{\mathrm{i}\omega} \partial_x E_z = \frac{A\pi}{\omega L_1} \cos \frac{\pi x}{L_1} \sin \frac{\pi y}{L_2} \mathrm{e}^{-\mathrm{i}(\omega t - \frac{\pi}{2})}.$$

4.5.2 波导管

我们首先讨论电磁波在截面为任意形状的波导管中沿轴线方向传播. 波导管内沿轴线方向传播的电磁波形式为

$$\vec{E}(x,y,z,t) = \vec{E}\,'(x,y)\mathrm{e}^{\mathrm{i}(k_z z - \omega t)}, \quad \vec{H}(x,y,z,t) = \vec{H}\,'(x,y)\mathrm{e}^{\mathrm{i}(k_z z - \omega t)}. \quad (4.104)$$

把上式代入电场的旋度方程 $\nabla \times \vec{E} = -\partial_t \vec{B}$ 中, 在直角坐标系下展开,

$$\partial_y E_z' - \mathrm{i}k_z E_y' = \mathrm{i}\omega\mu_0 H_x', \quad (4.105)$$

$$\mathrm{i}k_z E_x' - \partial_x E_z' = \mathrm{i}\omega\mu_0 H_y', \quad (4.106)$$

$$\partial_x E_y' - \partial_y E_x' = \mathrm{i}\omega\mu_0 H_z'\,; \quad (4.107)$$

把式 (4.104) 代入到真空中磁场的旋度方程 $\nabla \times \vec{H} = \epsilon_0 \partial_t \vec{E}$, 在直角坐标系下该旋度方程的形式为

$$\partial_y H_z' - \mathrm{i}k_z H_y' = -\mathrm{i}\omega\epsilon_0 E_x', \quad (4.108)$$

$$\mathrm{i}k_z H_x' - \partial_x H_z' = -\mathrm{i}\omega\epsilon_0 E_y', \quad (4.109)$$

$$\partial_x H_y' - \partial_y H_x' = -\mathrm{i}\omega\epsilon_0 E_z'. \quad (4.110)$$

式 (4.105) 两端分别乘以 k_z, 即 $k_z\partial_y E_z' - \mathrm{i}k_z^2 E_y' = \mathrm{i}\omega\mu_0 k_z H_x'$; 式 (4.109) 两端分别乘以 $\omega\mu_0$, 即 $\mathrm{i}\omega\mu_0 k_z H_x' - \omega\mu_0\partial_x H_z' = -\mathrm{i}\omega^2\epsilon_0\mu_0 E_y'$. 把所得的这两个等式左右两端分别相加, 消去 $\mathrm{i}\omega\mu_0 k_z H_x'$, 得到

$$E_y' = \frac{-k_z\partial_y E_z' + \omega\mu_0\partial_x H_z'}{\mathrm{i}(\omega^2\epsilon_0\mu_0 - k_z^2)}. \quad (4.111)$$

同样地, 式 (4.105) 两端乘以 $\omega\epsilon_0$, 即 $\omega\epsilon_0\partial_y E_z' - \mathrm{i}\omega\epsilon_0 k_z E_y' = \mathrm{i}\omega^2\epsilon_0\mu_0 H_x'$; 式 (4.109) 两端分别乘以 k_z, 即 $\mathrm{i}k_z^2 H_x' - k_z\partial_x H_z' = -\mathrm{i}\omega\epsilon_0 k_z E_y'$. 此二式左右两端分别相加, 消去 $\mathrm{i}\omega\epsilon_0 k_z E_y'$, 得到

$$H_x' = \frac{-k_z\partial_x H_z' + \omega\epsilon_0\partial_y E_z'}{\mathrm{i}(\omega^2\epsilon_0\mu_0 - k_z^2)}. \quad (4.112)$$

同样由式 (4.106) 和式 (4.108) 消元, 得到

$$E_x' = \frac{-k_z\partial_x E_z' - \omega\mu_0\partial_y H_z'}{\mathrm{i}(\omega^2\epsilon_0\mu_0 - k_z^2)}, \quad (4.113)$$

$$H_y' = \frac{-k_z\partial_x H_z' - \omega\epsilon_0\partial_x E_z'}{\mathrm{i}(\omega^2\epsilon_0\mu_0 - k_z^2)}. \quad (4.114)$$

由式 (4.111)~ 式 (4.114) 看出, 单连通的波导管内电磁场的横向分量可以由纵向分量表示, 当纵向分量 E_z 和 H_z 都等于零时, 横向分量必然是零. 所以截面为任意形状的单连通波导管都不能传播横波.

令 $k^2 = k_z^2 + k_t^2\ (k_t \neq 0)$, 有 $\omega^2 = c^2 k_z^2 + c^2 k_t^2$, 两边求微分即有 $\omega \mathrm{d}\omega = c^2 k_z \mathrm{d}k_z$. 因为波导中的电磁波沿着 z 轴传播, 有

$$v_{\mathrm{p}} = \frac{\omega}{k_z} = \frac{\omega}{k\sqrt{1 - \left(\dfrac{k_t}{k}\right)^2}} > c, \quad v_{\mathrm{g}} v_{\mathrm{p}} = \frac{\mathrm{d}\omega}{\mathrm{d}k_z} \cdot \frac{\omega}{k_z} = c^2,$$

其中 v_{p} 和 v_{g} 分别为电磁波的相速度和群速度.

下面我们讨论截面为矩形的波导管内电磁场. 同谐振腔一样, 这种情况在数学上很容易处理. 式 (4.104) 的电场强度 $\vec{E}(x, y, z, t) = \vec{E}\,'(x, y)\mathrm{e}^{\mathrm{i}(k_z z - \omega t)}$ 满足亥姆霍兹方程 (4.5). 对于截面为矩形的波导管, 电场强度的边界条件为

$$\begin{aligned} x = 0, L_1 &: \quad E_y = E_z = 0, \quad \partial_x E_x = 0\ ; \\ y = 0, L_2 &: \quad E_x = E_z = 0, \quad \partial_y E_y = 0\ . \end{aligned} \tag{4.115}$$

由式 (4.5) 和边界条件 (4.115), 类似于推导式 (4.97)∼ 式 (4.99) 得到

$$E_x = A_1 \cos k_x x \sin k_y y \mathrm{e}^{\mathrm{i}k_z z}. \tag{4.116}$$

$$E_y = A_2 \sin k_x x \cos k_y y \mathrm{e}^{\mathrm{i}k_z z}, \tag{4.117}$$

$$E_z = A_3 \sin k_x x \sin k_y y \mathrm{e}^{\mathrm{i}k_z z}. \tag{4.118}$$

k_x 和 k_y 由式 (4.100) 给出, k_z 为任意正的实数. 波矢量 $\vec{k}$ 为

$$\begin{aligned} \vec{k} &= \pi \frac{m_1}{L_1} \vec{e}_x + \pi \frac{m_2}{L_2} \vec{e}_y + k_z \vec{e}_z\ , \\ k^2 &= \left(\frac{m_1 \pi}{L_1}\right)^2 + \left(\frac{m_2 \pi}{L_2}\right)^2 + k_z^2. \end{aligned} \tag{4.119}$$

不妨令 $L_1 \geqslant L_2$, 在这种情况下最小波矢量对应于

$$m_1 = 1,\ m_2 = 0,$$

对应电磁场的最小波矢量和电场强度的分量分别为

$$k_x = \frac{\pi}{L_1},\ k_y = 0,\ k_{\min} = \frac{\pi}{L_1}, \tag{4.120}$$

$$E_x = E_z = 0, \quad E_y = A_2 \sin(\pi x / L_1)\mathrm{e}^{\mathrm{i}(k_z z - \omega t)}. \tag{4.121}$$

由式 (4.120), 得到波导管可以通过电磁波的最低频率 $\nu_{\min}$ 为

$$\nu_{\min} = \frac{c k_{\min}}{2\pi} = \frac{c}{2L_1}, \tag{4.122}$$

对应的最大波长为 $\lambda_{\max} = c/\nu_{\min} = 2L_1$. 因为波导管的尺寸不会做得很大, 在实际中不用波导管传输波长 λ 很大的电磁波, 波导管一般用于传输厘米波段的电磁波.

由式 (4.121) 可知, 该模式中电场没有纵向分量, 故称为 TE 波模 (transverse electric mode). 如果把式 (4.120) 中的 $m_1 = 1$ 和 $m_2 = 0$ 取值也标注上去, 该模式标记为 TE_{10} 波模. 实际中人们可以通过选择 L_1 和 L_2 的尺寸使得矩形波导管只通过 TE_{10} 波.

把式 (4.121) 代入麦克斯韦方程组中, 电场强度的旋度方程 $\nabla \times \vec{E} = -\partial_t \vec{B} = \mathrm{i}\omega\mu_0\vec{H}$, 得到

$$H_x = \frac{-\mathrm{i}}{\mu_0\omega}\left(\frac{\partial E_z}{\partial y} - \frac{\partial E_y}{\partial z}\right) = -\frac{k_z A_2}{\mu_0\omega}\sin\left(\frac{\pi x}{L_1}\right)\mathrm{e}^{\mathrm{i}(k_z z - \omega t)},$$

$$H_y = \frac{-\mathrm{i}}{\mu_0\omega}\left(\frac{\partial E_x}{\partial z} - \frac{\partial E_z}{\partial x}\right) = 0,$$

$$H_z = \frac{-\mathrm{i}}{\mu_0\omega}\left(\frac{\partial E_y}{\partial x} - \frac{\partial E_x}{\partial y}\right) = -\frac{\mathrm{i}\pi A_2}{\mu_0\omega L_1}\cos\left(\frac{\pi x}{L_1}\right)\mathrm{e}^{\mathrm{i}(k_z z - \omega t)}.$$

由上式中磁场强度和边界条件式 (4.95) 即 $\vec{\alpha}_\mathrm{f} = \vec{n} \times \vec{H}$ 可以确定波导管壁上的电流分布. 我们得到的 $\vec{\alpha}_\mathrm{f}$ 分布情况如图 4.5 所示. 从图中可以看出, 传播 TE_{10} 波的波导管窄面 (即 $x = 0$ 和 $x = L_1$ 管壁) 上电流是横向分布的, 横向的裂缝对于传播 TE_{10} 波影响很小, 而纵向的裂缝因导致电流 $\vec{\alpha}_\mathrm{f}$ 的中断而带来很大干扰; 类似地, 在宽面 (即 $y = 0$ 和 L_2 的管壁) 的中间线上没有横向电流, 电流方向平行于传播方向 (即 z 轴), 这样在该面的中线上开纵向的裂缝也不影响 E_{10} 波的传播. 利用这个特点, 在利用矩形波导管传播 E_{10} 波时, 可以沿着窄面横向或沿着宽面中线纵向开缝, 以便测量波导内的物理量.

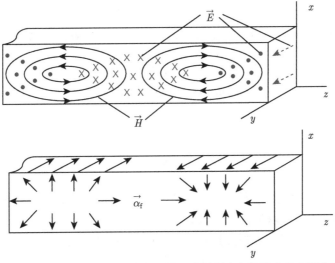

图 4.5 矩形波导管内 TE_{10} 波的电场强度、磁场强度和管壁上的电流分布示意图

4.5.3　* 同轴传输线

同轴传输线是由内外同轴的圆柱形导体组成的电缆线, 是应用最广泛的多连通波导管, 如图 4.6 所示. 同轴传输线与单连通波导管的区别在于单连通波导管只有一个外导体边界, 而同轴电缆有两个导体边界. 式 (4.111)～ 式 (4.114) 证明了在单连通的波导管中是不能传播横波的, 而本节的讨论将表明同轴传输线能够传播横波.

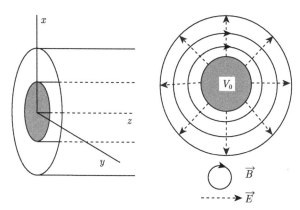

图 4.6　同轴传输线及其截面电磁场分布示意图

同轴传输线内电磁场仍由式 (4.104) 给出, 即

$$\begin{pmatrix} \vec{E}(x,y,z,t) \\ \vec{H}(x,y,z,t) \end{pmatrix} = \begin{pmatrix} \vec{E}\,'(x,y) \\ \vec{H}\,'(x,y) \end{pmatrix} e^{i(k_z z - \omega t)}.$$

由横波条件 $E_z = 0$, $H_z = 0$. 在式 (4.105) 中令 $E_z = 0$, 在式 (4.109) 中令 $H_z = 0$, 即

$$-k_z E_y' = \omega \mu_0 H_x', \quad k_z H_x' = -\omega \epsilon_0 E_y'.$$

由此可得

$$\omega = ck_z \;, \quad \vec{k} = k_z \vec{e}_z, \quad E_y' = -c\mu_0 H_x' = -cB_x'. \tag{4.123}$$

由此可知, 同轴传输线内横波的色散关系为 $\omega = ck_z$, 其相速度与群速度都等于真空中的光速 c. 我们可以类似地得到 $E_x' = cB_y'$.

这里需要说明的是, 在单连通波导管内电磁波的横向波矢量 $k_t > 0$, 色散关系为 $\omega^2 = c^2 k_t^2 + c^2 k_z^2$; 而在式 (4.123) 中色散关系为 $\omega = ck_z$, 即在这里 $k_t = 0$. 这是波导管不能传播横波而同轴传输线可以传播横波的原因. 因为 $H_z = 0$, 从电场强度

的旋量方程得到

$$\left(\nabla \times \vec{E}\right)_z = \partial_x E_y - \partial_y E_x = 0 , \tag{4.124}$$

即同轴传输线内的 E_x 和 E_y 在 x-y 二维平面上旋量为零. 由 $E_z = 0$, 我们得到传输线两导体柱之间电场强度的散度方程

$$\nabla \cdot \vec{E} = \partial_x E_x + \partial_y E_y = 0 . \tag{4.125}$$

式 (4.124) 和式 (4.125) 表明, 在形式上可以把求解 $\vec{E}$ 归结为二维静电场问题. 设外导体柱的电势为零, 内导体柱的电势为 $V_0 \mathrm{e}^{\mathrm{i}(k_z z - \omega t)}$, 图 4.6 中沿着 z 轴单位长度的内导体柱上电荷为 η. 利用柱坐标系, 根据系统的轴对称性和高斯定理得到

$$\vec{E}(\rho, \phi, z, t) = \vec{E}_\rho \vec{e}_\rho , \quad E_\rho = \frac{\eta(z, t)}{2\pi\epsilon_0\rho}, \tag{4.126}$$

即 $E_\phi = E_z = 0$, 电场强度平行于 $\vec{e}_\rho$ 方向. 式 (4.126) 中的 $\eta(z, t)$ 由内外导体柱之间电势差 $V = V_0 \mathrm{e}^{\mathrm{i}(k_z z - \omega t)}$ 决定,

$$V_0 \mathrm{e}^{\mathrm{i}(k_z z - \omega t)} = \int_b^a E_\rho \mathrm{d}\rho = \frac{\eta}{2\pi\epsilon_0} \ln\left(\frac{a}{b}\right) , \tag{4.127}$$

式中 a 为外导体柱外径; b 为内导体柱内径. 由上式和式 (4.126) 得到

$$\vec{E}(\rho, \phi, z, t) = \frac{V_0}{\rho \ln\left(\frac{a}{b}\right)} \mathrm{e}^{\mathrm{i}(k_z z - \omega t)} \vec{e}_\rho.$$

传输线内磁场强度 $\vec{H} = \vec{H}' \mathrm{e}^{\mathrm{i}(k_z z - \omega t)}$ 可以从电场旋量方程 $\nabla \times \vec{E} = \mathrm{i}\omega\mu_0\vec{H}$ 得到

$$\vec{H} = \frac{1}{\mathrm{i}\omega\mu_0} \left[\vec{e}_\rho \left(\frac{1}{\rho}\frac{\partial E_z}{\partial\phi} - \frac{\partial E_\phi}{\partial z}\right) + \vec{e}_\phi \left(\frac{\partial E_\rho}{\partial z} - \frac{\partial E_z}{\partial\rho}\right) + \vec{e}_z \frac{1}{\rho} \left(\frac{\partial(\rho E_\phi)}{\partial\rho} - \frac{\partial E_\rho}{\partial\phi}\right) \right]$$

$$= \frac{1}{\mathrm{i}\omega\mu_0} \mathrm{i}k_z E_\rho \vec{e}_\phi = \frac{c\varepsilon_0 V_0}{\rho \ln\left(\frac{a}{b}\right)} \mathrm{e}^{i(k_z z - \omega t)} \vec{e}_\phi.$$

式 (4.126) 和上式表明, $\vec{H}$ 沿着 $\vec{e}_\phi$ 方向, 与 $\vec{E} = E_\rho \vec{e}_\rho$ 垂直. 同轴传输线中的电场和磁场分布如图 4.6 所示.

本章小结 本章主要讨论单色平面电磁波在空间的传播和模式. 因为非单色、非平面电磁波可以写成单色平面波的叠加, 讨论单色平面波不失一般性. 我们从麦克斯韦方程组出发讨论了真空和线性均匀介质中的平面波特征, 从电磁场边值关系出发得到了单色平面波在不同绝缘介质界面处和在真空与导体界面处的折射与反

射规律, 利用基尔霍夫公式解释了电磁波遇到障碍物时的衍射. 在特别环境 (波导管、谐振腔、导体和等离子体) 中的电磁波表现出与在真空中不同的形态, 为此需要了解这些环境中电磁波的色散关系和波矢量的具体形式. 作为补充, 我们讨论了存在外磁场时等离子体内电磁波特点、大气电离层中的哨声波现象以及大气电离层在无线通信的作用. 本章基础内容是理解并熟悉在真空中、导体内和等离子体内单色平面电磁波的特点, 要求熟练求解简单的有界空间 (如矩形波导管和谐振腔) 内的电磁场.

本章简答题

1. 真空中电磁场的波动方程形式是什么? 为什么真空中平面单色电磁波中电场强度、磁感应强度和电磁波的传播方向三者之间两两垂直? 什么样的单色平面电磁波称为圆偏振波?

2. 为什么在线性介质中单色平面电磁波的电场部分和磁场部分的能量密度相等?

3. 单色平面电磁波的动量流密度张量的形式是什么?

4. 单位面积上地球表面受到来自太阳的辐射压强有多大? 辐射压强在星体结构的演化中起什么作用?

5. 利用电磁场边值关系简单说明光学中的反射定律.

6. 等离子体对于电磁波的色散关系式是什么? 为什么大气电离层对于波长较长的电磁波能够全反射?

7. 在讨论式 (4.59) 和式 (4.60) 时, 我们假定在电磁波频率 $\omega \ll 10^{14}\mathrm{Hz}$ 的情况下, 电导率为不变量, 即 $\sigma_\omega = \sigma$. 如果 ω 接近或大于 $10^{14}\mathrm{Hz}$, σ_ω 由式 (4.48) 给出, 在此条件下式 (4.60) 的形式如何变化?

*8. 大气电离层中电磁波传播时哨音现象的物理机制是什么?

9. 良导体内部电磁波的波动方程形式是什么? 为什么良导体内部 "单色平面电磁波" 的波长远小于该频率电磁波在真空中的波长? 为什么射入良导体内的电磁波传播方向几乎和入射角无关? 其传播方向是什么?

10. 为什么良导体内电磁波的能量以磁场为主? 为什么良导体对于电磁波具有很高的反射率? 为什么一般导体不能有效屏蔽 γ 射线?

11. 利用等离子体色散关系证明在等离子体内相速度 v_p 和群速度 v_g 满足 $v_\mathrm{p}v_\mathrm{g} = c^2$.

12. 矩形谐振腔内电场强度的形式是什么? 可以产生电场波的最低频率形式是什么? 矩形波导管内能传播的电磁波最低频率是多少?

练 习 题

1. 试证明在各向同性的线性介质中单色平面电磁波的能量传播速度等于相速度.

2. 试验算电磁波在不同电介质界面上的反射和折射过程中能量守恒.

3. 利用菲涅耳公式解释为什么水面在远处看起来很明亮, 而在近处却看不到水面上的倒影.

4. 在讨论导电介质内电磁波色散关系式 (4.50) 时, 我们没有考虑导电介质内因为扰动可能出现宏观意义上的电荷密度 ρ 的影响, 试证明对于良导体内的经典电磁波可以认为宏观意义上的电荷密度 $\rho = 0$; 对于稀薄等离子体内的电磁波, 试证明扰动电荷密度 ρ 对应的电场与电磁波的电场所起的作用是可以分离的, 即 ρ 对应的电场 $\vec{E'}$ 导致等离子体振荡, 而外电磁场 $\vec{E}$ 对应的电场散度为零, $\vec{E}$ 导致介质内宏观意义上的电流密度.

5. 单色平面电磁波 $\vec{E}_0 e^{i(k_z z - \omega t)}$ 垂直入射电导率为 σ 的平面导体, 问透射到导体内部的电磁场能量为多少? 电磁波在导体内产生的焦耳热是多少? 两者是否一致?

6. 两个相距为 a 的无限大平行理想导体板之间, 电磁场沿着平行于板面方向传播. 求可能传播的波形和相应的截止频率.

7. 波导管中 $E_z = 0$ 的电磁波称为 TE 波, 证明传播 TE 波的波导管内表面上磁场满足 $\partial_n B_z = 0$. 利用分离变量法求截面为长 L_1、宽 L_2 矩形的波导管内 TE 波的 B_z 形式. B_x, B_y, E_x, E_y 都可以用 B_z 和 E_z 表示, 所以对于 TE 波, 由 B_z 可以确定电磁场. 试写出该波导 TE 波的解.

8. 矩形谐振腔长、宽、高分别为 $2a$、a、a, 腔壁为理想导体, 腔内电场强度为

$$E_x = E_0 \sin\left(\frac{\pi y}{a}\right) \sin\left(\frac{\pi z}{a}\right) e^{-i\omega t}, \quad E_y = E_z = 0.$$

求 $\vec{B}$ 和谐振频率.

9. 矩形波导管横截面边长分别为 2 cm 和 1 cm, 传播频率为 10^{10} Hz 的 TE_{10} 波. 已知波导管内空气的击穿场强为 3.0 MV/m, 问该波导传播 TE_{10} 波的最大功率是多少?

10. 设矩形波导管内电磁波的电场部分由式 (4.121) 给出 (即电磁波为 TE_{10} 模), 传播方向为 $\vec{e}_z$ 方向, 计算该电磁波模对应的磁场强度, 画出波导管内部的电磁场强度分布以及在波导管内表面处的电流分布.

第 5 章　电磁波的辐射

第 4 章讨论了电磁波的传播, 本章讨论电磁波怎样从随时间变化的电荷和电流系统中辐射出去 —— 这些辐射出去的电磁场脱离辐射源向远处传播.

我们首先讨论一般电磁场的规范条件, 引入推迟势; 在此基础上讨论细直天线辐射以及电偶极、电四极、磁偶极辐射, 包括这些辐射的电场强度和磁感应强度在远处的形式、辐射能流密度的角分布和辐射功率.

5.1　电磁场的矢量势和标量势

麦克斯韦方程组中磁感应强度 $\vec{B}$ 的散度为零, 因此 $\vec{B}$ 可以表示为一个矢量函数的旋度, 即

$$\vec{B} = \nabla \times \vec{A} . \tag{5.1}$$

式中 $\vec{A} = \vec{A}(\vec{r}, t)$ 称为电磁场的矢量势. 把上式中磁感应强度代入电场的旋度方程 $\nabla \times \vec{E} = -\partial_t \vec{B}$ 中, 得到

$$\nabla \times \left(\vec{E} + \partial_t \vec{A} \right) = 0 .$$

这说明对于一般的电磁场, 矢量 $\left(\vec{E} + \partial_t \vec{A} \right)$ 是无旋的, 即 $\left(\vec{E} + \partial_t \vec{A} \right)$ 可以写成一个标量函数的梯度

$$\vec{E} + \partial_t \vec{A} = -\nabla \varphi ,$$

式中 $\varphi = \varphi(\vec{r}, t)$ 称为电磁场的标量势. 需要注意的是, 这里的标量势 φ 不再像静电系统情形那样代表单位电荷的势能. 由上式得到

$$\vec{E} = -\nabla \varphi - \partial_t \vec{A} . \tag{5.2}$$

由式 (5.1) 和式 (5.2) 可知, 根据麦克斯韦方程组中磁场的散度方程 (磁场无源性) 以及电场强度的旋度方程 (法拉第电磁感应定律), 可以引入矢量势和标量势描写电磁场.

5.1.1　规范不变性

在式 (5.1) 式 (5.2) 中, 我们用矢量势 $\vec{A}$ 和标量势 φ 表示电场强度 $\vec{E}$ 和磁感应强度 $\vec{B}$. 容易看出, 对于确定的电磁场 (即给定系统的电场强度 $\vec{E}$ 和磁感应强度

$\vec{B}$), 矢量势 $\vec{A}$ 和标量势 φ 不是唯一的. 我们把矢量势 $\vec{A}$ 加上任意标量函数 Ψ 的梯度, 同时把标量势 φ 减去 Ψ 对时间的导数, 得到另一组矢量势和标量势 $(\vec{A}', \varphi')$, 即

$$\vec{A} \to \vec{A}' = \vec{A} + \nabla\Psi, \quad \varphi \to \varphi' = \varphi - \partial_t\Psi, \tag{5.3}$$

因为

$$\vec{B}' = \nabla \times \vec{A}' = \nabla \times (\vec{A} + \nabla\Psi) = \nabla \times \vec{A} = \vec{B},$$
$$\vec{E}' = -\nabla\varphi' - \partial_t\vec{A}' = -\nabla(\varphi - \partial_t\Psi) - \partial_t(\vec{A} + \nabla\Psi) = -\nabla\varphi - \partial_t\vec{A} = \vec{E},$$

即 $(\vec{B}', \vec{E}') \equiv (\vec{B}, \vec{E})$, 所以电磁场的两组矢量势和标量势 $(\vec{A}', \varphi')$ 和 $(\vec{A}, \varphi)$ 描述同样的电磁场. 电磁势 $(\vec{A}, \varphi)$ 任意的人为选择都称为电磁场的一种规范, 规范是基于方便人为选取的限定条件. 式 (5.3) 变换称为电磁场的规范变化. 在经典电动力学中, 客观物理量是电场强度 $\vec{E}$ 和磁感应强度 $\vec{B}$, 而通过规范变换相联系的矢量势和标量势 $(\vec{A}, \varphi')$、$(\vec{A}', \varphi')$ 对应同一电磁场, $\vec{E}$ 和 $\vec{B}$ 与 $(\vec{A}, \varphi)$ 的规范条件选择无关. 当矢量势 $\vec{A}$ 和标量势 φ 作规范变换时, 电场强度和磁感应强度保持不变, 这种不变性称为规范不变性.

将式 (5.1) 和式 (5.2) 代入麦克斯韦方程组中电场强度 $\vec{E}$ 的散度方程和磁感应强度 $\vec{B}$ 的旋度方程, 得到

$$\nabla \cdot \left(-\nabla\varphi - \partial_t\vec{A}\right) = \rho/\epsilon_0,$$
$$\nabla \times \left(\nabla \times \vec{A}\right) = \mu_0\vec{J} + \mu_0\epsilon_0\partial_t\left(-\nabla\varphi - \partial_t\vec{A}\right).$$

经过简单整理后上式变为

$$\nabla^2\varphi + \partial_t\left(\nabla \cdot \vec{A}\right) = -\rho/\epsilon_0, \tag{5.4}$$
$$\nabla^2\vec{A} - \mu_0\epsilon_0\partial_t^2\vec{A} - \nabla\left(\nabla \cdot \vec{A} + \mu_0\epsilon_0\partial_t\varphi\right) = -\mu_0\vec{J}. \tag{5.5}$$

这两个方程是一般情形下电磁场的矢量势 $\vec{A}$ 和标量势 φ 满足的方程.

5.1.2 库仑规范和洛伦兹规范 [①]

式 (5.4) 和式 (5.5) 的形式比较复杂, 在实际中可以利用规范不变性来化简这两个方程. 常用的规范条件有库仑规范和洛伦兹规范. 库仑规范条件的形式是

$$\nabla \cdot \vec{A} = 0. \tag{5.6}$$

---

① 本节讨论的库仑规范并不是库仑引入的, 而是麦克斯韦引入的; 满足这个规范条件的电磁场标量势方程在形式上与静电场泊松方程相同, 因此该规范条件以库仑姓氏命名, 从未按真实的历史事实称为麦克斯韦规范. 本节讨论的洛伦兹规范条件也不是洛伦兹首先引入的, 而是丹麦物理学家洛伦茨 (Ludvig Valentin Lorenz) 引入的, 个别教科书把这个规范条件称为洛伦茨规范, 而主流教科书仍把它称为洛伦兹规范, 主要原因是该规范条件在洛伦兹变换 (见第六章) 下形式不变, 二位学者姓氏相近而被混淆可能也是该命名的因素之一.

在库仑规范下关于矢量势 $\vec{A}$ 和标量势 φ 的微分方程 (5.4) 和 (5.5) 变为

$$\left(\nabla^2 - \frac{1}{c^2}\partial_t^2\right)\vec{A} - \frac{1}{c^2}\nabla(\partial_t\varphi) = -\mu_0\vec{J}, \tag{5.7}$$

$$\nabla^2\varphi = -\rho/\epsilon_0. \tag{5.8}$$

这里标量势 $\varphi(\vec{r}, t)$ 的微分方程形式与在静电场中静电势微分方程的数学形式相同, 是泊松方程. 在第 3 章我们引入静磁场矢量势 $\vec{A}$ 的形式 (见式 (3.2)) 满足库仑规范 $\nabla \cdot \vec{A} = 0$, 其证明见式 (1.43).

洛伦兹规范条件的形式是

$$\nabla \cdot \vec{A} + \frac{1}{c^2}\partial_t\varphi = 0. \tag{5.9}$$

由上式和式 (5.4)、式 (5.5) 可知, 洛伦兹规范下矢量势 $\vec{A}$ 和标量势 φ 满足

$$\left(\nabla^2 - \frac{1}{c^2}\partial_t^2\right)\vec{A} = -\mu_0\vec{J}, \tag{5.10}$$

$$\left(\nabla^2 - \frac{1}{c^2}\partial_t^2\right)\varphi = -\rho/\epsilon_0. \tag{5.11}$$

式 (5.10) 和式 (5.11) 称为达朗贝尔 (Jean Le Rond d'Alembert) 方程. 在第 6 章中我们会看到, 洛伦兹规范条件和达朗贝尔方程满足洛伦兹协变性, 即在时间和空间坐标按照狭义相对论的洛伦兹变换进行变换时, 方程的形式保持不变.

5.2　推迟势与辐射场

本节采用洛伦兹规范条件讨论变化的电流/电荷系统的矢量势 $\vec{A}$ 和标量势 φ, 在此基础上对交变电流/电荷系统的辐射场作简单讨论.

5.2.1　推迟势

因为电磁场是可以叠加的, 为了简单我们在洛伦兹规范条件下先考虑变化的点电荷/点电流对应的场. 在这种情形下达朗贝尔方程的形式是

$$\left(\nabla^2 - \frac{1}{c^2}\partial_t^2\right)\vec{A} = -\mu_0\vec{J}(t)\delta(\vec{r}), \tag{5.12}$$

$$\left(\nabla^2 - \frac{1}{c^2}\partial_t^2\right)\varphi = -Q(t)\delta(\vec{r})/\epsilon_0. \tag{5.13}$$

首先看标量势 φ. 因为系统的球对称性, φ 与 (θ, ϕ) 无关, 式 (1.4) 中在球坐标系下的拉普拉斯算符只得保留 r 相关的部分, 因此关于 φ 的方程形式为

$$\frac{1}{r}\partial_r^2(r\varphi) - \frac{1}{c^2}\partial_t^2\varphi = -Q(t)\delta(\vec{r})/\epsilon_0. \tag{5.14}$$

在 $\vec{r} \neq 0$ 处, 上式变为

$$\partial_r^2(r\varphi) - \frac{1}{c^2}\partial_t^2(r\varphi) = 0. \tag{5.15}$$

这是一维行波方程, 其通解为

$$r\varphi = u_1\left(t - \frac{r}{c}\right) + u_2\left(t + \frac{r}{c}\right),$$

即

$$\varphi(\vec{r}, t) = \frac{u_1\left(t - \frac{r}{c}\right)}{r} + \frac{u_2\left(t + \frac{r}{c}\right)}{r}.$$

这里 $\dfrac{u_1\left(t - \frac{r}{c}\right)}{r}$ 对应由点电荷向外发射的波, $\dfrac{u_2\left(t + \frac{r}{c}\right)}{r}$ 对应由远处会聚至点电荷的波. 由于无穷远处并没有辐射源, 会聚波 $\dfrac{u_2\left(t + \frac{r}{c}\right)}{r}$ 应该舍去, 即

$$\varphi(\vec{r}, t) = \frac{u_1\left(t - \frac{r}{c}\right)}{r}. \tag{5.16}$$

由式 (5.13) 可以得到上式中 u_1 的形式. 把上式代入式 (5.13), 方程的两端对 $\mathrm{d}\tau$ 积分, 方程的左边为

$$\int\left(u_1\nabla^2\frac{1}{r} + 2\nabla u_1 \cdot \nabla\frac{1}{r} + \frac{1}{r}\nabla^2 u_1 - \frac{1}{c^2 r}\partial_t^2 u_1\right)\mathrm{d}\tau. \tag{5.17}$$

在 $r \to 0$ 的极限下, $\mathrm{d}\tau \sim r^3$, 我们得到

$$\left(\nabla u_1 \cdot \nabla\frac{1}{r}\right)\mathrm{d}\tau \sim r, \quad \left(\frac{1}{r}\nabla^2 u_1\right)\mathrm{d}\tau \sim r^2, \quad \left(\frac{1}{c^2 r}\partial_t^2 u_1\right)\mathrm{d}\tau \sim r^2,$$

即式 (5.17) 中的第二、三、四项的积分为零, 所以式 (5.13) 的左边对 $\mathrm{d}\tau$ 积分为

$$\left[\int\left(u_1\left(t - \frac{r}{c}\right)\nabla^2\frac{1}{r}\right)\mathrm{d}\tau\right]_{\vec{r} \to 0}$$
$$= \left[\int\left(u_1\left(t - \frac{r}{c}\right)(-4\pi\delta(\vec{r}))\mathrm{d}\tau\right)\right]_{\vec{r} \to 0} = -4\pi u_1(t). \tag{5.18}$$

式 (5.13) 的右边对 $\mathrm{d}\tau$ 积分为

$$\int\left(-\frac{Q(t)}{\epsilon_0}\delta(\vec{r})\right)\mathrm{d}\tau = -\frac{Q(t)}{\epsilon_0}. \tag{5.19}$$

由式 (5.18) 和式 (5.19), $u_1(t) = \dfrac{Q(t)}{4\pi\epsilon_0}$. 把这个结果代入式 (5.16), 得

$$\varphi(\vec{r}, t) = \frac{Q\left(t - \dfrac{r}{c}\right)}{4\pi\epsilon_0 r}. \tag{5.20}$$

上式是随着时间变化的点电荷 $Q(t)$ 所对应的标量势. 由上式和电磁场的叠加性可知, 式 (5.11) 对于任意电荷密度 $\rho(\vec{r}', t)$ 的标量势 $\varphi(\vec{r}, t)$ 的解为

$$\varphi(\vec{r}, t) = \int \frac{\rho\left(\vec{r}', t - \dfrac{|\vec{r} - \vec{r}'|}{c}\right)}{4\pi\epsilon_0 |\vec{r} - \vec{r}'|} \mathrm{d}\tau' = \int \frac{\rho(\vec{r}', t')}{4\pi\epsilon_0 R} \mathrm{d}\tau'. \tag{5.21}$$

为了方便, 本章中标记 $t' = t - \dfrac{|\vec{r} - \vec{r}'|}{c}$, $\vec{R} = \vec{r} - \vec{r}'$, $R = |\vec{r} - \vec{r}'|$.

类似于推导式 (5.21), 我们可以得到达朗贝尔方程 (5.10) 电流密度 $\vec{J} = \vec{J}(\vec{r}, t)$ 时的解, 其形式为

$$\vec{A}(\vec{r}, t) = \int \frac{\mu_0 \vec{J}(\vec{r}', t')}{4\pi R} \mathrm{d}\tau'. \tag{5.22}$$

式 (5.21) 和式 (5.22) 中的 $\varphi(\vec{r}, t)$ 和 $\vec{A}(\vec{r}, t)$ 满足洛伦兹规范条件, 证明如下:

$$\nabla \cdot \vec{A}(\vec{r}, t) + \frac{1}{c^2} \partial_t \varphi(\vec{r}, t)$$
$$= \frac{\mu_0}{4\pi} \int \nabla \cdot \left(\frac{\vec{J}(\vec{r}', t')}{R}\right) \mathrm{d}\tau' + \frac{1}{c^2} \int \partial_t \left(\frac{\rho(\vec{r}', t')}{4\pi\epsilon_0 R}\right) \mathrm{d}\tau'$$
$$= \frac{\mu_0}{4\pi} \int \left[-\nabla' \cdot \left(\frac{\vec{J}(\vec{r}', t')}{R}\right) + \frac{\nabla' \cdot \vec{J}(\vec{r}', t')|_{t'} + \partial_{t'} \rho(\vec{r}', t')}{R}\right] \mathrm{d}\tau'$$
$$= 0. \tag{5.23}$$

上式最后一个等号利用高斯定理 $\vec{J}$ 在无穷大表面积分为零 (因为 $\vec{J}|_{\vec{r}' \to \infty} = 0$) 以及电荷守恒定律. 上式中 $\nabla' \cdot \vec{J}(\vec{r}', t')|_{t'}$ 的意义是对 $\vec{J}$ 求散度, 其中 $\vec{J}$ 的变量 $t' = t - \dfrac{|\vec{r} - \vec{r}'|}{c}$ 看作常量; 第二步利用了 $\partial_t = \partial_{t'}$(这里 $\vec{r}$ 和 $\vec{r}'$ 是固定的空间位置矢量, 与时间无关).

式 (5.21) 和式 (5.22) 同时满足达朗贝尔方程和洛伦兹规范条件, 所以它们是我们所求的、变化电荷/电流所激发电磁场的矢量势和标量势. 式 (5.21) 和式 (5.22) 表明, 由 $\vec{r}'$ 处的电荷/电流在空间 $\vec{r}$ 处、时间 t 时刻所激发的电磁场取决于电荷/电流在 $t' = t - \dfrac{R}{c}$ 时刻的分布情况. 换句话说, 激发 $\vec{r}$ 处 t 时刻电磁场的不是同一时

刻 t 的电荷/电流源的电荷密度 $\rho(\vec{r}\,',t)$ 和电流密度 $\vec{J}(\vec{r}\,',t)$, 而是更早的 $t' = t - \dfrac{R}{c}$ 时刻的 $\rho(\vec{r}\,',t')$ 和 $\vec{J}(\vec{r}\,',t')$. 这揭示了一个重要结论: 电荷/电流源的场不能从源 $\vec{r}\,'$ 处即时地传播到 $\vec{r}$ 处, 需要一段时间的推迟, 而推迟的时间等于源 $\vec{r}\,'$ 到 $\vec{r}$ 处以光速传播所需要的时间. 因此, 式 (5.21) 和式 (5.22) 被称为推迟势. 下面我们将看到, 电磁场这种的推迟效应是辐射的基础; 假如电磁场传播是即时的, 就不可能有辐射.

5.2.2 交变电流的辐射场

电磁场的矢量势 $\vec{A}$ 和标量势 φ 给定后, 电场强度 $\vec{E}$ 和磁感应强度 $\vec{B}$ 就完全确定了. 不失一般性, 设 $\vec{J}(\vec{r}\,',t)$ 是频率为 ω 的交变电流,

$$\vec{J}(\vec{r}\,',t) \equiv \vec{J}_\omega(\vec{r}\,',t) = \vec{J}_\omega(\vec{r}\,')\mathrm{e}^{-\mathrm{i}\omega t}. \tag{5.24}$$

由上式和电荷守恒定律 $\nabla \cdot \vec{J}_\omega(\vec{r},t) + \partial_t\rho(\vec{r},t) = 0$ 可知, 交变电流系统的电荷密度随时间的变化与电流密度具有同样形式, 即

$$\rho(\vec{r},t) = \rho_\omega(\vec{r})\mathrm{e}^{-\mathrm{i}\omega t}. \tag{5.25}$$

把式 (5.24) 代入式 (5.22), 推迟势 $\vec{A}(\vec{r},t) \equiv \vec{A}_\omega(\vec{r},t)$ 变为

$$\begin{aligned}
\vec{A}_\omega(\vec{r},t) &= \frac{\mu_0}{4\pi}\int \frac{\vec{J}_\omega(\vec{r}\,')\mathrm{e}^{-\mathrm{i}\omega(t-\frac{R}{c})}}{R}\mathrm{d}\tau' \\
&= \frac{\mu_0}{4\pi}\int \frac{\vec{J}_\omega(\vec{r}\,')\mathrm{e}^{\mathrm{i}kR}}{R}\mathrm{d}\tau'\mathrm{e}^{-\mathrm{i}\omega t}.
\end{aligned} \tag{5.26}$$

"推迟" 效应体现在 $\vec{A}_\omega(\vec{r},t)$ 表达式的相因子 $\mathrm{i}kR$ 上. 为了方便, 把推迟势写为

$$\vec{A}(\vec{r},t) = \vec{A}_\omega(\vec{r},t) = \vec{A}_\omega(\vec{r})\mathrm{e}^{-\mathrm{i}\omega t}, \quad \vec{A}_\omega(\vec{r}) = \frac{\mu_0}{4\pi}\int \frac{\vec{J}_\omega(\vec{r}\,')\mathrm{e}^{\mathrm{i}kR}}{R}\mathrm{d}\tau'. \tag{5.27}$$

电荷/电流系统激发电磁场, 从以该系统为中心在 "远处" 的闭合曲面内部传播出有限大小电磁能量的现象称为辐射现象. 所谓 "远处", 这里指 $R = |\vec{r} - \vec{r}\,'|$ 远大于发射源的空间尺度. 为了简单, 取系统的中心为坐标原点. 由式 (4.43), $R = |\vec{r} - \vec{r}\,'| \approx r - \vec{e}_r \cdot \vec{r}\,'$. 把这个近似代入式 (5.27), 得

$$\vec{A}_\omega(\vec{r}) = \frac{\mu_0}{4\pi}\int \frac{\vec{J}_\omega(\vec{r}\,')\mathrm{e}^{\mathrm{i}k(r-\vec{e}_r\cdot\vec{r}\,')}}{r - \vec{e}_r \cdot \vec{r}\,'}\mathrm{d}\tau'. \tag{5.28}$$

在本节最后部分我们将看到, 上式右端所包含的关于 $\dfrac{1}{r}$ 的高阶项对应的电磁场能流密度对 $r \to \infty$ 球面积分结果为零, 即这些高阶项不产生辐射; 与辐射相关的只

有领头项即 $\dfrac{1}{r}$ 项. 因此上式分母中 $\vec{e}_r \cdot \vec{r}'$ 作为高阶项舍去, 上式可以简化为

$$\vec{A}_\omega(\vec{r}) = \frac{\mu_0 \mathrm{e}^{\mathrm{i}kr}}{4\pi r} \vec{\mathcal{J}}_\omega(\vec{r}) \ , \quad \vec{\mathcal{J}}_\omega(\vec{r}) = \int \vec{J}_\omega(\vec{r}') \mathrm{e}^{-\mathrm{i}k\vec{e}_r \cdot \vec{r}'} \mathrm{d}\tau' \ . \tag{5.29}$$

$\vec{\mathcal{J}}_\omega(\vec{r})$ 称为辐射电流源强度, 由辐射源内的电流密度和辐射源的形状决定, 国际单位为 A·m. 为了方便, 在本节中把 $\vec{\mathcal{J}}_\omega(\vec{r})$ 简写为 $\vec{\mathcal{J}}_\omega$. 我们在 5.4 节讨论多极辐射时还标记

$$\vec{A}_\omega(\vec{r},t) = \frac{\mu_0 \mathrm{e}^{\mathrm{i}kr}}{4\pi r} \vec{\mathcal{J}}_\omega(\vec{r},t) \ , \quad \vec{\mathcal{J}}_\omega(\vec{r},t) = \int \vec{J}_\omega(\vec{r}',t) \mathrm{e}^{-\mathrm{i}k\vec{e}_r \cdot \vec{r}'} \mathrm{d}\tau' = \vec{\mathcal{J}}_\omega(\vec{r}) \mathrm{e}^{-\mathrm{i}\omega t} \ . \tag{5.30}$$

电流源激发的磁感应强度为

$$\vec{B}_\omega(\vec{r},t) = \nabla \times \vec{A}_\omega(\vec{r},t) = \vec{B}_\omega(\vec{r}) \mathrm{e}^{-\mathrm{i}\omega t} \ , \tag{5.31}$$

$$\begin{aligned}
\vec{B}_\omega(\vec{r}) = \nabla \times \vec{A}_\omega(\vec{r}) &= \frac{\mu_0}{4\pi} \left[\left(\nabla \frac{\mathrm{e}^{\mathrm{i}kr}}{r} \right) \times \vec{\mathcal{J}}_\omega + \frac{\mathrm{e}^{\mathrm{i}kr}}{r} \int \left(\nabla \mathrm{e}^{-\mathrm{i}k\vec{r} \cdot \vec{r}'/r} \right) \times \vec{J}_\omega(\vec{r}') \mathrm{d}\tau' \right] \\
&= \frac{\mathrm{i}k\mu_0 \mathrm{e}^{\mathrm{i}kr}}{4\pi r} \left(\vec{e}_r \times \vec{\mathcal{J}}_\omega \right) - \frac{\mu_0 \mathrm{e}^{\mathrm{i}kr}}{4\pi r^2} \left(\vec{e}_r \times \vec{\mathcal{J}}_\omega \right) \\
&\quad - \frac{\mathrm{i}k\mu_0 \mathrm{e}^{\mathrm{i}kr}}{4\pi r^2} \int \mathrm{e}^{-\mathrm{i}k\vec{e}_r \cdot \vec{r}'} \left[\vec{r}' - (\vec{r}' \cdot \vec{e}_r)\vec{e}_r \right] \times \vec{J}_\omega(\vec{r}') \mathrm{d}\tau' \\
&\to \frac{\mathrm{i}k\mu_0 \mathrm{e}^{\mathrm{i}kr}}{4\pi r} \left(\vec{e}_r \times \vec{\mathcal{J}}_\omega \right) \ . \tag{5.32}
\end{aligned}$$

在上式第二个等号右边第二项的计算中我们利用了式 (1.6) 中的倒数第 4 个等式、恒等式 $\nabla \times \dfrac{\vec{r}}{r} = 0$ 和 $\nabla \dfrac{\vec{r}}{r} = \dfrac{\vec{I} - \vec{e}_r \vec{e}_r}{r}$. 根据式 (5.32), 基于与式 (5.29) 相同的原因, 在利用矢量势的旋量来计算辐射场磁感应强度的过程中, 梯度算符在形式上仅作用于 $\mathrm{e}^{\mathrm{i}kr}$ 上, 即 $\nabla \to \mathrm{i}k\vec{e}_r$, ∇ 算符作用于其他项的结果为 $\dfrac{1}{r}$ 的高阶项; 而从式 (5.26) 到式 (5.32) 的过程知道, $\mathrm{e}^{\mathrm{i}kr}$ 因子起源于式 (5.26-5.27) 中的 $\mathrm{e}^{\mathrm{i}kR}$ 项, 即推迟相因子, 所以没有推迟效应就没有电磁辐射. 基于与式 (5.29) 相同的原因, 式 (5.32) 的运算在最后一步也舍去了 $\dfrac{1}{r}$ 的高阶项.

类似地, 由式 (5.21) 和式 (5.25) 得到标量势

$$\varphi(\vec{r},t) \equiv \varphi_\omega(\vec{r},t) = \varphi_\omega(\vec{r}) \mathrm{e}^{-\mathrm{i}\omega t} \ , \quad \varphi_\omega(\vec{r}) = \int \frac{\rho_\omega(\vec{r}') \mathrm{e}^{\mathrm{i}kR}}{4\pi \epsilon_0 R} \mathrm{d}\tau' \ . \tag{5.33}$$

由上式和 (5.27) 式得到

$$\begin{aligned}
\vec{E}(\vec{r},t) = \vec{E}_\omega(\vec{r},t) &= -\nabla \varphi_\omega(\vec{r},t) + \mathrm{i}\omega \vec{A}_\omega(\vec{r},t) = \vec{E}_\omega(\vec{r}) \mathrm{e}^{-\mathrm{i}\omega t} \ , \\
\vec{E}_\omega(\vec{r}) &= -\nabla \varphi_\omega(\vec{r}) + \mathrm{i}\omega \vec{A}_\omega(\vec{r}) \ . \tag{5.34}
\end{aligned}$$

把上式代入真空中磁场的旋度方程 $\nabla \times \vec{B}(\vec{r}, t) = \mu_0\epsilon_0\partial_t\vec{E}(\vec{r}, t)$, 在旋量计算中仅考虑 $\dfrac{1}{r}$ 领头项, 得到

$$\nabla \times \vec{B}_\omega(\vec{r}, t) = \mathrm{i}k\vec{e}_r \times \vec{B}_\omega(\vec{r})\mathrm{e}^{-\mathrm{i}\omega t} = \frac{1}{c^2}(-\mathrm{i}\omega)\vec{E}_\omega(\vec{r})\mathrm{e}^{-\mathrm{i}\omega t} , \tag{5.35}$$

$$\vec{E}_\omega(\vec{r}) = -\frac{c^2 k}{\omega}\vec{e}_r \times \vec{B}_\omega(\vec{r}) = c\vec{B}_\omega \times \vec{e}_r . \tag{5.36}$$

式 (5.32) 和式 (5.36) 分别给出了频率为 ω 的交变电荷/电流系统在远处辐射场的磁感应强度和电场强度.

从上面讨论看到, 计算交变电流源辐射的电磁场可以归结为计算辐射电流源强度 $\vec{\mathcal{J}}_\omega = \displaystyle\int \vec{J}_\omega(\vec{r}\,')\mathrm{e}^{-\mathrm{i}k\vec{e}_r\cdot\vec{r}\,'}\mathrm{d}\tau'$, 然后利用式 (5.32)、式 (5.36) 分别得到频率为 ω 的交变电荷/电流系统在远处辐射场的磁感应强度和电场强度. 辐射的能流密度平均值为

$$\overline{\vec{S}} = \overline{\left(\vec{E}_\omega \times \vec{H}_\omega\right)} = \frac{1}{\mu_0}\overline{\left[(c\vec{B}_\omega \times \vec{e}_r) \times \vec{B}_\omega\right]} = \frac{c}{2\mu_0}|\vec{B}_\omega|^2\vec{e}_r. \tag{5.37}$$

式中 $\dfrac{1}{2}$ 因子来源于 $\vec{B}_\omega^2(\vec{r}, t)$ 对一个周期求平均并考虑到这里用复数标记电磁场, 见式 (4.12). 容易注意到本节中的式 (5.36) 和式 (5.37) 的形式分别与描述单色平面电磁波的式 (4.9) 和式 (4.12) 相同. 这是很容易理解的, 因为这里辐射的电磁波是单色球面波 (圆频率为 ω), 在无穷远处传播的球面电磁波可以看成平面波.

该发射源在单位时间、立体角 $\mathrm{d}\Omega$ 内平均辐射能量为

$$\begin{aligned}
\mathrm{d}P &= \overline{\vec{S}} \cdot \vec{e}_r r^2 \mathrm{d}\Omega = \frac{c}{2\mu_0}|\vec{B}_\omega|^2 r^2 \mathrm{d}\Omega \\
&= \frac{c}{2\mu_0}\left|\frac{\mathrm{i}k\mu_0\mathrm{e}^{\mathrm{i}kr}}{4\pi r}\left(\vec{e}_r \times \vec{\mathcal{J}}_\omega\right)\right|^2 r^2 \mathrm{d}\Omega \\
&= \frac{\mu_0\omega^2}{32\pi^2 c}\left|\vec{e}_r \times \vec{\mathcal{J}}_\omega\right|^2 \mathrm{d}\Omega,
\end{aligned} \tag{5.38}$$

辐射功率为

$$P = \frac{\mu_0\omega^2}{32\pi^2 c}\int \left|\vec{e}_r \times \vec{\mathcal{J}}_\omega\right|^2 \mathrm{d}\Omega. \tag{5.39}$$

最后我们再回来看一下辐射场关于 $1/r$ 展开时所做近似的理由. 在计算交变电荷/电流系统在远处辐射场的磁感应强度和电场强度计算过程中, 我们略去了 $\dfrac{1}{r}$ 的高阶项, 而只保留 $\dfrac{1}{r}$ 次项. 系统对外辐射指的是电磁场的能流密度对于距离辐射源无穷远处的球面通量为非零的值. 根据式 (5.38), 如果能流在无穷远处球面上的

通量积分不为零, 就需要 B_ω 正比于 $\dfrac{1}{r}$, 而 B_ω 中关于 $\dfrac{1}{r}$ 的高阶项对于该积分的贡献为零. 所以在讨论辐射场时, 无论处理磁场矢量势 [式 (5.29)]、标量势 [式 (5.33)], 还是求磁场矢量势的旋度 [式 (5.32)]、磁感应强度的旋度 [式 (5.35)], 都不需要考虑 $\dfrac{1}{r}$ 的高阶项.

5.3   细直天线的辐射

本节讨论细直天线的辐射场. 设天线的长度为 l, 取天线中点作为坐标原点, 谐变电流在天线中点输入, 在端点处电流为零, 如图 5.1 所示.

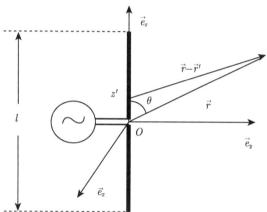

图 5.1   长为 l 的细直天线, $\vec{J}_\omega(\vec{r}\,', t) = I_0 \sin\left[k\left(\dfrac{l}{2} - |z'| \right) \right] \mathrm{e}^{-\mathrm{i}\omega t}\, \delta(x')\delta(y')\vec{e}_z$

5.3.1   细直天线的电流分布

图 5.1 为细直天线的示意图, 取天线的纵向方向为 z 轴. 由于天线是良导体, 天线内部的电场强度等于零. 根据式 (4.94), 在天线外表面处有 $\vec{n} \times \vec{E} = 0, \vec{n}$ 是垂直于天线表面方向, 因此沿着天线方向 $\vec{e}_z$(天线表面的切向方向) 在天线的表面外侧的电场强度 $E_z = 0$, 即有

$$E_z = -\partial_z\varphi - \partial_t A_z = 0. \tag{5.40}$$

上式两端对于时间求偏导数, 变为

$$\partial_t\left(-\partial_z\varphi - \partial_t A_z\right) = \frac{\partial}{\partial z}\left(-\frac{\partial\varphi}{\partial t}\right) - \frac{\partial^2 A_z}{\partial t^2} = 0. \tag{5.41}$$

忽略天线的横向分布, 电流密度只有沿着 z 轴的分量, 由式 (5.22) 可知, 矢量势

$\vec{A} = A_z \vec{e}_z$. 再考虑洛伦兹规范条件 $\nabla \cdot \vec{A} + \dfrac{1}{c^2} \dfrac{\partial \varphi}{\partial t} = 0$, 得到 $\dfrac{\partial \varphi}{\partial t} = -c^2 \dfrac{\partial A_z}{\partial z}$. 把这个关系代入式 (5.41), 得到

$$\left(\frac{\partial^2}{\partial z^2} - \frac{1}{c^2} \frac{\partial^2}{\partial t^2} \right) A_z = 0 \,, \tag{5.42}$$

即在天线表面外侧 A_z 满足波动方程. 天线很细, 在天线表面外侧 $\vec{r}\,' = z' \vec{e}_z$ 处的 A_z 由该位置附近的电流贡献所主导 [见式 (5.22)], 所以可近似认为天线内纵向电流也满足式 (5.42) 形式的波动方程. 在 $z = \pm \dfrac{l}{2}$ 处电流强度为零, 因此天线上的电流密度 $\vec{J}(\vec{r}\,', t)$ 是沿着 $\vec{e}_z$ 方向的驻波.

$$\vec{J}(\vec{r}\,', t) = I_0 \delta(x') \delta(y') \sin \left[k \left(\frac{l}{2} - |z'| \right) \right] \mathrm{e}^{-\mathrm{i}\omega t} \vec{e}_z = \vec{J}_\omega(\vec{r}\,') \mathrm{e}^{-\mathrm{i}\omega t},$$

$$\vec{J}_\omega(\vec{r}\,') = I_0 \delta(x') \delta(y') \sin \left[k \left(\frac{l}{2} - |z'| \right) \right] \vec{e}_z,$$

这里 $\omega = ck$. 细直天线辐射的一个简单极限情形是细而短的天线系统辐射, 此时 $l \ll \lambda, kl \ll 1$, 天线内的电流强度 $I(z) = \displaystyle\int \vec{J}_\omega \mathrm{d}x' \mathrm{d}y' = I_0 \sin \left[k \left(\dfrac{l}{2} - |z'| \right) \right] \approx I_0 \left[k \left(\dfrac{l}{2} - |z'| \right) \right]$, 在 $z' = 0$ 处电流强度最大, $I_{\max} = \dfrac{I_0 kl}{2}$, 我们将在本节的式 (5.46-5.47) 将把这类系统作为一种简单情况讨论.

把细直天线电流密度 $\vec{J}(\vec{r}\,', t)$ 代入式 (5.29) 中的 $\vec{\mathcal{J}}_\omega(\vec{r})$, 计算图 5.1 中细直天线的辐射电流源强度, 得到

$$\vec{\mathcal{J}}_\omega(\vec{r}) = \int_{-\frac{l}{2}}^{\frac{l}{2}} I_0 \sin \left[k \left(\frac{l}{2} - |z'| \right) \right] \mathrm{e}^{-\mathrm{i}kz' \cos\theta} \mathrm{d}z' \vec{e}_z$$

$$= \left(\frac{2I_0}{k} \right) \int_0^{\frac{l}{2}} \sin \left(\frac{kl}{2} - kz' \right) \cos \left(kz' \cos\theta \right) \mathrm{d}(kz') \vec{e}_z, \tag{5.43}$$

式中 $k \left(\dfrac{l}{2} - |z'| \right)$ 是关于 z' 的偶函数. 由于 $\sin(kz' \cos\theta)$ 是关于 z' 的奇函数, 上式第一个等号右边积分式的虚部是关于 z' 的奇函数; 而因为第一个等号右边的积分上下限关于 $z' = 0$ 对称, 所以第一个等号右边的虚部积分为零, 第二个等号右边仅有实部. 对式 (5.43) 中的积分式作三角函数变换 (积化和差), 并计算定积分, 得到

$$\vec{\mathcal{J}}_\omega(\vec{r}) = \frac{I_0}{k} \int_0^{\frac{kl}{2}} \left[\sin\left(\frac{kl}{2} + (\cos\theta - 1)x\right) + \sin\left(\frac{kl}{2} - (1 + \cos\theta)x\right) \right] \mathrm{d}x \vec{e}_z$$

$$= \frac{I_0}{k} \left[\frac{-\cos\left(\frac{kl}{2} + (\cos\theta - 1)x\right)\Big|_0^{kl/2}}{\cos\theta - 1} + \frac{\cos\left(\frac{kl}{2} - (1 + \cos\theta)x\right)\Big|_0^{kl/2}}{1 + \cos\theta} \right] \vec{e}_z$$

$$= \frac{I_0}{k} \left(\frac{\cos(kl\cos\theta/2) - \cos(kl/2)}{1 - \cos\theta} + \frac{\cos(kl\cos\theta/2) - \cos(kl/2)}{1 + \cos\theta} \right) \vec{e}_z$$

$$= \frac{2I_0}{k} \frac{\cos(kl\cos\theta/2) - \cos(kl/2)}{\sin^2\theta} \vec{e}_z. \tag{5.44}$$

5.3.2　细直天线辐射场分布

由式 (5.38) 和式 (5.44), 得到细直天线在 $\mathrm{d}\Omega$ 立体角内辐射的功率

$$\mathrm{d}P = \frac{\mu_0 \omega^2}{32\pi^2 c} \left| \vec{e}_r \times \vec{\mathcal{J}}_\omega(\vec{r}) \right|^2 \mathrm{d}\Omega$$

$$= \frac{\mu_0 \omega^2}{32\pi^2 c} \left(\frac{2I_0}{k}\right)^2 \left| \vec{e}_r \times \left[\frac{\cos(kl\cos\theta/2) - \cos(kl/2)}{\sin^2\theta} \vec{e}_z \right] \right|^2 \mathrm{d}\Omega$$

$$= \frac{\mu_0 c I_0^2}{8\pi^2} \left[\frac{\cos\left(\frac{kl\cos\theta}{2}\right) - \cos\left(\frac{kl}{2}\right)}{\sin\theta} \right]^2 \mathrm{d}\Omega. \tag{5.45}$$

由上式可知, 细直天线辐射的功率与极角 θ 有关, 与方位角 ϕ 无关. 这是由系统的轴对称性质决定的.

当 $kl \ll 1$[即 l 远小于辐射场的波长 λ, 对应细直的短天线] 时, 式 (5.45) 可以化简为

$$\frac{\mathrm{d}P}{\mathrm{d}\Omega} \approx \frac{\mu_0 c I_0^2}{8\pi^2} \left[\frac{1 - \frac{1}{2}\left(\frac{kl\cos\theta}{2}\right)^2 - 1 + \frac{1}{2}\left(\frac{kl}{2}\right)^2}{\sin\theta} \right]^2 = \frac{\mu_0 c I_0^2}{8\pi^2} \frac{(kl)^4}{64} \sin^2\theta. \tag{5.46}$$

总辐射功率为

$$P = \frac{\mu_0 c I_0^2}{3\pi} \frac{(kl)^4}{64} = \frac{\mu_0 c}{48\pi} I_{\max}^2 (kl)^2, \tag{5.47}$$

式中 $I_{\max} = \dfrac{I_0 kl}{2}$ 为 $kl \ll 1$ 条件下天线内电流强度 $I(z)$ 的最大值. 由上式可知, 辐射功率随着天线长度增加而快速增加.

天线长度 $l = \dfrac{\lambda}{2}$ 的细直天线称为半波天线, 对于半波天线, $kl = \pi$. 把 $kl = \pi$

代入式 (5.45), 得到半波天线在单位立体角内的辐射功率为

$$\frac{\mathrm{d}P}{\mathrm{d}\Omega} = \frac{\mu_0 c I_0^2}{8\pi^2} \frac{\cos^2\left(\frac{\pi}{2}\cos\theta\right)}{\sin^2\theta}. \tag{5.48}$$

值得注意的是, 如果不仔细考虑, 很容易因为在上式分母中出现 $\sin^2\theta$ 而误认为在 $\theta = 0$ 时的辐射最强. 这个错觉的原因是忽视了分子中 $\cos^2\left(\frac{\pi}{2}\cos\theta\right)$ 因子在 $\theta \to 0$ 时近似正比于 θ^4,

$$\cos^2\left(\frac{\pi}{2}\cos\theta\right) \approx \cos^2\left(\frac{\pi}{2} - \frac{\pi}{4}\theta^2\right) = \sin^2\left(\frac{\pi}{4}\theta^2\right) \approx \frac{\pi^2}{16}\theta^4.$$

由上式和式 (5.48), 在 $\theta \to 0$ 条件下单位立体角的辐射功率为

$$\frac{\mathrm{d}P}{\mathrm{d}\Omega} = \frac{\mu_0 c I_0^2}{128}\theta^2 \to 0, \tag{5.49}$$

即沿着天线方向的辐射为零. 半波天线辐射功率最强的极角 θ 可以通过式 (5.48) 中角分布取得极大值来确定; 由

$$\frac{\partial}{\partial\theta}\left(\frac{\cos\left(\frac{\pi}{2}\cos\theta\right)}{\sin\theta}\right) = 0 \tag{5.50}$$

求得在极角 $\theta = \frac{\pi}{2}$ 时半波天线的辐射最强.

由式 (5.48) 对于 $\mathrm{d}\Omega$ 积分, 得到半波天线总辐射功率是

$$P = \frac{\mu_0 c I_0^2}{8\pi^2} \int \frac{\cos^2\left(\frac{\pi}{2}\cos\theta\right)}{\sin^2\theta} 2\pi\sin\theta\mathrm{d}\theta$$

$$= \frac{\mu_0 c I_0^2}{8\pi} \int_0^\pi \cos^2\left(\frac{\pi}{2}\cos\theta\right)\left(\frac{1}{1-\cos\theta} + \frac{1}{1+\cos\theta}\right)\mathrm{d}(-\cos\theta)$$

$$= \frac{\mu_0 c I_0^2}{16\pi} \int_{-1}^1 (1+\cos\pi x)\left(\frac{1}{1-x} + \frac{1}{1+x}\right)\mathrm{d}x = \frac{\mu_0 c I_0^2}{8\pi} \int_{-1}^1 \frac{1+\cos\pi x}{1+x}\mathrm{d}x.$$

在上式最后一步中我们利用了 $\int_{-1}^1 \frac{1+\cos\pi x}{1-x}\mathrm{d}x = \int_1^{-1} \frac{1+\cos[\pi(-y)]}{1-(-y)}\mathrm{d}(-y) = \int_{-1}^1 \frac{1+\cos\pi x}{1+x}\mathrm{d}x.$ 积分 $\int_{-1}^1 \frac{1+\cos\pi x}{1+x}\mathrm{d}x \approx 2.44$, 由此和上式可得半波天线的辐射功率为 $P = 2.44\frac{\mu_0 c I_0^2}{8\pi} \approx 36.6 I_0^2 (I_0$ 的单位为安培).

在实际应用中人们把一系列半波天线排成阵列, 利用各半波天线发射的电磁波之间干涉效应获得具有更好定向性的辐射. 常见的天线阵列包括线性阵列 (即沿天线中心轴方向等间距排列)、横向阵列 (在一个平面内相互平行、均匀分布, 天线的中心连线与天线轴垂直) 以及方形阵列 (线性阵列与横向阵列的组合).

例题 5.1 m 个相距为 L 的同相位半波天线组成的线性天线阵列, 讨论其辐射场.

解答   如图 5.2 所示, 相邻的两个半波天线在 θ 方向远处的辐射场相位差为 $L\cos\theta$. 假设图 5.2 中右边的第一个天线辐射到远处 $\vec{R}$ 的磁感应强度为 $\vec{B}_1$, 那么图中右边第二个天线在该处辐射的磁感应强度为 $\vec{B}_1 \mathrm{e}^{\mathrm{i}kL\cos\theta}$. 该天线阵在远处 $\vec{R}$ 辐射的总磁感应强度则为

$$\vec{B} = \vec{B}_1\left(1 + \mathrm{e}^{\mathrm{i}kL\cos\theta} + \mathrm{e}^{\mathrm{i}2kL\cos\theta} + \cdots + \mathrm{e}^{\mathrm{i}(m-1)kL\cos\theta}\right) = \vec{B}_1 \frac{1 - \mathrm{e}^{\mathrm{i}mkL\cos\theta}}{1 - \mathrm{e}^{\mathrm{i}kL\cos\theta}}.$$

与单个半波天线辐射的磁感应强度相比, 这里出现一个源于各个天线阵列分布的相位干涉项, 即 $\dfrac{1 - \mathrm{e}^{\mathrm{i}mkL\cos\theta}}{1 - \mathrm{e}^{\mathrm{i}kL\cos\theta}}$. 由上式和式 (5.48), 线性天线阵列的辐射功率角分布为

$$\frac{\mathrm{d}P}{\mathrm{d}\Omega} = \frac{\mu_0 c I_0^2}{8\pi^2} \frac{\cos^2\left(\dfrac{\pi}{2}\cos\theta\right)}{\sin^2\theta} \left|\frac{1 - \mathrm{e}^{\mathrm{i}mkL\cos\theta}}{1 - \mathrm{e}^{\mathrm{i}kL\cos\theta}}\right|^2$$

$$= \frac{\mu_0 c I_0^2}{8\pi^2} \frac{\cos^2\left(\dfrac{\pi}{2}\cos\theta\right)}{\sin^2\theta} \frac{\sin^2\left(\dfrac{1}{2}mkL\cos\theta\right)}{\sin^2\left(\dfrac{1}{2}kL\cos\theta\right)}.$$

从上式知道, 当 $mkL\cos\theta$ 为 2π 的整数倍时, $\dfrac{\mathrm{d}P}{\mathrm{d}\Omega} = 0$. 如图 5.3 所示, 辐射主要集中在 $\cos\theta = \dfrac{\lambda}{mL}$ 内. 当 $mL \gg \lambda$ 时, 辐射高度集中在 $\theta = \dfrac{\pi}{2}$ 方向.

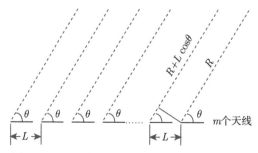

图 5.2   由 m 个半波天线组成的线性天线阵列

所有天线上电流处于同相位, 相邻天线间距为 L, 辐射场在远处的相位差为 $kL\cos\theta$

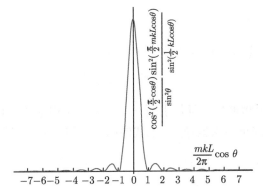

图 5.3 辐射功率的角分布 $\dfrac{\cos^2\left(\dfrac{\pi}{2}\cos\theta\right)}{\sin^2\theta}\dfrac{\sin^2\left(\dfrac{1}{2}mkL\cos\theta\right)}{\sin^2\left(\dfrac{1}{2}kL\cos\theta\right)}$ 随 θ 变化情况

为简单, 横坐标的单位取为 $\dfrac{mkL}{2\pi}\cos\theta$. 图中取 $m=10$, $kL=5$. 可以看到这个天线阵的辐射集中在

$\theta\leqslant\arccos\left(\dfrac{\pi}{25}\right)\left(\text{即 } \dfrac{mkL}{2\pi}\cos\theta\leqslant1\right)$ 的范围内

5.4 多极辐射

在微观世界中许多辐射过程满足这样的条件: 辐射源的线度 l 远小于辐射电磁波的波长 λ, 同时 λ 远小于辐射源与接收辐射处的空间距离 $R=|\vec{r}-\vec{r}'|\approx r$. 例如原子核的辐射测量中, $l\approx 2\sim 7$ fm, $\lambda\sim\dfrac{hc}{1\text{MeV}}=10^3\text{fm}$, $r\sim 1\text{m}$; 对于原子光谱测量中 $l\sim 1\text{Å}$, $\lambda\sim 10^3\text{Å}$, $r\sim 1\text{m}$.

在 $l\ll\lambda\ll r$ 的条件下, 式 (5.30) 中的 $\mathcal{J}_\omega(\vec{r},t)$ 可以作多极展开. 由 $l\ll\lambda$ 得到 $k\vec{e}_r\cdot\vec{r}'\ll 1$, 把这一关系代入式 (5.30), 得到

$$\vec{\mathcal{J}}_\omega(\vec{r},t)=\int\vec{J}_\omega(\vec{r}',t)\left(1-\mathrm{i}k\vec{e}_r\cdot\vec{r}'\right)\mathrm{d}\tau'=\vec{\mathcal{J}}_\omega^{(1)}(\vec{r},t)+\vec{\mathcal{J}}_\omega^{(2)}(\vec{r},t) \tag{5.51}$$

$$\vec{\mathcal{J}}_\omega^{(1)}(\vec{r},t)=\int\vec{J}_\omega(\vec{r}',t)\mathrm{d}\tau'\ ,\quad \vec{\mathcal{J}}_\omega^{(2)}(\vec{r},t)=-\mathrm{i}k\vec{e}_r\cdot\int\vec{r}'\vec{J}_\omega(\vec{r}',t)\mathrm{d}\tau'\ . \tag{5.52}$$

式中 $\vec{J}_\omega(\vec{r}',t)=\vec{J}_\omega(\vec{r}')\mathrm{e}^{-\mathrm{i}\omega t}$. 为了标记简单, 在不引起误解的情况下我们在本节中标记电流密度 $\vec{J}_\omega\equiv\vec{J}_\omega(\vec{r}',t)$、电荷密度 $\rho_\omega\equiv\rho_\omega(\vec{r}',t)$、辐射电流源强度 $\vec{\mathcal{J}}_\omega\equiv\vec{\mathcal{J}}_\omega(\vec{r},t)$、$\vec{\mathcal{J}}_\omega^{(1)}\equiv\vec{\mathcal{J}}_\omega^{(1)}(\vec{r},t)$、$\vec{\mathcal{J}}_\omega^{(2)}\equiv\vec{\mathcal{J}}_\omega^{(2)}(\vec{r},t)$. 下面我们将看到, $\vec{\mathcal{J}}_\omega^{(1)}(\vec{r},t)$ 对应电偶极辐射, $\vec{\mathcal{J}}_\omega^{(2)}(\vec{r},t)$ 对应电四极辐射和磁偶极辐射.

5.4.1 电偶极辐射

首先讨论式 (5.51) 中的第一项 $\vec{\mathcal{J}}_\omega^{(1)}(\vec{r},t)$. 由式 (1.15) 的第三个等式和电荷守

恒定律式 (1.39), 得到

$$
\begin{aligned}
\nabla' \cdot \left(\vec{J}_\omega \vec{r}' \right) &= \left(\nabla' \cdot \vec{J}_\omega \right) \vec{r}' + \vec{J}_\omega \cdot \left(\nabla' \vec{r}' \right) \\
&= (-\partial_t \rho_\omega) \vec{r}' + \vec{J}_\omega \cdot \overset{\leftrightarrow}{I} = -\dot{\rho}_\omega \vec{r}' + \vec{J}_\omega.
\end{aligned} \tag{5.53}
$$

为了方便, 这里约定物理量符号加上面一个点表示该物理量对时间求一次偏导数, 加两个点表示对时间求两次偏导数. 上式的两端分别对 $\mathrm{d}\tau'$ 积分, 左边为

$$
\int \nabla' \cdot \left(\vec{J}_\omega \vec{r}' \right) \mathrm{d}\tau' = \oint \mathrm{d}\vec{S}' \cdot \left(\vec{J}_\omega \vec{r}' \right) = 0.
$$

上式中第一个等号利用了高斯定理, 第二个等号利用了系统外表面上没有电流, 即 $\vec{J}_\omega = 0$. 由上式和式 (5.53) 得到

$$
\int \left(-\dot{\rho}_\omega \vec{r}' + \vec{J}_\omega \right) \mathrm{d}\tau' = 0, \tag{5.54}
$$

由此得到

$$
\vec{\mathcal{J}}_\omega^{(1)} = \int \vec{J}_\omega \mathrm{d}\tau' = \int \dot{\rho}_\omega \vec{r}' \mathrm{d}\tau' = \dot{\vec{p}}, \tag{5.55}
$$

式中 $\vec{p} = \int \rho_\omega \vec{r}' \mathrm{d}\tau'$ 是系统的电偶极矩. 我们把电偶极 $\vec{p}$ 随时间谐变导致的电磁辐射称为电偶极辐射. 由式 (5.38), 电偶极矩在单位时间、立体角 $\mathrm{d}\Omega$ 内平均辐射能量为

$$
\mathrm{d}P = \frac{\mu_0 \omega^2}{32\pi^2 c} \left| \vec{e}_r \times \vec{\mathcal{J}}_\omega^{(1)} \right|^2 \mathrm{d}\Omega = \frac{\mu_0 \omega^2}{32\pi^2 c} \left| \dot{\vec{p}} \right|^2 \sin^2\theta \mathrm{d}\Omega, \tag{5.56}
$$

辐射功率为

$$
P = \int \mathrm{d}P = \frac{\mu_0 \omega^2}{32\pi^2 c} \left| \dot{\vec{p}} \right|^2 \int \sin^2\theta \mathrm{d}\Omega = \frac{\mu_0 \omega^2}{32\pi^2 c} \left| \dot{\vec{p}} \right|^2 \frac{8\pi}{3} = \frac{\mu_0}{12\pi c} |\ddot{\vec{p}}|^2. \tag{5.57}
$$

5.4.2　电四极和磁偶极辐射

现在我们处理式 (5.51) 中的第二项 $\vec{\mathcal{J}}_\omega^{(2)} = \vec{\mathcal{J}}_\omega^{(2)}(\vec{r}, t)$. 为此先讨论两个恒等式. 第一个恒等式的处理技巧与式 (3.4) 的推导过程很类似, 即在 $\vec{r}'$ 空间中求并矢 $\vec{J}_\omega \vec{r}' \vec{r}'$ 的散度. 由式 (1.15) 中最后一个等式和电荷守恒定律微分形式得到

$$
\begin{aligned}
\nabla' \cdot (\vec{J}_\omega \vec{r}' \vec{r}') &= (\nabla' \cdot \vec{J}_\omega) \vec{r}' \vec{r}' + \vec{J}_\omega \cdot (\nabla' \vec{r}') \vec{r}' + \vec{r}' (\vec{J}_\omega \cdot \nabla') \vec{r}' \\
&= -(\partial_t \rho_\omega) \vec{r}' \vec{r}' + \vec{J}_\omega \cdot \overset{\leftrightarrow}{I} \vec{r}' + \vec{r}' \vec{J}_\omega \cdot \overset{\leftrightarrow}{I} = -\dot{\rho}_\omega \vec{r}' \vec{r}' + \vec{J}_\omega \vec{r}' + \vec{r}' \vec{J}_\omega.
\end{aligned}
$$

在上式中利用了电荷守恒定律微分形式和 $\nabla' \vec{r}' = \overleftrightarrow{I}$. 上式的结果与式 (3.4) 的差别仅在于式 (3.4) 对应恒定情况, 因而那里 $\dot{\rho} = 0$. 上式两端分别对 $\mathrm{d}\tau'$ 做全空间积分, 由高斯定理以及无穷远处电流密度为零可知左边积分为零, 上式右边对 $\mathrm{d}\tau'$ 做全空间积分也等于零, 即

$$\int \left(-\dot{\rho}_\omega \vec{r}' \vec{r}' + \vec{J}_\omega \vec{r}' + \vec{r}' \vec{J}_\omega \right) \mathrm{d}\tau' = 0,$$

由上式得到

$$\int \frac{\vec{J}_\omega \vec{r}' + \vec{r}' \vec{J}_\omega}{2} \mathrm{d}\tau' = \frac{1}{6} \int \left(3 \dot{\rho}_\omega \vec{r}' \vec{r}' \right) \mathrm{d}\tau' = \frac{1}{6} \dot{\overleftrightarrow{D}},$$

式中 $\overleftrightarrow{D}$ 是式 (2.5) 定义的电四极矩. 标记 $\vec{\mathcal{D}} = \vec{e}_r \cdot \overleftrightarrow{D}$, 则有

$$\vec{e}_r \cdot \int \frac{\vec{J}_\omega \vec{r}' + \vec{r}' \vec{J}_\omega}{2} \mathrm{d}\tau' = \frac{1}{6} \vec{e}_r \cdot \dot{\overleftrightarrow{D}} \equiv \frac{1}{6} \dot{\vec{\mathcal{D}}}. \tag{5.58}$$

上式为在本节中用到的第一个恒等式.

由 $\vec{e}_r \cdot (\vec{r}' \vec{J}_\omega - \vec{J}_\omega \vec{r}') = (\vec{r}' \times \vec{J}_\omega) \times \vec{e}_r$ 两边对 $\mathrm{d}\tau'$ 积分, 得到

$$\int \vec{e}_r \cdot \frac{\vec{r}' \vec{J}_\omega - \vec{J}_\omega \vec{r}'}{2} \mathrm{d}\tau' = \int \frac{\vec{r}' \times \vec{J}_\omega}{2} \mathrm{d}\tau' \times \vec{e}_r = \vec{m} \times \vec{e}_r, \tag{5.59}$$

式中 $\vec{m} = \int \frac{\vec{r}' \times \vec{J}_\omega}{2} \mathrm{d}\tau'$ 是式 (3.7) 定义的磁偶极矩, 上式是本节中用到的第二个数学恒等式.

由式 (5.58) 和式 (5.59) 两个恒等式, 式 (5.51) 等式右边的第二项 $\vec{\mathcal{J}}_\omega^{(2)}$ 为

$$\begin{aligned}
\vec{\mathcal{J}}_\omega^{(2)} &= -\mathrm{i}k \vec{e}_r \cdot \int \vec{r}' \vec{J}_\omega \mathrm{d}\tau' \\
&= -\mathrm{i}k \vec{e}_r \cdot \int \left(\frac{\vec{J}_\omega \vec{r}' + \vec{r}' \vec{J}_\omega}{2} + \frac{\vec{r}' \vec{J}_\omega - \vec{J}_\omega \vec{r}'}{2} \right) \mathrm{d}\tau' \\
&= -\mathrm{i}k \left(\frac{1}{6} \dot{\vec{\mathcal{D}}} + \vec{m} \times \vec{e}_r \right) = \vec{\mathcal{J}}_{\mathrm{E2}}^{(2)} + \vec{\mathcal{J}}_{\mathrm{M1}}^{(2)}. \tag{5.60}
\end{aligned}$$

上式中的两个电流源强度

$$\vec{\mathcal{J}}_{\mathrm{E2}}^{(2)} = \frac{\ddot{\vec{\mathcal{D}}}}{6c}, \quad \vec{\mathcal{J}}_{\mathrm{M1}}^{(2)} = \frac{\dot{\vec{m}}}{c} \times \vec{e}_r, \tag{5.61}$$

分别对应电四极辐射和磁偶极辐射.

首先讨论电四极辐射. 在实际中可以把式 (5.58) 和式 (5.61) 内符号 $\vec{\mathcal{D}}$ 中的 $\overleftrightarrow{D}$ 换成式 (2.6) 定义的电四极矩 $\overleftrightarrow{Q}$. 定义 $\vec{\mathcal{Q}} = \vec{e}_r \cdot \overleftrightarrow{Q}$, $\vec{\mathcal{Q}}$ 对应的辐射场与 $\vec{\mathcal{D}}$ 对

应的辐射场完全相同. 这一点可以从式 (5.38) 出发予以证明. 对于电四极辐射

$$
\begin{aligned}
\mathrm{d}P &= \frac{\mu_0\omega^2}{32\pi^2 c}\left|\vec{e}_r \times \frac{\overset{\cdots}{\mathcal{D}}}{6c}\right|^2 \mathrm{d}\Omega = \frac{\mu_0\omega^2}{32\pi^2 c}\left(\frac{\omega^2}{6c}\right)^2 \left|\vec{e}_r \times \left(\vec{e}_r \cdot \overrightarrow{\mathcal{D}}\right)\right|^2 \mathrm{d}\Omega \\
&= \frac{\mu_0\omega^2}{32\pi^2 c}\left(\frac{\omega^2}{6c}\right)^2 \left|\vec{e}_r \times \left[\vec{e}_r \cdot \left(\overrightarrow{\mathcal{D}} - \overrightarrow{I}\int \rho_\omega \left|\vec{r}\,'\right|^2 \mathrm{d}\tau\right)\right]\right|^2 \mathrm{d}\Omega \\
&= \frac{\mu_0\omega^2}{32\pi^2 c}\left|\vec{e}_r \times \frac{\overset{\cdots}{\mathcal{Q}}}{6c}\right|^2 \mathrm{d}\Omega,
\end{aligned} \tag{5.62}
$$

这说明电四极矩 $\overrightarrow{\mathcal{D}}$ 和电四极矩 $\overrightarrow{\mathcal{Q}}$ 对应同一辐射场. 上式给出了电四极辐射功率的角分布, 而辐射的总功率取决于电四极矩 $\overrightarrow{\mathcal{Q}}$ 的具体形式.

由式 (5.38) 和式 (5.61), 我们得到在单位时间、立体角 $\mathrm{d}\Omega$ 内磁偶极辐射的平均辐射能量为

$$
\mathrm{d}P = \frac{\mu_0\omega^2}{32\pi^2 c}\left|\vec{e}_r \times \left(\frac{\dot{\vec{m}}}{c} \times \vec{e}_r\right)\right|^2 \mathrm{d}\Omega = \frac{\mu_0\left|\overset{\cdots}{\vec{m}}\right|^2}{32\pi^2 c^3}\sin^2\theta\mathrm{d}\Omega, \tag{5.63}
$$

磁偶极子辐射的总功率为

$$
P = \frac{\mu_0\left|\overset{\cdots}{\vec{m}}\right|^2}{32\pi^2 c^3}\oint \sin^2\theta\mathrm{d}\Omega = \frac{\mu_0\left|\overset{\cdots}{\vec{m}}\right|^2}{12\pi c^3}. \tag{5.64}
$$

例题 5.2   试证明荷质比相同的孤立多粒子系统没有电偶极辐射和磁偶极辐射.

解答   设该体系有 N 个粒子组成, 分别标记为第 1 个、第 2 个、$\cdots$、第 i 个、$\cdots$、第 N 个, 因为这些粒子的荷质比相同, 所以有

$$
\frac{q_1}{m_1} = \frac{q_2}{m_2} = \cdots = \frac{q_i}{m_i} = \cdots = \frac{q_N}{m_N} = C, \tag{5.65}
$$

即 $q_i = Cm_i$, 这里 C 为这些粒子共同的荷质比 (常量). 该系统的电偶极矩 $\vec{p}$ 为

$$
\vec{p} = \sum_i q_i\vec{r}_i = C\sum_i m_i\vec{r}_i, \quad \ddot{\vec{p}} = \frac{\mathrm{d}}{\mathrm{d}t}C\sum_i m_i\vec{v}_i = C\frac{\mathrm{d}}{\mathrm{d}t}\left(\sum_i m_i\vec{v}_i\right). \tag{5.66}
$$

这里 $\displaystyle\sum_i m_i\vec{v}_i$ 为该孤立系统的总机械动量, 是不随时间变化的常量, 所以上式中的 $\ddot{\vec{p}} = 0$. 而由式 (5.57) 可知, $\ddot{\vec{p}} = 0$ 意味着该系统电偶极辐射为零.

类似地, 由式 (3.7), 该系统的磁偶极矩 $\vec{m}$ 为

$$
\vec{m} = \frac{1}{2}\sum_i \vec{r}_i \times (q_i\vec{v}_i) = \frac{C}{2}\sum_i \vec{r}_i \times (m_i\vec{v}_i) = \frac{C}{2}\sum_i \vec{l}_i = \frac{C}{2}\vec{L}, \quad \ddot{\vec{m}} = \frac{C}{2}\ddot{\vec{L}}. \tag{5.67}
$$

式中 $\vec{l}_i$ 是第 i 个粒子的角动量; $\vec{L}$ 是该孤立系统的总轨道角动量, 也是与时间无关的常量, 所以上式中 $\ddot{\vec{m}} = 0$. 而由式 (5.64), $\ddot{\vec{m}} = 0$ 意味着该系统磁偶极辐射为零.

许多原子核有四极形变, 电四极跃迁是低能原子核结构中非常普遍和重要的现象. 对于质子数和中子数都是偶数的原子核, 基态自旋全都是 $0\hbar$, 在绝大多数情况下第一个激发态自旋为 $2\hbar$. 这个自旋为 $2\hbar$ 的激发态通过电四极跃迁退激到基态; 基态通过电四极跃迁激发到自旋为 $2\hbar$ 的第一激发态. 这些跃迁概率正比于式 (2.36) 中内禀电四极矩 Q_{zz} 的平方, 与经典电四极辐射式 (5.62) 类似. 除了电四极跃迁, 原子核许多低激发态之间还存在较强的磁偶极跃迁, 跃迁概率正比于 $|\vec{m}|^2$. 电四极跃迁和磁偶极跃迁是研究原子核低激发态性质重要的信息来源之一.

本章小结　本章讨论经典的电磁场辐射机制. 我们从麦克斯韦方程组出发, 引入电磁场的矢量势和标量势以及常用的规范条件 (库仑规范和洛伦兹规范); 在洛伦兹规范条件下得到电磁场的推迟势. 推迟势是讨论随时间变化的电荷/电流系统辐射电磁场的物理基础. 作为实例, 我们讨论了输入交变电流细长天线的辐射电磁场分布. 当发射源的线度 $l \ll$ 发射电磁波的波长 $\lambda \ll$ 发射源到接收/观测点的距离时, 可以使用多极展开方法讨论辐射场. 本章的基础内容是理解推迟势概念, 掌握简单多极辐射电磁场分布和辐射功率的计算方法.

本章简答题

1. 对于一般电磁场而言, 电磁场的电场强度、磁感应强度与该电磁场矢量势和标量势的关系是什么?

2. 电磁场规范条件指的是什么? 什么是电磁场的规范变换? 什么是规范不变性?

3. 洛伦茨规范条件是什么? 达朗贝尔方程的形式是什么?

4. 推迟势的形式是什么? 为什么说 "推迟" 是电磁辐射的物理基础?

5. 对于谐变的辐射源证明 $\vec{E}_\omega(\vec{r}, t) = c\vec{B}_\omega(\vec{r}) \times \vec{e}_r e^{-i\omega t}$ [即式 (5.35)].

6. 推迟势作多极展开 [即式 (5.51)] 的条件是什么? 为什么 $\lambda \ll r$ 的条件也是必要的?

7. 电偶极辐射中矢量势的形式是什么? 电偶极辐射的电磁场形式是什么? 辐射的能流密度形式是什么? 辐射功率的形式是什么?

8. 电四极辐射和磁偶极辐射中矢量势的形式是什么?

9. 试证明式 (2.5) 定义的电四极矩 $\overset{\leftrightarrow}{D}$ 和式 (2.6) 定义的电四极矩 $\vec{Q}$ 辐射场的电场强度 $\vec{E}$ 和磁感应强度 $\vec{B}$ 是完全相同的.

10. 对于电荷呈球对称分布的系统, 以频率 ω 沿径向作简谐振动, 试证明其辐射场为零.

练　习　题

1. 验证式 (5.21-5.22) 中的推迟势满足洛伦兹规范条件 [即式 (5.9)].

2. 在真空中放置一个半径为 R_0、介电常量为 ϵ 的介质球, 在电磁波 $\vec{E} = \vec{E}_0 \mathrm{e}^{-\mathrm{i}\omega t}$ (波长 $\lambda \gg R_0$) 照射下, 电磁波被散射的过程可以看成一个电偶极辐射. 试求其散射的总功率.

3. 电偶极矩 $\vec{p}$ 在 x-y 平面上绕 z 轴以角速度 ω 转动, 求该系统在远处辐射的能流和辐射功率.

4. 总电荷为 Q 的均匀带电体表面方程为 $R(\theta, t) = R_0[1 + aP_2(\cos\theta)\cos\omega t]$, P_2 为二阶勒让德多项式, $a \ll 1$. 求辐射强度.

5. 地球有地磁场, 为简单地把地球看成一个磁偶极子, 其磁矩 $\vec{m} \approx 8 \times 10^{22} \mathrm{A} \cdot \mathrm{m}^2$, $\vec{m}$ 和地球自转的对称轴夹角 $\theta \approx 11°$. 试求地球自转带动地磁场转动过程的辐射功率, 并估计这个辐射能量是否会造成地球自转明显变慢.

6. 通以恒定电流 I_0、半径为 R_0 的圆线圈围绕其直径做匀速转动, 周期为 T. 求其辐射功率.

第6章 狭义相对论

在前几章中我们讨论了描写电磁场基本属性的方程 —— 麦克斯韦方程组, 建立在麦克斯韦方程组基础上的电磁波波动方程表明, 在真空中电磁波是以光速 $c = \dfrac{1}{\sqrt{\mu_0\epsilon_0}} \approx 3 \times 10^8 \mathrm{m/s}$ 传播的. 由于运动速度是相对的, 这个传播速度 c 针对哪一个惯性参考系呢? 在不同惯性参考系之间的电磁场是如何变换的? 如果麦克斯韦方程组仅在一个特别的惯性系内成立, 那么这个特别的惯性系相对于地球参考系的速度是多少? 在其他惯性系内电磁规律的形式是什么? 这些是在 19 世纪末到 20 世纪初电磁理论面临的疑难问题.

狭义相对论圆满地回答了上述问题. 根据狭义相对论, 包括麦克斯韦方程组在内的物理规律在不同的惯性系下有相同的形式, 物理规律的这个特征称为物理规律的协变性. 狭义相对论还有两个 "副产品", 一个是关于物质静止能量的发现, 物质的静止能量是四维协变动量的展开中自然出现的; 二是相对高速 (接近光速) 运动的两个惯性坐标系之间的、与通过日常经验建立起来的伽利略变换形式不一致的时间-空间变换关系, 加深了对于时间和空间的认识. 狭义相对论是 20 世纪物理学中的重大成就之一, 是近代物理学的重要基石.

本章讨论狭义相对论, 主要包括四维 (空间-时间) 坐标和洛伦兹变换、物理量在不同惯性系下的变换和物理规律的协变性等.

6.1 绝对时空观和以太理论的困境

本节讨论在爱因斯坦建立狭义相对论 (1905 年) 以前的绝对时空观和以太理论所处的困境. 因学时限制跳过本节的细节, 而只介绍相关结论, 并不影响后续内容的讲授或学习.

我们知道, 空间和时间是讨论客观物质的前提. 无空间则物质无所适也, 尺度是物质的基本属性. 物质的另一基本属性是运动和变化, 指的是物质随时间先后顺序呈现不同状态. 在 17 世纪, 人们把关于时空的先验性认识总结为伽利略变换, 这一变换是经典力学的基础. 为了区别于相对论时空观, 人们现在把伽利略变换描述的时空观称为绝对时空观. 在绝对时空观中, 不同惯性系内时钟的快慢和空间的尺度都有一个共同的标准, 事件的同时性与参考系的选择无关. 我们在本章中标记实验室坐标系标记为 Σ, 时间标记为 t, 三维空间坐标为 $\vec{r} = x\vec{e}_x + y\vec{e}_y + z\vec{e}_z$; 把以速

度 $\vec{v} = v\vec{e}_x$ 做匀速直线运动的惯性坐标系标记为 Σ', 时间标记为 t', 三维空间坐标为 $\vec{r}' = x'\vec{e}_x + y'\vec{e}_y + z'\vec{e}_z$. 令 $t = t' = 0$ 时, Σ 和 Σ' 的坐标原点重合. 根据伽利略变换, 这两个惯性系的时间和空间坐标变换关系为

$$x' = x - vt, \quad y' = y, \quad z' = z, \quad t' = t. \tag{6.1}$$

17 世纪开始的牛顿力学正是建立在这样时空观基础之上的.

19 世纪初, 光的波动学说取得了一系列重要进展, 如杨氏 (Thomas Young) 双缝干涉实验、菲涅耳理论中包含的泊松亮斑、不同绝缘介质界面处入射光的反射率和透射率研究 (即菲涅尔公式, 形式见式 (4.27)、式 (4.28)、式 (4.32)、式 (4.33))、光的衍射和偏振研究等. 光的波动学说因而迅速取代了光的微粒说, 成为光传播理论的主流. 由于人们从 17 世纪开始习惯于用力学图像解释各种自然现象, 所以普遍认为光的传播是机械振动在 "以太" 介质中的传播. 按照以太理论, 以太是非常特别的物质, 它弥散于整个宇宙空间, 即便是所谓真空也必须被以太均匀地充满；其质量密度一定要小之又小 (否则会有其他力学效应)、弹性一定要大之又大 (光速非常快), 而且对任何物质运动都没有阻力, 除了电磁波 (包括可见光) 以外, 其他物质没有办法感知它.

可见光是特别频段的电磁波, 因此麦克斯韦方程组所预言电磁波的传播介质也应该是以太, 电磁波的传播速度 $c = \dfrac{1}{\sqrt{\epsilon_0\mu_0}}$ 是电磁波在相对于以太静止的惯性系的速度. 我们设某个电磁波在以太惯性参考系 Σ' 中以速度 $c = \dfrac{1}{\sqrt{\epsilon_0\mu_0}}$ 沿着 $\vec{e}_x$ 传播, 根据伽利略变换, 该电磁波在实验室惯性系 Σ 下沿着 $\vec{e}_x$ 方向的传播速度为 $c + v$. 因为真空中的介电常量 ϵ_0 和磁导率 μ_0 分别是静电学和静磁学中引入的常数, 在不同惯性系中电磁波传播速度的差异意味着静电学和静磁学规律在不同惯性系中不同. 当处理不同惯性系下的电荷/电流系统时, 电磁场方程形式与所在的惯性系相对于以太惯性系的速度有关. 为了研究不同惯性系下的电磁现象, 需要事先知道这些惯性系相对于以太参考系的运动状态.

那么地球参考系相对于以太惯性参考系的运动速度是什么? 运动介质 (如流水) 和以太的关系如何? 以太是否会被运动介质拖动? 如果能通过实验无可置疑地断定运动介质多大程度上拖动了以太, 也就证实了以太的存在. 到 20 世纪初, 已经有了不少实验观测研究或涉及这些问题, 而传统的以太理论无法同时完美地解释这些实验观测结果. 这里我们按照历史顺序简述四个相关的著名观测.

6.1.1   光行差

光行差现象是天文观测的结果. 1728 年布拉德里 (James Bradley) 观测到相对于地球参考系远处的恒星在做圆周运动, 其中处于地球公转轨道轴线方向圆轨道

的角直径为 $41''$. 这个现象可以这样理解: 如果地球和星体本身相对于绝对参考系以太都是静止的, 那么用望远镜观察该星体时望远镜正对着星体即可, 如图 6.1(a) 所示. 假设星体相对于以太静止而地球在以速度 $\vec{v}$ 运动, 如图 6.1(b) 所示, 那么根据经典的速度合成理论, 为了能够在望远镜底部成像, 望远镜必须倾斜放置, 与 $v = 0$ 时相比的倾斜角度为 $\tan\alpha = \dfrac{v\Delta t}{c\Delta t} = v/c$. 我们知道地球公转速度大约为 3×10^4 m/s (地球赤道处自转速度大约为 5×10^2 m/s, 远小于 v, 忽略不计), 由此得 $\tan\alpha \approx 10^{-4}$, $\alpha \approx \arctan(10^{-4}) \approx 20.5''$. 地球公转周期为 1 年时间, 每隔半年地球公转速度由 $\vec{v}$ 变成 $-\vec{v}$, 所以每半年倾斜角的变化为 $2\alpha = 41''$. 这个解释与布拉德里观测结果符合得很好. 而这个解释说明地球的运动没有拖动以太, 因为假如地球公转运动拖动了以太, 就不会有光行差的现象. 由光的运动和地球公转运动速度合成的简单图像就可以理解光行差现象.

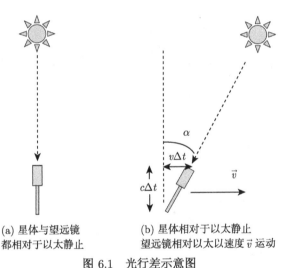

(a) 星体与望远镜
都相对于以太静止

(b) 星体相对于以太静止
望远镜相对以太以速度 $\vec{v}$ 运动

图 6.1 光行差示意图

这里为了方便, 把倾斜角 α 放大了多倍

6.1.2 *菲索流水实验

菲涅耳关于光被运动介质部分拖动的理论发表于 1817 年, 1851 年菲索 (Armanda Hippolyte Louis Fizeau) 流水实验很好地证实了菲涅耳拖动系数. 如图 6.2 所示, 实验的第一步是入射光线 S 经由分光镜 P 分为对称的两路光: 第一光路为 $PM_1M_2M_3PQ$, 第二光路为 $PM_3M_2M_1PQ$, 其中在 PM_3 和 M_1M_2 光路上分别加入长度为 l 的静止的水. 两路光在屏幕 Q 处汇合, 形成干涉条纹. 实验的第二步是令 PM_3 和 M_1M_2 光路上的水以速度 v 流动, 如图 6.2 所示. 如果流水拖动了承载着光的以太一起运动, 两路光线的速度就不一样, 从而引起干涉条纹移动.

根据菲涅耳的部分拖动理论, 如果运动介质的速度为 v, 那么顺水的光速为 $v_1 = \dfrac{c}{n} + \left(1 - \dfrac{1}{n^2}\right)v$, 逆水的光速为 $v_2 = \dfrac{c}{n} - \left(1 - \dfrac{1}{n^2}\right)v$, 这里 $n \approx 1.33$ 为水的折射率. 在菲涅耳理论中, 因为流水的运动而导致两个光路的光程差为

$$c(t_2 - t_1) = c\left[\frac{2l}{c/n - \left(1 - \frac{1}{n^2}\right)v} - \frac{2l}{c/n + \left(1 - \frac{1}{n^2}\right)v}\right]$$

$$\approx \frac{4lv\left(n^2 - 1\right)}{c}. \tag{6.2}$$

预期移动条纹数约为 $\dfrac{4lv\left(n^2 - 1\right)}{c\lambda}$. 实验结果与这一预言很好地吻合, 所以菲索流水实验支持菲涅耳部分拖动说.

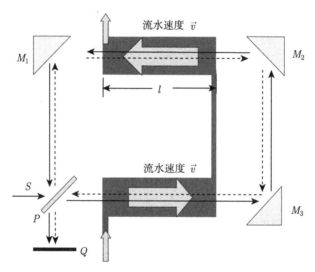

图 6.2   菲索流水实验示意图

6.1.3   *霍克实验

霍克 (Martinus Hoek) 实验结果发表于 1868 年. 实验目的是观测随太阳公转的地球 (运动) 介质是否拖动了以太. 其实验设计如图 6.3 所示, 光路设计与菲索实验类似. 光线 S 经由分光镜 P 分为两路. 第一光路为 $PM_1M_2M_3PQ$, 第二光路为 $PM_3M_2M_1PQ$. 两路光在屏幕 Q 处呈现干涉条纹. 在 M_1M_2 之间放一段长 l 的折射率为 n 的透明介质. 假设实验装置相对以太的运动速度 $\vec{v}$ 就是地球公转速度, 并且平行于 M_1M_2 光路. 把实验装置以 PM_1 为轴转动 $180°$, 观测干涉条纹是否移动.

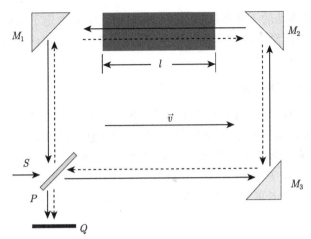

图 6.3　霍克实验装置示意图

光在 P 处分为 2 路, 最后在 Q 处形成干涉条纹. 在装置转动 180° 后观测干涉

条纹移动数, 以测量地球相对于以太的绝对速度

假如运动介质运动完全拖动以太, 两路光线在介质中传播速度都为 $\dfrac{c}{n}$, 两个光路在系统转 180° 角前后干涉条纹移动数为

$$\Delta N = 2\frac{c}{\lambda}(t_2 - t_1) = 2\frac{c}{\lambda}\left(\frac{l}{c-v} + \frac{l}{c/n} - \frac{l}{c+v} - \frac{l}{c/n}\right) \approx \frac{4lv}{\lambda c}. \tag{6.3}$$

假如运动介质运动完全没有拖动以太, 两路光在介质中的传播速度分别为 $\dfrac{c}{n} \pm v$, 两个光路在系统转 180° 角前后干涉条纹移动数为

$$\Delta N = 2\frac{c}{\lambda}(t_2 - t_1) = 2\frac{c}{\lambda}\left(\frac{l}{c-v} + \frac{l}{c/n+v} - \frac{l}{c+v} - \frac{l}{c/n-v}\right) \approx \frac{4lv}{\lambda c}(1 - n^2). \tag{6.4}$$

所以无论跟随地球一起运动的介质完全拖动以太还是完全不拖动以太, 干涉条纹都会移动. 由移动条纹数可以定出地球相对于以太的绝对速度 v.

运动介质除了完全拖动和完全不拖动以太这两种可能性之外, 还存在一种可能, 即运动介质部分地拖动以太并遵从菲涅耳理论. 在这种情况下, 两个光路在系统转过 180° 时干涉条纹移动数为

$$\Delta N = 2\frac{c}{\lambda}(t_2 - t_1) = 2\frac{c}{\lambda}\left[\left(\frac{l}{c-v} + \frac{l}{c/n+\dfrac{v}{n^2}}\right) - \left(\frac{l}{c+v} + \frac{l}{c/n-\dfrac{v}{n^2}}\right)\right]$$

$$\approx 2\frac{c}{\lambda}\left(\frac{2lv}{c^2} - \frac{l}{\dfrac{c}{n}}\frac{2v}{nc}\right) = 0. \tag{6.5}$$

实验结果是移动的干涉条纹数为零. 所以霍克实验否定了运动介质完全不拖动以太, 也否定了运动介质完全拖动以太. 其结果在 v/c 精度内与运动介质部分拖动以太的菲涅耳理论一致.

6.1.4   迈克耳孙-莫雷实验

迈克耳孙 (Albert Abrahan Michelson, 1907 年诺贝尔物理学奖获得者)- 莫雷 (Edward Williams Morley, 美国化学家) 实验装置示意图见 6.4, 类似于霍克实验装置, 也是为了测定地球相对于以太的绝对速度. 其光路为光线 S 经由分光镜 P 分为两路, 第一光路为 PM_1PQ, 第二光路为 PM_2PQ. 两路光在屏幕 Q 处呈现干涉条纹, PM_1 与 PM_1 长度分别为 l_1 和 l_2. 第二路光与第一路光传播的时间差为

$$\left(\frac{l_2}{c-v}+\frac{l_2}{c+v}\right)-\frac{2l_1}{\sqrt{c^2-v^2}}. \tag{6.6}$$

实验装置转动 $90°$, 使两个光路交换位置. 第二路光与第一路光传播的时间差变为

$$\frac{2l_2}{\sqrt{c^2-v^2}}-\left(\frac{l_1}{c-v}+\frac{l_1}{c+v}\right). \tag{6.7}$$

期待移动的条纹数为

$$\frac{c}{\lambda}\left[\left(\frac{l_2}{c-v}+\frac{l_2}{c+v}\right)-\frac{2l_1}{\sqrt{c^2-v^2}}\right]-\frac{c}{\lambda}\left[\frac{2l_2}{\sqrt{c^2-v^2}}-\left(\frac{l_1}{c-v}+\frac{l_1}{c+v}\right)\right]$$

$$=\frac{2(l_1+l_2)}{\lambda}\left[\frac{1}{1-\frac{v^2}{c^2}}-\frac{1}{\sqrt{1-\frac{v^2}{c^2}}}\right]\approx\frac{l_1+l_2}{\lambda}\left(\frac{v}{c}\right)^2. \tag{6.8}$$

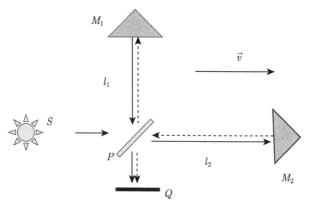

图 6.4   迈克耳孙-莫雷实验实验装置示意图

光在 P 处分为两路, 最后在 Q 处形成干涉条纹. 在装置转动 $90°$(相当于两个光路互换位置) 后, 观测干涉条纹, 测量地球相对以太的绝对运动速度

迈克耳孙在 1881 年完成该实验, 没有测到上面预期移动的条纹数; 迈克耳孙和莫雷在 1887 年又以更高的精度重做了该实验, 其移动的条纹数小于 0.01(预期为 0.37), 由此给出地球相对于以太运动速度的上限为 4.7×10^3 m/s. 菲茨杰拉德 (George Francis FitzGerald) 和洛伦兹曾提出: 假如在宇宙中以速度 v 运动的物质 (含以太) 沿着运动方向缩短为原来的 $\sqrt{1 - \dfrac{v^2}{c^2}}$, 就可以解释迈克耳孙-莫雷实验中干涉条纹没有移动的结果. 在 20 世纪 70 年代, 人们利用穆斯堡尔 (Rudolf Mössbauer) 效应得到地球相对于所谓 "以太参考系" 运动速度的上限为 5 cm/s. 也就是说, 地球相对于以太参考系几乎是静止的.

总而言之, 在十九世纪末期没有理论能够同时完美地解释这些实验现象. 如果认为麦克斯韦方程仅在特殊的以太参照系中成立, 那么以太这个特殊的物质在不同实验中的表现很不一致. 光行差现象说明地球运动 (在地球上的光传播介质即空气同步运动) 完全没有带动以太, 菲索流水实验和霍克实验说明介质运动部分地带动了以太, 迈克耳逊-莫雷实验表明地球的运动完全带动了以太. 在本章的学习中将看到, 爱因斯坦在 1905 年建立的狭义相对论同时完美地解释了这些实验.

6.2 狭义相对论的时空观

本节讨论狭义相对论中的时间空间变换规律, 包括狭义相对论的基本假定、洛伦兹变换以及狭义相对论时空观.

6.2.1 狭义相对论基本假定

在 6.1 节中我们讨论了关于电磁波传播以太理论的困境. 在伽利略变换下, 不同惯性系内的电磁规律即麦克斯韦方程组与所在惯性系的运动速度有关, 所以考察相对于以太静止的惯性系运动速度很重要, 然而 19 世纪末的几个相关实验结果在伽利略变换下相互矛盾, 无法统一解释. 如何确定惯性系对于以太惯性系的速度是 20 世纪初物理学家面临的困境之一. 基于经验的伽利略变换即绝对时空观是当时的主流观点, 然而为了解释以太理论困境而提出的各种假说存在各种各样的困难.

在这种情况下人们有三个选择: ① 接受伽利略变换和麦克斯韦方程组, 抛弃电磁现象的相对性原理; ② 接受伽利略变换和相对性原理, 修正或抛弃麦克斯韦方程组; ③ 接受麦克斯韦方程组和相对性原理, 修正伽利略变换. 选择①意味着相对性原理使用范围被局限于非电磁的力学现象, 对于电磁现象需要定义一个难以想象的以太和以太惯性系, 麦克斯韦方程组仅在该惯性系内成立, 而电磁规律在不同的惯性系中具有不同的形式. 选择②意味着麦克斯韦方程不正确, "好" 的电磁理论是伽利略变换下协变的; 为了满足相对性原理, 需要对麦克斯韦方程组进行修正.

爱因斯坦选择了③, 即保留相对性原理和麦克斯韦方程组 (光速不变), 修正由生活经验归纳而来的伽利略变换, 同时完全抛弃传统理论中的以太概念. 他在 1905 年提出了狭义相对论, 其基本原理为: ① **相对性原理**, 即所有惯性系都是平权的, 没有特殊的惯性系, 物理规律在不同惯性系下具有相同的形式; ② **光速不变原理**, 即真空中光速在任何惯性系下沿任何方向都等于 $c = \dfrac{1}{\sqrt{\epsilon_0 \mu_0}}$, 与光源运动无关.

回顾这些历史就像看许多历史故事那样, 似乎一切都简单自然, 其实不过是事后诸葛亮. 在 20 世纪初, 爱因斯坦的相对论思想并非主流, 当时这个方向的主流工作是如何拯救以太理论. 伟大的创新性工作需要极大的担当、勇气和使命感. 爱因斯坦在狭义相对论的建立过程中起了决定性作用, 而广义相对论更是爱因斯坦几乎以一己之力完成的恢弘而深刻的理论. 相对论对于爱因斯坦既可以说是时势造英雄, 也可以说是英雄创造历史.

6.2.2　洛伦兹变换

本节从相对性原理和光速不变原理出发, 通过一些特定的事件, 得到有别于伽利略变换的、新的时间-空间变换形式, 称为洛伦兹变换. 在这里事件指的是在惯性系内给定一组空间和时间坐标 $(\vec{r}, t)$, 一组时空坐标就称为一个事件.

我们假定时间是均匀的, 空间是均匀而各向同性的. 由这种时空的均匀性可知, Σ 惯性系和 Σ' 惯性系之间的空间坐标和时间变换关系一定是线性的, 否则就会破坏时间和空间的均匀性. 我们约定 Σ 和 Σ' 两个惯性系在 $t = t' = 0$ 时原点重合. 在这样的约定下, 有

$$x' = a_{11}x + a_{12}y + a_{13}z + a_{14}t,$$
$$y' = a_{21}x + a_{22}y + a_{23}z + a_{24}t,$$
$$z' = a_{31}x + a_{32}y + a_{33}z + a_{34}t,$$
$$t' = a_{41}x + a_{42}y + a_{43}z + a_{44}t.$$

由于 Σ' 惯性系相对于 Σ 惯性系以速度 $\vec{v} = v\vec{e}_x$ 做匀速直线运动, 垂直于运动方向的坐标不变, 即 $y' = y, z' = z$; x'、t' 与垂直方向的坐标 y、z 也没有关系. 所以上式化简为

$$\begin{aligned}
x' &= a_{11}x + a_{14}t\,, \\
y' &= y\,, \\
z' &= z\,, \\
t' &= a_{41}x + a_{44}t\,.
\end{aligned} \tag{6.9}$$

可见, Σ 惯性系和 Σ' 惯性系之间的空间和时间变换关系有四个未知系数. 确定这四个系数需要四个基于光速不变原理的独立事件, 这里所采用的四个事件如下.

(1) 如图 6.5(a) 所示, 当 Σ 惯性系和 Σ' 惯性系坐标原点重合时, $t = t' = 0$, 沿着 $\vec{e}_y$ 发出一个光子, 射到 Σ 系的 y 轴的一个屏幕上. 在 Σ 系内, 这一事件发生在 t 时刻, $x = 0, y = ct, z = 0$; 而在 Σ' 系内, 该事件发生在 t' 时刻, 空间位置在 $x' = -vt'$, $y' = y = ct$, $z' = 0$, $t' = a_{44}t$. 所以在 Σ' 系中的光子走的是斜边, 路程长度为 ct'. 由直角三角形边长之间的关系, 有 $(x')^2 + (y')^2 = (ct')^2$, 即

$$(-va_{44}t)^2 + (ct)^2 = (ca_{44}t)^2.$$

当速度 $v \ll c$ 时, 伽利略变换是正确的, 而在伽利略变换中 $t' = t$, 因此在式 (6.9) 中 a_{44} 只能取正数. 由上式得

$$a_{44} = \frac{1}{\sqrt{1 - \dfrac{v^2}{c^2}}} = \frac{1}{\sqrt{1 - \beta^2}} = \gamma. \tag{6.10}$$

在本章中标记 $\beta = v/c$, $\gamma = \dfrac{1}{\sqrt{1 - \beta^2}}$.

(2) 如图 6.5(b) 所示, Σ' 惯性系内观测 Σ 惯性系坐标原点的运动, $x' = -vt'$, 而在 Σ 惯性系内 $x = 0$. 把这个结果代入式 (6.9) 的第一和第四式, 并利用式 (6.10) 得到 $-vt' = a_{14}t$, $t' = a_{44}t = \gamma t$, 因此

$$a_{14} = -v\gamma. \tag{6.11}$$

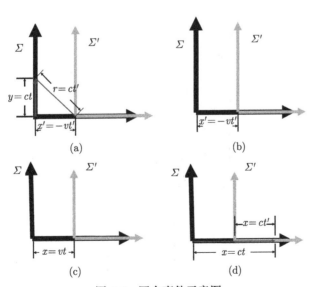

图 6.5   四个事件示意图

(a) $t = t' = 0$ 时 Σ 系中沿 $\vec{e}_y$ 方向发出一个光子; (b) 在 Σ' 惯性系内观测 Σ 惯性系原点运动;

(c) 在 Σ 惯性系内观测 Σ' 惯性系原点运动; (d) $t = t' = 0$ 时沿 $\vec{e}_x$ 方向发出一个光子

(3) 如图 6.5(c) 所示, Σ 惯性系内观测 Σ' 惯性系坐标原点的运动, $x = vt$, 而在 Σ' 惯性系内 $x' = 0$. 由式 (6.9) 的第一式得到 $0 = a_{11}vt + a_{14}t$, 即 $a_{11}v + a_{14} = 0$. 把式 (6.11) 代入这一关系得到

$$a_{11} = \gamma. \tag{6.12}$$

(4) 如图 6.5(d) 所示, 当 Σ 和 Σ' 惯性系坐标原点重合时, $t = t' = 0$, 沿着 $\vec{e}_x$ 发出一个光子, 光子飞行一段距离被物体吸收. 在 Σ 系内观测, 这个光子被吸收的事件发生在 t 时刻, 光子的位置 $x = ct$; 利用光速不变原理, 在 Σ' 惯性系内观测, 这一事件发生在 t' 时刻 $x' = ct'$. 把这个事件的空间和时间坐标代入式 (6.9) 的第一和第四式, 并利用式 (6.10-6.12) 的结果, 分别得到 $ct' = a_{11}ct + a_{14}t = \gamma ct - \gamma vt$, $t' = a_{41}ct + a_{44}t = a_{41}ct + \gamma t$, 比较这两式得到

$$a_{41} = -\gamma v/c^2. \tag{6.13}$$

以上四个事件基于光速不变原理, 由此得到的变换关系具有一般性. 把式 (6.10)~式 (6.13) 中所得到的系数代入式 (6.9), 得到 Σ 惯性系和 Σ' 惯性系之间的空间坐标和时间变换关系

$$\begin{cases} x' = \gamma(x - vt), \\ y' = y, \\ z' = z, \\ t' = \gamma\left(-\dfrac{v}{c^2}x + t\right). \end{cases} \tag{6.14}$$

在上式中把 v 换成 $-v$, 即得到上式的逆变换, 其形式为

$$\begin{cases} x = \gamma(x' + vt'), \\ y = y', \\ z = z', \\ t = \gamma\left(\dfrac{v}{c^2}x' + t'\right). \end{cases} \tag{6.15}$$

为了标记和书写方便, 引入四维坐标

$$x_\mu = \begin{pmatrix} x_1 \\ x_2 \\ x_3 \\ x_4 \end{pmatrix} = \begin{pmatrix} x \\ y \\ z \\ \mathrm{i}ct \end{pmatrix},$$

式中 $\mu = 1, 2, 3, 4$, 其中前三个坐标对应普通三维空间坐标, $\vec{r} \equiv x_1\vec{e}_x + x_2\vec{e}_y + x_3\vec{e}_z = x\vec{e}_x + y\vec{e}_y + z\vec{e}_z$, 第四个坐标 $x_4 = \mathrm{i}ct$. 在本章中我们约定用希腊字母为下标来标记

四维坐标, 罗马字母 i, j, k 等作为下标来标记普通三维空间坐标, 在乘积中指标重复隐含求和 (称为爱因斯坦求和约定). 在这些标记和约定下, 式 (6.14) 写为

$$x'_\mu = \sum_\nu a_{\mu\nu} x_\nu \equiv a_{\mu\nu} x_\nu, \tag{6.16}$$

式中

$$a = \begin{pmatrix} \gamma & 0 & 0 & \mathrm{i}\beta\gamma \\ 0 & 1 & 0 & 0 \\ 0 & 0 & 1 & 0 \\ -\mathrm{i}\beta\gamma & 0 & 0 & \gamma \end{pmatrix}. \tag{6.17}$$

容易验算矩阵 a 是正交矩阵, 即

$$a\tilde{a} = I, \quad a_{\mu\nu} a_{\mu\eta} = \delta_{\nu\eta}, \tag{6.18}$$

式中 I 为四维单位矩阵. 式 (6.16) 是由 Σ 惯性系到 Σ' 惯性系的四维坐标变换关系, 被称为洛伦兹变换. 式 (6.17) 中的正交矩阵 a 称为洛伦兹变换矩阵. 由式 (6.18) 看出, 矩阵 a 的逆矩阵等于 a 的转置矩阵, 所以有

$$x_\mu = \tilde{a}_{\mu\nu} x'_\nu = a_{\nu\mu} x'_\nu. \tag{6.19}$$

上式也可以从式 (6.15) 得到.

由洛伦兹变换容易求出由 Σ 惯性系到 Σ' 惯性系的速度变换公式. 我们标记 Σ 惯性系内速度 $\vec{u} = \dfrac{\mathrm{d}\vec{r}}{\mathrm{d}t} = u_x \vec{e}_x + u_y \vec{e}_y + u_z \vec{e}_z$, Σ' 惯性系内速度 $\vec{u'} = \dfrac{\mathrm{d}\vec{r'}}{\mathrm{d}t'} = u'_x \vec{e}_x + u'_y \vec{e}_y + u'_z \vec{e}_z$, 得到

$$u'_x = \frac{\mathrm{d}x'}{\mathrm{d}t'} = \frac{\gamma(\mathrm{d}x - v\mathrm{d}t)}{\gamma\left(-\dfrac{v}{c^2}\mathrm{d}x + \mathrm{d}t\right)} = \frac{u_x - v}{1 - \dfrac{u_x v}{c^2}},$$

$$u'_y = \frac{\mathrm{d}y'}{\mathrm{d}t'} = \frac{\mathrm{d}y}{\gamma\left(-\dfrac{v}{c^2}\mathrm{d}x + \mathrm{d}t\right)} = \frac{\sqrt{1 - \dfrac{v^2}{c^2}}\,u_y}{1 - \dfrac{u_x v}{c^2}}, \tag{6.20}$$

$$u'_z = \frac{\mathrm{d}z'}{\mathrm{d}t'} = \frac{\mathrm{d}z}{\gamma\left(-\dfrac{v}{c^2}\mathrm{d}x + \mathrm{d}t\right)} = \frac{\sqrt{1 - \dfrac{v^2}{c^2}}\,u_z}{1 - \dfrac{u_x v}{c^2}}.$$

6.2.3 相对论时空观下的几个现象

洛伦兹变换与伽利略变换之间既有联系也有不同. 垂直于运动方向的空间坐标在洛伦兹变换和伽利略变换中都保持不变; 在 $\beta = v/c \to 0$ 的极限下, 洛伦兹变换变为伽利略变换, 即从数学形式上看, 伽利略变换可以作为洛伦兹变换在低速度下的近似; 而在 Σ' 惯性系相对于 Σ 惯性系做高速运动情况下, 洛伦兹变换与伽利略变换有很大的差异. 根据洛伦兹变换, 在不同惯性系中两个事件的同时性不再是绝对的概念. 人们由洛伦兹变换得出了许多与日常经验不同的奇特结论, 而这些结论已经被大量实验所证实. 这里讨论运动尺缩短、运动时钟延缓两个现象, 以及同时的相对性、间隔不变性、因果关系三个概念.

1. 运动尺缩短

在 Σ' 惯性系内放置一把长度为 L_0 的尺子, 该尺子一端放在 Σ' 系的原点即 $\vec{r}'_1 = 0$, 另一端在 $\vec{r}'_2 = L_0 \vec{e}_x$, $x'_2 - x'_1 = L_0$. 现在我们在 Σ 惯性系内测量该尺的长度, 办法是在 Σ 惯性系内同时测量该尺的两端在 x 轴上的坐标 x_1、x_2, 在 Σ 惯性系中该尺的长度为 $L = x_2 - x_1$. 由洛伦兹变换得到

$$x'_1 = \gamma(x_1 - vt), \quad x'_2 = \gamma(x_2 - vt).$$

所以 $x'_2 - x'_1 = \gamma\left[(x_2 - vt) - (x_1 - vt)\right] = \gamma(x_2 - x_1) = \dfrac{L}{\sqrt{1 - \beta^2}}$, 即 $L = \sqrt{1 - \beta^2}\, L_0$. 这就是说, 在与物体有相对运动的惯性系 Σ 内沿运动方向测量得到的尺子长度 L 小于与物体相对静止的 Σ' 惯性系内沿运动方向测量的长度 L_0, 这个现象称为运动尺缩短或洛伦兹收缩.

2. 运动时钟延缓

在 Σ 和 Σ' 两个惯性系的原点处各放置一个时钟, 当 Σ 和 Σ' 系原点重合时, $t = t' = 0$. 在 Σ' 系内经过 τ_0 秒后发一个光信号. 在 Σ' 系中, 该信号的时间 $t' = \tau_0$, 位置为 $\vec{r}' = 0$; 而在 Σ 系内测该信号的时间为 t, 位置为 $\vec{r} = vt \vec{e}_x$. 根据式 (6.15),

$$t = \gamma\left(t' + \frac{vx'}{c^2}\right) = \frac{1}{\sqrt{1 - \beta^2}}(t' + 0) = \frac{\tau_0}{\sqrt{1 - \beta^2}}, \tag{6.21}$$

即 $\tau_0 = \sqrt{1 - \beta^2}\, t$, $\tau_0 < t$. 也就是说, Σ' 惯性系内的时钟比 Σ 惯性系内时钟时间要慢, 这个现象称为运动时钟延缓.

3. 同时的相对性

"同时" 的意思就是两个事件发生在同一个时刻. 为了定义同一时刻, 需要 "校对" 计时的钟表. 对于同一个惯性系, 可以在两个空间坐标的中点发出光信号, 在各

自位置收到光信号的时刻把各自位置处时钟的时间设置为零或者任何一个相同的时间, 这样两个不同位置的钟就校对好了; 还有一种方法, 就是把两个或多个钟放在一个地方先校对好, 然后以很慢的速度分别放置到空间任何地方, 在这种情况下可以忽略相对论效应, 我们就说这些放在不同位置的钟具有很高精度的同时性.

在经典的伽利略变换中, 同时的概念具有绝对性; 如果在某一个 Σ 惯性系内两个事件是同时的, 即 $t_1 = t_2$, 那么在任意 Σ' 惯性系内这两个事件都是同时的, 即恒有 $t_1' = t_2'$. 而在狭义相对论中, 关于同时的概念不再是绝对的, 在一个惯性系内已经校准的时钟, 在另一个惯性系内测量可能是没有校准的. 换句话说, 两个事件在某一个惯性系内同时发生, 在另一个相对运动的惯性系内可能不是同时的. 例如 Σ 惯性系同时发生的两个事件 (x_1, y_1, z_1, t) 和 (x_2, y_2, z_2, t), 在 Σ' 惯性系内的时间 $t_1' = \gamma\left(-\dfrac{vx_1}{c^2} + t\right)$ 和 $t_2' = \gamma\left(-\dfrac{vx_2}{c^2} + t\right)$, 两者时间差为 $\Delta t' = -\gamma\dfrac{v\Delta x}{c^2}$. 如果 $\Delta x \neq 0$, 那么 $\Delta t' \neq 0$. 可见, 在狭义相对论中同地的同时性是绝对的, 异地的同时性是相对的.

4. 间隔不变性

定义两个事件的 "间隔" Δs 为

$$(\Delta s)^2 = c^2(t_2 - t_1)^2 - \left[(x_1 - x_2)^2 + (y_1 - y_2)^2 + (z_1 - z_2)^2\right].$$

现在证明在不同惯性参考系下任意两个事件的间隔 (Δs) 是不变量. 由四维坐标定义可知, $-(\Delta s)^2 = \Delta x_\mu \Delta x_\mu$, $\Delta x_\mu' = a_{\mu\nu}\Delta x_\nu$, 得到

$$-(\Delta s')^2 = \Delta x_\mu' \Delta x_\mu' = a_{\mu\nu}a_{\mu\eta}\Delta x_\nu \Delta x_\eta.$$

上式最后一个等号利用了洛伦兹变换. 根据式 (6.18), $a_{\mu\nu}a_{\mu\eta} = \delta_{\nu\eta}$, 上式变为

$$-(\Delta s')^2 = \delta_{\nu\eta}\Delta x_\nu \Delta x_\eta = \Delta x_\nu \Delta x_\nu = -(\Delta s)^2 , \tag{6.22}$$

即间隔 $\Delta s' = \Delta s$ 在不同惯性系中是不变量.

5. 因果关系

因为间隔不变性, 如果在某一个惯性系内的两个事件间隔 $(\Delta s)^2$ 大于 (小于或等于) 零, 那么该间隔在任意惯性系内都大于 (小于或等于) 零. 我们分别把 $(\Delta s)^2$ 大于、小于、等于零的两个事件称为类时间隔、类空间隔和类光间隔.

对于类空间隔的两个事件, 空间的距离如此之远, 以至于连光信号都不能联系它们, 所以两个事件绝对不会有任何关联, 我们就说这两个事件没有因果关系. 没有因果关系两个事件时间的先后次序可以颠倒过来, 即在 Σ 惯性系内 $\Delta t = t_2 - t_1 > 0$,

在另外一个 Σ' 惯性系内 $\Delta t'$ 却有可能小于零. 例如我们把 Σ' 惯性系相对于 Σ 惯性系速度 $\vec{v}$ 的运动方向取为在 Σ 惯性系中先发生的事件 1[该事件在 Σ 系中的时空坐标为 $(\vec{r}_1, t_1)$, 在 Σ' 系中时空坐标为 $(\vec{r}_1', t_1')$] 的空间位置指向在 Σ 惯性系中后发生的事件 2 [该事件在 Σ 系中的时空坐标为 $(\vec{r}_2, t_2)$, 在 Σ' 系中时空坐标为 $(\vec{r}_2', t_2')$] 空间位置, 即两个事件都发生在 Σ 和 Σ' 系的 x 轴上, 此时两个事件的 $\Delta y = \Delta z = \Delta y' = \Delta z' = 0$, $\Delta x = \Delta r$, $\Delta t > 0$. 我们根据洛伦兹变换式 (6.14) 以及 $\Delta x = \Delta r$ 得到 $\Delta t' = t_2' - t_1' = \gamma \left(\Delta t - \dfrac{v \Delta r}{c^2} \right)$; 对于类空间隔的两个事件 $\Delta t < \Delta r / c$, 所以只要速度 v 足够接近光速, 在惯性系 Σ' 中就会有 $\Delta t' < 0$, 即事件时间的先后次序可以改变.

　　而类时和类光间隔的两个事件时间的先后次序都不可能颠倒, 因此称为有因果关系的两个事件. 我们可以通过验算证明这个结论, 即由 $\Delta t > 0$ 给出 $\Delta t' > 0$ 即可, 而根据洛伦兹变换中 $\Delta t'$ 的表达式 $\Delta t' = \gamma \left(\Delta t - \dfrac{v}{c^2} \Delta x \right)$, 我们只需验算对于类时或类光间隔的两个事件在 $\Delta t > 0$ 情况下 $c \Delta t > \beta \Delta x$ 是否恒成立. 对于类时间隔的两个事件 $c \Delta t > \Delta r$, 又因为三维空间总有 $\Delta r > \Delta x$, 惯性系的运动速度 $\beta < 1$, 因此 $c \Delta t$ 必大于 $\beta \Delta x$; 对于类光间隔的两个事件 $c \Delta t = \Delta r$, 又由于 $\Delta r \geqslant \Delta x, \beta < 1$, 所以 $c \Delta t$ 也大于 $\beta \Delta x$. 验算毕.

　　例题 6.1　　如果在一个惯性系 Σ 内观察某个粒子的运动速度 $u < c$, 那么在任意惯性系 Σ' 内观察该粒子的运动速度 $u' < c$.

　　解答　　设在 Σ 惯性系内该粒子在 t_1 时刻位于 $\vec{r}_1$ 处为事件 1, 在 t_2 时刻位于 $\vec{r}_2$ 处为事件 2, $\Delta t = t_2 - t_1, \Delta \vec{r} = \vec{r}_2 - \vec{r}_1, |\Delta \vec{r}| = u \Delta t$. 事件 1 和事件 2 在 Σ' 惯性系内的空间、时间坐标分别为 $(\vec{r}_1', t_1')$ 和 $(\vec{r}_2', t_2')$, $\Delta t' = t_2' - t_1', \Delta \vec{r}' = \vec{r}_2' - \vec{r}_1'$, $|\Delta \vec{r}'| = u' \Delta t'$.

　　因为 $u < c$, 所以 $(\Delta \vec{r})^2 = u^2 (\Delta t)^2 < c^2 (\Delta t)^2$. 事件 1 和事件 2 的间隔 $(\Delta s)^2 = c^2 (\Delta t)^2 - (\Delta \vec{r}')^2 > 0$. 根据间隔不变性, 在 Σ' 惯性系内间隔也大于零, 所以 $(\Delta s')^2 = c^2 (\Delta t')^2 - (\Delta \vec{r}')^2 = c^2 (\Delta t')^2 - (u' \Delta t')^2 > 0$, 即 $c > u'$. 证毕.

　　例题 6.2　　μ 子的寿命大约为 2.197×10^{-6}s. 如果没有相对论效应, 按照这个寿命可以飞行多远? 在大气层中运动速度为 $0.9999c$ 的高能 μ 子, 在地球惯性系中观测到的实际飞行长度是多少?

　　解答　　宇宙射线 (约 90% 是极高能量的质子) 在 $10 \sim 20$ km 的海拔高度上与大气中的原子碰撞, 产生大量的 π 介子. π 介子的寿命大约在 2.6×10^{-8} s, 很快衰变为 μ 子. 假设 μ 子以接近光速 c 的速度飞行而不考虑相对论效应, 在大气中飞行长度 l 大约为 $c \tau_0$, $\tau_0 = 2.197 \times 10^{-6}$s 为 μ 子的寿命,

$$l = 3 \times 10^8 \text{m/s} \times 2.197 \times 10^{-6} \text{s} \approx 660 \text{m}.$$

对于运动速度为 $0.9999c$ 的 μ 子, 相对论效应是非常显著的; 在地球参考系中, μ 子

的寿命为 $\tau = \gamma\tau_0 = \dfrac{\tau_0}{\sqrt{1-\beta^2}}$, $\sqrt{1-\beta^2} = \sqrt{1-(1-10^{-4})^2} \approx 1.414 \times 10^{-2}$. 飞行长度为

$$l = c\tau = \frac{\tau_0 c}{\sqrt{1-\beta^2}} \approx 4.7 \times 10^4 \mathrm{m},$$

所以这个能量的 μ 子大部分可以穿越十几千米的大气层而到达海平面.

高能 μ 子从十几千米的大气层到达海平面的现象也可以用洛伦兹收缩解释. 在与 μ 子相对静止的惯性参考系 Σ 中, 地球参考系是运动的惯性系 Σ'. 根据洛伦兹收缩, 对于以速度 $v = 0.9999c$ 相对于地球运动的高能 μ 子 (即 Σ 惯性系中的观测者) 而言, 地球的大气层厚度 l 不是地球参考系中的 10^4 m, 而是

$$l = \sqrt{1-\beta^2} \times 10^4 \mathrm{m} \approx 141 \mathrm{m}.$$

而在 Σ 惯性系中 μ 子可以飞行大约 660 m, 因此相对于地球以 $0.9999c$ 速度运动的高能 μ 子中的大多数是很容易到达海平面的.

6.3 洛伦兹变换下协变的物理量

本节讨论协变性. 协变也被称为共变 (covariance), 这里用于讨论物理量和物理规律在不同惯性系下的变换性质. 本节定义在四维坐标作洛伦兹变换下协变的标量、矢量和二阶张量、n 阶张量. 我们将引入多个协变矢量, 包括四维偏导数、四维速度和四维加速度、四维波矢量、四维电流、四维电磁势. 我们还将引入两个协变张量: 电磁场张量、动量流动量能量张量.

6.3.1 协变量的性质

惯性系 Σ' 内的四维坐标 x'_μ 和惯性系 Σ 系内的四维坐标 x_μ 的关系遵循洛伦兹变换 $x'_\mu = a_{\mu\nu} x_\nu$. 当四维坐标在不同惯性系之间作洛伦兹变换时, 如果一个物理量在不同惯性系中保持不变, 该物理量就称为协变标量. 事件的间隔 Δs、真空中的光速、粒子的个数、波动的相位、系统总电荷, 都是协变标量的实例. 如果一个物理量 f_μ 有四个分量, 并且在 Σ' 惯性系中该物理量 f'_μ 与其在 Σ 惯性系中 f_μ 的变换关系为

$$f'_\mu = a_{\mu\nu} f_\nu,$$

该物理量就称为洛伦兹变换下的四维协变矢量, 如空间-时间四维坐标 x_μ 是四维协变矢量. 如果一个物理量 $T_{\mu\nu}$ 有 16 个分量 ($\mu, \nu = 1, 2, 3, 4$), 在 Σ' 惯性系中该物理量 $T'_{\mu\nu}$ 与其在 Σ 惯性系中 $T_{\mu\nu}$ 之间的变换关系为

$$T'_{\mu\nu} = a_{\mu\mu_1} a_{\nu\nu_1} T_{\mu_1\nu_1},$$

该物理量就称为二阶协变张量.

类似地, 我们定义 n 阶协变张量. 在 Σ' 惯性系的四维坐标 x'_μ 和 Σ 惯性系的四维坐标 x_μ 按照洛伦兹变换 $x'_\mu = a_{\mu\nu}x_\nu$ 时, 如果在 Σ' 惯性系中某物理量 $T'_{\mu_1\mu_2\cdots\mu_n}$ 与在 Σ 惯性系中该量 $T_{\mu_1\mu_2\cdots\mu_n}$ 之间的变换关系为

$$T'_{\mu_1\mu_2\cdots\mu_n} = a_{\mu_1\nu_1}a_{\mu_2\nu_2}\cdots a_{\mu_n\nu_n}T_{\nu_1\nu_2\cdots\nu_n} \ ,$$

该物理量就称为 n 阶协变张量. 显然, 零阶协变张量就是协变标量, 一阶协变张量是四维协变矢量.

现在讨论几个四维协变量乘积的常用定理.

(1) 如果 A_μ 和 B_μ 是两个协变矢量, 那么 $A_\mu B_\mu$ 是协变标量.

只需证明在 Σ' 系中 $A'_\mu B'_\mu$ 与 Σ 系中 $A_\mu B_\mu$ 相等即可. 由于 A_μ 和 B_μ 是协变矢量, 我们得到

$$A'_\mu B'_\mu = a_{\mu\mu_1}A_{\mu_1}a_{\mu\mu_2}B_{\mu_2} = a_{\mu\mu_1}a_{\mu\mu_2}A_{\mu_1}B_{\mu_2} = \delta_{\mu_1\mu_2}A_{\mu_1}B_{\mu_2} = \ A_{\mu_1}B_{\mu_1}.$$

上式第三个等号中利用了式 (6.18). 从上式看出, $A'_\mu B'_\mu = A_\mu B_\mu$. 证毕.

(2) 如果 $A_\mu B_\mu$ 是协变标量, 其中 A_μ 是协变矢量, 那么 B_μ 也是协变矢量.

只需证明 B_μ 在两个惯性系 Σ' 和 Σ 下变换关系为 $B'_\mu = a_{\mu\nu}B_\nu$. 假设 Σ' 和 Σ 下 B'_μ 的变换关系为 $B'_\mu = b_{\mu\nu}B_\nu$, 有 $A'_\mu B'_\mu = a_{\mu\mu_1}A_{\mu_1}b_{\mu\mu_2}B_{\mu_2} = (\tilde{a}b)_{\mu_1\mu_2}A_{\mu_1}B_{\mu_2}$. 因为 $A_\mu B_\mu$ 是洛伦兹标量, 即 $A'_\mu B'_\mu = A_\mu B_\mu = \delta_{\mu_1\mu_2}A_{\mu_1}B_{\mu_2}$. 所以

$$(\tilde{a}b)_{\mu_1\mu_2} = \delta_{\mu_1\mu_2} \ , \tag{6.23}$$

即 $\tilde{a}b$ 为单位矩阵. 由式 (6.18) 可知 $\tilde{a}a = I$, 而 $\tilde{a}b$ 也等于 I, 所以 $a = b$, 即四维矢量 B_μ 在两个惯性系内的变换关系为 $B'_\mu = a_{\mu\nu}B_\nu$. 证毕.

(3) 如果 A_μ 和 B_μ 是两个协变矢量, 那么 $A_\mu B_\nu$ 是二阶协变张量.

由协变矢量和二阶协变张量的定义, 可以直接验证这个结论.

6.3.2　常用的协变量

下面列举几个常用的协变量.

(1) 四维偏导数 $\partial_\mu = \dfrac{\partial}{\partial x_\mu}$. 我们利用洛伦兹变换验证它确实是洛伦兹变换下协变的四维矢量, 为此只需证明两个惯性系 Σ' 和 Σ 下 ∂_μ 变换关系为 $\partial'_\mu = a_{\mu\nu}\partial_\nu$. 由洛伦兹变换的逆变换式 (6.19) 得到 $x_\nu = a_{\mu\nu}x'_\mu$. 利用这个关系, 我们有

$$\partial'_\mu = \frac{\partial}{\partial x'_\mu} = \frac{\partial x_\nu}{\partial x'_\mu}\frac{\partial}{\partial x_\nu} = a_{\mu\nu}\partial_\nu.$$

由上式可知, ∂_μ 满足洛伦兹变换下四维协变矢量的定义, 是四维协变矢量. 由 ∂_μ

是四维协变矢量以及 6.3.1 节的定理 (1) 可知, $\partial_\mu \partial_\mu = \nabla^2 - \dfrac{1}{c^2}\partial_t^2$ 是一个协变的标量算符.

(2) 四维速度和四维加速度. 通常意义下速度的定义为 $\vec{u} = \dfrac{\mathrm{d}\vec{r}}{\mathrm{d}t}$, 在分子上的 $\vec{r}$ 是实验室惯性系 Σ 内的空间坐标, 也是四维坐标的前三个分量, 在不同参考系变换时按照洛伦兹变换的前三个分量变换; 而分母中的 t 为 Σ 惯性系内的时间, 是与参考系相关的量, 所以在不同参考系变换时, $\vec{u}$ 不按照洛伦兹变换的前三个分量变换. 如果分母采用一个特别的、洛伦兹标量型的时间变量 τ_0, 就可以定义协变的四维速度 $u_\mu = \dfrac{\mathrm{d}x_\mu}{\mathrm{d}\tau_0}$. 基于简便和统一标准, 人们选取与运动物体相对静止惯性系中的时间作为这个洛仑兹标量型的时间变量, 称为固有时间.

设运动物体在 Σ 惯性系中运动速度为 $\vec{u}$, 由运动时钟延缓得到 $t = \gamma_u \tau_0$, 这里 $\gamma_u = \dfrac{1}{\sqrt{1 - \dfrac{u^2}{c^2}}}$, γ_u 中加下标 u 是为了区别洛伦兹变换矩阵中的 γ. 根据定义, 协变的四维速度 $u_\mu = \gamma_u(u_1, u_2, u_3, ic) = \gamma_u(\vec{u}, ic)$, 在不同惯性系之间四维速度的变换关系为 $u'_\mu = a_{\mu\nu} u_\nu$.

类似地, 协变的四维加速度 s_μ 定义为 $s_\mu = \dfrac{\mathrm{d}u_\mu}{\mathrm{d}\tau_0}$. Σ 惯性系内的加速度 s_μ 与 Σ' 惯性系内的加速度 s'_μ 之间变换关系为 $s'_\mu = a_{\mu\nu} s_\nu$.

(3) 四维波矢量. 波动的相因子 ϕ 是洛伦兹标量. 从相因子可以判断单色平面电磁波通过某个时空点时是波峰还是波谷, 这与惯性参考系的选择无关, 因此相因子是个不变量. 单色平面电磁波的相因子可以写为

$$\phi = \vec{k} \cdot \vec{r} - \omega t = k_\mu x_\mu, \quad k_\mu = (\vec{k}, i\omega/c).$$

因为 ϕ 是洛伦兹标量, x_μ 是洛伦兹变换下协变的四维矢量, 根据 6.3.1 节的第二个定理知道, k_μ 是洛伦兹变换下协变的四维矢量, 称为四维波矢量.

(4) 四维电流. 在实验室惯性系 Σ 内观测运动的电荷系统, 因为沿着运动方向的尺度存在洛伦兹收缩, 而垂直于运动方向没有任何变化, 所以 Σ 内观测的体积 V 与相对于电荷系统静止的惯性系 Σ' 内观测的体积 V_0 不一致, $V = \dfrac{1}{\gamma_u} V_0$. 而带电体的总带电量是洛伦兹变换下的协变标量, 因此 Σ' 系的电荷密度 ρ 和 Σ' 系的电荷密度 ρ_0 不一致, $\rho = \gamma_u \rho_0$. 人们选择相对于电荷系统静止的惯性参考系 Σ' 内的电荷密度 ρ_0 作为电荷密度, ρ_0 是唯一的数值, 是洛伦兹标量, 它与四维速度的乘积 $\rho_0 u_\mu$ 是洛伦兹变换下协变的四维矢量, 标记为 J_μ. J_μ 的前三个分量为 $\vec{J} = \rho_0 \gamma_u \vec{u} = \rho \vec{u}$, 其形式和非相对论情况下电流密度的定义一致, J_μ 的第四个分量为 $J_4 = \rho_0 \gamma_u ic = ic\rho$, 所以我们构造的四维电流密度为 $J_\mu = \rho(\vec{u}, ic) = (\vec{J}, ic\rho)$.

(5) 四维势. 达朗贝尔方程可以写为 $(\partial_\nu \partial_\nu) \vec{A} = -\mu_0 \vec{J}, (\partial_\nu \partial_\nu) \varphi = -\rho/\epsilon_0$. 把这两个方程合并写为 $(\partial_\nu \partial_\nu) \left(\vec{A}, \mathrm{i}\dfrac{\varphi}{c}\right) = -\mu_0(\vec{J}, \mathrm{i}c\rho) = -\mu_0 J_\mu$ 的形式. 该式右边是洛伦兹变换下协变的四维矢量, 假定达朗贝尔方程 (和对应的规范条件) 满足相对性原理的要求, 那么该式左边也是四维协变的矢量. 因为 $\partial_\nu \partial_\nu \equiv \square$ 是洛伦兹标量算符, $\left(\vec{A}, \mathrm{i}\dfrac{\varphi}{c}\right)$ 是协变矢量, 标记为 A_μ, 称为协变的电磁场四维势.

达朗贝尔方程对应的规范条件为洛伦兹规范, 即 $\nabla \cdot \vec{A} + \dfrac{1}{c^2}\partial_t\varphi = 0$. 这个规范条件可以用电磁场四维势写为 $\partial_\mu A_\mu = 0$, 因为 ∂_μ 和上面引入的四维电磁势 A_μ 都是协变矢量, $\partial_\mu A_\mu$ 为协变的标量, 所以在不同惯性系的四维坐标按洛伦兹变换下该规范条件的形式不变, 这也是该规范条件称为洛伦兹规范的一个原因.

假定达朗贝尔方程和洛伦兹规范条件满足相对性原理, 人们在此基础上引入四维电磁势, 而迄今为止这个假定给出的所有推论都得到了实验的圆满证实.

(6) 电磁场张量. 定义 $F_{\mu\nu} = \partial_\mu A_\nu - \partial_\nu A_\mu$, 显然 $F_{\mu\nu}$ 是洛伦兹变换下协变的二阶反对称张量, 称为电磁场张量. 容易验算电磁场张量 $F_{\mu\nu}$ 的具体形式为

$$F_{\mu\nu} = \begin{pmatrix} \partial_1 A_1 - \partial_1 A_1 & \partial_1 A_2 - \partial_2 A_1 & \partial_1 A_3 - \partial_3 A_1 & \partial_1 A_4 - \partial_4 A_1 \\ \partial_2 A_1 - \partial_1 A_2 & \partial_2 A_2 - \partial_2 A_2 & \partial_2 A_3 - \partial_3 A_2 & \partial_2 A_4 - \partial_4 A_2 \\ \partial_3 A_1 - \partial_1 A_3 & \partial_3 A_2 - \partial_2 A_3 & \partial_3 A_3 - \partial_3 A_3 & \partial_3 A_4 - \partial_4 A_3 \\ \partial_4 A_1 - \partial_1 A_4 & \partial_4 A_2 - \partial_2 A_4 & \partial_4 A_3 - \partial_3 A_4 & \partial_4 A_4 - \partial_4 A_4 \end{pmatrix}$$

$$= \begin{pmatrix} 0 & B_3 & -B_2 & -\dfrac{\mathrm{i}}{c}E_1 \\ -B_3 & 0 & B_1 & -\dfrac{\mathrm{i}}{c}E_2 \\ B_2 & -B_1 & 0 & -\dfrac{\mathrm{i}}{c}E_3 \\ \dfrac{\mathrm{i}}{c}E_1 & \dfrac{\mathrm{i}}{c}E_2 & \dfrac{\mathrm{i}}{c}E_3 & 0 \end{pmatrix}.$$

(7) 电磁场动量流动量能量张量. 由电磁场张量 $F_{\mu\nu}$ 可以构造出一个对称张量

$$T_{\mu\nu} = -\frac{1}{\mu_0} F_{\mu\lambda} F_{\lambda\nu} - \delta_{\mu\nu} \frac{1}{4\mu_0} F_{\lambda\eta} F_{\lambda\eta}$$

$$= \begin{pmatrix} T_{11} & T_{12} & T_{13} & \mathrm{i}cg_1 \\ T_{21} & T_{22} & T_{23} & \mathrm{i}cg_2 \\ T_{31} & T_{32} & T_{33} & \mathrm{i}cg_3 \\ \mathrm{i}cg_1 & \mathrm{i}cg_2 & \mathrm{i}cg_3 & -w \end{pmatrix}.$$

容易验算 $T_{ij} = \vec{e}_i \cdot \overleftrightarrow{T} \cdot \vec{e}_j$, $\overleftrightarrow{T}$ 是式 (1.85) 中的电磁场动量流密度张量; $g_i = \vec{e}_i \cdot \vec{g}$,

$\vec{g} = \epsilon_0 \vec{E} \times \vec{B}$ 是真空中的电磁场动量密度矢量 (见式 (1.86)); $w = \dfrac{1}{2}\epsilon_0 E^2 + \dfrac{1}{2\mu_0}B^2$ 为电磁场能量密度; $T_{\mu\nu}$ 是无迹的对称张量.

(8) 四维洛伦兹力密度. 由电磁场张量 $F_{\mu\nu}$ 和四维电流 J_μ 构造洛伦兹变换下协变的四维矢量 $f_\mu = F_{\mu\nu}J_\nu$.

$$f_\mu = \begin{pmatrix} 0 & B_3 & -B_2 & -\dfrac{\mathrm{i}}{c}E_1 \\ -B_3 & 0 & B_1 & -\dfrac{\mathrm{i}}{c}E_2 \\ B_2 & -B_1 & 0 & -\dfrac{\mathrm{i}}{c}E_3 \\ \dfrac{\mathrm{i}}{c}E_1 & \dfrac{\mathrm{i}}{c}E_2 & \dfrac{\mathrm{i}}{c}E_3 & 0 \end{pmatrix} \begin{pmatrix} J_1 \\ J_2 \\ J_3 \\ \mathrm{i}c\rho \end{pmatrix}$$

$$= \begin{pmatrix} \rho E_1 + J_2 B_3 - J_3 B_2 \\ \rho E_2 + J_3 B_1 - J_1 B_3 \\ \rho E_3 + J_1 B_2 - J_2 B_1 \\ \dfrac{\mathrm{i}}{c}(J_1 E_1 + J_2 B_2 + J_3 B_3) \end{pmatrix} = \begin{pmatrix} (\rho \vec{E} + \vec{J} \times \vec{B})_1 \\ (\rho \vec{E} + \vec{J} \times \vec{B})_2 \\ (\rho \vec{E} + \vec{J} \times \vec{B})_3 \\ \dfrac{\mathrm{i}}{c}(\vec{J} \cdot \vec{E}) \end{pmatrix}.$$

上式的前三个分量是洛伦兹力密度 $\vec{f} = \rho\vec{E} + \vec{J} \times \vec{B}$ 的前三个分量, 所以上式中的 f_μ 称为四维洛伦兹力密度.

例题 6.3　利用四维速度的变换关系 $u'_\mu = a_{\mu\nu}u_\nu$ 验算式 (6.20).

解答　把 $u'_\mu = a_{\mu\nu}u_\nu$ 展开, 得到

$$\begin{aligned} \gamma_{u'}u'_1 &= \gamma(\gamma_u u_1 - \gamma_u v), \\ \gamma_{u'}u'_2 &= \gamma_u u_2, \\ \gamma_{u'}u'_3 &= \gamma_u u_3, \\ \gamma_{u'}\mathrm{i}c &= \gamma(\gamma_u \mathrm{i}c - \mathrm{i}\beta\gamma_u u_1). \end{aligned} \tag{6.24}$$

由上式最后一个等式得到

$$\frac{\gamma\gamma_u}{\gamma_{u'}} = \frac{c}{c - \beta u_1} = \frac{1}{1 - \dfrac{v u_1}{c^2}}.$$

把这个关系式代入式 (6.24) 的前三个等式中即得到式 (6.20).

6.4　协变的四维动量和四维力

在经典力学中, 粒子的动量 $\vec{p}$ 等于粒子质量 m 和速度 $\vec{u}$ 的乘积. 利用 6.3 节中构造的四维速度 u_μ, 定义四维动量

$$p_\mu = m_0 u_\mu, \tag{6.25}$$

这里 m_0 是粒子的质量. 因为 p_μ 和 u_μ 都是协变的四维矢量, 所以粒子质量 m_0 的定义需要附加一个必要条件: m_0 是洛伦兹变换下的协变标量.

6.4.1　质能公式

由式 (6.25), 得到

$$p_\mu = m_0 \gamma_u(\vec{u}, \mathrm{i}c) = \left(\vec{p}, \frac{\mathrm{i}}{c}\mathcal{E}\right), \quad \vec{p} = m_0 \gamma_u \vec{u},$$

$$\mathcal{E} = \frac{m_0 c^2}{\sqrt{1 - \frac{u^2}{c^2}}} = m_0 c^2 \left[1 + \frac{-1}{2}\frac{-u^2}{c^2} + \frac{1}{2}\frac{-1}{2}\frac{-3}{2}\left(\frac{-u^2}{c^2}\right)^2 + \cdots\right]$$

$$= m_0 c^2 + \frac{1}{2}m_0 u^2 + \frac{3m_0 c^2}{8}\left(\frac{-u^2}{c^2}\right)^2 + \cdots$$

$\mathcal{E}$ 是能量, 其中 $\mathcal{E}$ 展开式中的第二项 $\frac{1}{2}m_0 u^2$ 是在非相对论 (即 $u \ll c$) 情形下粒子动能, 展开式从第三项开始在 $u \ll c$ 时都很小, 都是 u/c 的高阶小量. 换句话说, 在非相对论情况下, $\mathcal{E}$ 是一个不变的常值能量 $m_0 c^2$ (m_0 是协变标量) 加上粒子运动的动能. 值得特别关注的是这里出现的不变能量 $m_0 c^2$, 如果把 $\mathcal{E}$ 展开式中与 u 有关的能量称为运动能量, 那么 $m_0 c^2$ 是粒子在静止时的能量, 称为静止能量. 在传统的非相对论力学中, 粒子的能量加上一个常数并不能提供任何新信息, 只是没有物理意义的数字 "游戏". 而在狭义相对论理论中, 因为相对性原理的要求, 当我们把动量推广为洛伦兹变换下协变的四维动量时, 在四维动量的第四个分量中很自然地出现了一个数值很大的不变能量 $m_0 c^2$, m_0 称为粒子的静止质量. 换句话说, 一个粒子即使不运动, 非零质量本身也对应一个能量, 其数值为 $m_0 c^2$. 这是狭义相对论最重要和最特别的预言之一.

因为 p_μ 是协变的四维动量, 所以 $p_\mu p_\mu$ 是洛伦兹变换下的协变标量,

$$p_\mu p_\mu = p^2 - \frac{\mathcal{E}^2}{c^2} = \frac{m_0^2 u^2}{1 - \beta_u^2} - \frac{m_0^2 c^2}{1 - \beta_u^2} = -m_0^2 c^2\left(\frac{1}{1 - \beta_u^2} - \frac{\beta_u^2}{1 - \beta_u^2}\right) = -m_0^2 c^2 . \tag{6.26}$$

由上式得到

$$p^2 - \frac{\mathcal{E}^2}{c^2} = -m_0^2 c^2, \quad \mathcal{E} = \sqrt{p^2 c^2 + m_0^2 c^4} . \tag{6.27}$$

为了方便, 在形式上引入 $m = \gamma_u m_0$, m 称为运动质量. 这个标记的好处是四维动量的前三个分量 $\vec{p} = \gamma_u m_0 \vec{u} = m\vec{u}$ 的形式与非相对论情形相同. m 不再是一个不变量, 而是与速度相关的, 在 $\beta_u \to 1$ 时, m 是发散的, 为无穷大; 换句话说, 静止质

量 m_0 不为零的粒子运动速度随着总能量的增加会不断逼近而又不可能等于真空中的光速 c.

我们现在讨论光子的四维动量. 光子一般指的是波长特别短的电磁波. 电磁波在波长比较长的情况下 (如无线电波) 表现出波动的特点. 通常的可见光是波长为 10^3Å 量级的电磁波 (也见图 4.1), 所以可见光在很小尺度下表现出波动性, 而在宏观尺度上常表现为粒子性. 如果电磁波的波长继续减小, 则电磁波越来越表现出粒子的特点, 所以可视为 "光子雨". 光子的三维动量大小为 $p = \dfrac{h}{\lambda} = \hbar k$, 方向沿 $\vec{k}$ 方向, 四维动量形式为 $p_\mu = \left(\hbar \vec{k}, \mathrm{i} \dfrac{\hbar \omega}{c} \right) = \hbar k_\mu$, 易验证 $p_\mu p_\mu = 0$, 即光子静止质量 m_0 为零.

在经典的非相对论物理现象中, 质量与能量通常认为是两个没有直接联系的物理量. 这是因为在这些现象中涉及的能量与 mc^2 (m 为物体质量) 相比实在太小, 以至于根本无法测量其质量的变化, 比如物体冷却或加热、实验室内物体碰撞、化学燃烧等过程; 换句话说, 这些现象中质量变化完全可以忽略, 质量可以看作常量. 不过, 许多粒子物理与核物理的反应过程中涉及的能量变化与参加反应粒子的质能 mc^2 在数值上相比并不小 (甚至可能是 100%), 而粒子物理与核物理反应中能量变化的实验结果全部完美地证明了质能关系是正确的. 例如一个静止的 π^0 介子 (静止质量为 134.976 MeV/c^2) 的主要衰变形式 (98.798%) 是衰变成两个光子, 在此过程中 π^0 介子对应的静止能量 134.976 MeV 全部转化为两个高能 γ 光子的能量, 即衰变前的一个具有 134.976 MeV/c^2 静止质量而动能为零的 π^0 介子消失, 同时产生出两个静止质量为零、能量为 67.488 MeV 的 γ 光子. 在能量守恒定律中的能量不仅要计及传统上熟知的机械动能、场的能量和化学能等, 原则上也要包括静止质量对应的能量.

6.4.2 四维力

在非相对论力学中, 用 $\vec{F} = \dfrac{\mathrm{d}\vec{p}}{\mathrm{d}t}$ 作为力的定义. 现在我们把这个定义推广到四维情形, 四维力的定义为

$$K_\mu = \frac{\mathrm{d}p_\mu}{\mathrm{d}\tau_0}. \tag{6.28}$$

同上面引入四维速度时一样, 这里 τ_0 是与运动粒子相对静止惯性系内的固有时间, 为协变标量. 容易验证这样定义的 K_μ 是洛伦兹变换下协变的四维矢量. 标记 K_μ 的前三个分量为

$$\vec{K} = \frac{\mathrm{d}\vec{p}}{\mathrm{d}\tau_0}, \tag{6.29}$$

K_μ 第四个分量为

$$\frac{\mathrm{i}}{c}\frac{\mathrm{d}\mathcal{E}}{\mathrm{d}\tau_0} = \frac{\mathrm{i}}{c}\frac{\mathrm{d}\sqrt{p^2c^2+m_0^2c^4}}{\mathrm{d}\tau_0} = \frac{\mathrm{i}}{c}\frac{1}{2}\frac{1}{\sqrt{p^2c^2+m_0^2c^4}}c^2 2\vec{p}\cdot\frac{\mathrm{d}\vec{p}}{\mathrm{d}\tau_0} = \frac{\mathrm{i}}{c}\frac{c^2\gamma_u m_0\vec{u}}{\gamma_u m_0 c^2}\cdot\vec{K} = \frac{\mathrm{i}}{c}\vec{u}\cdot\vec{K}.$$

所以 $K_\mu = \left(\vec{K}, \mathrm{i}\vec{\beta}_u\cdot\vec{K}\right)$.

把固有时间 $\tau_0 = \sqrt{1-\dfrac{u^2}{c^2}}\,t$ 代入式 (6.28) 和式 (6.29), 有

$$\frac{\mathrm{d}p_\mu}{\mathrm{d}t} = \sqrt{1-\frac{u^2}{c^2}}K_\mu, \quad \frac{\mathrm{d}\vec{p}}{\mathrm{d}t} = \sqrt{1-\frac{u^2}{c^2}}\vec{K}. \tag{6.30}$$

由式 (6.25) 和式 (6.28), K_μ 还可以写为

$$K_\mu = \frac{\mathrm{d}(m_0 u_\mu)}{\mathrm{d}\tau_0} = m_0 s_\mu. \tag{6.31}$$

这里 s_μ 为协变的四维加速度. 四维力 $K_\mu = m_0 s_\mu$ 是非相对论情形下 $\vec{F} = m\vec{a}$ 的推广.

对于孤立系统, $K_\mu = 0$, 根据式 (6.28), 四维动量 p_μ 是守恒量. p_μ 的前三个分量守恒对应经典力学中的动量守恒定律, 最后一个分量守恒对应经典力学中的能量守恒定律. 在狭义相对论中, 动量 $\vec{p} = m\vec{u}$ 中的质量 m 是一个与 u 相关的量, 总能量中包含静止质量部分对应的能量.

例题 6.4   一个静止的 π^+ 介子衰变为一个 μ^+ 子和一个 μ 中微子, 求衰变后 μ 子的速度.

解答   衰变前系统的动量 $\vec{p} = 0$, 总能量即为 π 介子的静止能量 $\mathcal{E} = m_\pi c^2 = 139.6\,\mathrm{MeV}$. 根据动量守恒定律, 衰变产物 μ 中微子 (这里标记为 ν) 和 μ^+ 子的动量大小相等, 方向相反. 设这两个动量的大小都为 p. 中微子静止质量非常小, 实验上估计其静止质量上限为 eV/c^2 量级, 这里假定中微子静止质量为零, 能量为 $\mathcal{E}_\nu = \sqrt{m_\nu^2 c^4 + p^2 c^2} \approx pc$. μ^+ 子静止质量约为 $105.7\,\mathrm{MeV}/c^2$, 能量为 $\mathcal{E}_\mu = \sqrt{m_\mu^2 c^4 + p^2 c^2}$. 根据能量守恒, 有

$$m_\pi c^2 = \sqrt{m_\mu^2 c^4 + p^2 c^2} + pc\,.$$

把 $m_\pi c^2 = 139.6\,\mathrm{MeV}$ 和 $m_\mu c^2 = 105.7\,\mathrm{MeV}$ 代入上式, 得到

$$pc = \left(\frac{m_\pi^2 - m_\mu^2}{2m_\pi}\right)c^2 \approx 29.8\,\mathrm{MeV}.$$

上式左边可变为 $\dfrac{m_\mu c^2 \beta_u}{\sqrt{1-\beta_u^2}} = \dfrac{\beta_u}{\sqrt{1-\beta_u^2}}\times 105.7\,\mathrm{MeV}$. 将其代入上式, 即解得 $u \approx 0.3c$.

6.4.3 *原子核结合能与核能

在低能情况, 原子核可看成由质子和中子组成的、在 $10^{-15} \sim 10^{-14}$m 尺度的量子多体系统. 因为质子带有正电荷, 在如此小空间内聚集的质子之间存在很强的库仑排斥力. 而在自然界中许多原子核是稳定的, 这就说明质子-质子、中子-中子以及质子-中子之间在费米尺度上存在另一种很强的吸引力. 这个力称为核力, 原则上由量子色动力学理论来描述. 我们知道中性原子之间存在很弱的范德瓦耳斯 (Van der Vaals) 力, 核子处于色单态, 所以核力可以形象地类比为量子色动力学中色相互作用的 "范德瓦耳斯力". 中子数和质子数分别为 N、Z 的原子核静止质量为处于自由状态的 N 个中子和 Z 个质子质量之和减去该原子核结合能所对应的质量. 自由质子和自由中子在合成原子核过程中放出的能量与其静止能量相比约为 1%. 这个比例看起来比较小, 然而相对于电子的结合能、化学能而言是巨大的. 一个碳原子完全燃烧生成二氧化碳放出大约 4eV 的能量, 放出的能量与二氧化碳分子的静止质量相比大约为 10^{-10} 量级, 释放化学能所对应极其微小的质量变化在实际中难以测量到; 而在重核裂变过程中单个核子结合能变化约为 1MeV, 放出能量与静止质量相比约为 10^{-3}, 轻质量原子核的聚变过程释放的能量更多.

原子核的静止质量问题很重要, 因为从原子核质量数据库可以提取原子核结构方面许多信息, 如原子核的壳层结构随质子数和中子数的演化规律、相互作用强度等; 宇宙演化过程 (如重元素的合成过程) 中核反应概率非常敏感地依赖于远离稳定线原子核质量方面的数据, 如单核子分离能 (即相邻原子核之间的质量差). 现代测量手段可以把寿命很短的原子核质量测量精度提高到 eV/c^2 量级, 可惜的是, 在天体核物理重元素合成机制研究中涉及的许多原子核在可预见的将来还不能在实验室合成或进行足够精度的质量测量, 只能依赖于模型的计算结果. 然而, 多数模型理论精度还比较低 (300~600 keV), 利用外推方法预言未知质量的相邻原子核质量关系的精度在 50~170 keV. 原子核是一个非常复杂的多体系统, 核子之间相互作用还不是完全清楚. 远离稳定线原子核质量的实验测量、理论描述和预言是当今核科学的前沿问题之一.

本节从两个熟知的原子核质量 (单核子结合能数据) 对于原子核质量外兹扎克 (Carl Friedrich von Weizsacker) 公式中的参数予以定量估计, 并在此基础上分析重核裂变能量的来源.

首先讨论外兹扎克质量公式. 由于原子核的体积正比于原子核的质量数 (质子数和中子数之和), 人们常把原子核看成不可压缩的液滴. 在整个核素图中, 原子核的平均每个核子结合能变化不大, 大约为每核子 8 MeV, 这说明核内的核力是短程的, 即只有相邻核子之间才有较强的核力, 总结合能近似正比于质量数 $A = N + Z$; 假如核子之间相互作用力是长程的, 总结合能就会近似正比于质量数的平方. 原子核总结合能中的主导成分是一个与质量数成正比的量, 写为 $\alpha_1 A$, 该成分称为体积能. 在原子核结合能中, 除体积能之外还有一个与经典液滴系统类似的表面能. 表面能和体积能可以通过一个简单模型给予统一考虑: 假设原子核是立方堆积的晶格, 每个边上有 k 个核子, 如图 6.6 所示, 该原子核的核子数为 $A = k^3$. 由于核力的短程性, 假设每个核子仅与最近晶格上的核子相互作用, 每个相互作用对于结合能贡献为 V_0. 相互作用的个数可以这样计算出来: 在图 6.6 中的那些沿着 z 轴的相互作用, 每一层贡献 k^2 个, 共有 $(k-1)$ 层, 所以沿着 z 方向的相互作用的个数为 $k^3 - k^2$; 同样沿着 x 方向和 y 方向的相互作用的个数也是 $k^3 - k^2$; 总相互作用的个数为 $3k^2(k-1)$. 所以, 原子核内所有核子之间短程吸引的总相互作用能量为

$$3(k^3 - k^2) \cdot V_0 = 3V_0(A - A^{2/3}) = \alpha_1 A - \alpha_1 A^{2/3} \ .$$

这里 $\alpha_1 = 3V_0$. 上式的第一项对应于体积项, 第二项对应表面项. 计及考虑到原子核的静电能后, 很容易通过某些个别原子核结合能得到系数 α_1. 例如我们知道钙 -40 原子核 (由 20 个质子和 20 个中子组成) 的单个核子结合能大约为 $8.6\,\mathrm{MeV}$, 由上式和原子核静电能式 (1.76) 得到

$$8.6 = \left[\alpha_1 A - \alpha_1 A^{2/3} - a_c \frac{Z(Z-1)}{A^{1/3}}\right] / A = \alpha_1(1 - 40^{-1/3}) - 0.71 \times \frac{20 \times 19}{40^{4/3}},$$

从上式给出 $\alpha_1 \approx 14.9\,\mathrm{MeV}$ (大量实验数据拟合给出的体积能系数为 $15.0 \sim 16.2\mathrm{MeV}$, 表面能系数为 $15.0 \sim 18.5\mathrm{MeV}$). 注意上式中我们约定了结合能取正号, 静电能与体积能的符号相反.

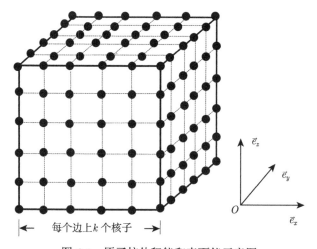

图 6.6　原子核体积能和表面能示意图

假设每两个相邻核子之间的相互作用为 V_0

除了体积能、表面能和静电能外, 对于质子数和中子数不相等的原子核, 还有一个反映这种质子数、中子数不对称的附加能量, 称为对称能. 对称能的形式一般取为 $a_{\text{sym}} \dfrac{(N-Z)^2}{A}$. 对于整个核素图中的原子核来说, 重核区对称能的作用很明显. 系数 a_{sym} 可以很容易地由重核结合能估算出来. 比如我们知道铀-235 区域单核子结合能约为 7.4 MeV, 利用上面给出的 α_1 可以得到

$$7.4 = \alpha_1 \left(1 - A^{-1/3}\right) - 0.71 \frac{Z(Z-1)}{A^{4/3}} - a_{\text{sym}} \left(\frac{N-Z}{A}\right)^2$$

$$= 14.9(1 - 235^{-1/3}) - 0.71 \frac{92 \times 91}{235^{4/3}} - a_{\text{sym}} \left(\frac{143 - 92}{235}\right)^2,$$

从上式给出 $a_{\text{sym}} = 20.9$ MeV (利用原子核结合能数据拟合得到的结果为 $a_{\text{sym}} = 23 \sim 25$ MeV). 在外兹扎克质量公式中还有对力 (pairing interaction) 项, 该项对于单核子结合能的贡献很小.

重核在裂变过程中释放的能量被称为核能. 有趣的是, 重核裂变释放单核子大约 1 MeV 的能量中直接来自强相互作用的并不多, 由重核裂变获得的核能主要是来自裂变前后原子核总静电能量的变化.

下面我们对此做一个定量分析. 设反应堆中铀-235 裂变时放出两个中子, 裂变为两个质量 (基本) 相等的原子核, 裂变前质量 $A = 235$, 质子数 $Z = 92$, 裂变后两个子核的质量分别为 $A_1 = 116$ 和 $A_2 = 117$, 质子数 $Z_1 = Z_2 = 46$. 裂变前后原子核的总静电能量变化可以由式 (1.77) 得到, 这个能量变化除以总核子数为

$$\left[\frac{a_c Z(Z-1)}{A^{1/3}} - \frac{a_c Z_1(Z_1-1)}{A_1^{1/3}} - \frac{a_c Z_2(Z_2-1)}{A_2^{1/3}}\right] \Big/ A$$

$$= 0.71 \times \left(\frac{92 \times 91}{235^{4/3}} - \frac{46 \times 45}{116^{1/3} \times 235} - \frac{46 \times 45}{117^{1/3} \times 235}\right) \Big/ 235 \approx 1.54 \text{ (MeV)}.$$

裂变后两个剩余原子核表面比母核铀-235 大, 从而导致平均单核子裂变能量减少

$$\alpha_1 \left[(A_1)^{2/3} + (A_2)^{2/3} - A^{2/3}\right] \Big/ A$$

$$= 14.9 \times \left(116^{2/3} + 117^{2/3} - 235^{2/3}\right) / 235 \approx 0.61 \text{(MeV)} .$$

因为重核裂变时放出的自由中子不多, 在裂变前后对称能和体积能变化很小, 两者处于同样数量级而且符号相反, 所以铀-235 裂变释放的能量几乎就是两个 “经典” 部分贡献的: 静电能和表面能. 这两部分是裂变能的主导部分. 采用这里简单估算的参数, 我们得到平均每个核子裂变能约为 $1.54 - 0.61 = 0.93$ (MeV) (重核裂变过程中实际释放的能量为平均每核子约 1 MeV). 原子核裂变能量在习惯上称为核能, 在本质上称为原子核的库仑静电能或静电与表面能也许更贴切, 如图 6.7 所示.

在当前二氧化碳排放导致全球气候变暖、化石能源 (煤炭、石油、天然气) 资源不可再生、环境保护压力的新形势下, 核能的利用既必要又可行. 目前世界上许多发达国家的核能发电量占该国总电力的比例很大, 比如在美国约 20%、在德国约 26%、在日本约 29%, 而在法国核电的比例则高达 75%. 在中国目前核电占总电力比例仅约 2%, 但是近年发展很快. 核电技术已经成为很大的产业, 技术已经很成熟, 并且具有高度的安全性.

2006 年欧盟和世界主要大国 (中国、美国、俄罗斯、印度、日本、韩国) 共同签署了长达 35 年的国际热核聚变实验堆 (ITER) 计划, 建造可实现大规模聚变反应的聚变实验堆, 即核聚变能源发电的实用化. 核聚变材料主要是氘和氚, 它们是氢的两种重同位素, 除了一个质子以外分别有一个中子、两个中子; 反应产物为 α 粒子, 含有两个质子和两个中子. 氘和氚的结合能都很小, 而 α 粒子的结合能很大 (单核子结合能大约为 7MeV), 因此聚变反应中获得的能量比传统裂变过程更多. 由于氘和氚都只有一个质子, 而中子不带电, 质子中子之间的库仑能为零, 而 α 粒子内库仑能大约为为 0.4 MeV, 因此聚变过程中库仑能贡献很小而且起 "阻碍" 作用, 这与裂变核能的物理机制是完全不同的. 利用核聚变能源发电的诱人之处在于聚变材料的资源近乎无限, 而且没有放射性核废料. 核聚变能源是未来能源的主导形式, 也是最终解决人类社会能源和环境问题、推动人类社会可持续发展的重要途径. ITER 计划是实现聚变能商业化的第一步.

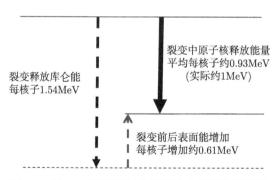

图 6.7 铀-235 裂变前后单核子结合能变化示意图

质子静电能和表面能变化是裂变过程释放能量的主要来源, 其他部分变化对于释放能量的贡献很小

6.5 物理量协变性的应用实例

在本节利用协变性讨论物理量在不同惯性系中的变换, 包括电磁场、波矢量和洛伦兹力等.

6.5.1 波矢量变换和光行差、多普勒效应

因为地球绕太阳公转, 地球每半年公转速度由 $\vec{v}$ 变成 $-\vec{v}$, 在地球上用望远镜观测同一颗恒星发出光线的倾角会随地球的公转每年发生周期性变化. 这种现象称为光行差, 见 6.1.1 节. 这里利用四维波矢量 $k_\mu = \left(\vec{k}, \dfrac{\omega}{c}\right)$ 在不同惯性系的变换关系讨论光行差现象.

标记太阳惯性系为 Σ 惯性系, 地球为 Σ' 惯性系, Σ' 相对于 Σ 以速度 v 沿 $\vec{e}_x$ 轴做匀速直线运动. 所观测的恒星、地球运动方向和望远镜的相对位置如图 6.8 所示, 我们标记在惯性系 Σ 和 Σ' 中的光线方向 (即 $\vec{k}$ 和 $\vec{k}'$) 与 $\vec{e}_x$ 的夹角分别为 θ 和 θ', 用望远镜观测光线的倾角分别为 α 和 α'. $\theta = \pi - \alpha$, $\theta' = \pi - \alpha'$. 因为所观测的恒星与太阳系之间的距离非常遥远 (几千光年或更远), 作为近似, 可认为远处恒星与太阳系之间的相对运动在相当长的时间内对于 θ 和 α 角影响可以忽略, 即 α 和 θ 都是定值. Σ 到 Σ' 系四维波矢量变换的变换关系为 $k'_\mu = a_{\mu\nu}k_\nu$, 即

$$\begin{cases} k'_x = \gamma\left(k_x - \dfrac{v}{c^2}\omega\right)\ , \\ k'_y = k_y\ , \\ k'_z = k_z\ , \\ \omega' = \gamma(\omega - vk_x)\ . \end{cases} \tag{6.32}$$

上式中最后一个关于角频率 ω 的变换关系可以写为

$$\omega' = \gamma\omega(1 - \beta\cos\theta)\ . \tag{6.33}$$

上式称为狭义相对论多普勒公式.

波矢量在两个惯性系中的 x 轴 (与 Σ' 系运动方向相同) 上的投影分别为

$$k_x = k\cos\theta, \quad k'_x = k'\cos\theta'.$$

由上式和式 (6.32) 的前两式得到

$$\tan\theta' = \frac{k'_y}{k'_x} = \frac{k\sin\theta}{\gamma\left(k\cos\theta - \dfrac{v}{c^2}\omega\right)} = \frac{\sin\theta}{\gamma(\cos\theta - \beta)}. \tag{6.34}$$

上式中第三个等号利用了 $\omega = ck$. 由 $\theta = \pi - \alpha$ 和 $\theta' = \pi - \alpha'$, 上式可改写为

$$\tan\alpha' = \frac{\sin\alpha}{\gamma(\cos\alpha + v/c)}.$$

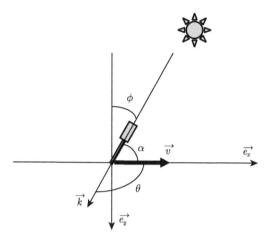

图 6.8　天文望远镜倾角、恒星光线方向 $\vec{k}$、地球运动方向之间的关系

因为地球运动速度远小于光速, $v/c = \beta \approx 10^{-4}$, 因此 $\gamma \approx 1 + 0.5 \times 10^{-8} \approx 1$, 上式变为

$$\tan \alpha' \approx \frac{\sin \alpha}{\cos \alpha + \beta} \ .$$

我们利用上式讨论一个简单情形, 即图 6.8 中的 α 角等于 $\dfrac{\pi}{2}$, 此时 $\phi' = \left(\dfrac{\pi}{2} - \alpha' \right)$ 的值很小. 由上式得到

$$\phi' \approx \tan \phi' = \cot \alpha' \approx \frac{\cos \alpha + \beta}{\sin \alpha} = \beta \ ,$$

上式最后一步利用了 $\alpha = \pi/2$. 地球每隔半年公转速度 $\vec{v}$ 变成 $-\vec{v}$, 半年前后 ϕ' 角的改变为 $\Delta \phi' \approx 2\beta \simeq 41''$, 这正是 6.1.1 节中光行差的观测结果.

　　利用速度变换公式可以直接得到式 (6.34). 在太阳惯性系 Σ 中和地球惯性系 Σ' 中的光线速度都是 c, 其在 x 轴、y 轴分量为

$$\Sigma : u_x = c \cos \theta, u_y = c \sin \theta; \quad \Sigma' : u'_x = c \cos \theta', u'_y = c \sin \theta'.$$

由此得到

$$\tan \theta' = \frac{u'_y}{u'_x} = \frac{\dfrac{\sqrt{1 - \beta^2} u_y}{1 - \dfrac{v u_x}{c^2}}}{\dfrac{u_x - v}{1 - \dfrac{v u_x}{c^2}}} = \frac{\sqrt{1 - \beta^2} (c \sin \theta)}{c \cos \theta - v} = \frac{\sin \theta}{\gamma (\cos \theta - \beta)},$$

与式 (6.34) 一致, 上式第二个等号利用了速度变换公式 (6.20).

　　现在讨论多普勒公式 (6.33). 假设运动的光源参考系 Σ' 内频率为 ω_0, 观测者所在参考系 Σ 内接收到的光频率为 ω. 由式 (6.33) 得到

$$\omega = \frac{\sqrt{1-\beta^2}}{1-\beta\cos\theta}\omega_0 \ . \tag{6.35}$$

当 $\theta = 0$ 即光源向 Σ 惯性系内的观测者方向运动时, $\omega = \sqrt{\frac{1+\beta}{1-\beta}}\omega_0 > \omega_0$, 实验室惯性系 Σ 内观测者测量的频率增加; 而当 $\theta = \pi$ 即光源向远离 Σ 惯性系内观测者方向运动时, $\omega = \sqrt{\frac{1-\beta}{1+\beta}}\omega_0 < \omega_0$, Σ 惯性系内观测者的频率降低. 光源向远离观测者的方向运动而导致观测所得光频率降低的最著名实例是宇宙中星体辐射的红移现象. 因为宇宙在膨胀, 所有星体都在远离我们而去, 越远处的星体退行速度越快, 红移现象越显著. 星体退行速度与星体到地球距离成正比的规律被称为哈勃 (Edwin Powell Hubble) 定律.

式 (6.35) 还有一种有趣的情况, $\theta = \pi/2$. 在非相对论极限下式 (6.35) 变为 $\omega = \frac{\omega_0}{1-\beta\cos\theta}$, 这是经典的多普勒公式. 当 $\theta = \pi/2$ 时, 经典多普勒公式给出 $\omega = \omega_0$. 而根据式 (6.35), 当 $\theta = \pi/2$ 时 $\omega = \sqrt{1-\beta^2}\omega_0$, 这个效应是非相对论情况下没有的, 称为横向多普勒效应. 横向多普勒效应与运动时钟延缓现象在本质上是相同的.

6.5.2 洛伦兹收缩的 "观" 与 "测"

日常生活乃至许多实验中, 观和测是一致的, 习惯上统称为观测. 由于洛伦兹收缩是实验事实, 也许有人会想: 如果有反应足够快的摄影机, 应该可以用摄影机把洛伦兹收缩录制下来. 下面我们将认识到, 在实验过程中通过 "测量" 得到的洛伦兹收缩结果与在摄影过程中 "看到" 的结果不一致. 换句话说, "观" 与 "测" 在这里是不同的.

如图 6.9 所示, Σ' 惯性系相对于实验室惯性系 Σ 以速度 v 做匀速直线运动. Σ' 系中沿 $\vec{e}_x$ 轴放置一个静止的长度为 l_0 的尺, 那么在 Σ 惯性系中测量该尺的长度为多少? 在 Σ 惯性系中该尺照相得到的长度为多少? 由洛伦兹变换立即知道 (Σ 惯性系中测量该尺时 $\Delta t = 0$), 在 Σ 系中测量该尺长度为 $l = \sqrt{1-v^2/c^2}l_0$, 即比其固有长度 l_0 小. 当 $\beta = v/c$ 趋近于 1 时, l 趋近于零. 这就是我们上面多次提到的洛伦兹收缩现象.

设在 Σ' 惯性系中观看该尺子时的观测角度为 θ', 照相中记录的是同一波阵面的距离, 即 $|A'B'|$ 在同一波阵面方向的几何投影, 所以观看该尺或对该尺照相所得的长度 a' 为 $a' = l_0\sin\theta'$, 即为 $|A'E'|$ 的长度, 如图 6.9(a) 所示. 而在 Σ 惯性系中观看或摄影时, "看" 的长度 a 是 Σ 惯性系中的波阵面距离 $|AE|$ 的长度. 到达 A 和 E 两处的光子不是运动尺两端在 Σ' 惯性系中同时发射出来的. 到达 E 的光子是尺的后端 B 在 C 处的时刻发出来的, 该光子到 E 时该尺的前端 A 位于 E 的同

一波面上, 如图 6.9(b) 所示. 光子从 C 到 E 用时为 Δt, 尺子在该段时间内移动了长度 $\Delta l = v\Delta t$, 即图 6.9(b) 中 $|CB|$ 的长度, 所以

$$(l + \Delta l) \cos\theta = c\Delta t = c(\Delta l/v).$$

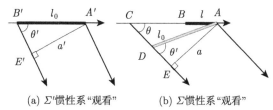

(a) Σ' 惯性系 "观看"　　　　(b) Σ 惯性系 "观看"

图 6.9　固有长度为 l_0 的尺在 Σ 和 Σ' 惯性系下照相的长度

由此得到 Δl 的解为

$$\Delta l = \frac{\beta l \cos\theta}{1 - \beta\cos\theta}. \tag{6.36}$$

由此得到在 Σ 系中通过观看或拍摄得到的该尺长度 a 为

$$a = (l + \Delta l)\sin\theta = \left(l + \frac{\beta l \cos\theta}{1 - \beta\cos\theta}\right)\sin\theta = \frac{l \sin\theta}{1 - \beta\cos\theta} = l_0 \frac{\sin\theta}{\gamma(1 - \beta\cos\theta)}. \tag{6.37}$$

由 $\sin\theta' = k_y'/k'$, $\sin\theta = k_y/k$, 再利用式 (6.32) 和式 (6.33), 我们得到

$$\sin\theta' = \frac{k_y'}{\omega'/c} = \frac{k_y}{\gamma\omega(1 - \beta\cos\theta)/c} = \frac{k\sin\theta}{\gamma k(1 - \beta\cos\theta)} = \frac{\sin\theta}{\gamma(1 - \beta\cos\theta)}. \tag{6.38}$$

把上式代入式 (6.37), 有

$$a = l_0 \sin\theta' = a'. \tag{6.39}$$

上式表明, 在不同惯性系中对同一把尺子照相的长度是相同的, 照相长度即 "观" 的长度与参考系无关, 而测量的长度是与参考系相关的. "观" 的最大长度为固有长度 l_0, 此时 $\theta' = 90°$. 从照片上看, 可以说在实验室惯性系 Σ 内也看到了同样长度的尺, 与相对于该尺静止的惯性系 Σ' 唯一不同的是在 Σ 内该尺转了一个角度. 转角 $\Delta\theta = \theta' - \theta$ 由式 (6.38) 决定.

　　由此容易知道, 如果观测者在实验室惯性系观看或拍摄一个各面颜色不同的立方体以接近光速运动, 当 $\theta = 90°$ 即观测位置正对着某个面时, 我们还会看到立方体垂直运动方向的后侧面. 同样地, 如果观看一个半径为 R 的球以接近光速在实验室惯性系运动, 我们看到的不是一个沿着运动方向被压扁的球, 而是相同半径的转了一个角度的圆球. 沿着运动方向的洛伦兹收缩是能够测量的客观事实, 测量长

度是物体起始末端在实验室惯性下**同时**所处的空间位置, 而拍摄或人眼观看的信息
来源是实验室惯性系下的同一波阵面, 实验室惯性系下同一波阵面上的光子在实验
室惯性系中不是同一时刻发出来的. 观与测的差异是狭义相对论中一个很有趣的
现象.

6.5.3 点电荷的电磁场

本节讨论在实验室惯性系 Σ 中以速度 v 匀速直线运动的点电荷电磁场分布
情况.

首先讨论在任意两个惯性系 Σ 和 Σ' 电磁场之间的变换关系. 电磁场张量 $F_{\mu\nu}$
是洛伦兹变换下协变的二阶张量, 所以

$$F'_{\mu\nu} = a_{\mu\mu_1} a_{\nu\nu_1} F_{\mu_1\nu_1} = a_{\mu\mu_1} F_{\mu_1\nu_1} \tilde{a}_{\nu_1\nu} = (aF\tilde{a})_{\mu\nu}.$$

由此得到

$$
\begin{pmatrix}
0 & B'_3 & -B'_2 & -\dfrac{\mathrm{i}}{c}E'_1 \\[2mm]
-B'_3 & 0 & B'_1 & -\dfrac{\mathrm{i}}{c}E'_2 \\[2mm]
B'_2 & -B'_1 & 0 & -\dfrac{\mathrm{i}}{c}E'_3 \\[2mm]
\dfrac{\mathrm{i}}{c}E'_1 & \dfrac{\mathrm{i}}{c}E'_2 & \dfrac{\mathrm{i}}{c}E'_3 & 0
\end{pmatrix}
$$

$$
=
\begin{pmatrix}
\gamma & 0 & 0 & \mathrm{i}\beta\gamma \\
0 & 1 & 0 & 0 \\
0 & 0 & 1 & 0 \\
-\mathrm{i}\beta\gamma & 0 & 0 & \gamma
\end{pmatrix}
\begin{pmatrix}
0 & B_3 & -B_2 & -\dfrac{\mathrm{i}}{c}E_1 \\[2mm]
-B_3 & 0 & B_1 & -\dfrac{\mathrm{i}}{c}E_2 \\[2mm]
B_2 & -B_1 & 0 & -\dfrac{\mathrm{i}}{c}E_3 \\[2mm]
\dfrac{\mathrm{i}}{c}E_1 & \dfrac{\mathrm{i}}{c}E_2 & \dfrac{\mathrm{i}}{c}E_3 & 0
\end{pmatrix}
\begin{pmatrix}
\gamma & 0 & 0 & -\mathrm{i}\beta\gamma \\
0 & 1 & 0 & 0 \\
0 & 0 & 1 & 0 \\
\mathrm{i}\beta\gamma & 0 & 0 & \gamma
\end{pmatrix}
$$

$$
=
\begin{pmatrix}
\gamma & 0 & 0 & \mathrm{i}\beta\gamma \\
0 & 1 & 0 & 0 \\
0 & 0 & 1 & 0 \\
-\mathrm{i}\beta\gamma & 0 & 0 & \gamma
\end{pmatrix}
\begin{pmatrix}
\dfrac{\beta\gamma}{c}E_1 & B_3 & -B_2 & -\dfrac{\mathrm{i}\gamma}{c}E_1 \\[2mm]
-\gamma B_3 + \dfrac{\beta\gamma}{c}E_2 & 0 & B_1 & \mathrm{i}\beta\gamma B_3 - \dfrac{\mathrm{i}\gamma}{c}E_2 \\[2mm]
\gamma B_2 + \dfrac{\beta\gamma}{c}E_3 & -B_1 & 0 & -\mathrm{i}\beta\gamma B_2 - \dfrac{\mathrm{i}\gamma}{c}E_3 \\[2mm]
\dfrac{\mathrm{i}\gamma}{c}E_1 & \dfrac{\mathrm{i}}{c}E_2 & \dfrac{\mathrm{i}}{c}E_3 & \dfrac{\beta\gamma}{c}E_1
\end{pmatrix}
$$

$$
= \begin{pmatrix}
\dfrac{\beta\gamma^2}{c}E_1 - \dfrac{\beta\gamma^2}{c}E_1 & \gamma B_3 - \dfrac{\gamma\beta}{c}E_2 & -\gamma B_2 - \dfrac{\beta\gamma}{c}E_3 & -\dfrac{\mathrm{i}\gamma^2}{c}E_1 + \dfrac{\mathrm{i}\beta^2\gamma^2}{c}E_1 \\[2mm]
-\gamma B_3 + \dfrac{\beta\gamma}{c}E_2 & 0 & B_1 & -\dfrac{\mathrm{i}\gamma}{c}E_2 + \mathrm{i}\beta\gamma B_3 \\[2mm]
\gamma B_2 + \dfrac{\beta\gamma}{c}E_3 & -B_1 & 0 & -\dfrac{\mathrm{i}\gamma}{c}E_3 - \mathrm{i}\beta\gamma B_2 \\[2mm]
\dfrac{\mathrm{i}\gamma^2}{c}E_1 - \dfrac{\mathrm{i}\beta^2\gamma^2}{c}E_1 & \dfrac{\mathrm{i}\gamma}{c}E_2 - \mathrm{i}\beta\gamma B_3 & \dfrac{\mathrm{i}\gamma}{c}E_3 + \mathrm{i}\beta\gamma B_2 & \dfrac{\beta\gamma^2}{c}E_1 - \dfrac{\beta\gamma^2}{c}E_1
\end{pmatrix}
$$

$$
= \begin{pmatrix}
0 & \gamma B_3 - \dfrac{\gamma\beta}{c}E_2 & -\gamma B_2 - \dfrac{\beta\gamma}{c}E_3 & -\dfrac{\mathrm{i}}{c}E_1 \\[2mm]
-\gamma B_3 + \dfrac{\beta\gamma}{c}E_2 & 0 & B_1 & -\dfrac{\mathrm{i}}{c}\gamma(E_2 - vB_3) \\[2mm]
\gamma B_2 + \dfrac{\beta\gamma}{c}E_3 & -B_1 & 0 & -\dfrac{\mathrm{i}}{c}\gamma(E_3 + vB_2) \\[2mm]
\dfrac{\mathrm{i}}{c}E_1 & \dfrac{\mathrm{i}}{c}\gamma(E_2 - vB_3) & \dfrac{\mathrm{i}}{c}\gamma(E_3 + vB_2) & 0
\end{pmatrix}
$$

由上式可知, 从实验室惯性系 Σ 内电场强度和磁感应强度到运动惯性系 Σ' 内电场强度和磁感应强度的变换关系为

$$
\begin{cases}
E_1' = E_1, \\
E_2' = \gamma(E_2 - vB_3), \\
E_3' = \gamma(E_3 + vB_2),
\end{cases}
\qquad
\begin{cases}
B_1' = B_1, \\
B_2' = \gamma\left(B_2 + \dfrac{v}{c^2}E_3\right), \\
B_3' = \gamma\left(B_3 - \dfrac{v}{c^2}E_2\right).
\end{cases}
\tag{6.40}
$$

可见, 在平行于 Σ' 惯性系相对于 Σ 惯性系运动方向 (即 $\vec{v}$ 方向, 记为 $\parallel$ 方向) 的电场强度和磁感应强度是不变的, 即 $\vec{E}_\parallel' = \vec{E}_\parallel$, $\vec{B}_\parallel' = \vec{B}_\parallel$; 而在垂直于 $\vec{v}$ 方向 (标记为 $\perp$) 电场强度和磁感应强度在两个惯性系中的变换关系可以简写为 $\vec{E}' = \gamma\left[\vec{E}_\perp + (\vec{v}\times\vec{B})_\perp\right]$, $\vec{B}' = \gamma\left[\vec{B}_\perp - (\vec{v}\times\vec{E})_\perp/c^2\right]$.

现在回到我们所讨论的匀速直线运动点电荷电磁场问题, 取 Σ' 系为相对于运动粒子静止的惯性系, Σ 系为实验室惯性系. Σ' 相对于 Σ 以速度 v 沿 $\vec{e}_x$ 匀速直线运动. 在 Σ' 惯性系内该点电荷的电磁场是静电场, 即

$$
\vec{E}' = \frac{q\vec{r'}}{4\pi\epsilon_0 r'^3}, \quad \vec{B}' = 0.
\tag{6.41}
$$

由上式和式 (6.40) 的逆变换容易得到实验室惯性系下的电场强度和磁感应强度. 该逆变换可以这样得到: 因为运动的相对性, 类似于洛伦兹变换的逆变换, 式 (6.40) 的逆变换仅需作 $v \to -v$、$E_i \leftrightarrow E_i'$ 和 $B_i \leftrightarrow B_i'$ 的简单代换即可. 从运动惯性系 Σ' 内电场强度和磁感应强度到实验室惯性系 Σ 内电场强度和磁感应强度的变换关系

[即式 (6.40) 的逆变换形式] 为

$$
\begin{cases}
E_1 = E'_1, \\
E_2 = \gamma(E'_2 + vB'_3), \\
E_3 = \gamma(E'_3 - vB'_2),
\end{cases}
\qquad
\begin{cases}
B_1 = B'_1, \\
B_2 = \gamma\left(B'_2 - \dfrac{v}{c^2}E'_3\right), \\
B_3 = \gamma\left(B'_3 + \dfrac{v}{c^2}E'_2\right).
\end{cases}
\tag{6.42}
$$

把式 (6.41) 代入式 (6.42), 得到

$$
\begin{cases}
E_1 = \dfrac{qx'}{4\pi\epsilon_0 r'^3}, \\
E_2 = \gamma\dfrac{qy'}{4\pi\epsilon_0 r'^3}, \\
E_3 = \gamma\dfrac{qz'}{4\pi\epsilon_0 r'^3},
\end{cases}
\qquad
\begin{cases}
B_1 = 0, \\
B_2 = -\gamma\dfrac{v}{c^2}\dfrac{qz'}{4\pi\epsilon_0 r'^3} = -\dfrac{v}{c^2}E_3, \\
B_3 = \gamma\dfrac{v}{c^2}\dfrac{qy'}{4\pi\epsilon_0 r'^3} = \dfrac{v}{c^2}E_2.
\end{cases}
\tag{6.43}
$$

为了简单, 我们假定了带电粒子在 $t = 0$ 时刻通过坐标原点, Σ 和 Σ' 两个惯性系的坐标原点在 $t = t' = 0$ 时重合, 上式左边的电场强度和磁感应强度也对应 $t = 0$ 时刻的电磁场. 在实验室惯性系 Σ 内观测, 因为洛伦兹收缩 $x = \sqrt{1 - \beta^2}\,x'$(即 $x' = \gamma x$), $y' = y$, $z' = z$. 上式改写为

$$
\vec{E} = \gamma\frac{q\vec{r}}{4\pi\epsilon_0 r'^3}, \quad \vec{B} = \frac{\vec{v}}{c^2} \times \vec{E}.
\tag{6.44}
$$

这里 r' 是在与粒子相对静止的惯性系 Σ' 中粒子到场点的距离. 在 $\beta \to 0$ 的低速极限下, $r' \to r$, 由上式得到非相对论条件下匀速运动带电粒子的电磁场强度

$$
\vec{E} = \frac{e\vec{r}}{4\pi\epsilon_0 r^3}, \quad \vec{B} = \frac{\vec{v}}{c^2} \times \vec{E}\,.
\tag{6.45}
$$

电场分布是以粒子为中心的球对称分布, 其强度与静电场相同; 磁感应强度的方向与电场强度 $\vec{E}$ 和粒子运动方向 $\vec{e}_x$ 都垂直, 在同一方向上磁感应强度反比于观测点与带电粒子的距离; 在平行于 $\vec{e}_x$ 的方向上 $\vec{B}$ 为零, 而在 y-z 平面内 $\vec{B}$ 最强, 如图 6.10(a) 所示.

在相对论情况下, 匀速运动带电粒子的电磁场与非相对论情况下的分布相比有很大不同. 根据洛伦兹变换, 在垂直于运动速度方向上, $r' = \sqrt{(y')^2 + (z')^2} = \sqrt{y^2 + z^2} = r$, 式 (6.44) 给出

$$
\vec{E} = \gamma\frac{q\vec{r}}{4\pi\epsilon_0 r^3} \gg \frac{q\vec{r}}{4\pi\epsilon_0 r^3}, \qquad \vec{B} = \frac{\vec{v}}{c^2} \times \vec{E},
\tag{6.46}
$$

即在垂直于运动速度方向粒子所在平面内的电磁场强度大大加强; 而在平行或反平行于运动速度方向上, $r' = x' = \gamma|x| = \gamma r$, 式 (6.44) 给出

$$
\vec{E} = \frac{1}{\gamma^2}\frac{q\vec{r}}{4\pi\epsilon_0 r^3} \ll \frac{q\vec{r}}{4\pi\epsilon_0 r^3}, \quad \vec{E} \approx 0, \qquad \vec{B} = \frac{\vec{v}}{c^2} \times \vec{E} \approx 0,
\tag{6.47}
$$

即相对论条件下在平行或反平行于运动速度方向上的电磁场强度大大减弱. 形象地说在 $\beta \to 1$ 极限下, 匀速直线运动的带电粒子电磁场近似是一个平面脉冲. 对于 $q > 0$ 的带电粒子, 电场方向与 $\vec{v}$ 近似垂直, 沿着远离粒子方向; 磁感应强度的方向由安培环路定理给出 (电流方向沿着 $\vec{e}_x$ 正方向), 如图 6.10(b) 所示.

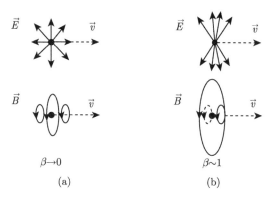

图 6.10   真空中匀速直线运动点电荷对应的电磁场示意图

(a) $\beta \ll c$ 非相对论情形; (b) $\beta \approx 1$ 相对论情形

可以利用实验室惯性系下的坐标表示式 (6.44) 中的 r'.

$$r' = \sqrt{\gamma^2 x^2 + y^2 + z^2} = \sqrt{\frac{x^2}{1 - \beta^2} + y^2 + z^2} = \sqrt{\frac{x^2 + y^2 + z^2}{1 - \beta^2} - \beta^2 \frac{y^2 + z^2}{1 - \beta^2}}$$
$$= \gamma \sqrt{r^2 - \beta^2(y^2 + z^2)} = \gamma r \sqrt{1 - \beta^2 \sin^2 \theta} \,,$$

式中 θ 角为 $\vec{v}$ 与 $\vec{r}$ 的夹角. 把上式代入式 (6.44), 即得到匀速直线运动带电粒子在实验室惯性系下电场强度的一般形式

$$\vec{E} = \frac{q}{4\pi\epsilon_0} \cdot \frac{(1 - \beta^2)\vec{e}_r}{(1 - \beta^2 \sin\theta^2)^{3/2} \, r^2} \,, \tag{6.48}$$

而磁感应强度表达式仍由式 (6.44) 给出. 上式表明 $\vec{E}$ 的方向为 $\vec{e}_r$. 由于能流密度 $\vec{S} = \dfrac{1}{\mu_0} \vec{E} \times \vec{B}$ 的方向垂直于 $\vec{E}$ 方向, 因此 $\vec{S}$ 的方向垂直于 $\vec{e}_r$, $\vec{S} \cdot \vec{e}_r = 0$, 即在真空中匀速直线运动的带电粒子对外辐射能量为零.

例题 6.5   证明 $\left(B^2 - \dfrac{E^2}{c^2} \right)$ 和 $\vec{E} \cdot \vec{B}$ 是洛伦兹变换下的协变标量.

证明 $F'_{\mu\nu}$ 是洛伦兹变换下二阶协变张量,

$$F'_{\mu\nu}F'_{\mu\nu} = a_{\mu\mu_1}a_{\nu\nu_1}F_{\mu_1\nu_1}a_{\mu\mu_2}a_{\nu\nu_2}F_{\mu_2\nu_2} = a_{\mu\mu_1}a_{\mu\mu_2}a_{\nu\nu_1}a_{\nu\nu_2}F_{\mu_1\nu_1}F_{\mu_2\nu_2}$$

$$= \delta_{\mu_1\mu_2}\delta_{\nu_1\nu_2}F_{\mu_1\nu_1}F_{\mu_2\nu_2} = F_{\mu_1\nu_1}F_{\mu_1\nu_1} = F_{\mu\nu}F_{\mu\nu},$$

即 $F_{\mu\nu}F_{\mu\nu}$ 是洛伦兹变换下协变标量. 而 $F_{\mu\nu}F_{\mu\nu} = 2\left(B^2 - \dfrac{E^2}{c^2}\right)$, 所以 $B^2 - \dfrac{E^2}{c^2}$ 在不同惯性系下是不变量. 由这个不变量可以知道: 惯性系 Σ 内纯粹的电场在任何惯性系 Σ' 内都不能变成纯粹的磁场, 否则 $B^2 - \dfrac{E^2}{c^2}$ 由负号变成正号. 同样原因, 惯性系 Σ 下纯粹的磁场在任何惯性系内都不能变成纯粹的电场.

电磁场张量 $F_{\mu\nu}$ 的变换关系为 $F' = aF\tilde{a}$, 由于方块矩阵乘积的行列式等于各方块矩阵行列式的乘积, 因此 Σ' 惯性系内电磁场张量矩阵 F' 的行列式 $|F'| = |a| \cdot |F| \cdot |\tilde{a}| = |a| \cdot |\tilde{a}| \cdot |F| = |a\tilde{a}| \cdot |F| = |F|$. 这个关系式表明电磁场张量矩阵行列式是洛伦兹变换下的协变标量. 而 F 行列式的值为

$$\begin{vmatrix} 0 & B_3 & -B_2 & -\dfrac{i}{c}E_1 \\ -B_3 & 0 & B_1 & -\dfrac{i}{c}E_2 \\ B_2 & -B_1 & 0 & -\dfrac{i}{c}E_3 \\ \dfrac{i}{c}E_1 & \dfrac{i}{c}E_2 & \dfrac{i}{c}E_3 & 0 \end{vmatrix} = -\left(\dfrac{1}{c}\vec{E}\cdot\vec{B}\right)^2,$$

所以 $\vec{E}\cdot\vec{B}$ 是洛伦兹变换下的协变标量.

例题 6.6 洛伦兹力密度 $\vec{f} = \rho\vec{E} + \vec{J}\times\vec{B}$ 在不同惯性系下的变换可以由两种方法得到, 一种是把它作为四维协变矢量的前三个分量, 一种是把 ρ、$\vec{E}$、$\vec{J}$、$\vec{B}$ 各项变换关系代入 $\vec{f}' = \rho'\vec{E}' + \vec{J}'\times\vec{B}'$ 逐步化简. 请验算两者是一致的.

解答 设 Σ' 惯性系相对于 Σ 惯性系以速度 $\vec{v} = v\vec{e}_x$ 做匀速直线运动. $\beta = v/c, \gamma = \dfrac{1}{\sqrt{1 - v^2/c^2}}$. $f_i = \rho E_i + (\vec{J}\times\vec{B})_i, i = x, y, z$. $f_4 = \dfrac{i}{c}(\vec{J}\cdot\vec{E})$.

由四维洛伦兹力密度, $f'_\mu = a_{\mu\nu}f_\nu$, 容易得到

$$f'_x = (\rho E_x)' + (\vec{J}\times\vec{B})'_x = \gamma\left(f_x - \dfrac{v}{c^2}\vec{J}\cdot\vec{E}\right)$$
$$f'_y = f_y, \quad f'_z = f_z. \tag{6.49}$$

我们也可以把每一项用洛伦兹协变变换的结果代入求 $\vec{f}$ 的变换关系. 已知电荷密度 ρ 和电流密度 $\vec{J}$ 的变换关系

$$J'_x = \gamma(J_x - v\rho), \quad J'_y = J_y, \quad J'_z = J_z, \quad \rho' = \gamma\left(\rho - \dfrac{vJ_x}{c^2}\right), \tag{6.50}$$

电场强度 $\vec{E}$ 和磁感应强度 $\vec{B}$ 的变换关系见式 (6.40). 由上式和式 (6.40) 易得

$$(\rho E_x)' = \gamma \left(\rho - \frac{v J_x}{c^2} \right) E_x. \tag{6.51}$$

以及

$$
\begin{aligned}
(\vec{J} \times \vec{B})'_x &= J'_y B'_z - J'_z B'_y = J_y \gamma \left(B_z - \frac{v}{c^2} E_y \right) - J_z \gamma \left(B_y + \frac{v}{c^2} E_z \right) \\
&= -\gamma \frac{v}{c^2} (J_y E_y + J_z E_z) + \gamma (J_y B_z - J_z B_y) \\
&= -\gamma \frac{v}{c^2} \left(\vec{E} \cdot \vec{J} - E_x J_x \right) + \gamma (\vec{J} \times \vec{B})_x. \tag{6.52}
\end{aligned}
$$

由式 (6.51) 和式 (6.52) 得

$$f'_x = (\rho E_x)' + (\vec{J} \times \vec{B})'_x = \gamma \left[\rho E_x + (\vec{J} \times \vec{B})_x - \frac{v}{c^2} \vec{J} \cdot \vec{E} \right]. \tag{6.53}$$

与式 (6.49) 中的第一式符合.

由式 (6.50) 和式 (6.40) 得

$$
\begin{aligned}
(\rho E_y)' &= \gamma \left(\rho - \frac{v J_x}{c^2} \right) \gamma (E_y - v B_z) = \gamma^2 \left(\rho E_y + \frac{v^2}{c^2} J_x B_z - \frac{v}{c^2} J_x E_y - \rho v B_z \right), \\
(\vec{J} \times \vec{B})'_y &= J'_z B'_x - J'_x B'_z = J_z B_x - \gamma (J_x - v \rho) \gamma \left(B_z - \frac{v}{c^2} E_y \right) \\
&= J_z B_x - \gamma^2 \left(J_x B_z + \frac{v^2}{c^2} \rho E_y - \rho v B_z - \frac{v}{c^2} J_x E_y \right).
\end{aligned}
$$

由上式整理得

$$
\begin{aligned}
f'_y &= (\rho E_y)' + (\vec{J} \times \vec{B})'_y = \rho E_y \gamma^2 \left(1 - \frac{v^2}{c^2} \right) + J_z B_x + \gamma^2 \left(\frac{v^2}{c^2} - 1 \right) J_x B_z + 0 \\
&= \rho E_y + (\vec{J} \times \vec{B})_y = f_y.
\end{aligned}
$$

这与式 (6.49) 中的第二式相符合. 验算 $f'_z = f_z$ 的步骤和与验算 $f'_y = f_y$ 完全类似.

6.6　物理规律的协变性

如果我们把表达物理规律方程中的每个物理量都表示为洛伦兹变换下协变标量、协变矢量和协变张量形式, 那么物理方程在不同惯性系之间变换时, 方程中每个物理量都按照协变标量、协变矢量和协变张量变换, 而物理方程的形式将保持不变, 这种不变性称为物理规律的协变性. 协变性是相对性原理的要求.

本节先说明电荷守恒定律和麦克斯韦方程组都是协变的物理规律, 然后讨论在电磁场中运动带电粒子的运动方程和哈密顿量.

6.6.1 电荷守恒定律和麦克斯韦方程组的四维形式

电荷守恒定律 $\nabla \cdot \vec{J} + \partial_t \rho = 0$ 可以写为 $\partial_\mu J_\mu = 0$. ∂_μ 和 J_μ 都是洛伦兹变换下协变四维矢量, 其乘积求和为洛伦兹标量, 等式右边是常数 (零). 因此, 电荷守恒定律是协变的, 即在任何惯性系下电荷守恒定律的形式都是 $\partial_\mu J_\mu = 0$ 的形式.

麦克斯韦方程组中的电场强度、磁感应强度可以写成电磁场张量 $F_{\mu\nu}$ 的分量, 电荷密度、电流密度可以写成四维电流密度 J_μ 的分量. 由此容易验算

$$\begin{cases} \nabla \cdot \vec{E} = \rho/\epsilon_0, \\ \nabla \times \vec{B} = \mu_0 \vec{J} + \mu_0 \epsilon_0 \partial_t \vec{E}, \end{cases} \quad \leftrightarrow \quad \partial_\nu F_{\mu\nu} = \mu_0 J_\mu, \tag{6.54}$$

$$\begin{cases} \nabla \cdot \vec{B} = 0, \\ \nabla \times \vec{E} = -\partial_t \vec{B}, \end{cases} \quad \leftrightarrow \quad \partial_\lambda F_{\mu\nu} + \partial_\mu F_{\nu\lambda} + \partial_\nu F_{\lambda\mu} = 0. \tag{6.55}$$

在式 (6.54) 中 μ 取 1, 2, 3, 4, 分别给出四个方程. 在式 (6.55) 中, $\mu\nu\lambda$ 取 1,2,3,4, 但 $\mu\nu\lambda$ 互不相同, 也对应四个方程. 下面我们仅就两种情况验算式 (6.54) 和式 (6.55) 中的四维形式等价于真空中的麦克斯韦方程组 (见式 (1.62)), 其他情况的验算过程与此类似.

(1) 在式 (6.54) 中令 $\mu = 1$, $\partial_\nu F_{1\nu} = \mu_0 J_1$, 写为

$$\partial_1 F_{11} + \partial_2 F_{12} + \partial_3 F_{13} + \partial_4 F_{14} = \mu_0 J_1, \tag{6.56}$$

左边为

$$\partial_x 0 + \partial_y B_z + \partial_z(-B_y) + \partial_{\mathrm{i}ct}\left(-\frac{\mathrm{i}}{c}E_x\right) = \left(\nabla \times \vec{B}\right)_x - \mu_0\epsilon_0\partial_t E_x. \tag{6.57}$$

右边为 $\vec{J}$ 的 x 分量. 所以上式是 $\nabla \times \vec{B} = \mu_0 \vec{J} + \mu_0\epsilon_0\partial_t\vec{E}$ 的 x 分量方程.

(2) 在式 (6.55) 中令 μ, ν, λ 分别是 1, 2, 3. 由 $\partial_\lambda F_{\mu\nu} + \partial_\mu F_{\nu\lambda} + \partial_\nu F_{\lambda\mu} = 0$ 得

$$\partial_3 F_{12} + \partial_1 F_{23} + \partial_2 F_{31} = \partial_z B_z + \partial_x B_x + \partial_y B_y = 0. \tag{6.58}$$

这就是磁感应强度散度为零的方程, 即 $\nabla \cdot \vec{B} = 0$.

式 (6.54) 和式 (6.55) 表明麦克斯韦方程组是协变的, 满足相对性原理. 在时间-空间坐标对于不同惯性系下的变换遵循洛伦兹变换基础上, 麦克斯韦方程组在不同惯性系中具有相同的形式. 假如时间、空间坐标在不同惯性系下按照伽利略变换, 在不同惯性系中电磁场方程的形式就会发生变化, 不满足相对性原理的要求, 这正是在爱因斯坦提出狭义相对论以前人们面临的困境, 而狭义相对论对此疑难给出了完美的解答.

下面我们讨论电量为 q 的粒子以速度 $\vec{v} = v\vec{e}_x$ 在实验室惯性系 Σ 内的运动方程. 在 Σ 惯性系内电磁场强度为 $(\vec{E}, \vec{B})$. 我们把与带电粒子相对静止的惯性系标

记为 Σ'. 根据式 (6.28) 和式 (6.30), Σ 系内四维力 $K_\mu = \left(\gamma\dfrac{\mathrm{d}\vec{p}}{\mathrm{d}t}, \mathrm{i}\vec{\beta}\cdot\vec{K}\right)$, Σ' 系内四

维力 $K'_\mu = \dfrac{\mathrm{d}p'_\mu}{\mathrm{d}\tau_0} = \left(\dfrac{\mathrm{d}\vec{p'}}{\mathrm{d}t'}, 0\right) = q(\vec{E'}, 0)$, 显然 $\gamma' = 1, t' = \tau_0$. 由四维协变矢量的变

换关系 $K_\mu = \tilde{\alpha}_{\mu\nu}K'_\nu$, 得到

$$
\begin{pmatrix} \gamma\dfrac{\mathrm{d}\vec{p}}{\mathrm{d}t} \\[2mm] \dfrac{\mathrm{i}}{c}\gamma\dfrac{\mathrm{d}\mathcal{E}}{\mathrm{d}t} \end{pmatrix} = \begin{pmatrix} \gamma & 0 & 0 & -\mathrm{i}\beta\gamma \\ 0 & 1 & 0 & 0 \\ 0 & 0 & 1 & 0 \\ \mathrm{i}\beta\gamma & 0 & 0 & \gamma \end{pmatrix} \begin{pmatrix} qE'_1 \\ qE'_2 \\ qE'_3 \\ 0 \end{pmatrix} = \begin{pmatrix} \gamma qE'_1 \\ qE'_2 \\ qE'_3 \\ \mathrm{i}q\beta\gamma E'_1 \end{pmatrix}
$$

$$
= \begin{pmatrix} \gamma qE_1 \\ q\gamma(E_2 - vB_3) \\ q\gamma(E_3 + vB_2) \\ \mathrm{i}q\beta\gamma E_1 \end{pmatrix} = \gamma q \begin{pmatrix} \vec{E} + \vec{v}\times\vec{B} \\[2mm] \mathrm{i}\vec{\beta}\cdot\vec{E} \end{pmatrix}, \tag{6.59}
$$

式中第三个等号利用了式 (6.40). 上式表明电磁场中的带电粒子运动满足

$$
\frac{\mathrm{d}\vec{p}}{\mathrm{d}t} = q\vec{E} + q\vec{v}\times\vec{B}, \quad \frac{\mathrm{d}\mathcal{E}}{\mathrm{d}t} = q\vec{E}\cdot\vec{v}. \tag{6.60}
$$

这两式基于相对论协变性, 所以它们在任何惯性系都成立.

　　根据式 (6.60), 当只有磁场存在时带电粒子运动方程为

$$
\frac{\mathrm{d}\vec{p}}{\mathrm{d}t} = q\vec{v}\times\vec{B}, \quad \frac{\mathrm{d}\mathcal{E}}{\mathrm{d}t} = 0,
$$

根据上式中的第一式, 磁场可以改变粒子动量; 而根据第二式, 粒子的总能量与磁场无关. 因此, 磁场不能改变粒子动量和运动速度的大小, 只改变粒子动量和速度的方向. 把上式中第二式左边的 $\mathcal{E}$ 换为 $\gamma m_0 c^2$, 由此式直接得到 $\beta\cdot\dot{\vec{\beta}} = 0$. 在低能情况下这些结论是熟知的, 而在相对论情况下仍然成立.

6.6.2　*带电粒子的拉格朗日量和哈密顿量

　　经典物理中的力学量对应量子力学中的力学量算符, 熟悉经典电磁场中带电粒子的拉格朗日量和哈密顿量对于量子力学的学习有帮助. 量子力学中一个系统的状态随时间的演化由薛定谔方程决定, 薛定谔方程的形式为 $\hat{H}\Phi = -\mathrm{i}\hbar\partial_t\Phi$, 其中 Φ 是系统的波函数, $\hat{H}$ 是系统的哈密顿量算符. 在量子力学中, 哈密顿量是至关重要的物理量.

　　在任意惯性系中, 带电粒子在电磁场中的运动方程由式 (6.60) 给出. 现在用电磁场的矢量势 $\vec{A}$ 和标量势 φ[见式 (5.1-5.2)] 表示式 (6.60) 中的电场强度和磁感应强度, 得到

$$
\frac{\mathrm{d}\vec{p}}{\mathrm{d}t} = q\left[-\nabla\varphi - \partial_t\vec{A} + \vec{u}\times(\nabla\times\vec{A})\right]. \tag{6.61}
$$

考虑下列两个恒等式

$$\vec{u} \times (\nabla \times \vec{A}) = \nabla(\vec{u} \cdot \vec{A}) - \vec{u} \cdot \nabla \vec{A},$$

$$\frac{d}{dt}\vec{A}(x,y,z,t) = u_x\partial_x\vec{A} + u_y\partial_y\vec{A} + u_z\partial_z\vec{A} + \partial_t\vec{A} = \vec{u} \cdot \nabla\vec{A} + \partial_t\vec{A},$$

注意式中的坐标 x_i 和速度 $u_i = \dot{x}_i$ 是两个独立变量, 梯度算符不作用于 u_i. 把这两个等式代入式 (6.61), 得到

$$\frac{d\vec{p}}{dt} = q\left[-\nabla\varphi - \partial_t\vec{A} + \nabla(\vec{u} \cdot \vec{A}) - \vec{u} \cdot \nabla\vec{A}\right] = q\left[-\nabla(\varphi - \vec{u} \cdot \vec{A}) - \frac{d\vec{A}}{dt}\right]. \quad (6.62)$$

把上式右边的 $q\dfrac{d\vec{A}}{dt}$ 移项, 得到

$$\frac{d\vec{\mathcal{P}}}{dt} = \frac{d}{dt}(\vec{p} + q\vec{A}) = -q\nabla(\varphi - \vec{u} \cdot \vec{A}),$$

$$\frac{d\mathcal{P}_i}{dt} = \frac{d}{dt}(p_i + qA_i) = -q\frac{\partial}{\partial x_i}(\varphi - \vec{u} \cdot \vec{A}). \quad (6.63)$$

式中 $\vec{\mathcal{P}} = \vec{p} + q\vec{A}$, 是带电粒子在电磁场中的正则动量, 见式 (1.90); $\mathcal{P}_i$ 是正则动量的第 i 个分量. 容易验证下列恒等式:

$$\frac{\partial}{\partial u_i}\left(-m_0c^2\sqrt{1-\beta_u^2}\right) = -m_0c^2\frac{1}{2}\frac{1}{\sqrt{1-\beta_u^2}}\left(-\frac{1}{c^2}\right)2u_i = \gamma_u m_0 u_i = p_i,$$

$$\frac{\partial}{\partial u_i}\left(\vec{u} \cdot \vec{A}\right) = A_i. \quad (6.64)$$

利用这两个等式, 式 (6.63) 中第二式的第一个等号右边可以改写为

$$\frac{d}{dt}\left[\frac{\partial}{\partial u_i}\left(-m_0c^2\sqrt{1-\beta_u^2} + q\vec{u} \cdot \vec{A}\right)\right]. \quad (6.65)$$

如果定义 $\mathcal{L} = -m_0c^2\sqrt{1-\beta_u^2} - q(\varphi - \vec{u} \cdot \vec{A})$, 式 (6.63) 中第二式可以写为

$$\frac{d}{dt}\left(\frac{\partial\mathcal{L}}{\partial u_i}\right) - \frac{\partial\mathcal{L}}{\partial x_i} = 0 . \quad (6.66)$$

这样就把带电粒子在电磁场中运动方程 (6.60) 写成了经典力学中的拉格朗日方程形式, $\mathcal{L}$ 是带电粒子在电磁场中的拉格朗日量. 系统的哈密顿量为

$$\begin{aligned}
H &= \sum_i \mathcal{P}_i u_i - \mathcal{L} \\
&= \left(\vec{p} + q\vec{A}\right) \cdot \vec{u} + m_0c^2\sqrt{1-\beta_u^2} + q(\varphi - \vec{u} \cdot \vec{A}) \\
&= \gamma_u m_0 \vec{u} \cdot \vec{u} + q\vec{A} \cdot \vec{u} + m_0c^2\sqrt{1-\beta_u^2} + q(\varphi - \vec{u} \cdot \vec{A}) \\
&= \gamma_u m_0 c^2(\beta_u^2 + 1 - \beta_u^2) + q\varphi = \mathcal{E} + q\varphi \\
&= \sqrt{p^2c^2 + m_0^2c^4} + q\varphi = \sqrt{m_0^2c^4 + (\vec{\mathcal{P}} - q\vec{A})^2c^2} + q\varphi. \quad (6.67)
\end{aligned}$$

定义 $\mathcal{P}_\mu = p_\mu + qA_\mu$, 容易看到

$$\mathcal{P}_\mu = \left(\vec{\mathcal{P}}, \frac{\mathrm{i}}{c} H \right). \tag{6.68}$$

在非相对论条件下, $p \ll m_0 c$, 式 (6.67) 化简为

$$H = m_0 c^2 + \frac{(\vec{\mathcal{P}} - q\vec{A})^2}{2m_0} + q\varphi . \tag{6.69}$$

在量子力学中带电粒子的哈密顿量算符形式与此相对应, 即

$$\hat{H} = \frac{(-\mathrm{i}\hbar\nabla - q\vec{A})^2}{2m_0} + q\varphi, \tag{6.70}$$

式中 $-\mathrm{i}\hbar\nabla$ 对应正则动量 $\vec{\mathcal{P}}$.

本章小结　本章讨论狭义相对论, 包括在不同惯性系下时间和空间坐标的变换规律 (洛伦兹变换)、协变的物理量和物理规律. 相对性原理即物理规律的协变性, 是狭义相对论的核心内容. 爱因斯坦基于协变的四维动量形式提出了质能关系. 当两个惯性系的相对运动速度接近真空中的光速时, 就出现许多不同于日常经验的结果, 如许多运动学的佯谬. 狭义相对论是近代物理基础之一. 本章不仅要求了解洛伦兹变换, 更重要的是深入理解相对性原理的含义, 掌握电磁场和其他物理量在不同惯性系之间的变换. 狭义相对论之所以被称为相对论, 是因为其核心内容在于强调相对性原理, 即物理规律与惯性参考系的选择选择无关. 麦克斯韦方程组是协变的物理规律, 满足相对性原理, 在不同惯性系中具有相同的形式. 部分初学者把洛伦兹变换以及与此相关的佯谬作为其核心内容, 这是在学习中应该避免的. 作为补充, 我们介绍了狭义相对论建立之前以太理论的困境, 讨论了原子核的结合能和裂变能的物理起源. 本章基础内容是熟悉四维坐标的洛伦兹变换, 掌握电磁场和各种协变的物理量在不同惯性系下的变换规律, 深入理解相对性原理.

本章简答题

1. 为什么伽利略变换会导致麦克斯韦方程组在不同惯性系下的形式不同?
2. 狭义相对论两个基本假定是什么? 光速不变原理有哪些实验证据?
3. 洛伦兹变换的形式是什么? 狭义相对论中速度变化的形式是什么?
4. 关于空间-时间坐标按洛伦兹变换下协变的四维矢量举出 5 个实例.
5. 为什么说狭义相对论中的横向多普勒效应在本质上是运动时钟延缓所导致的?
6. 匀速直线运动的带电粒子在运动速度远小于光速时对应的电磁场形式是什么?
7. 简要说明在不同惯性坐标系中麦克斯韦方程组具有协变性.
8. 在不同惯性系下电场强度和磁感应强度是如何变换的?

9. 在电磁场中带电粒子的拉格朗日量和哈密顿量的形式是什么?

10. 为什么在真空中做匀速直线运动的带电粒子没有电磁辐射?

练 习 题

1. 由四维速度的洛伦兹变换容易导出 $\gamma_{u'} = \gamma\gamma_u(1 - \beta\beta_{u_x})$. 试由速度变换公式 (6.20) 验算这个恒等式; 试由四维变换公式在 v/c 一阶近似下推导出菲索流水实验中顺流光速, 验算是否与菲涅耳运动介质拖曳以太理论的结果一致.

2. 频率为 ω 的点源 S 向外发射电磁波, 试证明 $\omega^2 \mathrm{d}\Omega$ 是洛伦兹变换下的协变标量, 这里 Ω 是以 S 为原点的立体角.

3. 试证明协变的二阶张量 $T_{\alpha\beta}$ 的迹 (即 $T_{\alpha\beta}$ 对角元素的和)、行列式 $|T_{\alpha\beta}|$、$\sum_{\alpha\beta} T_{\alpha\beta}^2$ 都是协变的标量 (不变量).

4. 高能量光子被静止电子散射时波长的改变为 $\Delta\lambda = \dfrac{h}{m_e c}(1 - \cos\theta)$, 这一现象称为康普顿 (Arthur Holly Compton) 效应. 试证明这个关系.

5. 在实验室惯性系内, 一个无限长均匀带电细直导线的线电荷密度为 η_0, 导线电流强度为 I_0. 试找到另外一个惯性系, 在该惯性系内要么只有电场, 要么只有磁场; 给出该惯性系内的场强度.

6. 证明 $G_{\mu\nu} = \dfrac{\mathrm{i}c}{2}\epsilon_{\mu\nu\sigma\tau}F_{\sigma\tau}$ 是二阶协变张量; 计算 $F_{\mu\nu}k_\nu$ 和 $k_\mu G_{\mu\nu}$, 由此证明在一个惯性参考系内的单色平面电磁波在任何惯性参考系内也是单色平面电磁波.

7. 利用式 (6.40) 验算 $\vec{E}' \cdot \vec{B}' = \vec{E} \cdot \vec{B}$, 由此证明 $\vec{E} \cdot \vec{B}$ 是协变标量.

8. 试由协变的电磁场动量流动量能量张量变换关系, 推导不同惯性系下电磁场能量的变换关系; 根据不同惯性系下电场强度和磁感应强度的变换关系, 推导电磁场能量密度变换关系. 验算两种方法的结果是否相同.

9. 类似于推导式 (6.60), 试证明假如存在自由磁荷 q_m, 那么式 (3.51) 即 $\dfrac{\mathrm{d}\vec{p}}{\mathrm{d}t} = q(\vec{E} + \vec{v} \times \vec{B}) + q_m\left(\vec{B} - \dfrac{\vec{v}}{c^2} \times \vec{E}\right)$ 在任何惯性系内都成立.

第7章 带电粒子与电磁场的相互作用

至止我们讨论了电磁现象基本规律 (麦克斯韦方程组)、三种最简单电磁场 (静电场、静磁场、单色平面波) 的特点、变化的电荷/电流源辐射电磁场以及电磁场在不同惯性系中的变换关系. 本章讨论任意运动 (匀速或变速、低速或高速) 带电粒子的电磁场、辐射场、带电粒子对外电磁场的散射和色散, 介绍轫致辐射、切伦科夫辐射和渡越辐射.

7.1 任意运动带电粒子的电磁场

所谓任意运动指的是带电粒子的运动轨迹和速度变化都是任意的. 本节先讨论任意运动带电粒子的矢量势 $\vec{A}$ 和标量势 φ, 由此得到带电粒子的电场强度 $\vec{E}$ 和磁感应强度 $\vec{B}$, 最后讨论其辐射场分布.

7.1.1 李纳-维谢尔势

在一般情况下, 电荷/电流系统的电磁场标量势和矢量势由推迟势给出，见式 (5.21-5.22). 在 $\vec{r}$ 处、t 时刻的标量势和矢量势是 $\vec{r}'$ 处的电荷电流分布在 $t' = t - \dfrac{|\vec{r} - \vec{r}'|}{c}$ 时刻给出的.

我们在本节把求解运动带电粒子电磁场的过程分三步, 第一步定义一个与粒子瞬时相对静止的惯性系 $\tilde{\Sigma}$, 在这个惯性系内矢量势为零, 标量势由推迟势给出, 第二步利用四维协变矢量的变换求出实验室惯性系 Σ 内的标量势和矢量势, 最后利用标量势和矢量势与电场强度 $\vec{E}$、磁感应强度 $\vec{B}$ 的关系求出 $\vec{E}$ 和 $\vec{B}$.

在第六章我们用撇号标记相对于实验室惯性系 Σ 运动的惯性系以及在该惯性系内的物理量, 这里我们像第五章那样用撇号标记推迟势中辐射源 (即运动电荷) 推迟势中的时间 t', 而运动惯性系及该惯性系内的物理量用 "$\sim$" 来标记. 我们定义实验室惯性系 Σ 内观测者的空间-时间坐标为 $(\vec{r}, t)$, 带电粒子的空间-时间坐标为 $(\vec{r}_q(t'), t')$, 这里 $t' = t - \dfrac{R}{c}$, $R = |\vec{R}| \equiv \vec{n} \cdot \vec{R}$, $\vec{R} = \vec{r} - \vec{r}_q(t')$. 我们定义在瞬时相对粒子静止的惯性系 $\tilde{\Sigma}$ 中观测者的空间-时间坐标为 $(\tilde{\vec{r}}, \tilde{t})$, 带电粒子的空间-时间坐标为 $(\tilde{\vec{r}}_q(\tilde{t}'), \tilde{t}')$, 这里 $\tilde{t}' = \tilde{t} - \dfrac{\tilde{R}}{c}$, $\tilde{R} = |\tilde{\vec{R}}|$, $\tilde{\vec{R}} = \tilde{\vec{r}} - \tilde{\vec{r}}_q(\tilde{t}')$.

在 $\tilde{\Sigma}$ 惯性系内矢量势和标量势分别为

$$\tilde{\vec{A}} = 0, \quad \tilde{\varphi} = \frac{q}{4\pi\epsilon_0 \tilde{R}}, \quad \tilde{R} = |\tilde{\vec{r}} - \tilde{\vec{r}}_q(\tilde{t}')|. \tag{7.1}$$

注意式 (7.1) 中观测者在 $\tilde{\vec{r}}$ 处、$\tilde{t}$ 时刻的标量势 $\tilde{\varphi}$ 由带电粒子在 $\tilde{t}'$ 时刻给定. 通过洛伦兹变换由 $\tilde{\Sigma}$ 惯性系中的四维势 $\widetilde{A}_\mu = \left(\tilde{\vec{A}}, \mathrm{i}\frac{\tilde{\varphi}}{c}\right)$ 得到实验室惯性系 Σ 内矢量势 $\vec{A}$ 和标量势 φ, 其结果为

$$\vec{A}(\vec{r}, t) = \frac{q\gamma\vec{\beta}}{4\pi\epsilon_0 c\tilde{R}}, \quad \varphi(\vec{r}, t) = \frac{q\gamma}{4\pi\epsilon_0 \tilde{R}}. \tag{7.2}$$

式中 $\vec{\beta} = \vec{v}(t')/c$, $\gamma = \sqrt{1 - \beta^2}$. 由洛伦兹变换, 可得

$$\begin{aligned}
\tilde{R} &= |\tilde{\vec{r}} - \tilde{\vec{r}}_q(\tilde{t}')| = c(\tilde{t} - \tilde{t}') \\
&= \gamma\left[c(t - t') - \frac{v}{c}\cdot(x - x_q(t'))\right] = \gamma(R - \vec{\beta}\cdot\vec{R}).
\end{aligned}$$

标记 $s = R - \vec{\beta}\cdot\vec{R} = |\vec{r} - \vec{r}_q(t')| - \vec{\beta}(t')\cdot(\vec{r} - \vec{r}_q(t'))$, s 是 t' 的函数. 利用这个标记, 式 (7.2) 变为

$$\vec{A}(\vec{r}, t) = \frac{q\vec{\beta}}{4\pi\epsilon_0 cs}, \quad \varphi(\vec{r}, t) = \frac{q}{4\pi\epsilon_0 s}. \tag{7.3}$$

式 (7.3) 称为李纳 [Alfred Marie Lienard]-维谢尔 [Emil Wiechert] 势. 这里强调上式左边的时间变量为 t, 等式右边中 $\vec{v}$ 和 s 的时间变量为 t'.

7.1.2 任意运动带电粒子的电磁场

在利用李纳-维谢尔势求电场和磁感应强度之前, 我们先做几个备用的微分运算. 为了方便, 用符号上面加点号表示对于 t' 求偏导数.

$$\dot{\vec{R}} = \partial_{t'}\vec{R} = -\partial_{t'}\vec{r}_q(t') = -\vec{v}(t') = -\vec{v}, \tag{7.4}$$

$$\dot{R} = \partial_{t'}(\vec{n}\cdot\vec{R}) = \vec{n}\cdot\dot{\vec{R}} = -\vec{n}\cdot\vec{v}, \tag{7.5}$$

$$\dot{s} = \dot{R} - \dot{\vec{\beta}}\cdot\vec{R} - \vec{\beta}\cdot\dot{\vec{R}} = -\vec{n}\cdot\vec{v} - \dot{\vec{\beta}}\cdot\vec{R} + c\beta^2, \tag{7.6}$$

$$\nabla s = \nabla s|_{t'} + \dot{s}\nabla t' = \nabla(R - \vec{\beta}\cdot\vec{R})|_{t'} + \dot{s}\nabla t' = \vec{n} - \vec{\beta} + \dot{s}\nabla t'. \tag{7.7}$$

在推迟势中 $t' = t - \dfrac{R}{c}$, 即 $t = t' + \dfrac{R}{c}$. 由此两式分别得到

$$\frac{\partial t}{\partial t'} = 1 + \frac{1}{c}\dot{R} = 1 - \vec{n}\cdot\vec{\beta},$$

$$\nabla t' = \nabla\left(t - \frac{R}{c}\right) = -\frac{1}{c}\left(\nabla R|_{t'} + \nabla t'\dot{R}\right) = -\frac{1}{c}\left(\vec{n} - \vec{n}\cdot\vec{v}\nabla t'\right).$$

整理上面两式即有

$$\frac{\partial t'}{\partial t} = \frac{1}{1 - \vec{n} \cdot \vec{\beta}} = \frac{R}{s}, \tag{7.8}$$

$$\nabla t' = \frac{-\frac{\vec{n}}{c}}{1 - \vec{n} \cdot \vec{\beta}} = -\frac{\vec{R}}{cs}. \tag{7.9}$$

电场强度 $\vec{E}(\vec{r}, t)$ 为

$$\vec{E} = -\nabla \varphi - \partial_t \vec{A} = \frac{q}{4\pi\epsilon_0} \left[-\nabla \frac{1}{s} - \partial_t \left(\frac{\vec{\beta}}{cs} \right) \right]$$

$$= \frac{q}{4\pi\epsilon_0} \left[\frac{1}{s^2} \nabla s - \frac{\partial t'}{\partial t} \partial_{t'} \left(\frac{\vec{\beta}}{cs} \right) \right]$$

$$= \frac{q}{4\pi\epsilon_0} \left\{ \frac{1}{s^2} \left[(\vec{n} - \vec{\beta}) + \dot{s} \frac{-\vec{R}}{cs} \right] - \frac{R}{s} \left(\frac{\dot{\vec{\beta}}s - \dot{s}\vec{\beta}}{cs^2} \right) \right\}$$

$$= \frac{q}{4\pi\epsilon_0 s^3} \left[(\vec{n} - \vec{\beta}) R (1 - \vec{n} \cdot \vec{\beta}) - \frac{\dot{s}}{c} \vec{R} + R \frac{\dot{s}}{c} \vec{\beta} - R \frac{s}{c} \dot{\vec{\beta}} \right]$$

$$= \frac{qR}{4\pi\epsilon_0 s^3} \left[(\vec{n} - \vec{\beta})(1 - \vec{n} \cdot \vec{\beta}) - (\vec{n} - \vec{\beta}) \frac{\dot{s}}{c} - \frac{\vec{R} \cdot (\vec{n} - \vec{\beta})}{c} \dot{\vec{\beta}} \right]$$

$$= \frac{qR}{4\pi\epsilon_0 s^3} \left[(\vec{n} - \vec{\beta})(1 - \vec{n} \cdot \vec{\beta} - \beta^2 + \vec{n} \cdot \vec{\beta}) + (\vec{n} - \vec{\beta}) \frac{\vec{R} \cdot \dot{\vec{\beta}}}{c} - \frac{\vec{R} \cdot (\vec{n} - \vec{\beta})}{c} \dot{\vec{\beta}} \right]$$

$$= \frac{qR}{4\pi\epsilon_0 s^3} \left\{ (\vec{n} - \vec{\beta})(1 - \beta^2) + \frac{1}{c} \vec{R} \times \left[(\vec{n} - \vec{\beta}) \times \dot{\vec{\beta}} \right] \right\}. \tag{7.10}$$

磁感应强度 $\vec{B}(\vec{r}, t)$ 为

$$\vec{B} = \nabla \times \vec{A} = \nabla \times \vec{A}|_{t'} + \nabla t' \times \partial_{t'} \vec{A}$$

$$= \frac{q}{4\pi\epsilon_0 c} \left[\nabla \times \left(\frac{\vec{\beta}}{s} \right) \bigg|_{t'} + \nabla t' \times \partial_{t'} \left(\frac{\vec{\beta}}{s} \right) \right]$$

$$= \frac{q}{4\pi\epsilon_0 c} \left[\nabla \frac{1}{s} \bigg|_{t'} \times \vec{\beta} + \nabla t' \times \frac{\dot{\vec{\beta}}s - \dot{s}\vec{\beta}}{s^2} \right]$$

$$= \frac{q}{4\pi\epsilon_0 c} \left[-\frac{1}{s^2} (\vec{n} - \vec{\beta}) \times \vec{\beta} - \frac{\vec{R}}{cs} \times \frac{\dot{\vec{\beta}}s - \dot{s}\vec{\beta}}{s^2} \right]$$

$$= \frac{q}{4\pi\epsilon_0 c s^3} \left[-s(\vec{n} \times \vec{\beta}) - \left(\frac{\vec{R}}{c} \times \dot{\vec{\beta}} \right) s + \vec{R} \times \vec{\beta} \left(\beta^2 - \dot{\vec{\beta}} \cdot \frac{\vec{R}}{c} - \vec{n} \cdot \dot{\vec{\beta}} \right) \right]$$

$$= \frac{qR}{4\pi\epsilon_0 c s^3} \vec{n} \times \left[-\vec{\beta}(1 - \vec{n} \cdot \vec{\beta}) - \dot{\vec{\beta}} \left(\frac{s}{c} \right) + \vec{\beta} \left(\beta^2 - \vec{n} \cdot \vec{\beta} - \dot{\vec{\beta}} \cdot \frac{\vec{R}}{c} \right) \right]$$

$$= \frac{qR}{4\pi\epsilon_0 c s^3} \vec{n} \times \left[-\vec{\beta}(1 - \beta^2) - \dot{\vec{\beta}} \left(\frac{\vec{R}}{c} \cdot (\vec{n} - \vec{\beta}) \right) - \vec{\beta} \left(\dot{\vec{\beta}} \cdot \frac{\vec{R}}{c} \right) \right]$$

$$= \frac{qR}{4\pi\epsilon_0 c s^3} \vec{n} \times \left[(\vec{n} - \vec{\beta})(1 - \beta^2) - \dot{\vec{\beta}} \left(\frac{\vec{R}}{c} \cdot (\vec{n} - \vec{\beta}) \right) + (\vec{n} - \vec{\beta}) \left(\dot{\vec{\beta}} \cdot \frac{\vec{R}}{c} \right) \right]$$

$$= \frac{\vec{n}}{c} \times \left[\frac{qR}{4\pi\epsilon_0 s^3} \left((\vec{n} - \vec{\beta})(1 - \beta^2) + \frac{\vec{R}}{c} \times \left((\vec{n} - \vec{\beta}) \times \dot{\vec{\beta}} \right) \right) \right]$$

$$= \frac{\vec{n}}{c} \times \vec{E}. \tag{7.11}$$

式 (7.10) 和式 (7.11) 描写了任意带电粒子电磁场, 在推导以上两式时利用了关系式 (7.4)~(7.9) 以及式 (1.5) 中的第一个恒等式.

在 $\vec{\beta} = 0$ 的情况下, 式 (7.10) 和式 (7.11) 给出匀速直线运动的电磁场强度

$$\vec{E}(\vec{r}, t) = \frac{qR(t')[1 - \beta^2(t')][\vec{n} - \vec{\beta}(t')]}{4\pi\epsilon_0 s^3(t')}, \quad \vec{B}(\vec{r}, t) = \frac{\vec{n}}{c} \times \vec{E}(\vec{r}, t). \tag{7.12}$$

我们在 6.5.3 节通过电磁场的协变性得到了匀速直线运动带电粒子的电磁场公式, 电场强度见式 (6.48), 磁感应强度见式 (6.44) 中的第二式, 结果看起来似乎与上式不一致.

现在证明式 (7.12) 与式 (6.44)、式 (6.48) 是一致的. 注意到式 (7.12) 的右边变量 R 和 β 都取 t' 时刻的值, 而等式左边 $\vec{E}$ 和 $\vec{B}$ 的时间坐标都是 t, 其关系如图 7.1 所示. 这里 $\vec{R} = R\vec{n}$, $R = c(t - t')$, $\vec{r}_q(t) - \vec{r}_q(t') = v(t - t')\vec{e}_x = \vec{\beta}R$. 正如在推

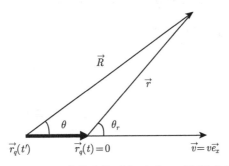

图 7.1 式 (7.12) 中带电粒子在 t' 和 t 时刻的空间坐标

导式 (6.44) 和式 (6.48) 时那样, 取 $\vec{r}_q(t) = 0$. 由图 7.1 可得

$$\vec{r} = \vec{R} - [\vec{r}_q(t) - \vec{r}_q(t')] = \vec{R} - \vec{\beta}R = R(\vec{n} - \vec{\beta}) . \tag{7.13}$$

由图 7.1 并利用三角形的正弦定理 $\sin\theta_r = \dfrac{R}{r}\sin\theta$ 以及余弦定理 $r^2 = R^2 + \beta^2 R^2 - 2\beta R^2 \cos\theta$ 得

$$\begin{aligned}
s^2 &= \left(R - \vec{R}\cdot\vec{\beta}\right)^2 = R^2 + \beta^2 R^2 \cos^2\theta - 2\beta R^2 \cos\theta \\
&= R^2 + \beta^2 R^2 - 2\beta R^2 \cos\theta - \beta^2 R^2 \sin^2\theta \\
&= r^2 - \beta^2 r^2 \sin^2\theta_r = r^2(1 - \beta^2\sin^2\theta_r) .
\end{aligned} \tag{7.14}$$

把式 (7.13) 和式 (7.14) 代入式 (7.12) 中, 电场强度公式中, 得到

$$\vec{E}(\vec{r}, t) = \frac{q\vec{r}(1 - \beta^2)}{4\pi\epsilon_0 \left[r^2(1 - \beta^2\sin^2\theta_r)\right]^{\frac{3}{2}}} = \frac{q}{4\pi\epsilon_0}\cdot\frac{(1 - \beta^2)\vec{e}_r}{(1 - \beta^2\sin^2\theta_r)^{3/2}r^2}. \tag{7.15}$$

这就是式 (6.48) 电场强度结果. 由式 (7.13) 得到

$$\vec{n} = \frac{\vec{r}}{R} + \vec{\beta}. \tag{7.16}$$

把式 (7.15) 和式 (7.16) 代入式 (7.11), 有

$$\begin{aligned}
\vec{B}(\vec{r}, t) &= \frac{1}{c}\left(\frac{\vec{r}}{R} + \vec{\beta}\right)\times\frac{q\vec{r}(1 - \beta^2)}{4\pi\epsilon_0\left[r^2(1 - \beta^2\sin^2\theta_r)\right]^{3/2}} \\
&= \frac{1}{c}\vec{\beta}\times\frac{q\vec{r}(1 - \beta^2)}{4\pi\epsilon_0\left[r^2(1 - \beta^2\sin^2\theta_r)\right]^{3/2}} = \frac{\vec{v}}{c^2}\times\vec{E}(\vec{r}, t).
\end{aligned} \tag{7.17}$$

这就是式 (6.44) 中磁感应强度和电场强度的关系.

7.1.3　带电粒子的辐射

对于任意运动带电粒子的辐射场, 在式 (7.10) 和式 (7.11) 中忽略 $\dfrac{1}{R}$ 的平方项, 只保留 $\dfrac{1}{R}$ 项, 得到辐射场的电场强度和磁感应强度分别为

$$\vec{E}(\vec{r}, t) = \frac{qR^2}{4\pi\epsilon_0 cs^3}\vec{n}\times\left[\left(\vec{n} - \vec{\beta}(t')\right)\times\dot{\vec{\beta}}(t')\right], \quad \vec{B}(\vec{r}, t) = \frac{\vec{n}}{c}\times\vec{E}(\vec{r}, t). \tag{7.18}$$

从上式可知, 在真空中如果 $\dot{\vec{\beta}} = 0$ 那么带电粒子没有辐射. 在非相对论极限下, $\beta\to 0$, $s = R - \vec{\beta}\cdot\vec{R}\to R$, $t'\to t$, $\gamma\to 1$, 上式可简化为

$$\vec{E}(\vec{r}, t) = \frac{q}{4\pi\epsilon_0 cR}\vec{n}\times\left(\vec{n}\times\dot{\vec{\beta}}\right), \quad \vec{B}(\vec{r}, t) = \frac{\vec{n}}{c}\times\vec{E}(\vec{r}, t) . \tag{7.19}$$

辐射功率为

$$\frac{\mathrm{d}W}{\mathrm{d}t} = \oint \epsilon_0 c \vec{E}^2(\vec{r},t) R^2 \mathrm{d}\Omega = \frac{q^2}{16\pi^2\epsilon_0 c} \oint \left(\dot{\vec{\beta}}\right)^2 \sin^2\theta \mathrm{d}\Omega = \frac{q^2 \left(\dot{\vec{\beta}}\right)^2}{6\pi\epsilon_0 c}, \quad (7.20)$$

式中右边 $\dot{\vec{\beta}}(t') \to \dot{\vec{\beta}}(t)$. 上式称为拉莫尔辐射公式, 在本章后面几节中将多次用到.

由式 (7.18), 我们得到在一般情形下辐射能流密度

$$\vec{S}(\vec{r},t) = \vec{E} \times \vec{H} = \frac{1}{\mu_0} \vec{E} \times \left(\frac{\vec{n}}{c} \times \vec{E}\right) = c\epsilon_0 \vec{E}^2 \vec{n}$$

$$= \frac{q^2}{16\pi^2\epsilon_0 c R^2} \frac{\left[\vec{n} \times \left((\vec{n}-\vec{\beta}) \times \dot{\vec{\beta}}\right)\right]^2}{\left(1 - \vec{n}\cdot\vec{\beta}\right)^6} \vec{n} . \quad (7.21)$$

在实验室惯性系 Σ 中在 $t{\sim}t+\mathrm{d}t$ 时间、$\mathrm{d}\Omega$ 立体角内该带电粒子在 $\vec{r}$ 处辐射出去的能量为

$$\mathrm{d}^2 W = \vec{S}(\vec{r},t) \cdot \vec{n} R^2 \mathrm{d}\Omega \mathrm{d}t = \frac{q^2}{16\pi^2\epsilon_0 c} \frac{\left[\vec{n} \times \left((\vec{n}-\vec{\beta}) \times \dot{\vec{\beta}}\right)\right]^2}{\left(1 - \vec{n}\cdot\vec{\beta}\right)^6} \mathrm{d}\Omega \mathrm{d}t. \quad (7.22)$$

上面的能量是运动粒子在 $t'{\sim}t'+\mathrm{d}t'$ 时间 (推迟效应) 发出的, 为了方便, 人们使用 t' 作为时间变量. 粒子在 $t'{\sim}t'+\mathrm{d}t'$ 时间、在 $\mathrm{d}\Omega$ 立体角内辐射出去的能量为

$$\mathrm{d}^2 W = \vec{S}(\vec{r},t) \cdot \vec{n} R^2 \mathrm{d}\Omega \frac{\mathrm{d}t}{\mathrm{d}t'} \mathrm{d}t' = \frac{q^2}{16\pi^2\epsilon_0 c} \frac{\left[\vec{n} \times \left((\vec{n}-\vec{\beta}) \times \dot{\vec{\beta}}\right)\right]^2}{\left(1 - \vec{n}\cdot\vec{\beta}\right)^5} \mathrm{d}\Omega \mathrm{d}t'.$$

由上式得到该带电粒子的辐射功率为

$$\frac{\mathrm{d}W}{\mathrm{d}t'} = \frac{q^2}{16\pi^2\epsilon_0 c} \oint \frac{\left[\vec{n} \times \left((\vec{n}-\vec{\beta}) \times \dot{\vec{\beta}}\right)\right]^2}{\left(1 - \vec{n}\cdot\vec{\beta}\right)^5} \mathrm{d}\Omega = \frac{q^2}{6\pi\epsilon_0 c} \gamma^6 \left[\left(\dot{\vec{\beta}}\right)^2 - \left(\vec{\beta} \times \dot{\vec{\beta}}\right)^2\right] , (7.23)$$

上式称为李纳公式. 为了连贯性, 我们将在本节末讨论上式第 2 步关于立体角 Ω 的积分过程. 这里先在李纳公式的基础上讨论两种简单情形: $\vec{\beta} \parallel \dot{\vec{\beta}}$ 和 $\vec{\beta} \perp \dot{\vec{\beta}}$.

当 $\vec{\beta} \parallel \dot{\vec{\beta}}$ 时, $\left(\dot{\vec{\beta}}\right)^2 = \dot{\beta}^2, \vec{\beta} \times \dot{\vec{\beta}} = 0$. 式 (7.23) 简化为

$$\frac{\mathrm{d}W}{\mathrm{d}t'} = \frac{q^2}{6\pi\epsilon_0} \gamma^6 (\dot{\vec{\beta}})^2 = \gamma^6 \frac{q^2 \dot{\beta}^2}{6\pi\epsilon_0 c}. \quad (7.24)$$

直线加速器中带电粒子在加速过程中满足 $\vec{\beta} \parallel \dot{\vec{\beta}}$. 设电场强度为 $\vec{E}$, 粒子运动方程为

$$\vec{E}q = \frac{\mathrm{d}\vec{p}}{\mathrm{d}t'}. \tag{7.25}$$

这里 $\vec{p}$ 为运动粒子的机械动量. 把 $\vec{p} = \dfrac{1}{\sqrt{1-\beta^2}} m_0 \vec{v}$ 代入上式, 有

$$\begin{aligned}
\vec{E}q &= \frac{\mathrm{d}}{\mathrm{d}t'}\left(\frac{1}{\sqrt{1-\beta^2}} m_0\vec{v}\right) = \frac{m_0}{\sqrt{1-\beta^2}}\frac{\mathrm{d}\vec{v}}{\mathrm{d}t'} + m_0\vec{v}\frac{\mathrm{d}}{\mathrm{d}t'}\left(\frac{1}{\sqrt{1-\beta^2}}\right) \\
&= \frac{m_0}{\sqrt{1-\beta^2}}\dot{\beta}c\vec{e}_v + m_0 v\vec{e}_v\left(-\frac{1}{2}\frac{-2\beta\dot{\beta}}{\sqrt{(1-\beta^2)^3}}\right) \\
&= \frac{m_0 c\dot{\beta}}{\sqrt{(1-\beta^2)^3}}(1-\beta^2+\beta^2)\vec{e}_v = \gamma^3 m_0 c\dot{\vec{\beta}},
\end{aligned} \tag{7.26}$$

式中 $\vec{e}_v$ 是 $\vec{v}$ 方向的单位矢量. 因为这里矢量 $\vec{E}$、$\vec{\beta}$、$\dot{\vec{\beta}}$ 的方向是一致的, 上式可以写成 $\gamma^3\dot{\beta} = \dfrac{Eq}{m_0 c}$. 把这个关系代入式 (7.24), 得到粒子在直线加速器中因为加速运动而在单位时间内辐射的能量为

$$\frac{\mathrm{d}W}{\mathrm{d}t'} = \frac{q^2}{6\pi\epsilon_0 c}\left(\frac{Eq}{m_0 c}\right)^2 = \frac{E^2 q^4}{6\pi\epsilon_0 m_0^2 c^3}. \tag{7.27}$$

为简单假定粒子能量很大, 接近光速 c, 粒子在单位时间内获得的能量为 $\dfrac{\mathrm{d}\mathcal{E}}{\mathrm{d}t} = q\vec{E}\cdot\vec{v} = qEv \approx Eqc$. 粒子在单位时间内辐射的能量与由电场加速获得能量之比为

$$\frac{\dfrac{E^2 q^4}{6\pi\epsilon_0 m_0^2 c^3}}{Eqc} = \frac{E}{6\pi\epsilon_0}\frac{q^3}{(m_0 c^2)^2}. \tag{7.28}$$

对于电子而言, $m_0 c^2 \approx 0.51$ MeV. 上式的比值大约为

$$E \times 6 \times 10^9 \times \frac{(1.6\times 10^{-19})^3}{(0.51\times 1.6\times 10^{-13})^2} \approx 3.7\times 10^{-21}E. \tag{7.29}$$

可见利用直线型加速器加速电子时, 只要 $E \ll 10^{21}$V/m, 辐射损耗是非常小的, 可以忽略不计; 在加速更重的粒子时, 辐射损耗则更小.

　　当 $\vec{\beta} \perp \dot{\vec{\beta}}$ 时, $\left(\vec{\beta}\times\dot{\vec{\beta}}\right)^2 = \beta^2\left(\dot{\vec{\beta}}\right)^2$, $\vec{\beta}\cdot\dot{\vec{\beta}} = 0$, 式 (7.23) 简化为

$$\frac{\mathrm{d}W}{\mathrm{d}t'} = \frac{q^2}{6\pi\epsilon_0 c}\gamma^6\left(1-\beta^2\right)\left(\dot{\vec{\beta}}\right)^2 = \gamma^4\frac{q^2\left(\dot{\vec{\beta}}\right)^2}{6\pi\epsilon_0 c}. \tag{7.30}$$

在回旋加速器中, 带电粒子大部分时间是在磁场中做圆周运动. 在磁场中圆周运动过程中, 电子的动量变化率为

$$q\vec{v} \times \vec{B} = \frac{\mathrm{d}}{\mathrm{d}t'}\left(\frac{1}{\sqrt{1-\beta^2}}m_0\vec{v}\right) = \frac{m_0}{\sqrt{1-\beta^2}}\frac{\mathrm{d}\vec{v}}{\mathrm{d}t'} + m_0 v\vec{e}_v\left(-\frac{1}{2}\frac{-2\vec{\beta}\cdot\dot{\vec{\beta}}}{\sqrt{(1-\beta^2)^3}}\right)$$

$$= \frac{m_0 c\dot{\vec{\beta}}}{\sqrt{1-\beta^2}} = \gamma m_0 c\dot{\vec{\beta}}. \tag{7.31}$$

上式中利用了 $\vec{\beta}\cdot\dot{\vec{\beta}} = 0$. 注意到 $\vec{v}$、$\vec{B}$、$\dot{\vec{\beta}}$ 三者相互垂直, 从上式得到关系式 $qvB = \gamma m_0 c\left|\dot{\vec{\beta}}\right|$. 设粒子运动速度接近光速, 这一关系式左边的速度 v 可取 $v = c$; 该式两边平方, 得到 $q^2 B^2 = \gamma^2 m_0^2\left(\dot{\vec{\beta}}\right)^2$. 把这个结果代入式 (7.30), 得到

$$\frac{\mathrm{d}W}{\mathrm{d}t'} = \gamma^2 \frac{q^2}{6\pi\epsilon_0 c}\cdot\left(\frac{Bq}{m_0}\right)^2. \tag{7.32}$$

从上式可以看出, 对于给定磁感应强度的回旋加速器而言, 粒子在单位时间内辐射的能量正比于 γ^2, 而且在回旋粒子加速器中粒子用于加速粒子的时间比较少, 所以高能粒子加速器一般不采用回旋式加速装置, 以避免带电粒子在磁场中做回旋运动时正比于 γ^2 的辐射损耗. 另一方面, 人们利用高能电子做回旋运动时辐射很强的特点建成了同步辐射光源. 当 $\beta \to 1$ 时, 由式 (7.22) 可知, 辐射集中在与 $\vec{\beta}$ 平行的方向即圆周切线方向上. 同步辐射光源具有高准直、高极化、短脉冲的特点, 具有从红外波段到 X 射线波段的连续光谱, 在许多科学前沿领域有广泛应用.

最后, 我们计算式 (7.23) 第二步中关于立体角 Ω 的积分. 如图 7.2 所示, 选取 $\vec{\beta}$ 的方向为三维直角坐标系的 $\vec{e}_z$ 方向, $\dot{\vec{\beta}}$ 和 $\vec{\beta}$ 平面为 x-z 平面, 即 $\vec{\beta} = \beta\vec{e}_z$,

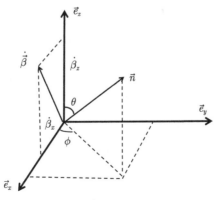

图 7.2 $\vec{n}$、$\vec{\beta}$、$\dot{\vec{\beta}}$ 的相对方向示意图

$\dot{\vec{\beta}} = \dot{\beta}_x \vec{e}_x + \dot{\beta}_z \vec{e}_z$. y 轴的方向由 $\vec{e}_y = \vec{e}_z \times \vec{e}_x$ 确定, 即 $\vec{e}_x$、$\vec{e}_y$、$\vec{e}_z$ 满足右手螺旋性. 在这样约定的直角坐标系内, $\vec{n} = \sin\theta\cos\phi\,\vec{e}_x + \sin\theta\sin\phi\,\vec{e}_y + \cos\theta\,\vec{e}_z$. 由此给出

$$\vec{n} \cdot \dot{\vec{\beta}} = \dot{\beta}_x \sin\theta\cos\phi + \dot{\beta}_z \cos\theta \ , \quad \vec{n} \cdot \vec{\beta} = \beta\cos\theta \ .$$

利用上式计算 $\left[\vec{n} \times \left((\vec{n} - \vec{\beta}) \times \dot{\vec{\beta}}\right)\right]^2$, 我们得到

$$\left[\vec{n} \times \left((\vec{n} - \vec{\beta}) \times \dot{\vec{\beta}}\right)\right]^2 = \left[\left(\vec{n} \cdot \dot{\vec{\beta}}\right)(\vec{n} - \vec{\beta}) - \left(\vec{n} \cdot (\vec{n} - \vec{\beta})\right)\dot{\vec{\beta}}\right]^2$$

$$= \left[(\dot{\beta}_x \sin\theta\cos\phi + \dot{\beta}_z \cos\theta)(\vec{n} - \vec{\beta}) - (1 - \beta\cos\theta)(\dot{\beta}_x \vec{e}_x + \dot{\beta}_z \vec{e}_z)\right]^2$$

$$= (\dot{\beta}_x \sin\theta\cos\phi + \dot{\beta}_z \cos\theta)^2 (1 + \beta^2 - 2\beta\cos\theta) + (\dot{\beta}_x^2 + \dot{\beta}_z^2)(1 - \beta\cos\theta)^2$$

$$\quad - 2(\dot{\beta}_x \sin\theta\cos\phi + \dot{\beta}_z \cos\theta)(1 - \beta\cos\theta)(\dot{\beta}_x \sin\theta\cos\phi + \dot{\beta}_z \cos\theta - \beta\dot{\beta}_z)$$

$$= \dot{\beta}_x^2 \left[\sin^2\theta\cos^2\phi(1 + \beta^2 - 2\beta\cos\theta) + (1 - \beta\cos\theta)^2 - 2\sin^2\theta\cos^2\phi(1 - \beta\cos\theta)\right]$$

$$\quad + \dot{\beta}_z^2 \left[\cos^2\theta(1 + \beta^2 - 2\beta\cos\theta) + (1 - \beta\cos\theta)^2 - 2(\cos^2\theta - \beta\cos\theta)(1 - \beta\cos\theta)\right]$$

$$\quad + 2\dot{\beta}_x \dot{\beta}_z \left[\sin\theta\cos\phi\cos\theta(1 + \beta^2 - 2\beta\cos\theta) - \sin\theta\cos\phi(2\cos\theta - \beta)(1 - \beta\cos\theta)\right]$$

$$= \dot{\beta}_z^2 \sin^2\theta + \dot{\beta}_x^2 \left[(1 - \beta\cos\theta)^2 - \sin^2\theta\cos^2\phi(1 - \beta^2)\right]$$

$$\quad + 2\dot{\beta}_z \dot{\beta}_x \sin\theta\cos\phi \left[\cos\theta(1 + \beta^2 - 2\beta\cos\theta) - (2\cos\theta - \beta)(1 - \beta\cos\theta)\right] \ ,$$

式中第一步利用了式 (1.5) 中的第一式. 把上式代入式 (7.23) 第二步关于立体角 Ω 的积分, 考虑到 $\int_0^{2\pi} \mathrm{d}\phi = 2\pi$, $\int_0^{2\pi} \cos^2\phi\,\mathrm{d}\phi = \pi$, $\int_0^{2\pi} \cos\phi\,\mathrm{d}\phi = 0$, 该积分变为

$$\oint \frac{\left[\vec{n} \times \left((\vec{n} - \vec{\beta}) \times \dot{\vec{\beta}}\right)\right]^2}{\left(1 - \vec{n} \cdot \vec{\beta}\right)^5} \mathrm{d}\Omega = \int_0^\pi \int_0^{2\pi} \frac{\left[\vec{n} \times \left((\vec{n} - \vec{\beta}) \times \dot{\vec{\beta}}\right)\right]^2}{\left(1 - \vec{n} \cdot \vec{\beta}\right)^5} \sin\theta\mathrm{d}\theta\mathrm{d}\phi$$

$$= 2\pi\dot{\beta}_z^2 \int_0^\pi \frac{\sin^2\theta}{(1 - \beta\cos\theta)^5} \sin\theta\mathrm{d}\theta$$

$$\quad + 2\pi\dot{\beta}_x^2 \int_0^\pi \frac{(1 - \beta\cos\theta)^2 - \frac{1-\beta^2}{2}\sin^2\theta}{(1 - \beta\cos\theta)^5} \sin\theta\mathrm{d}\theta + 0 \ , \tag{7.33}$$

这里最后一步利用了交叉项 $\left(\dot{\beta}_x\dot{\beta}_z\right)$ 项对应的关于 ϕ 的积分 $\int \cos\phi\mathrm{d}\phi$ 等于零. 上式第一项积分为

$$\int_0^\pi \frac{\sin^2\theta}{(1-\beta\cos\theta)^5}\sin\theta\mathrm{d}\theta = -\int_1^{-1}\frac{1-\cos^2\theta}{(1-\beta\cos\theta)^5}\mathrm{d}(\cos\theta) = \int_{-1}^1\frac{1-x^2}{(1-\beta x)^5}\mathrm{d}x$$

$$= \int_{-1}^1\frac{1}{(1-\beta x)^5}\mathrm{d}x - \frac{1}{4\beta}\int_{x=-1}^{x=1}x^2\mathrm{d}\left(\frac{1}{(1-\beta x)^4}\right)$$

$$= \frac{1}{4\beta}\left[\frac{1}{(1-\beta)^4}-\frac{1}{(1+\beta)^4}\right] - \frac{1}{4\beta}\left.\frac{x^2}{(1-\beta x)^4}\right|_{-1}^1 + \frac{1}{2\beta}\int_{-1}^1\frac{x}{(1-\beta x)^4}\mathrm{d}x$$

$$= 0 + \frac{1}{6\beta^2}\int_{x=-1}^{x=1}x\mathrm{d}\left(\frac{1}{(1-\beta x)^3}\right) = \frac{1}{6\beta^2}\left.\frac{x}{(1-\beta x)^3}\right|_{-1}^1 - \frac{1}{6\beta^2}\int_{-1}^1\frac{1}{(1-\beta x)^3}\mathrm{d}x$$

$$= \frac{1}{6\beta^2}\left[\frac{1}{(1-\beta)^3}-\frac{-1}{(1+\beta)^3}\right] - \frac{1}{12\beta^3}\left[\frac{1}{(1-\beta)^2}-\frac{1}{(1+\beta)^2}\right]$$

$$= \frac{4}{3(1-\beta^2)^3}, \tag{7.34}$$

式中第二步作了积分变量代换 $\cos\theta \to x$. 式 (7.33) 中的第二项积分为

$$\int_0^\pi \frac{(1-\beta\cos\theta)^2 - \frac{1-\beta^2}{2}\sin^2\theta}{(1-\beta\cos\theta)^5}\sin\theta\mathrm{d}\theta$$

$$= -\int_1^{-1}\frac{1}{(1-\beta\cos\theta)^3}\mathrm{d}(\cos\theta) - \frac{1-\beta^2}{2}\int_0^\pi\frac{\sin^2\theta}{(1-\beta\cos\theta)^5}\sin\theta\mathrm{d}\theta$$

$$= \int_{-1}^1\frac{1}{(1-\beta x)^3}\mathrm{d}x - \frac{1-\beta^2}{2}\frac{4}{3(1-\beta^2)^3}$$

$$= \frac{1}{2\beta}\left[\frac{1}{(1-\beta)^2}-\frac{1}{(1+\beta)^2}\right] - \frac{2}{3(1-\beta^2)^2} = \frac{4}{3(1-\beta^2)^2}, \tag{7.35}$$

上式中第二步利用了式 (7.34) 的结果. 把式 (7.33-7.35) 代入式 (7.23) 中的第一个等号右边, 得到

$$\frac{\mathrm{d}W}{\mathrm{d}t'} = \frac{q^2}{16\pi^2\epsilon_0 c}\left[2\pi\dot\beta_z^2\frac{4}{3(1-\beta^2)^3}+2\pi\dot\beta_x^2\frac{4}{3(1-\beta^2)^2}\right]$$

$$= \frac{q^2}{6\pi\epsilon_0 c}\left(\dot\beta_z^2\gamma^6 + \dot\beta_x^2\gamma^4\right) = \frac{q^2\gamma^6}{6\pi\epsilon_0 c}\left[\left(\dot{\vec\beta}\right)^2 - \beta^2\dot\beta_x^2\right]$$

$$= \frac{q^2\gamma^6}{6\pi\epsilon_0 c}\left[\left(\dot{\vec\beta}\right)^2 - (\vec\beta\times\dot{\vec\beta})^2\right],$$

由此得到式 (7.23), 即李纳公式. 上式最后两步利用了 $\vec\beta$ 和 $\dot{\vec\beta}$ 的约定, $\vec\beta = \beta\vec e_z$, $\dot{\vec\beta} = \dot\beta_x\vec e_x + \dot\beta_z\vec e_z$, 因此 $\vec\beta\times\dot{\vec\beta} = \beta\dot\beta_x\vec e_y$, 即有 $\left(\vec\beta\times\dot{\vec\beta}\right)^2 = \beta^2\dot\beta_x^2$, 见图 7.2. 李纳公式也可

以由式 (7.20) 考虑拉莫尔公式的协变性而更简捷地导出.

7.2　带电粒子的辐射阻尼和谱线宽度

本节从非相对论运动的带电粒子辐射出发, 讨论带电粒子辐射阻尼和谱线宽度的简单图像.

首先介绍一个基于方便的长度单位, 称为电子的 "经典半径", 标记为 r_e. 假如电子的电荷分布于 r_e 的球面上, 电子的静电能为

$$W = \int \frac{\epsilon_0 E^2}{2}\mathrm{d}\tau = \frac{\epsilon_0}{2}\int_{r_\mathrm{e}}^{\infty}\left(\frac{e}{4\pi\epsilon_0 r^2}\right)^2 4\pi r^2 \mathrm{d}r = \frac{e^2}{8\pi\epsilon_0 r_\mathrm{e}}. \tag{7.36}$$

电子总质量包括静电能贡献和除去静电能后的裸质量, 目前还知道两者各自所占比重. 假如静电质量中有一半来源于上式给出的静电能, 即 $W = \frac{m_\mathrm{e}c^2}{2}$, 那么

$$r_\mathrm{e} = \frac{e^2}{4\pi\epsilon_0 m_\mathrm{e}c^2} \approx 2.818 \text{ fm}. \tag{7.37}$$

这里强调, 上式中电子 "经典半径" 与电子的实际半径没有任何关系, 它仅提供了一个方便的长度单位. 电子实际半径远小于 r_e, 目前实验测量给出电子半径的上限为 0.0001 fm. 电子是质量很小的微观粒子, 在低动量时是弥散在空间的波包, 在动量很大时像一个点粒子, 目前人们对于电子内部结构还不了解, 在粒子物理标准模型中电子是 "基本" 的.

7.2.1　辐射频谱展开

我们在这里讨论时间的实函数 $\vec{f}(t)$ 傅里叶频谱展开, 这种展开是物理分析中常用的方法. 定义

$$\vec{f}_\omega = \frac{1}{2\pi}\int_{-\infty}^{\infty}\vec{f}(t)\mathrm{e}^{\mathrm{i}\omega t}\mathrm{d}t, \quad \vec{f}(t) = \int_{-\infty}^{\infty}\vec{f}_\omega \mathrm{e}^{-\mathrm{i}\omega t}\mathrm{d}\omega. \tag{7.38}$$

其中第一式是函数 $\vec{f}(t)$ 傅里叶变换, 给出了函数 $\vec{f}(t)$ 角频率为 ω 的分量; 第二式为傅里叶逆变换. 由傅里叶变换式容易得到

$$\vec{f}_\omega^* = \frac{1}{2\pi}\int_{-\infty}^{\infty}\vec{f}(t)\mathrm{e}^{-\mathrm{i}\omega t}\mathrm{d}t = \vec{f}_{-\omega}. \tag{7.39}$$

上式中上标中的星号 $*$ 表示取复共轭.

由式 (7.38), 得到

$$\int_{-\infty}^{\infty}\vec{f}^2(t)\mathrm{d}t = \int_{-\infty}^{\infty}\mathrm{d}t\,\vec{f}(t)\cdot\int_{-\infty}^{\infty}\vec{f}_\omega \mathrm{e}^{-\mathrm{i}\omega t}\mathrm{d}\omega = \int_{-\infty}^{\infty}\mathrm{d}\omega\vec{f}_\omega\cdot\int_{-\infty}^{\infty}\vec{f}(t)\mathrm{e}^{-\mathrm{i}\omega t}\mathrm{d}t$$

$$= \int_{-\infty}^{\infty}\mathrm{d}\omega\vec{f}_\omega\cdot\left(2\pi\vec{f}_\omega^*\right) = 2\pi\int_{-\infty}^{\infty}|f_\omega^2|\mathrm{d}\omega = 4\pi\int_{0}^{\infty}|f_\omega^2|\mathrm{d}\omega. \tag{7.40}$$

上式第一步利用了式 (7.38), 第三步利用了式 (7.39).

带电粒子加速运动时辐射电磁波, 总的辐射能量 W 为

$$W = \oint R^2 \mathrm{d}\Omega \int_{-\infty}^{\infty} \epsilon_0 c \vec{E}^2(t) \mathrm{d}t = 4\pi\epsilon_0 c \oint R^2 \mathrm{d}\Omega \int_0^{\infty} |\vec{E}_\omega^2| \mathrm{d}\omega \ . \tag{7.41}$$

上式第二步利用了式 (7.40), 这里 $\vec{E}_\omega$ 定义由式 (7.38) 给出, 即 $\vec{E}_\omega = \dfrac{1}{2\pi} \displaystyle\int_{-\infty}^{\infty} \vec{E}(t)$
$\mathrm{e}^{\mathrm{i}\omega t} \mathrm{d}t$. 根据上式, 在带电粒子总辐射能量中频率为 ω 的能量为

$$\frac{\mathrm{d}W}{d\omega} = 4\pi\epsilon_0 c \oint R^2 |\vec{E}_\omega^2| \mathrm{d}\Omega. \tag{7.42}$$

7.2.2 辐射阻尼力

带电粒子加速运动而辐射能量, 对于粒子运动的影响可以等效地简化为受到了一个外加的阻尼力 $\vec{F}_s$, 称为辐射阻尼力. 这是容易理解的, 因为带电粒子加速运动在某个 Δt 时间内对外辐射了能量 ΔW, 自身的运动能量就减少 ΔW, 所以辐射对于粒子运动影响的平均效果可以看成对于该粒子外加了一个阻尼力 $\vec{F}_s$, 这个阻尼力在 Δt 时间内对粒子做了负功 $-\Delta W$. 非相对论条件下的粒子辐射功率由式 (7.20) 给出. 在这个简化图像中,

$$\overline{\vec{F}_s \cdot \vec{v}} \Delta t = -\overline{\left(\frac{q^2 \dot{\vec{v}}^2}{6\pi\epsilon_0 c^3}\right)} \Delta t = -\Delta W, \tag{7.43}$$

上式中的上划线表示对时间的平均. 粒子做准周期运动情况下, 由式 (7.43) 得到

$$\begin{aligned}
\int_0^T \vec{F}_s \cdot \vec{v} \mathrm{d}t &= -\int_0^T \frac{q^2 \dot{\vec{v}}^2}{6\pi\epsilon_0 c^3} \mathrm{d}t = -\int_0^T \frac{q^2 \dot{\vec{v}}}{6\pi\epsilon_0 c^3} \cdot \mathrm{d}\vec{v} \\
&= -\frac{q^2 \dot{\vec{v}} \cdot \vec{v}}{6\pi\epsilon_0 c^3} \Big|_0^T + \int_0^T \frac{q^2 \ddot{\vec{v}}}{6\pi\epsilon_0 c^3} \cdot \vec{v} \mathrm{d}t = \int_0^T \frac{q^2 \ddot{\vec{v}}}{6\pi\epsilon_0 c^3} \cdot \vec{v} \mathrm{d}t,
\end{aligned} \tag{7.44}$$

式中 T 为粒子运动的准周期. 在周期运动的近似下, 上式第三个等号右边第一项为零. 从上式得到辐射阻尼力的形式

$$\vec{F}_s = \frac{q^2 \ddot{\vec{v}}}{6\pi\epsilon_0 c^3} \ . \tag{7.45}$$

上式称为亚伯拉罕 (Max Abraham)-洛伦兹辐射阻尼力公式. 这里强调, 上式中给出的 $\vec{F}_s$ 是针对做准周期运动带电粒子的一个等效量, 既不是对于任意体系都成立, 也不是每时每刻都严格成立的, 例如匀加速直线运动的带电粒子 $\ddot{\vec{v}} = 0, \dot{\vec{v}} \neq 0$, 粒子存在辐射而式 (7.45) 中的辐射阻尼力 $\vec{F}_s$ 的值为零.

7.2.3　光谱宽度的经典模型

本小节根据式 (7.45) 讨论原子光谱展宽的一个简单图像.

我们先把原子发射光谱简化为电子做一维谐振运动, 运动方程为

$$m_e \ddot{\vec{r}} + m_e \omega_0^2 \vec{r} = 0, \tag{7.46}$$

式中 ω_0 是电子在原子内的固有谐振频率. 我们为方便取 $\vec{r}$ 方向为 z 轴. 根据式 (7.45), 电子发射光谱可以等效为受到辐射阻尼力 $\vec{F}_s = \dfrac{e^2 \ddot{\vec{v}}}{6\pi\epsilon_0 c^3}$ 的作用, 这里 $\vec{v} = \dot{\vec{r}} = \dot{z} \vec{e}_z$. 考虑辐射阻尼力 $\vec{F}_s$, 电子运动方程式 (7.46) 变为如下形式:

$$m_e \ddot{z} + m_e \omega_0^2 z = \frac{e^2 \dddot{z}}{6\pi\epsilon_0 c^3}, \tag{7.47}$$

令 $z(t) = z_0 e^{-i\omega t}$, 将其代入上式后得到

$$-\omega^2 + \omega_0^2 = i \frac{e^2 \omega^3}{6\pi\epsilon_0 m_e c^3}. \tag{7.48}$$

原子光谱的波长 ($\sim 10^2 - 10^3 \mathring{A}$) 远远大于电子经典半径 $r_e (\sim 2.8\text{fm})$, 所以

$$\frac{e^2 \omega}{6\pi\epsilon_0 m_e c^3} = \frac{4\pi r_e}{3\lambda} \ll 1. \tag{7.49}$$

如果定义

$$\Gamma_0 = \frac{e^2 \omega_0^2}{6\pi\epsilon_0 m_e c^3}, \quad \Gamma = \frac{e^2 \omega^2}{6\pi\epsilon_0 m_e c^3}. \tag{7.50}$$

那么根据式 (7.49), $\Gamma_0 \ll \omega_0$, $\Gamma \ll \omega$. 令 $\omega = \omega_0 + \delta$, 代入式 (7.48) 得

$$-(\omega_0 + \delta)^2 + \omega_0^2 = i \frac{e^2 (\omega_0 + \delta)^3}{6\pi\epsilon_0 m_e c^3}. \tag{7.51}$$

上式精确到 δ 的一次项为

$$-2\omega_0 \delta \approx i \frac{e^2 (\omega_0^3 + 3\omega_0 \delta)}{6\pi\epsilon_0 m_e c^3} = i(\Gamma_0 \omega_0 + 3\Gamma_0 \delta) \approx i \Gamma_0 \omega_0, \tag{7.52}$$

由此得到 $\delta \approx -\dfrac{i}{2} \Gamma_0$. 把 $\omega = \omega_0 + \delta = \omega_0 - i\dfrac{\Gamma_0}{2}$ 代入 $z(t) = z_0 e^{-i\omega t}$, 我们得到

$$z(t) = z_0 e^{-\frac{\Gamma_0}{2} t} e^{-i\omega_0 t}. \tag{7.53}$$

由上式可见, 在原子光谱一维振动模型中, 电子在很弱的阻尼下做准周期振动. 为了简单, 假定电子当 $t < 0$ 时电子处于静止状态, 从 $t = 0$ 时刻开始这种阻尼振荡, 由此得到电子的加速度为

$$\ddot{z}(t) = 0, \qquad\qquad\qquad t < 0,$$
$$\ddot{z}(t) = -\omega^2 z(t) \approx -\omega_0^2 z_0 e^{-\frac{\Gamma_0}{2}t} e^{-i\omega_0 t}, \quad t > 0. \tag{7.54}$$

根据式 (7.19), 在非相对论条件下一维阻尼振荡电子的辐射场中电场强度为

$$\vec{E} = \frac{-e}{4\pi\epsilon_0 c^2 R}\vec{n} \times (\vec{n} \times \ddot{z}\vec{e}_z). \tag{7.55}$$

由式 (7.54) 和式 (7.55), 当 $t < 0$ 时, 系统没有辐射场; 当 $t > 0$ 时, 辐射场的电场强度可写为

$$\vec{E}(t) = \vec{E}_0 e^{-\frac{\Gamma_0}{2}t} e^{-i\omega_0 t}, \quad \vec{E}_0 = -\frac{e\omega^2 z_0 \sin\theta}{4\pi\epsilon_0 c^2 R}\vec{e}_\theta \approx -\frac{e\omega_0^2 z_0 \sin\theta}{4\pi\epsilon_0 c^2 R}\vec{e}_\theta, \tag{7.56}$$

式中 θ 为辐射方向 $\vec{n}$ 与 $\vec{e}_z$ 之间的夹角. 由上式和式 (7.38), 电子辐射中频率为 ω 的分波为

$$\vec{E}_\omega = \frac{1}{2\pi}\int_{-\infty}^{\infty} \vec{E}(t)e^{i\omega t}dt = \frac{1}{2\pi}\int_0^\infty \vec{E}(t)e^{i\omega t}dt = \frac{\vec{E}_0}{2\pi}\frac{1}{\frac{\Gamma_0}{2} - i(\omega - \omega_0)}. \tag{7.57}$$

把式 (7.56–7.57) 代入式 (7.42) 得到

$$\begin{aligned}
\frac{dW}{d\omega} &= 4\pi\epsilon_0 c \oint \left| \frac{1}{2\pi}\frac{e}{4\pi\epsilon_0 c^2 R}\omega_0^2 z_0 \sin\theta \frac{1}{\frac{\Gamma_0}{2} - i(\omega - \omega_0)} \right|^2 R^2 d\Omega \\
&= 4\pi\epsilon_0 c \left| \frac{1}{2\pi}\frac{e}{4\pi\epsilon_0 c^2 R}\omega_0^2 z_0 \frac{1}{\frac{\Gamma_0}{2} - i(\omega - \omega_0)} \right|^2 R^2 \frac{8\pi}{3} \\
&= \frac{e^2 z_0^2}{6\pi^2\epsilon_0 c^3} \cdot \frac{\omega_0^4}{\frac{\Gamma_0^2}{4} + (\omega - \omega_0)^2} = \frac{C}{\frac{\Gamma_0^2}{4} + (\omega - \omega_0)^2},
\end{aligned} \tag{7.58}$$

式中 $C = \frac{e^2\omega_0^4 z_0^2}{6\pi^2\epsilon_0 c^3}$. 从上式看出, 当 $\omega = \omega_0$ 时, $\frac{dW}{d\omega}$ 是一个很尖的峰值 (因为 Γ_0 很小); 当 $\omega \neq \omega_0$ 时, $\frac{dW}{d\omega}$ 迅速下降. 当 $\omega = \omega_0 \pm \Gamma_0/2$ 时, $\frac{dW}{d\omega}$ 为峰值的一半, 如图 7.3 所示. 通常把 $\Delta\omega = \Gamma_0$ 作为谱线的频率宽度, 对应的波长变化范围为

$$\Delta\lambda = \left| \Delta\left(\frac{2\pi}{\omega}c\right) \right| = \frac{2\pi c}{\omega^2}\Delta\omega \approx \frac{2\pi c}{\omega_0^2}\frac{e^2\omega_0^2}{6\pi\epsilon_0 m_e c^3} = \frac{4\pi}{3}r_e \approx 12 \text{ fm}. \tag{7.59}$$

由此可见, 利用一维谐振子模型描写原子辐射的光谱时, 在考虑辐射阻尼的效应后, 原子光谱不再是单色波, 而有一个宽度.

这里给出的原子光谱线对应的波长变化范围是一个很小的常量. 而在实际情况中, 原子谱线宽度变化范围很大. 深入理解原子辐射光谱的宽度问题应该从量子

力学出发, 然而本小节中讨论的一维原子振动模型可以对于原子谱线的非单色性予以一个简单而直观的图像.

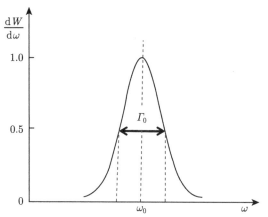

图 7.3　以固有频率 ω_0 一维谐振运动带电粒子辐射能量的频谱示意图

7.3　介质的散射和色散

我们在本节讨论介质的散射和色散两种现象. 外来电磁波作用于原子的外层电子, 电子在外部电磁场作用下受迫运动, 加速度不为零, 电子向外辐射与外电磁波相同频率的电磁波, 这种现象称为散射现象. 外电磁波导致介质产生宏观意义上的极化现象, 不同频率电磁波的极化率不同, 因而介电常量和电磁波在介质中传播速度都与外电磁波频率有关, 这种现象称为色散现象.

介质中原子的外层电子所受外来单色平面电磁波的洛伦兹力为

$$\vec{F} = -e\vec{E} - e\vec{v} \times \vec{B}.$$

原子的外层电子运动速度很小, 即 $\beta \ll 1$, 属于非相对论情形; 而单色平面电磁波中 $E = cB$. 因此, 如式 (4.46) 那样, 可以忽略上式中来自外磁场的作用力, 原子的外层电子受到的洛伦兹力化简为 $\vec{F} = -e\vec{E}$. 对于经典电磁波而言, 波长 λ 比较大; 即使对于可见光, λ 也有 10^3Å. 而原子尺度 d 在 Å 量级, 因此 $\vec{k} \cdot \vec{r} \sim kd \sim \left(\frac{2\pi d}{\lambda}\right) \ll 1$, 这里 $\vec{r}$ 是原子外层电子相对于平衡位置的空间坐标矢量. 由此可见, 在讨论原子实外的单个电子受到外电磁场的作用时, 外电磁场平面波相因子中的 $\vec{k} \cdot \vec{r}$ 是完全可以忽略的. 所以, 外来的平面电磁波的电场强度可以写为

$$\vec{E} = \vec{E}_0 e^{-i\omega t} . \tag{7.60}$$

电子的运动方程为

$$m\ddot{\vec{r}} + m\omega_0^2\vec{r} = \vec{F}_s - e\vec{E}_0 e^{-i\omega t}, \tag{7.61}$$

式中 $\vec{F}_s$ 为辐射阻尼力, 见式 (7.45); 在上式中电子的平衡位置为坐标原点, $\vec{r}$ 为电子的空间坐标; 上式左边第二项源于该电子偏离平衡位置时受到的恢复力 $-k\vec{r} = -m\omega_0^2\vec{r}$. 因为电子在外场作用下受迫振动, $\vec{r} = \vec{r}_0 e^{-i\omega t}$, 将其代入上式中得到

$$\vec{r} = \frac{-e\vec{E}_0}{m_e(\omega_0^2 - \omega^2 - i\Gamma\omega)} e^{-i\omega t}, \quad \ddot{\vec{r}} = \frac{e\omega^2\vec{E}_0}{m_e(\omega_0^2 - \omega^2 - i\Gamma\omega)} e^{-i\omega t}. \tag{7.62}$$

式中 Γ 的定义见式 (7.50). 我们以此为出发点讨论稀薄气体的散射和色散现象.

7.3.1 散射现象

这里仅讨论稀薄气体情形. 设外来电磁波是沿 $\vec{e}_x$ 方向传播的单色平面电磁波 $\vec{E}(x,t) = \vec{E}_0 e^{i(kx-\omega t)}$, 电磁波强度为

$$I_0 = \frac{\epsilon_0|\vec{E}|^2 c}{2}. \tag{7.63}$$

式中系数 $\frac{1}{2}$ 来源于电磁波能流密度对于时间求平均的结果, 见式 (4.12). 外电磁波对于稀薄气体的作用可以简化为固有频率 ω_0 的原子外层电子在电场 $\vec{E}(x,t)$ 作用下的受迫运动; 原子实相对于电子而言太重, 所以我们忽略原子实的运动. 取外层电子的平衡位置为坐标原点, 每个受迫运动的电子和原子实组成一个电偶极矩 $\vec{p}$. 设 $\vec{R}_0$ 为原子实相对于电子平衡位置的空间坐标, 由式 (7.62) 可得

$$\vec{p} = e(\vec{R}_0 - \vec{r}) = e\vec{R}_0 + \frac{e^2}{m_e\left[(\omega_0^2 - \omega^2) - i\Gamma\omega\right]}\vec{E}_0 e^{-i\omega t}. \tag{7.64}$$

电偶极矩 $\vec{p}$ 在单位时间内辐射的电磁波能量 P 由式 (5.57) 给出

$$\begin{aligned}
P &= \frac{\mu_0|\ddot{\vec{p}}|^2}{12\pi c} = \frac{\mu_0}{12\pi c} \cdot \frac{e^4\omega^4}{m_e^2\left[(\omega_0^2 - \omega^2)^2 + \Gamma^2\omega^2\right]}\left|\vec{E}_0\right|^2 \\
&= \frac{\epsilon_0\left|\vec{E}_0\right|^2 c}{2}\frac{8\pi}{3}\left(\frac{e^2}{4\pi\epsilon_0 m_e c^2}\right)^2\frac{\omega^4}{(\omega_0^2 - \omega^2)^2 + \Gamma^2\omega^2} \\
&= I_0\frac{8\pi}{3}r_e^2\frac{\omega^4}{(\omega_0^2 - \omega^2)^2 + \Gamma^2\omega^2}.
\end{aligned} \tag{7.65}$$

对于给定原子, 原子实的空间坐标 $\vec{R}_0$ 不随时间变化, 因此在上式第二步中的 $\vec{R}_0$ 对时间求导数为零. 上式表明, 外来电磁波作用于介质中的外层电子, 电子因为受迫振动而对外辐射电磁波的功率 P 与入射电磁波的强度 I_0 成正比, 二者之间的比例系数称为散射截面, 标记为 σ_s. 由式 (7.65) 得到

$$\sigma_{\mathrm{s}} = P/I_0 = \frac{8\pi}{3}r_{\mathrm{e}}^2\frac{\omega^4}{(\omega_0^2 - \omega^2)^2 + \Gamma^2\omega^2}. \tag{7.66}$$

这里强调, 上式结果与入射电磁波是否偏振无关, 即对于非偏振电磁波也成立. 这是因为不同偏振方向的电磁波之间的差别仅在于式 (5.56) 中角度 θ 的参考坐标轴不同, 实际上都是上面讨论的电偶极辐射过程. 无论电磁波偏振方向如何, 散射截面都有 $\sin^2\theta$ 对于 4π 立体角的积分, 结果都等于 $\frac{8\pi}{3}$. 这表明电子对于非偏振电磁波的总散射截面也由式 (7.66) 给出.

散射有三种特殊情形, 我们下面予以说明.

(1) 当 $\omega \ll \omega_0$ 时, 式 (7.66) 简化为

$$\sigma_{\mathrm{s}} \approx \frac{8\pi}{3}r_{\mathrm{e}}^2\frac{\omega^4}{\omega_0^4 + \Gamma^2\omega^2} \approx \frac{8\pi}{3}r_{\mathrm{e}}^2\frac{\omega^4}{\omega_0^4}. \tag{7.67}$$

即电子散射截面与入射电磁波的频率四次方成正比, 这类散射称为瑞利 (原名为 John William Strutt, 后称 Third Baron Rayleigh) 散射.

太阳光中可见光频率远小于大气分子中电子固有频率, 大气层对于太阳光的散射属于瑞利散射. 太阳的辐射可以近似看成温度约为 6000 K 的黑体辐射, 总辐射能量中大约有一半在可见光范围, 红外部分约为 43%, 紫外部分约为 7%. 在可见光中的紫色部分强度本来就相对较弱, 进入大气上层时又被臭氧层吸收了很大部分, 所以进入大气中下部的太阳可见光主要是从红色到蓝色. 根据式 (7.67), 散射截面与频率的四次方成正比. 因为蓝光的频率大于红绿光的频率, 大气分子对于蓝光的散射截面远大于红绿光的散射截面, 所以人在白天看天空时, 从天空射入人眼的主要是大气散射的蓝光, 这正是天空呈现蓝色的原因. 在清晨和傍晚时分, 太阳光在大气层中所走的长度远大于中午前后的长度, 阳光中的蓝绿等高频率成分在大气层中漫长行程的前段就被散射, 所以在阳光传播尾端进入云层时, 剩下的可见光成分中以波长最长的红色为主, 这就是朝霞和晚霞都呈现红色的原因. 假如没有大气的散射, 白天的天空将是黑色的, 白天也能看见星星.

(2) 当 $\omega \gg \omega_0$ 时, 式 (7.66) 简化为

$$\sigma_{\mathrm{s}} \approx \frac{8\pi}{3}r_{\mathrm{e}}^2\frac{\omega^4}{\omega^4 + \Gamma^2\omega^2} \approx \frac{8\pi}{3}r_{\mathrm{e}}^2, \tag{7.68}$$

σ_{s} 近似是个常量, 这种情况下的散射相当于自由电子对外来电磁波的散射, 上式称为汤姆孙 (Joseph John Thomson) 散射公式.

(3) 当 $\omega = \omega_0$ 时, 式 (7.66) 简化为

$$\sigma_{\mathrm{s}} \approx \frac{8\pi}{3}r_{\mathrm{e}}^2\frac{\omega^2}{\Gamma^2}. \tag{7.69}$$

由于 $\omega \gg \Gamma$, 在这种情况下散射截面远大于自由电子的散射截面, 这种散射称为共振散射.

7.3.2 色散现象

我们在本小节讨论稀薄气体的色散现象. 不失一般性, 假设每个原子实的外层有一个电子. 在频率为 ω 的外电磁波入射稀薄气体时, 原子的外层电子在外电磁波的作用下系统地偏离平衡位置, 气体因而发生宏观意义上的电极化现象, 电极化强度 $\vec{P}$ 的定义见式 (1.96), 其中每个气体原子的电偶极矩 $\vec{p}^{(k)}$ 由式 (7.64) 给出. 设气体原子密度为 N, 我们有

$$\vec{P} = \frac{\sum_k \vec{p}^{(k)}}{\Delta V} = \frac{\sum_k e\left(\vec{R}_0^{(k)} - \vec{r}^{(k)}\right)}{\Delta V} = 0 + \frac{Ne^2}{m_e\left[(\omega_0^2 - \omega^2) - \mathrm{i}\Gamma\omega\right]}\vec{E} = \chi\epsilon_0\vec{E},$$

$$\chi = \frac{Ne^2}{m_e\epsilon_0\left[(\omega_0^2 - \omega^2) - \mathrm{i}\Gamma\omega\right]}.$$

式中的电场强度 $\vec{E}$ 见式 (7.60). 这里在推导 $\vec{P}$ 时第三步利用了下面结果: 对于大量气体原子来说, 热运动导致各个原子在没有外场情况下的电偶极矩 $\vec{p}_k = e\vec{R}_0^{(k)}$ 是随机变量, 因而 $\sum_k \vec{R}_0^{(k)}$ 为零, 对电极化矢量没有贡献. 稀薄气体的电位移矢量

$$\vec{D} = \epsilon_0\vec{E} + \vec{P} = \epsilon_0\epsilon_r\vec{E}, \quad \epsilon_r = 1 + \frac{Ne^2}{m_e\epsilon_0[(\omega_0^2 - \omega^2) - \mathrm{i}\Gamma\omega]}. \tag{7.70}$$

这里 ϵ_r 为稀薄气体的相对介电常量, 是复数. 由量子力学出发得到的 ϵ_r 在形式上与式 (7.70) 类似.

由 $k^2 = \omega^2\mu\epsilon$ 得到

$$k^2 = \omega^2\mu\epsilon_0\epsilon_r = \left(\frac{\omega}{c}\right)^2\epsilon_r, \quad k = \frac{\omega}{c}\sqrt{\epsilon_r}. \tag{7.71}$$

在上式中我们利用了 $\mu = \mu_0$, 即一般介质的磁导率近似等于真空磁导率. 对于稀薄气体, $\epsilon_r \to 1$, $\epsilon_r - 1$ 是个小量, 由式 (7.70-7.71) 得到

$$k = \frac{\omega}{c}\sqrt{1 + \frac{Ne^2}{[m_e\epsilon_0(\omega_0^2 - \omega^2) - \mathrm{i}\Gamma\omega]}} \simeq \frac{\omega}{c}\left(1 + \frac{Ne^2}{2m_e\epsilon_0\left[(\omega_0^2 - \omega^2) - \mathrm{i}\Gamma\omega\right]}\right)$$

$$= k_r + \mathrm{i}\kappa. \tag{7.72}$$

这里

$$k_r = \frac{\omega}{c}\left(1 + \frac{Ne^2(\omega_0^2 - \omega^2)}{2m_e\epsilon_0\left[(\omega_0^2 - \omega^2)^2 + \Gamma^2\omega^2\right]}\right), \quad \kappa = \frac{Ne^2\Gamma\omega^2}{2m_e\epsilon_0 c\left[(\omega_0^2 - \omega^2)^2 + \Gamma^2\omega^2\right]}. \tag{7.73}$$

由式 (7.72-7.73) 可知, 稀薄气体内的波矢量 k 与频率 ω 的关系不是简单的正比例关系, 不同频率的电磁波具有不同的相速度, 在介质内传播过程中频率不同的成分因而弥散开来, 这就是色散现象. 在稀薄气体内沿着 x 轴方向传播的电磁波形式为

$$\vec{E}(x,t) = \vec{E}_0 \mathrm{e}^{\mathrm{i}(kx-\omega t)} = \vec{E}_0 \mathrm{e}^{-\kappa x} \mathrm{e}^{\mathrm{i}(k_\mathrm{r} x - \omega t)}. \tag{7.74}$$

所以, κ 对应因稀薄气体对电磁波吸收而导致的电磁波振幅的衰减, κ 越大吸收越强, 电磁波的强度衰减越快.

7.4 经典辐射实例

本节讨论三个经典辐射实例: 轫致辐射、切伦科夫辐射和渡越辐射. 关于轫致辐射我们关注的是辐射频谱特点, 后两者我们主要讨论其辐射机制和辐射场特点.

7.4.1 轫致辐射频谱

对于带电粒子辐射的电场强度 $\vec{E}$, 由式 (7.18) 和式 (7.38) 得

$$
\begin{aligned}
\vec{E}_\omega &= \frac{1}{2\pi} \int_{-\infty}^{\infty} \vec{E}(t) \mathrm{e}^{\mathrm{i}\omega t} \mathrm{d}t \\
&= \frac{1}{2\pi} \int_{-\infty}^{\infty} \frac{q}{4\pi\epsilon_0 cR(1-\vec{n}\cdot\vec{\beta})^3} \vec{n} \times \left[(\vec{n}-\vec{\beta}) \times \dot{\vec{\beta}} \right] \mathrm{e}^{\mathrm{i}\omega t} \mathrm{d}t \\
&= \frac{1}{2\pi} \int_{-\infty}^{\infty} \frac{q}{4\pi\epsilon_0 cR(1-\vec{n}\cdot\vec{\beta})^3} \vec{n} \times \left[(\vec{n}-\vec{\beta}) \times \dot{\vec{\beta}} \right] \mathrm{e}^{\mathrm{i}\omega(t'+\frac{R}{c})} \frac{\partial t}{\partial t'} \mathrm{d}t' \\
&= \frac{1}{2\pi} \int_{-\infty}^{\infty} \frac{q}{4\pi\epsilon_0 cR(1-\vec{n}\cdot\vec{\beta})^2} \vec{n} \times \left[(\vec{n}-\vec{\beta}) \times \dot{\vec{\beta}} \right] \mathrm{e}^{\mathrm{i}\omega(t'+\frac{R}{c})} \mathrm{d}t'
\end{aligned}
\tag{7.75}
$$

注意在上式中 $\vec{\beta} = \vec{\beta}(t')$, $t = t' + \dfrac{R}{c}$ (见推迟势). 上式中利用了 $\dfrac{\partial t}{\partial t'} = 1 - \vec{n}\cdot\vec{\beta}$, 这个关系可以由式 (7.8) 得到.

讨论 $\beta \ll 1$ 的轫致辐射 (bremsstrahlung). 所谓轫致辐射指的是带电粒子入射到物质靶时, 与靶内的原子和原子核碰撞, 在突然减速过程中产生的辐射. 在非相对论情形, 式 (7.75) 化简为

$$\vec{E}_\omega = \frac{1}{2\pi} \int_{-\infty}^{\infty} \frac{q}{4\pi\epsilon_0 cR} \vec{n} \times \left(\vec{n} \times \dot{\vec{\beta}} \right) \mathrm{e}^{\mathrm{i}\omega(t'+\frac{R}{c})} \mathrm{d}t' \tag{7.76}$$

式中 $R = |\vec{r} - \vec{r}_q(t')| = r - \vec{n}\cdot\vec{r}_q(t')$. 因为粒子减速时间 (从 $t' = 0$ 到 $t' = T$) 很短, 其他时刻 $\dot{\vec{\beta}}(t') = 0$, 由于带电粒子突然减速过程中的空间坐标变化很小, 对于辐射低频部分来说 $|\Delta\vec{r}_q| \ll \lambda$, 相因子中的 $-k\vec{n}\cdot\vec{r}_q(t')$ 近似忽略, 同时可以把上式分母

和相因子中的 R 都看作常量. 又因为 t' 很小, 所以对于电场的低频部分 $\omega t' \ll 1$, $\mathrm{e}^{\mathrm{i}\omega t'} \to 1$. 我们由上式得到

$$\vec{E}_\omega = \frac{q\mathrm{e}^{\mathrm{i}kR}}{8\pi^2\epsilon_0 cR}\vec{n} \times \left(\vec{n} \times \Delta\vec{\beta}\right), \quad |\vec{E}_\omega| = \frac{q}{8\pi^2\epsilon_0 cR}\Delta\beta\sin\theta. \tag{7.77}$$

其中 θ 是 $\Delta\vec{\beta}$ 与 $\vec{n}$ 的夹角. 由式 (7.42), 轫致辐射能量的频谱为

$$\frac{\mathrm{d}W}{\mathrm{d}\omega} = 4\pi\epsilon_0 c \oint R^2|\vec{E}_\omega|^2\mathrm{d}\Omega = 4\pi\epsilon_0 c \oint R^2\left(\frac{q\Delta\beta\sin\theta}{8\pi^2\epsilon_0 cR}\right)^2\mathrm{d}\Omega$$

$$= \frac{q^2}{16\pi^3\epsilon_0 c}(\Delta\beta)^2\int\sin^2\theta\mathrm{d}\Omega = \frac{q^2}{6\pi^2\epsilon_0 c}(\Delta\beta)^2. \tag{7.78}$$

这就是说, 非相对论带电粒子轫致辐射低频段的能量与频率无关. 而随着频率增加, 当 $\omega t \sim 1$ 时, 式 (7.76) 中的相因子 $\mathrm{e}^{\mathrm{i}\omega t'}$ 开始振荡, $|\vec{E}_\omega|$ 和 $\dfrac{\mathrm{d}W}{\mathrm{d}\omega}$ 迅速变小, 如果 ω 继续增加, 则 $\dfrac{\mathrm{d}W}{\mathrm{d}\omega} \sim 0$, 如图 7.4(a) 所示.

描述轫致辐射的频谱也可以用波长 λ 作为变量. λ 很大的辐射对应轫致辐射的低频部分, 式 (7.78) 的形式变为

$$\frac{\mathrm{d}W}{\mathrm{d}\lambda} = \frac{\mathrm{d}W}{\mathrm{d}\omega}\left|\frac{\mathrm{d}\omega}{\mathrm{d}\lambda}\right| = \frac{\mathrm{d}W}{\mathrm{d}\omega}\frac{2\pi c}{\lambda^2} = \frac{q^2}{3\pi\epsilon_0\lambda^2}(\Delta\beta)^2 \propto \frac{1}{\lambda^2} \; ; \tag{7.79}$$

而 λ 很小的辐射对应轫致辐射的高频部分, $\dfrac{\mathrm{d}W}{\mathrm{d}\omega}$ 的值为零, 所以在这种情况下

$$\frac{\mathrm{d}W}{\mathrm{d}\lambda} = \frac{\mathrm{d}W}{\mathrm{d}\omega}\frac{\mathrm{d}\omega}{\mathrm{d}\lambda} \sim 0 \; . \tag{7.80}$$

式 (7.79) 和式 (7.80) 可知, 在轫致辐射中 $\dfrac{\mathrm{d}W}{\mathrm{d}\lambda}$ 随着 λ 的变化如图 7.4(b) 所示.

$\dfrac{\mathrm{d}W}{\mathrm{d}\lambda}$ 与 λ 关系的实际情况见图 7.4(c), 在低频部分与 (7.79) 符合很好; 而在高频端则有一个明确的截止波长 λ_c, 这无法用经典电磁理论解释, 是量子现象. 截止波长 λ_c 与入射电子能量 E_e 之间满足 $\dfrac{hc}{\lambda_\mathrm{c}} = E_\mathrm{e}$, 即电子动能全部变成辐射的光子能量.

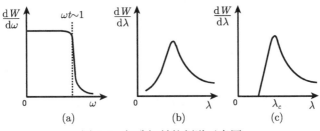

图 7.4 轫致辐射的频谱示意图

7.4.2　*切伦科夫辐射

在真空中匀速直线运动的带电粒子不辐射电磁场, 然而在介质中运动的带电粒子速度超过介质中的光速时, 带电粒子在介质中激发的电磁场相互干涉而形成辐射电磁场, 辐射方向与粒子的运动方向夹角为 $\theta = \arccos\left(\dfrac{c}{nv}\right)$, c 为真空中的光速, n 为介质的折射率, v 为粒子的运动速度. 这种辐射是切伦科夫 (Pavel Alekseyevich Cherenkov) 于 1934 年在实验中发现的, 所以被称为切伦科夫辐射. 1937 年弗兰克 (Ilya Mikhailovich Frank) 和塔姆 (Igor Yevgenyevich Tamm) 对此给出了理论解释. 他们三人因为这一贡献被授予 1958 年诺贝尔物理学奖.

以速度 $\vec{v} = v\vec{e}_x$ 运动带电粒子对应的电荷密度 $\rho(\vec{r}, t) = q\delta(\vec{r} - \vec{r}_q(t))$, 电流密度为 $\vec{J}(\vec{r}, t) = \rho\vec{v} = q\delta(\vec{r} - \vec{r}_q(t))\vec{v}(t)$. 在式 (5.22) 推迟势 $\vec{A}(\vec{r}, t)$ 表达式右边的电流密度是在 $\vec{r}'$ 处、t' 时刻的值, 其中 $t' = t - \dfrac{R}{v_p}$, v_p 是电磁波在介质中的传播速度, $R = |\vec{r} - \vec{r}'|$; $\vec{J}(\vec{r}', t') = q\delta(\vec{r}' - \vec{r}_q(t'))\vec{v}(t')$. 由此得到以速度 $\vec{v} = v\vec{e}_x$ 运动的带电粒子对应的推迟势为

$$
\begin{aligned}
\vec{A}(\vec{r}, t) &= \frac{\mu_0}{4\pi} \int \left(\frac{\vec{J}(\vec{r}', t')}{R}\right)_{t' = t - \frac{R}{v_p}} \mathrm{d}\tau' \\
&= \frac{\mu_0 q}{4\pi} \int \mathrm{d}\tau' \mathrm{d}t' \frac{\delta(\vec{r}' - \vec{r}_q(t'))\vec{v}(t')}{R} \delta\left(t' - t + \frac{R}{v_p}\right),
\end{aligned}
$$

式中利用了非铁磁介质磁导率 $\mu \simeq \mu_0$ 的结果. 由上式得到推迟势的频谱展开

$$
\begin{aligned}
\vec{A}_\omega(\vec{r}) &= \frac{1}{2\pi} \int_{-\infty}^{\infty} \vec{A}(\vec{r}, t)\mathrm{e}^{\mathrm{i}\omega t} \mathrm{d}t \\
&= \frac{\mu_0 q}{8\pi^2} \int_{-\infty}^{\infty} \mathrm{d}t' \int_{-\infty}^{\infty} \mathrm{d}\tau' \int_{-\infty}^{\infty} \mathrm{d}t \; \mathrm{e}^{\mathrm{i}\omega t} \frac{\delta(\vec{r}' - \vec{r}_q(t'))\vec{v}(t')}{R} \delta(t' - t + \frac{R}{v_p}) \\
&= \frac{\mu_0 q}{8\pi^2} \int_{-\infty}^{\infty} \mathrm{d}t' \int_{-\infty}^{\infty} \mathrm{d}\tau' \mathrm{e}^{\mathrm{i}\omega\left(t' + \frac{R}{v_p}\right)} \frac{1}{R} \delta(\vec{r}' - \vec{r}_q(t')) \vec{v}(t') \\
&= \frac{\mu_0 q}{8\pi^2} \int_{-\infty}^{\infty} \vec{v}(t')\mathrm{d}t' \frac{1}{|\vec{r} - \vec{r}_q(t')|} \mathrm{e}^{\mathrm{i}\omega\left(t' + \frac{|\vec{r}' - \vec{r}_q(t')|}{v_p}\right)}.
\end{aligned} \tag{7.81}
$$

式中第三步和第四步 (最后一步) 分别利用 δ 函数的定义对于 t 和 τ' 作积分运算.

如图 7.5 所示, 我们取 $t' = 0$ 时该带电粒子的空间位置作为坐标原点, $\vec{r}_q(t') = vt'\vec{e}_z = z(t')\vec{e}_z$. 在辐射问题中 ($r$ 很大) $r \gg z$, 根据余弦定理得到 $|\vec{r} - \vec{r}_q(t')| =$

$\sqrt{r^2 + z^2 - 2rz\cos\theta} \simeq r - z\cos\theta$. 在分母中保留至 $1/r$ 项, 我们得到

$$\vec{A}_\omega(\vec{r}) = \frac{\mu_0 q}{8\pi^2} \int_{-\infty}^{\infty} \mathrm{d}z \vec{e}_z \frac{1}{r} \mathrm{e}^{\mathrm{i}\omega\left(\frac{z}{v} + \frac{r - z\cos\theta}{v_p}\right)} = \vec{e}_z \frac{\mu_0 q \mathrm{e}^{\mathrm{i}kr}}{8\pi^2 r} \int_{-\infty}^{\infty} \mathrm{d}z \mathrm{e}^{\mathrm{i}\left(\frac{\omega}{v} - \frac{\omega\cos\theta}{v_p}\right)z}$$

$$= \vec{e}_z \frac{\mu_0 q \mathrm{e}^{\mathrm{i}kr}}{8\pi^2 r} 2\pi\delta\left(\frac{\omega}{v} - \frac{\omega}{v_p}\cos\theta\right) = \vec{e}_z \frac{\mu_0 q \mathrm{e}^{\mathrm{i}kr}}{8\pi^2 r} 2\pi \frac{v_p}{\omega} \delta\left(\cos\theta - \frac{v_p}{v}\right)$$

$$= \vec{e}_z \frac{\mu_0 q \mathrm{e}^{\mathrm{i}kr}}{4\pi kr} \delta\left(\cos\theta - \frac{v_p}{v}\right) , \tag{7.82}$$

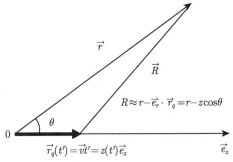

图 7.5 切伦科夫辐射中粒子运动轨迹和场点示意图

式中 $k = \omega/v_p$, 第三步利用了式 (1.3), 第四步利用了 δ 函数性质.

在真空中 $v_p = c$, $v < c$, 所以 $\cos\theta < \frac{c}{v}$,

$$\delta\left(\cos\theta - \frac{c}{v}\right) \equiv 0,$$

即式 (7.82) 中的 $\vec{A}_\omega \equiv 0$, 辐射能量为零. 如果带电粒子在介质中运动速度 $v > v_p$, 那么在满足 $\cos\theta = \frac{v_p}{v}$ 的方向上式 (7.82) 中的 $\vec{A}_\omega \neq 0$, 而且 $\vec{A}_\omega$ 正比于 $\frac{1}{r}$. 由此可知, 带电粒子在沿着 $\theta = \arccos\left(\frac{v_p}{v}\right)$ 的方向有辐射, 辐射场是带电粒子的运动速度方向为中轴线、以粒子为顶点的圆锥面. 辐射的磁感应强度为

$$\vec{B}_\omega = \nabla \times \vec{A}_\omega = \mathrm{i}k\vec{e}_r \times \vec{A}_\omega = (\vec{e}_r \times \vec{e}_z)\frac{\mathrm{i}\mu_0 q \mathrm{e}^{\mathrm{i}kr}}{4\pi r}\delta\left(\cos\theta - \frac{v_p}{v}\right), \tag{7.83}$$

类似于式 (5.32) 的处理, 上式中的 ∇ 算符只作用在 $\mathrm{e}^{\mathrm{i}kr}$ 上. 辐射能流密度为 $\vec{S}(\vec{r}, t) = \frac{|B(\vec{r}, t)|^2}{\mu_0} v_p \vec{e}_r$; 类似于式 (7.41), 我们得到辐射总能量 W 为

$$W = \oint r^2 \mathrm{d}\Omega \int_{-\infty}^{\infty} \frac{|B(\vec{r}, t)|^2}{\mu_0} v_p \mathrm{d}t = \frac{4\pi}{\mu_0} v_p \oint r^2 \mathrm{d}\Omega \int_{-\infty}^{\infty} |\vec{B}_\omega|^2 \mathrm{d}\omega. \tag{7.84}$$

把式 (7.83) 代入式 (7.84), 得到

$$\frac{\mathrm{d}W}{\mathrm{d}\Omega} = \frac{4\pi}{\mu_0} v_{\mathrm{p}} r^2 \int_0^\infty \left| \frac{\mu_0 q \mathrm{e}^{\mathrm{i}kr}}{4\pi r} \delta\left(\cos\theta - \frac{v_{\mathrm{p}}}{v}\right) \sin\theta \right|^2 \mathrm{d}\omega$$

$$= v_p \frac{\mu_0 q^2}{4\pi} \int_0^\infty \mathrm{d}\omega \sin^2\theta \delta\left(\cos\theta - \frac{v_{\mathrm{p}}}{v}\right) \left[\frac{1}{2\pi} \int_{-\infty}^\infty \mathrm{e}^{\mathrm{i}(\cos\theta - \frac{v_{\mathrm{p}}}{v})kz} \mathrm{d}(kz) \right]$$

$$= \frac{\mu_0 q^2}{8\pi^2} \int_0^\infty \omega \mathrm{d}\omega \int_{-\infty}^\infty \delta\left(\cos\theta - \frac{v_{\mathrm{p}}}{v}\right) \sin^2\theta \lim_{L\to\infty} \int_{-L/2}^{L/2} \mathrm{e}^{\mathrm{i}(\cos\theta - \frac{v_{\mathrm{p}}}{v})kz} \mathrm{d}z$$

$$= \lim_{L\to\infty} \frac{\mu_0 q^2}{8\pi^2} \int_0^\infty \omega \mathrm{d}\omega \delta\left(\cos\theta - \frac{v_{\mathrm{p}}}{v}\right) \sin^2\theta L, \tag{7.85}$$

式中第二步利用了式 (1.3) 以及 $\omega = v_{\mathrm{p}} k$, 积分 $\lim\limits_{L\to\infty} \int_{-L/2}^{L/2} \mathrm{d}z = L$ 是粒子从负无穷远到正无穷远处的路径长度.

在实际问题中粒子运动路径的长度总是有限的, 人们关心的是带电粒子在单位长度的路径内辐射的能量. 由式 (7.85) 可知, 在切伦科夫辐射中带电粒子在单位长度的路径内辐射的频率为 ω 的电磁波能量为

$$\frac{\mathrm{d}^2 W}{\mathrm{d}L \mathrm{d}\omega} = \frac{\mu_0 q^2 \omega}{8\pi^2} \int \sin^2\theta \delta\left(\cos\theta - \frac{v_{\mathrm{p}}}{v}\right) \mathrm{d}\Omega = \frac{\mu_0 q^2 \omega}{4\pi} \left[1 - \left(\frac{v_{\mathrm{p}}}{v}\right)^2 \right]. \tag{7.86}$$

上式被称为弗兰克-塔姆辐射能量公式. 在单位长度的路径内辐射的频率为 ω 的光子数为

$$\frac{\mathrm{d}^2 N}{\mathrm{d}L \mathrm{d}\omega} = \frac{\mathrm{d}^2 W}{\mathrm{d}L \mathrm{d}\Omega} \frac{1}{\hbar\omega} = \frac{\mu_0 q^2}{2h} \left[1 - \left(\frac{v_{\mathrm{p}}}{v}\right)^2 \right]. \tag{7.87}$$

切伦科夫辐射现象是粒子计数器的工作原理. 由辐射角 $\theta = \arccos\left(\frac{v_{\mathrm{p}}}{v}\right)$ 可以得到粒子速度, 由单位长度内切伦科夫辐射 $\Delta\omega$ 频率的光子数以及式 (7.87) 可以确定带电粒子的电荷 q. 这种计数器很灵敏而且能避免低速粒子的干扰. 塞格雷 (Emilio Gino Segre) 和张伯伦 (Owen Chamberlain) 利用切伦科夫计数器辨认出反质子, 他们因此共同获得 1959 年诺贝尔物理学奖.

最后说明, 在讨论切伦科夫辐射过程中, 我们没有计算辐射阻尼对于带电粒子运动的影响. 这是因为粒子的速度很快 $(v > v_{\mathrm{p}})$, 能量高, 而辐射的总能量和带电粒子速度的变化都很小, 所以辐射阻尼对于速度的影响是可以忽略的.

7.4.3　*渡越辐射

带电粒子从一种各向同性的介质进入另一种各向同性的介质时发出的辐射称为渡越辐射 (transition radiation). 这个现象由金兹堡 (Vitaly Lazarevich Ginzburg) 和弗兰克 1946 年指出的.

我们仅讨论一个简单情形: 真空中一个点电荷 q 射向无穷大接地的平面导体, 其速度 $\vec{v}$ 垂直于导体平面, 导体表面感应电荷在上半空间产生的电场可以用电像法求解. 点电荷的镜像荷 $\bar{q} = -q$, 空间位置与点电荷 q 关于导体平面对称, 如图 7.6 所示, 系统的电荷密度 $\rho = \rho_q + \rho_{\bar{q}}$, $\rho_q = q\delta(\vec{r} - \vec{r}_q)$, $\rho_{\bar{q}} = \bar{q}\delta(\vec{r} - \vec{r}_{\bar{q}})$. 我们忽略电荷 q 和 $\bar{q}$ 之间静电力相互作用而引起的加速, 如果假定 $t = 0$ 时电荷 q 处于 $z_0\vec{e}_z$ 处, 那么 $\vec{r}_q = (z_0 - vt)\vec{e}_z$, $\vec{r}_{\bar{q}} = -(z_0 - vt)\vec{e}_z$, $z_0 - vt \geqslant 0$. 在 $t = z_0/v$ 时刻, 带电粒子到达导体平面, 在此之后立即被无穷大接地的导体内自由电荷所中和屏蔽, 源电荷 q、像电荷 $\bar{q}$ 都立即变为零, 这等价于源电荷 q 和像电荷 $\bar{q}$ 都由速度值为 v 的匀速直线运动突然停止, 从而在上半空间内形成相互叠加的轫致辐射场. 下面我们讨论这个辐射的频谱.

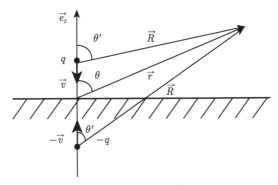

图 7.6 点电荷 q 垂直射向接地导体平面产生渡越辐射的示意图

电流密度 $\vec{J}(\vec{r}, t) = \rho_q \vec{v}_q + \rho_{\bar{q}} \vec{v}_{\bar{q}}$, 显然 $\vec{v}_q = -v\vec{e}_z$, $\vec{v}_{\bar{q}} = v\vec{e}_z$, 因此系统电流密度为

$$
\begin{aligned}
\vec{J}(\vec{r}, t) &= q\delta(\vec{r} - \vec{r}_q)(-v\vec{e}_z) + \bar{q}\delta(\vec{r} - \vec{r}_{\bar{q}})v\vec{e}_z \\
&= -qv\vec{e}_z \left[\delta(\vec{r} - (z_0 - vt)\vec{e}_z) + \delta(\vec{r} + (z_0 - vt)\vec{e}_z) \right] \\
&= -qv\vec{e}_z\delta(x)\delta(y) \left[\delta(z - (z_0 - vt)) + \delta(z + (z_0 - vt)) \right] \\
&= -q\vec{e}_z\delta(x)\delta(y) \left[\delta\left(t - \frac{z_0 - z}{v} \right)\bigg|_{z \geqslant 0} + \delta\left(t - \frac{z_0 + z}{v} \right)\bigg|_{z \leqslant 0} \right],
\end{aligned}
$$

式中最后一步利用了 δ 函数性质. 在 $\vec{r}'$ 处、t' 时刻电流密度为

$$
\vec{J}(\vec{r}', t') = -q\vec{e}_z\delta(x')\delta(y') \left[\delta\left(t' - \frac{z_0 - z'}{v} \right)\bigg|_{z' \geqslant 0} + \delta\left(t' - \frac{z_0 + z'}{v} \right)\bigg|_{z' \leqslant 0} \right]. \tag{7.88}
$$

类似于推导式 (7.81) 式, 推迟式写为

$$
\vec{A}(\vec{r}, t) = \frac{\mu_0 q}{4\pi} \int \mathrm{d}\tau' \mathrm{d}t' \frac{\vec{J}(\vec{r}', t')}{R} \delta\left(t' - t + \frac{R}{c} \right). \tag{7.89}
$$

由式 (7.88-7.89), 我们得到

$$
\begin{aligned}
\vec{A}_\omega(\vec{r}) &= \frac{1}{2\pi} \int_{-\infty}^{\infty} \vec{A}(\vec{r}, t) \mathrm{e}^{\mathrm{i}\omega t} \mathrm{d}t \\
&= \frac{1}{2\pi} \int_{-\infty}^{\infty} \mathrm{d}t \, \mathrm{e}^{\mathrm{i}\omega t} \frac{\mu_0 q}{4\pi} \int \mathrm{d}\tau' \mathrm{d}t' \frac{1}{R} (-q)\vec{e}_z \delta(x')\delta(y') \\
&\quad \left[\delta\left(t' - \frac{z_0 - z'}{v}\right)\Bigg|_{z'\geqslant 0} + \delta\left(t' + \frac{z_0 + z'}{v}\right)\Bigg|_{z'\leqslant 0} \right] \delta\left(t' - t + \frac{R}{c}\right) \\
&= -\frac{\mu_0 q}{8\pi^2} \vec{e}_z \int \mathrm{d}\tau' \mathrm{d}t' \frac{\mathrm{e}^{\mathrm{i}(\omega t' + kR)}}{R}\delta(x')\delta(y') \left[\delta\left(t' - \frac{z_0 - z'}{v}\right)\Bigg|_{z'\geqslant 0} \right. \\
&\quad \left. + \delta\left(t' - \frac{z_0 + z'}{v}\right)\Bigg|_{z'\leqslant 0} \right] \\
&= -\frac{\mu_0 q}{8\pi^2} \vec{e}_z \left[\int_0^{\infty} \mathrm{d}z' \frac{\mathrm{e}^{\mathrm{i}\left(\omega\frac{z_0 - z'}{v} + kR\right)}}{R} + \int_{-\infty}^0 \mathrm{d}z' \frac{\mathrm{e}^{\mathrm{i}\left(\omega\frac{z_0 + z'}{v} + kR\right)}}{R} \right] \\
&= -\frac{\mu_0 q \mathrm{e}^{\mathrm{i}\frac{\omega}{v} z_0}}{8\pi^2} \vec{e}_z \left[\int_{-\infty}^0 \mathrm{d}z' \frac{\mathrm{e}^{\mathrm{i}\left(kR + \frac{\omega}{v} z'\right)}}{R} + \int_0^{\infty} \mathrm{d}z' \frac{\mathrm{e}^{\mathrm{i}\left(kR - \frac{\omega}{v} z'\right)}}{R} \right] .
\end{aligned}
$$

(7.90)

(7.91)

由式 (5.32), 频率为 ω 辐射的磁感应强度为

$$
\begin{aligned}
\vec{B}_\omega &= \nabla \times \vec{A}_\omega(\vec{r}) = \mathrm{i}k\vec{e}_R \times \vec{A}_\omega(\vec{r}) \\
&= \frac{\mathrm{i}k\mu_0 q}{8\pi^2} \mathrm{e}^{\mathrm{i}\frac{\omega}{v} z_0} \vec{e}_\phi \left[\int_{-\infty}^0 \frac{\mathrm{e}^{\mathrm{i}(kR + \frac{\omega}{v} z')}}{R} \sin\theta' \mathrm{d}z' + \int_0^{\infty} \frac{\mathrm{e}^{\mathrm{i}(kR - \frac{\omega}{v} z')}}{R} \sin\theta' \mathrm{d}z' \right] ,
\end{aligned}
$$

这里 $\vec{e}_k = \vec{e}_R$, θ' 为 $\vec{e}_R$ 与 $\vec{e}_z$ 之间的夹角. 令 θ 为 $\vec{e}_r$ 与 $\vec{e}_z$ 之间的夹角, 把正弦定理 $R\sin\theta' = r\sin\theta$ 和近似条件 $R \simeq r - z'\cos\theta$ 代入上式中得

$$
\begin{aligned}
\vec{B}_\omega &= \frac{\mathrm{i}k\mu_0 q}{8\pi^2} \mathrm{e}^{\mathrm{i}\left(kr + \frac{\omega}{v} z_0\right)} r\sin\theta \vec{e}_\phi \\
&\quad \left[\int_{-\infty}^0 \frac{\mathrm{e}^{\mathrm{i}(-kz'\cos\theta + \frac{\omega}{v} z')}}{R^2} \mathrm{d}z' + \int_0^{\infty} \frac{\mathrm{e}^{-\mathrm{i}(kz'\cos\theta + \frac{\omega}{v} z')}}{R^2} \mathrm{d}z' \right] .
\end{aligned}
$$

(7.92)

上式中的第一个积分

$$
\int_{-\infty}^0 \frac{\mathrm{e}^{\mathrm{i}\frac{\omega}{v}(1 - \beta\cos\theta)z'}}{R^2} \mathrm{d}z' = \frac{1}{\mathrm{i}\frac{\omega}{v}(1 - \beta\cos\theta)} \int_{-\infty}^0 \frac{1}{R^2} \mathrm{d}\left(\mathrm{e}^{\mathrm{i}\frac{\omega}{v}(1 - \beta\cos\theta)z'}\right)
$$

$$
= \frac{1}{\mathrm{i}\frac{\omega}{v}(1 - \beta\cos\theta)} \left[\frac{1}{R^2} \mathrm{e}^{\mathrm{i}\frac{\omega}{v}(1 - \beta\cos\theta)z'}\Bigg|_{-\infty}^0 - \int_{-\infty}^0 \mathrm{e}^{\mathrm{i}\frac{\omega}{v}(1 - \beta\cos\theta)z'} \mathrm{d}\left(\frac{1}{R^2}\right) \right] . \quad (7.93)
$$

当 $z' = 0$ 时, $R = r$; 当 $z = -\infty$ 时, $R = r - z\cos\theta \to \infty$, $\dfrac{1}{R^2} \to 0$. 所以上式中的第一项为

$$\frac{1}{\mathrm{i}\dfrac{\omega}{v}(1 - \beta\cos\theta)} \frac{1}{R^2} \left(\mathrm{e}^{\mathrm{i}\frac{\omega}{v}(1 - \beta\cos\theta)z'} \right) \Bigg|_{-\infty}^{0} = \frac{1}{\mathrm{i}\dfrac{\omega}{v}(1 - \beta\cos\theta)} \frac{1}{r^2}.$$

式 (7.93) 的第二项中 $\mathrm{d}\left(\dfrac{1}{R^2}\right) = -\dfrac{1}{R^3}\mathrm{d}R = \dfrac{1}{R^3}\cos\theta'\mathrm{d}z'$. 在辐射场中磁感应强度 $B \propto \dfrac{1}{r}$, 这要求在式 (7.92) 中仅保留到 $\dfrac{1}{r}$ 项. 式 (7.93) 的第二项在式 (7.92) 中的贡献正比于 $\dfrac{1}{r^2}$ 而应略去, 式 (7.93) 变为

$$\int_{-\infty}^{0} \frac{\mathrm{e}^{\mathrm{i}\frac{\omega}{v}(1 - \beta\cos\theta)z'}}{R^2}\mathrm{d}z' = \frac{1}{\mathrm{i}\dfrac{\omega}{v}(1 - \beta\cos\theta)}\frac{1}{r^2}. \tag{7.94}$$

类似地, 处理式 (7.92) 中的第二个积分, 有

$$\int_{0}^{\infty} \frac{\mathrm{e}^{-\mathrm{i}\frac{\omega}{v}(1 + \beta\cos\theta)z'}}{R^2}\mathrm{d}z' = \frac{1}{\mathrm{i}\dfrac{\omega}{v}(1 + \beta\cos\theta)}\frac{1}{r^2}. \tag{7.95}$$

把式 (7.94) 和式 (7.95) 代入式 (7.92), 得

$$\begin{aligned}
\vec{B}_\omega &= \vec{e}_\phi \frac{\mathrm{i}\mu_0 q\omega\sin\theta}{8\pi^2 cr}\mathrm{e}^{\mathrm{i}\left(kr + \frac{\omega}{v}z_0\right)}\left[\frac{1}{\mathrm{i}\dfrac{\omega}{v}(1 - \beta\cos\theta)} + \frac{1}{\mathrm{i}\dfrac{\omega}{v}(1 + \beta\cos\theta)} \right] \\
&= \vec{e}_\phi \frac{\mathrm{i}\mu_0 q\omega\sin\theta}{8\pi^2 cr}\mathrm{e}^{\mathrm{i}\left(kr + \frac{\omega}{v}z_0\right)}\frac{2}{\mathrm{i}\dfrac{\omega}{v}(1 - \beta^2\cos^2\theta)} = \vec{e}_\phi \frac{\mu_0 q\beta\sin\theta\mathrm{e}^{\mathrm{i}\left(kr + \frac{\omega}{v}z_0\right)}}{4\pi^2 r(1 - \beta^2\cos^2\theta)}.
\end{aligned} \tag{7.96}$$

类似于式 (7.42), 我们得到

$$\frac{\mathrm{d}^2 W}{\mathrm{d}\omega\mathrm{d}\Omega} = \frac{4\pi c|\vec{B}_\omega|^2}{\mu_0}r^2 = \frac{c\mu_0 q^2\beta^2}{4\pi^3}\frac{\sin^2\theta}{(1 - \beta^2\cos^2\theta)^2}. \tag{7.97}$$

上式对于立体角积分 (注意这里积分限于上半空间, θ 从 0 到 $\pi/2$, 下半空间为导体), 我们有

$$\begin{aligned}
\frac{\mathrm{d}W}{\mathrm{d}\omega} &= \frac{c\mu_0 q^2\beta^2}{4\pi^3}\int_{0}^{\pi/2}\frac{\sin^2\theta\mathrm{d}\Omega}{(1 - \beta^2\cos^2\theta)^2}2\pi\mathrm{d}(-\cos\theta) \\
&= \frac{c\mu_0 q^2\beta^2}{2\pi^2}\left(\frac{1}{\beta}\int_{0}^{\beta}\frac{\mathrm{d}x}{(1 - x^2)^2} - \frac{1}{\beta^3}\int_{0}^{\beta}\frac{x^2\mathrm{d}x}{(1 - x^2)^2} \right),
\end{aligned}$$

式中第二步我们用 x 替换了 $\beta\cos\theta$. 利用定积分

$$\int_0^\beta \frac{\mathrm{d}x}{(1-x^2)^2} = \frac{1}{2}\left(\frac{\beta}{1-\beta^2} + \operatorname{arctanh}(\beta)\right),$$

$$\int_0^\beta \frac{x^2\mathrm{d}x}{(1-x^2)^2} = \frac{1}{2}\left(\frac{\beta}{1-\beta^2} - \operatorname{arctanh}(\beta)\right),$$

式中 $\operatorname{arctanh}(\beta)$ 是反双曲正切函数, $\operatorname{arctanh}(\beta) = \dfrac{\ln(1+\beta)-\ln(1-\beta)}{2}$, 我们得到

$$\begin{aligned}
\frac{\mathrm{d}W}{\mathrm{d}\omega} &= \frac{c\mu_0 q^2\beta^2}{2\pi^2}\left(\frac{(1+\beta^2)\operatorname{arctanh}(\beta)-\beta}{2\beta^3}\right)\\
&= \frac{c\mu_0 q^2}{8\pi^2\beta}\left[(1+\beta^2)\ln\left(\frac{1+\beta}{1-\beta}\right)-2\beta\right].
\end{aligned}$$

上式结果与 ω 无关, 所以对频率 ω 积分发散, 这个发散来源于理想导体的假设, 在 ω 很大 (光谱红外区域) 时该假设不再成立, 因此以上讨论只对于低频部分成立. 当 $\beta\to1,\gamma\gg1$ 时, 上式变为

$$\frac{\mathrm{d}W}{\mathrm{d}\omega} = \frac{c\mu_0 q^2}{2\pi^2}\ln(\gamma).$$

当 $\beta\ll1$ 时, 辐射角分布和辐射功率都很简单, 由式 (7.97) 得到

$$\frac{\mathrm{d}^2W}{\mathrm{d}\omega\mathrm{d}\Omega} = \frac{c\mu_0 q^2\beta^2}{4\pi^3}\sin^2\theta, \tag{7.98}$$

上式对上半空间立体角积分, 得到

$$\frac{\mathrm{d}W}{\mathrm{d}\omega} = \frac{c\mu_0 q^2\beta^2}{3\pi^2} = \frac{q^2\beta^2}{3\pi^2\epsilon_0 c}. \tag{7.99}$$

这与式 (7.78) 即韧致辐射频谱在形式上类似, 这也是容易理解的, 这里物理过程可等效为电荷 q 和像电荷 $-q$ 韧致辐射过程.

　　以上关于渡越辐射的讨论针对理想导体, 但也适于讨论一般绝缘介质, 主要差别在于点电荷与像电荷的关系; 对于两种不同的绝缘介质, 介电常量不同, 运动电荷从介质 1 进入介质 2 的瞬间, 介质中的等效像电荷发生突变 (见例题 2.3). 在此瞬间一部分电磁场能量以辐射形式发出去. 人们利用渡越辐射现象建造高能粒子谱议, 鉴别超高能量的带电粒子.

　　本章小结　本章讨论任意运动带电粒子的电磁场以及在介质中原子、分子外层电子对于外电磁场的响应 (对外电磁场的散射与吸收). 讨论了在相对论条件下直线加速和回旋加速的带电粒子辐射特点; 引入辐射阻尼的经典概念并讨论原子光谱的展宽. 作为补充, 讨论了三种特殊的辐射: 韧致辐射、切伦科夫辐射和渡越辐

射. 本章的基础内容是任意运动带电粒子的自有场和辐射场特点, 要求理解辐射阻尼、光谱线宽度的简单图像, 并掌握带电粒子对外电磁波的散射和介质色散的简单处理方法.

本章简答题

1. 李纳-维谢尔势的形式是什么?

2. 为什么真空中匀速直线运动的带电粒子没有辐射?

3. 为什么卢瑟福的行星模型中的原子结构是不稳定的? 非相对论条件下带电粒子的辐射功率形式是什么?

4. 在加速带电粒子时为什么直线加速过程中辐射损失非常小?

5. 实验上给出的电子半径上限大约多少? 把电子想象为电量 e 的导体球, 静止质量中一半源于静电能, 那么电子球半径 (电子经典半径) 是多少? 如何理解两者之间的不一致?

6. 什么是辐射阻尼力? 其形式是什么?

7. 经典的辐射阻尼给出原子光谱的辐射宽度大约是多少?

8. 自由电子对于单色平面电磁波的散射截面是多少?

9. 晚霞和蓝天的颜色可以用瑞利散射解释, 瑞利散射发生在入射电磁波的频率远小于大气分子中电子的固有频率. 瑞利散射公式的形式是什么?

10. 什么是轫致辐射? 其辐射频谱的特点是什么?

11. 什么是切伦科夫辐射? 这与简答题 2 是否矛盾? 切伦科夫辐射角度与带电粒子的运动速度关系是什么?

12. 什么是渡越辐射?

练 习 题

1. 由李纳-维谢尔势出发, 推导匀速直线运动带电粒子的矢量势和标量势形式; 试利用这里得到的矢量势和标量势给出匀速运动带电粒子的电磁场.

2. 设电子的运动速度 $\vec{v}$ 与加速度 $\dot{\vec{v}}$ 之间的夹角为 α. 试证明在 $\vec{v}$-$\dot{\vec{v}}$ 平面内与 $\dot{\vec{v}}$ 之间的夹角为 $\arcsin\left(\dfrac{v}{c}\sin\alpha\right)$ 的方向上没有辐射.

3. 非相对论情况下带电荷 q 的粒子从速度 v_0 在时间 T 内匀减速运动直至速度为零. 试计算这个过程辐射的总能量.

4. 非相对论的质量为 m、电荷为 q 的粒子在匀强磁场中垂直于磁场平面内做圆周运动. 试给出其运动动能和时间的关系, 分析为什么在处理这类问题时通常忽略辐射对于周期运动的影响.

5. 对于原子辐射、原子核辐射分别验算辐射阻尼力远小于辐射系统本身的 "恢复力"(把辐射简化为一维谐振子).

6. 把氢原子看成电子以质子为圆心做圆周运动, 在非相对论条件下计算氢原子坍缩 (即电子掉入质子内部) 的时间.

7. 外来电磁波入射到原子内束缚电子 (固有频率为 ω_0) 发生散射现象. 当 $\omega \approx \omega_0$ 时发生共振现象. 令电磁波单位频率间隔单位面积内的入射能量为 $I_0(\omega)$, 求电子的总散射能量.

8. 电磁波入射到等离子体, 在外电磁波作用下等离子体内自由电子受迫振动. 试求其电极化矢量并由此证明等离子体的折射率为 $n = \sqrt{1 - \dfrac{Nq^2}{m\epsilon_0\omega^2}} = \sqrt{1 - \dfrac{\omega_p^2}{\omega^2}}$.

9. 绝缘介质放入匀强磁场 $\vec{B} = B\vec{e}_z$ 中, 介质不再各向同性. 如果电磁波沿着 $\vec{e}_z$ 传播, 那么左旋和右旋的圆偏振电磁波介电常量的差是

$$\epsilon_L - \epsilon_R = \frac{Nq^2}{m} \cdot \frac{2qB\omega/m}{(\omega_0^2 - \omega^2)^2 - (qB\omega/m)^2} \ .$$

这里 q 为电子电量, m 为其质量, N 为电子密度, ω_0 为固有频率.

结 束 语

至此我们讨论了麦克斯韦方程组和电磁场的基本性质. 讨论了两种最简单、基础而重要的电磁场 —— 静电场和静磁场, 包括这两种场的性质、简单情形的求解; 讨论了单色平面电磁波性质及传播规律, 包括在绝缘介质、导体、等离子体内以及在边界上的传播特性. 讨论了如何产生电磁波, 包括多极辐射和天线辐射; 还利用简单模型讨论了光谱线的宽度以及电子系统对于外来电磁波的散射和色散. 麦克斯韦方程组是描写电磁场的基本方程, 由麦克斯韦方程组在不同惯性系下的协变性 (真空中光速不变) 出发, 爱因斯坦建立了狭义相对论, 完美地解决了电磁场以及带电粒子运动方程在不同惯性参照系之间的变换, 狭义相对论也是对于传统时空观的一个重大突破. 麦克斯韦的电磁场理论和爱因斯坦的相对论是人类物理学知识中最重要的进展和最壮丽的乐章之一. 麦克斯韦方程组形式对称、简洁优美, 是研究和解释宏观电磁现象的出发点.

麦克斯韦方程组不仅揭示了宏观现象中电场和磁场的基本运动规律, 也指导着人类近代的社会生产实践. 在历史长河中, 人类在掌握自然规律以后, 对于知识应用驱动最大的, 一是便利生活, 二是制造武器. 电磁理论建立以后也是如此, 在军用和民用技术上都有极为广泛的应用. 在民用方面, 无线/有线通信、广播、日用电器 (现代生活已离不开电器) 等技术帮助人类极大地提高了生活质量和生产效率; 在军用方面, 海空军的雷达和隐形装备、电磁脉冲武器、超宽带电磁辐射器、电磁炮等长期以来一直是各国军事技术革新的重要方向. 在当今基础科学前沿领域中, 经典麦克斯韦方程组仍然是研究许多系统 (如等离子体、软物质等复杂电磁介质) 的出发点, 高能电子与原子核、核子的散射技术长期以来一直是人们获得原子核电荷密度分布、质子和中子等核子内部信息的重要方法.

然而, 永远没有一个理论是万能的终极理论. 任何理论都有局限性, 理论总是随着人类认识活动扩展而不断深入. 电磁理论也是如此. 经典麦克斯韦理论是描写、研究宏观电磁现象的基石, 然而在讨论微观世界的电磁现象时会遇到困难. 问题的核心在于经典电磁理论中对于电磁场和电子处理不完整. 简单地说, 经典电动力学假定电磁波仅是波, 而带电粒子仅是粒子. 事实上, 无论电磁场还是带电粒子都有波动性和粒子性两方面; 粒子性与波动性像一个硬币的两个面那样, 是电磁场和粒子不可分割的两个方面. 在经典电动力学中不考虑粒子的波动性, 所以在经典电动力学理论处理微观系统时会遇到困难. 在原子模型的早期, 人们曾认为原子中电子绕着原子核做圆周运动, 就像地球围绕太阳运转, 称为行星模型. 然而这个模型无法回答为什么氢原子结构如此稳定. 电子绕原子核中心做圆周运动时有一个很大的向心加速度, 而根据经典电动力学, 电子将因此而对外辐射能量 (见式 (7.20)), 轨道半径迅速减小, 整个原子很快坍缩. 这显然是与事实不相符合的. 经典电动力学也不考虑高频率电磁波的粒子性, 所以对于光电效应现象等无法解释. 人们在光电效应中注意到, 金属表面的电子能否受电磁波作用而克服势能脱离金属取决于单个光子的能量, 而不是光束的强度/振幅, 这只能用电磁波的粒子性予以说明. 再如我们从一开始就假定电子是点电荷, 而点电荷是数学的抽象, 现在我们对电子的结构还一无所知.

量子力学建立后, 人们发展了量子电动力学. 量子电动力学计算结果在非常高的精度内与实验结果完美符合. 20 世纪 60 年代, 人们建立了电磁相互作用与弱相互作用的联系, 称为电弱统一理论. 那么, 电弱相互作用与强相互作用、万有引力是否也能用更基本的规范场统一起来并在实验中找到该规范场理论预言的新粒子呢? 用屈原在著名长诗《离骚》中的半句来形容这个愿景可谓恰当 —— 路漫漫其修远兮!

参 考 文 献

[1] 郭硕鸿. 电动力学. 2 版. 北京: 高等教育出版社, 1997.

[2] 刘觉平. 电动力学. 武汉: 武汉大学出版社, 1997.

[3] 俞允强. 电动力学简明教程. 北京: 北京大学出版社, 1999.

[4] 蔡圣善, 朱耘, 徐建军. 电动力学. 2 版. 北京: 高等教育出版社, 2002.

[5] 虞福春, 郑春开. 电动力学. 北京: 北京大学出版社, 2003.

[6] 汪德新. 电动力学. 北京: 科学出版社, 2005.

[7] 俎栋林. 电动力学. 北京: 清华大学出版社, 2006.

[8] 刘辽, 费保俊, 张允中. 狭义相对论. 2 版. 北京: 科学出版社, 2008.

[9] 李书民. 电动力学概论. 合肥: 中国科技大学出版社, 2010.

[10] 张锡珍, 张焕乔. 经典电动力学. 北京: 科学出版社, 2013.

[11] 严济慈. 电磁学. 合肥: 中国科技大学出版社, 2013.

[12] 周磊. 电动力学讲义.

[13] 巴蒂金 B. B., 托普蒂金 И. H. 电动力学习题集. 汪镇藩, 郑锡琏, 译. 北京: 人民教育出版社, 1964.

[14] 林璇英, 张之翔. 电动力学题解. 北京: 科学出版社, 2005.

[15] Jackson J D. Classical Electrodynamics. 3rd Edition. John Wiley & Sons, 1999.

[16] Griffiths D J. Introduction to Electrodynamics. Prentice-Hall, Inc., Englewood Cliff, New Jersey, 1981.

[17] Feynmann R P, Leighton R B, Sands M. the Feynmann Lectures on Physics, Vol. II Pearson Education Inc. (中译本, 费曼物理学讲义. 第二卷. 李洪芳, 王子辅, 钟万衡, 译. 上海: 上海科技出版社, 2013.